# 国家社科基金后期资助项目
# 出版说明

后期资助项目是国家社科基金设立的一类重要项目,旨在鼓励广大社科研究者潜心治学,支持基础研究多出优秀成果。它是经过严格评审,从接近完成的科研成果中遴选立项的。为扩大后期资助项目的影响,更好地推动学术发展,促进成果转化,全国哲学社会科学工作办公室按照"统一设计、统一标识、统一版式、形成系列"的总体要求,组织出版国家社科基金后期资助项目成果。

全国哲学社会科学工作办公室

国家社科基金
GUOJIA SHEKE JIJIN HOUQI ZIZHU XIANGMU
后期资助项目

# 流脉·模式·理念

## 西方现代
## 城市形态
## 与设计研究

### CULTURE, PATTERN AND VISION

Study on
western modern urban
form and design

蒋正良 著

上海三联书店

# 目　　录

## 第九章　理想和创新：美国城市

# 第三部分　汇总和比较

# 绪　　论

意大利城市学者 L. 贝纳沃罗（Leonardo Benevolo）认为，城市是"具有极重要特殊意义的历史产物[1]"。他道出了城市史的价值——"城市是人类仅次于语言的最伟大的创造物，也是最为伟大的物质载体""是人类历史和文化最主要的演出舞台"。在很多当代文学艺术作品中，城市也被作为重要的表现要素。举一个比较通俗的例子，旨在展示美国历史的电影《阿甘正传》中，就穿插了萨凡纳、华盛顿、旧金山等城市，虽在表达主人公少年成长、青年从军和成熟后事业发展等个人经历，但三座城市却在城市史中有更鲜明的定位——对应了殖民时代、独立建国和当代科技发展，浓缩了整个美国历史。成长其中的阿甘，及其生活的城市，自然也都被赋予了"美国精神"的寓意。

城市在文化层面的确具有这样的魔力，它让人与那些重大事件和历史时刻紧紧联系在一起，城市可谓是既"承载""搬运"了历史，也"穿越"了时代。

然而，仅有城市形态还不能完整地表述历史。一方面，尽管它们浓缩了整个时代的精彩，但城市和建筑都是"无言"的，城市形态无从诉说其所处时代和历史，需要我们借助于大量文化信息对城市形态进行解释、诠释和补充，才能将它们冰冷的外表下火热的时代展示给广大读者；另一方面，历史上留存下来的城市，也是极有限的，更多的城市，携带着无尽的文化，或湮灭在浩瀚的历史长河；或在不曾停歇的城市发展演替中付诸尘埃，被更新、迭代和重塑。这也是本书的另一个基点，我们愿将建筑学领域"无声凝固"的城市形态比喻为本书的"砖石"，将悦耳生动的文化信息喻为"砂浆"——希望用城市形态和文化框架共同构筑本书的整体结构。

西方文明发展的长河中，如同"干流"生生不息，浑然一体，这干流源自遥远的地中海，从古希腊和古罗马文明一路走来。但从中世纪开始，从干流中分叉出来的各个支流却是泾渭分明，纷繁复杂，不同文明

1

分支影响下的城市形态也是百花齐放。西方现代文化的诸多流派，也各自依循了这些不同的渊源和走向。因此，美国学者特里·乔丹（Terry Jordan-Bychkov）[2] 在《欧洲文化区域》（*The European Culture Area*, 1973）提到人们习惯于将欧洲误认为一个简单的大洲，但不论是从地理上还是文化传统上，欧洲更像是一个个分散的区域组合。在文化地理学和政治学中也都有对欧洲"巴尔干化"的描述，并作为其文化分散下的频繁政治冲突的深层原因。

文化如此分散的欧洲，却仅有相对很小的尺度，而且遍布着山峦低谷。而西方城市历史的早期，面对来自东侧平原的蛮族铁骑，山谷、岬角，而不是平原，却是最初首要的选址。此时的西欧城市恰似蜷缩在群山中的"堡垒群"，那些易守难攻的岩石海岸，与世隔绝和群山环绕的水源地，都成了最佳的栖居之所。西方城市文化中特有的一些内敛、安静的性格也因此形成。同时，在城市分布的紧凑密集之下，又由于文化宗教的相通相近，构成了稳定的城镇体系。随着时间推移，城镇体系的范围不断拓展，从罗马时期的整个地中海"内湖"，再穿过有限的隘口而跨过阿尔卑斯山，通达传播到北欧的波罗的海—北海，乃至整个欧洲，而多变的地形又间接导致城市形态和文化在拓展过程中被传播得更加多种多样。

到中世纪后，随着文化交流的日趋频繁，以及新大陆的发现，先是经过欧洲和伊斯兰交融的西班牙文化繁盛，此后又有源于英、法和西班牙殖民下的美洲文化，再次复制了欧洲文化类似的传播路径，只是将海面由地中海和波罗的海—北海，改为整个大西洋，构成了另一种西方文化的支流——美国文化。

西方文化就是这样，历经千余年漫长演进，从一种起源于古希腊和古罗马的主流文化，随着地理的拓展，人类文明空间的增大——新旧主导文化圈的演替变迁下，新文化圈尺度激增，西方文化得以不断繁衍丰富。所有这些文化各具特色又彼此影响，构成了基本统一中又复杂变化的西方文化整体。而近代汽车、网络通信等技术的进步，及其所伴随的全球化的冲击，进一步催生了城市尺度和形态布局的剧变。但面对同样的技术冲击，在不同文化流域中，城市形态又有各不相同的应对和演变路径，构成了二十世纪后直到今天文化流域间更加特色鲜明和丰富多彩的城市形态。

"流脉"，或者说"文化流域"概念，同自然的流域有联系。例如莱茵河流域的德国、奥地利或荷兰等有近似的文化特点。不论是最早的地中海，到后来的波罗的海—北海，以至环大西洋沿线地区，尽管没有河流经过，但沿岸城市通常共享着更近似的文化；文化流域除自然因素以外，更多的还有人们互相交流、沟通互鉴的原因，形成共同接受的思想观念和价值观。这里的流脉的"流"，也因此超越了地理范畴，形成更广泛的"思想流"，"文化流"。当代除了看得到的人们流动，更是出现了前所未有的、存在于虚拟世界的"信息流"，同样会影响人们思想和文化的演进。文化流域是否可能随之拓展、延伸，甚至重组，这些虽超出本书讨论范围，但也是大家都关注的问题。

将共享着共同文化和价值观的"流脉"，作为划分城市形态的标准之一，也是相对普遍的观点。例如凯文·林奇（Kevin Lynch）所说"让我看看你的城市，我会知道你们的价值观"——同一种文化流脉下，共同的价值观下，城市形态总是有更多相近之处。

西方文化在整个人类历史长河中并不一直是主角，与之相对的"东方"才是更久的主导者[3]。但如果仅仅考量最近的几百年的周期，则西方文化显然占有优势。因此西方文化和现代阶段相辅相成。

对"现代"概念，较多将1517年宗教改革作为现代起点，也是西方世界开始崛起的时点——思想启蒙是导致此后一切变革的深层原因。但相比于早期对人们思想及社会局部细微之处的改变，能够带给城市形态较显著变化的时间需要向后大为推迟。纺纱机等大型设备的出现后，城市才需要刻意建造较大规模的房屋，并进而带来现代城市形态和尺度的激变。我们借鉴学术惯例，认为现代城市始于19世纪后，其中相对狭义的理解则以20世纪初西方进入汽车社会为起点。书中也将这段时期作为讨论重点，但由于城市形态特有的历史传承特点，以及文化的延续性，当然也不可避免地有不少前现代内容作为背景铺垫。

"城市形态"也是随现代社会一道出现的概念。在现代社会之前，城镇形态一般无法被人完整感知，局部的教堂、广场等才是人们心中的城市形象。现代社会后出现的高层建筑，甚至飞艇、热气球和飞机等飞行器，帮助人们脱离地面，有能力从高空俯瞰城市后，对城市的景观形态有了更加宏观、整体的认识后，才形成了对"城市形态"问题做进一步研究的需要，因此可以说，"现代"和"城市形态"是一对彼此关联的概念。

而当人们关注到城市俯瞰肌理、天际线等整体要素的机会增多，诸多不同城市之间的差异显现，关于彼此间的美丑、优劣和高下的评论也随之产生。人们在思考其中的原因和规律过程中，逐渐催生出作为当代新兴的交叉学科——城市设计和城市形态学。

城市形态当然也并非仅限于学术领域的话题，而是与人们日常生活紧密相关的事情。好的城市形态会成为人们家中窗外的美景，提升生活品质，甚至是决定该城市气质、品味、格调的关键因素。人们会因为那山边的余晖、静谧的光线、优美动人的城市俯瞰景观而来此旅行、生活和投资。

同时，现代城市形态的讨论决不能仅限于当代。西方城市形态，与其他文化因素最大和最显著的区别，就是"共时性"——千百年前的城市与当代城市就并置在人们眼前，并由此衍生出城市遗产保护、风貌规划等最要紧最前沿的话题。追溯历史和文化演进的工作必不可少。

本成果基于作者10余年来西方城市形态教学、科研和游历而逐步深入的研究。书籍副标题中的三个词"流脉""模式""理念"——"流脉"基于西方文化的多样性，讨论构成西方文化的差异性及其城市形态特色；"理念""模式"概念强调了城市形态背后的文化渊源、思维方式、精神追求等思想内容——"理念"是实现各项城市形态的人文需求、理论支持；"模式"是不同理念影响下千差万别的城市形态的抽象概括。相应地，本成果主要观点是以下三项：

其一，"流脉"和西方文化多样性观点——西方各文化流域内部文化差异应加以强调，而城市形态则是最鲜明的表现载体之一。威尼斯、阿姆斯特丹，与伦敦和纽约均属西方城市，它们形态各异的背后是文化的显著区别。本次研究通过对西方文化"流脉"的分析，基于各国在空间、历史文化、理念等方面的广泛差异，进行西方城市形态的"类型化"构建，以及在各种文化和国情基础上的比较、概括和细致解读，将展示具象化和规律性西方城市形态。

其二，"理念"和文化解释观点。现代西方城市形态尽管具有明显的整体上的相似性，但若仅着眼于其中单一国家或文化流脉，则文化特点和差异性会大为凸显。——在一个文化流脉内部，城市形态有完整闭合的发展路径和整体规律有序的演变机制，也同诸多代表性城市，及其学者和思想紧密相关。因此，"理念"概念包含两层含义，一方面是以整个西方文化圈为观察视角，同一时期有共同主题和彼此呼应；另一层面，在某一特定文化流脉内部，不同时期的文化思想发展，在演替过程和传播方式方面也同样具有特点和规律，且流脉之间不尽相同。例如，现代艺术对各国城市设计均有深刻影响，但不同文化和国家却有不同的解读方式和形态特点，同时也仍需保持稳定的传统要素和演变规律。反映在城市形态上，各种文化流脉的城市尺度、格局、扩展方式、城市审美喜好等都有所差异，多年积累之下，最终产生出差异很大的城市形态。

其三，"模式"和文化比较观点——不同文化流域间的城市形态是"可辨"的。城市形态研究领域里，城市历史学者习惯于将各种流脉下的城市形态特点概括为一系列"模式"，这一理念具有"原型"的理性主义意味，而建筑学和地理学者都进一步将此解释为"形态基因"。本次研究一方面试图提取各种文化流脉的部分"原型"模式；同时，又将各文化流脉、各历史时期的不同城市形态模式加以比较、汇总，展示各自特色并争取做到彼此分辨。

本书对西方主要城市的形态类型及其近现代以来的发展演变进行了相对全面的梳理。以西方8种主要文化"流脉"和国家地区为"经线"，构成8章相对独立的论述单元；同时，以城市设计"理念"和城市形态"模式"为"纬线"，在建筑学学科的城市形态和城市设计中纳入历史、文化、艺术等加以解释。将书稿梳理交织为展现西方及其文化流脉全景的城市形态及其设计思想起源、变迁，当代主题的较综合全面的成果。

本书稿分为三部分。

第一部分"概念"，包含第一章"流脉　理念　模式"，具有综述和引言作用，尝试在不同学科的视野下初步论证"城市形态及其模式是西方各国文化差异性的较集中展现"的观点。

第二部分是"西方文化各流脉的城市形态和城市设计"共8章，分别对应西方文化历程的8种流脉。每一章都分为3部分撰写。①文化和传统②理念③2—4座代表城市。这样的结构设计，旨在既能展示各文化流脉历史内容和文化积淀，又有将传统话题向当代发展内容进行切换的意图。

第三部分"汇总和比较"，包括第10—13章共4章。是对此前8章进行总结的"比较下的各流脉城市形态理念和模式"，分别从本书三个主题"理念""流脉""模式"为章节标题开展阐述。

本次研究是基于文化、历史，以及建筑学和城市形态艺术等学科的综合性工作。同时，研究又将上述视角的信息内容加以综合，并落实体现在城市形态这一独特的研究对象——对于建筑学和城市设计领域来说，大量来自人文领域信息将较以往更加丰富生动；而对西方文化历史领域而言，城市及其形态既是相对新颖的解读视角，但又能充分体现"城市是人类文化最宏大的信息载体"的特点。不论对西方文化或建筑学领域来说，都是比较必要的基础性工作。本研究成果的创新之处主要在于两方面：

其一，"文化类型"和"历史演进"两个维度是较创新的研究框架。本研究尝试突破传统，将西方城市文化中加入文化流脉的概念，是从城市形态视角下对西方文化进行分解和剖析，符合文化多样性原理，易于进一步构建较完善的城市形态史体系。

其二，对西方文化流脉城市形态比较研究具有一定的新意。研究城市形态"模式"与背后的理论"理念"，及其彼此的相互影响关系等问题，也是一对新颖的城市形态研究视角。本研究从文化差异方面看城市形态的类型，提炼各自特色和模式，探究思想层面释义，并通过类型的方式构建西方城市形态的全景视野和演变逻辑，也具有一定的学术价值。

总之，该研究既有以文化流变为框架的城市形态史价值，也是城市形态视角下的西方文化流变梳理工作。较以往的城市选题，本研究大量文化内容提升了形态研究的学术价值和理论厚度；而通过城市形态的直观视角，更好地阐释了西方各种文化流脉的特色。避免将西方文化抽象化和单一化，更好认识西方国情的差异性，该研究在"一带一路"政策背景下，对我国推进国际合作也能起到积极意义。

# 第一部分

## 概　　念

# 第一章 流脉 模式 理念

书籍副标题中的三个词"流脉""模式""理念"——"流脉"基于西方文化的多样性，讨论构成西方文化的差异性及其城市形态特色；"理念""模式"概念强调了城市形态背后的文化渊源、思维方式、精神追求等思想内容——"理念"是实现各项城市形态的人文需求、理论支持及其时代变迁；"模式"是不同理念影响下千差万别的城市形态的抽象概括。

三个概念中，与城市形态研究最直接最紧密联系的是"模式"，也是本书最核心的城市形态概念。"模式"研究基于建筑学学科，作为建筑学的一个二级学科的城市设计，为模式研究提供了理论和方法支持。这就引出了第一个问题——"城市"及其形态研究，与建筑学学科的关系。即"城市"这一如此宏大的事物，它的形态及其设计，何以成为建筑学学科的研究对象？或者换句话说，学术领域怎样将"城市—建筑"两个尺度相距很大的领域融合起来？就作者从事城市形态研究的体会，认为至少有两个理由，第一，大千世界中，只要是人们视野所及之处，都有触动人心的景致，而这些涉及审美的话题都是建筑学所关注的内容——不论是自然天成之感，或巧夺天工的人工匠心……第二，从城市到建筑，其中每一个尺度环节都贯穿了艺术原则和以有关工程建构为核心的建筑学原理。但又因城市中复杂多样对象而有各不相同的艺术表现形式和技术支持。因此，各种适用于不同尺度和对象的专业概念应运而生，"肌理""结构""类型"……

本书需要涵盖城市形态多尺度和多维度问题，恰好有些建筑学原理和概念能统领不同尺度的景观艺术问题，如"环境""风貌""格局"等，而本书对此则选用建筑学和城市设计领域已经有一定研究范式的"模式"概念和视角展开研究思考，并希望基于前辈学者，找到更适合本书旨在揭示西方城市形态及其设计多样性的思路和方法。

# 流脉

本书的西方文化"流脉"具体指的是其中的 8 个主要国家，及其在文化传播过程中的历程[1]。"国家"首先是政治概念，但对于现代欧洲而言，"国家"政治上的个性和特征显得抽象模糊和不稳定，也难以归纳。不仅每一任政府之间往往政见不一，即使国家也会合并或消亡，早年作为整体的荷兰和比利时，以及一战前的奥匈帝国和奥斯曼帝国等都不复存在。而只有引入一定的小尺度、具体化和形态化的因素后，国家的含义才会变得明确。例如从引入最大尺度的地形地貌形态的地缘政治学；到以城乡形态为对象的人文地理学；如果将视角进一步放到尺度更小的城市和建筑（建筑学）；可以更灵活移动的艺术品（艺术学），乃至于更加扎根乡土的民俗艺术（民俗学），到最后，不仅国家之间差异很大，而每个城市、乡村之间的差异也十分明显。可见，国家文化差异随着尺度的缩小而丰富。

下面就引入一些从国家的政治经济，到地理学，再到艺术学的话题，由远及近地逐渐触及本书所讨论的文化"流脉"含义的抽象和具象，及其在不同研究尺度和学科中体现出来的上述差异（国家文化差异随着尺度的缩小而丰富）。

"国家"是本书文化流脉概念最直白的表达——本书涉及的 8 个文化流脉都是单独的西方国家。因此也可以反过来理解为，与"流脉"概念比较之下，"（西方）国家"是将"流脉"中的文化艺术、人文地理等信息剥离后的粗略和抽象的含义。

"国家"最常见的情况是政治概念。从政治的视角看，当代"西方"概念及其整体性被有意识地大大强化，并作为政治合作和结盟基础。或者说，更多情况下西方各国被人为地模糊了彼此的"国家"个性。

但另一方面，从政治视角也并非对各个国家平等看待，而会审时度势地从全球体系的地位作用上评价看待各个国家。同时，全球体系并不稳定，因此对各国的评价也并无定论。例如东欧剧变前后，欧洲各国在政治上的重要性会显著变化。因此，从政治学的角度，由于诸多不确定性，也就更难以开展对国家特点的研究。尽管政治因素是研究城市形态等其他研究领域不可缺少的方面。

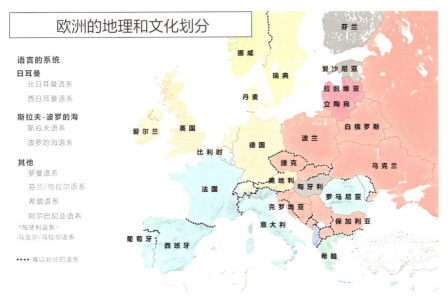

**图 1.1 欧洲地理和文化分区**

（来源：Stratfor[2]，https://fabiusmaximus.com/2017/05/18/stratfor-looks-at-belt-and-road-initiative-of-china/）

经济作为"政治的延伸"，经济地理学中对"经济区"的划分里，也渗透着政治视角的模糊特点。例如，美国大学地理课本《人文地理学——人类行为的景观》[1]中，"西方"概念并未提及，相关的"西欧"也仅出现在讨论经济中的"生产模式"话题。同时将"东欧"作为欧洲另一个经济单元。谈到东欧，则是同市场脱节，以及"构思不周、技术陈旧、不经济的工业结构"等存在诸多不足的笼统抽象特点。

对于西欧内部地区和国家，经济地理学也与政治学一样，重在讨论各国彼此合作，因此也很少在西欧的基础上进一步划分地区。而仅仅将少数具有紧密经济协作传统的地区联系起来，这本美国教材中仅提到了法国、比利时边境地区、德国鲁尔区等煤田矿石分布的地区。这一地区被提及的原因仅仅是铁矿石和煤产区的经济协作关系。

而如果能跳出政治经济领域，及其狭隘的利益视角，则会有更多关于西方文化多样性的见解。当代地缘政治学是地理学和政治学的结合。因此既有政治家思维中的整体性、战略性和求同存异原则等；同时，与单纯的政治经济理论比较，地理学科的引入，有更多多样化的学术思维，更多承认自然地理和文化历史方面的深刻的、难以撼动的差异性等理念，也因此更愿深入到每个国家及其文化内部。这些观点更加贴近本书的文化流脉及其多样性思维。

例如，美国地缘政治战略公司斯特拉福（Stratfor）[2]认为：传统上文化相近的英德两国为西日耳曼文化，而将意大利、法国、西班牙、希腊等作为地中海拉丁文化，或南欧文化；而这两类文化又形成了欧洲文化的主流。在这些欧洲文化的划分边界上，地理的影响十分显著——希腊周边的山体构成了在中世纪后西方与外界的文化隔离；阿尔卑斯山勾画出意大利与欧洲的边界；而法国与西班牙、意大利、德国与东欧地区的分隔，均十分明显地受到山体影响；此外英国与其他欧洲国家之间的海峡也是地理因素。只有德国荷兰以及北欧国家和法国之间则是因历史和战争原因造成的分隔（https://fabiusmaximus.com/2017/05/18/stratfor-looks-at-belt-and-road-initiative-of-china/）。上述类似的文化分区理念也得到了来自卡尔·索尔（Carl O. Sauer）为代表的当代人文地理学和人文景观学领域的支持[3]，并进而支持了当代城市形态学的构建发展，以及与此相关的当代城镇遗产理念[4]。

而一旦进入更加微观的艺术学和设计学领域，则愈发强调国家和民族间的"差异性"。艺术学尤其习惯于按照国别界定艺术风格和流派，并从国家的视角讨论彼此特点。英、美、法、意、荷等国都是较常见的艺术流派代表国家。

我们将视线放在20世纪初前后，分别聚焦于现代绘画和设计两方面。

《从波提切利到梵高：英国国家美术馆珍藏展》，2023—2024年在我国上海、香港都有展出。展览为我们提供了较完整的切口，我们仅看它们所来自的文化背景，以及诸多西方绘画史占主流的画家们所在文化流域的走向，就能大致体会出当代绘画潮流的走向。最初是意大利的波提切利；最终走向荷兰的梵高。而中间也相对整齐划一地在文化流脉中切换。文艺复兴之后从最初掺杂进来克劳德·洛兰（Claude Lorrain）、尼古拉斯·普桑（Nicolas Poussin）等法国画家，绘画风格也从宗教糅入风景要素。在此后伦勃朗等荷兰画家登场，人像成为主要题材，彻底扭转了以往的宗教主题。18世纪后，在法国画家最早引入的风景题材上，又一次被作为老牌主流的意大利画家卡纳莱托等人将这类风景写实风格推向顶峰，他们借助暗箱和光学仪器，获得了照片一般的绘画画质。而在19世纪后半叶照相术发明后，风景题材取代人像成为最重要的题材（人像的获取开始更依赖照相机）。同时，从高更开始，法国印象派画家开始了另辟蹊径的抽象画风，高更、塞尚，再到荷兰的梵高。当然，在该展览的视野之外，这一现代印象派绘画艺术将继续引向20世纪，西班牙（毕加索和米罗）美国（安迪·沃霍尔）会陆续登场，文化流脉的主导也适时转向。

图 1.2

左上：法国画家吕西安·沃格尔（Lucien Vogel）的版画《让我们回去吧》（Rentrons，1920）；

右上：德国画家朱利叶斯·沃尔夫特霍夫（Julius Wolfthorn）1897 年制作的版画《出行》；

右下：英国画家埃德蒙德·杜拉克（Edmund Dulac）《Abysm of Time—from The Tempest》（Abysm of Time—from The Tempest—Edmund Dulac—WikiArt.org）；

左下：莱奥波尔多·梅特利科维茨（Leopoldo Metlicovitz，1868—1944）［Leopoldo Metlicovitz—41 件 艺 术 品 — 画 作（wikiart.org）］

　　显然，现代绘画艺术的风格流派走向并不是随意切换，既有内在思想变迁，同时也更是随着不同国家和文化流脉的影响力提升而唤起的新的审美支持。其中这一从传统到现代的绘画思潮中，又进一步包含了两个小规模潮流，分别代表了绘画题材和绘画技法的演变，而潮流的文化流脉走向却是一致的——从代表传统的意大利，走向代表现代的荷兰。当然，在这次展览之外，又进一步走向美国、西班牙等现代和后现代文化强国。

　　即使在同一历史阶段，不同文化流脉的艺术表现方式也存在很大差异。以 20 世纪初遍布欧洲的现代绘画来说，各国艺术家虽共同受到了现代印象派、版画技术，以及海报张贴宣传需求等影响，但各国代表画家的形态风格却又有各自鲜明的特色和差异。英、法、德、意大利等四个较重要的当代美术流派（图 1.2），它们 20 世纪初前后的绘画作品都有被归为"新艺术运动"的整体范畴，但风格各异。艺术领域也出于尊重各文化流脉差异，将各国风格根据各自语言有所区分，如法国的"新风格（Art Nouveau）"，英国"工艺美术运动"，德国的"青年风格派（Jugendstil）"，意大利的"自由风格（Stilo Liberty）"等。

图 1.3

左上：希腊传统大理石技艺（来源：网络）；

右上：代表意大利现代设计的比亚乔摩托（来源：网络）；

左下：赫克特·吉马特的巴黎地铁（来源：网络）；

右下：高迪的古埃尔公园水池喷泉雕塑（来源：作者）

上述各文化流脉在绘画艺术上的差异，也进而传递到当代设计领域（图 1.3）。

希腊当代设计根植于普遍的公众审美和精湛的工匠技艺。但却很少进入人们视野，人们含蓄地道出可能的原因[5]：当代希腊设计面临两难困境——他们以对称、轴线等古典手法为傲；而这些却是现代设计极力避免的范式。

这一悖论显然造就了当代希腊艺术最牢固的"反现代"特点，即更侧重于对古典、手工制作、精致感等的追求。这些特点在一些工匠主导的领域仍旧备受尊崇——如希腊风格的室内装饰、工匠技艺等都是口碑和高品质的保证。希腊传统中"追求极致的美"，以及精雕细刻的工匠品质都是远超其他地区。例如他们至今仍以"白度最高、纹理最美的大理石"为选材标准等。

意大利以文艺复兴以来典雅的"人性尺度"设计理念闻名。而当代工业设计和室内设计也同样将视野聚焦于在小尺度作品和细节方面，从而展示令人称道的"意大利设计"品质。艺术家也在细部方面，继续探索延续了文艺复兴传统，追求能体现"功能健全""骨骼健壮"等人性尺度的意大利特色形态。

法国尽管依托于以古典艺术著称的巴黎美术学院，但法国当代设计艺术倾向于多元化和复杂气质。例如赫克特·吉马特（Hector Guimard）及其独创的"地铁风格"被作为法国 20 世纪初"新风格（Art Nouveau）"

**图 1.4**

右图：美国 1926—1931 年建设的摩天楼克莱斯勒大厦
（来源：C.VISION PHOTOGRAPH）；

左图：美国艺术家安迪·沃霍尔和他的波普艺术（来源：网络）

现代设计风格的象征和代表，人们形容其将植物的生命融入冰冷的金属。[6] 但其中又蕴含了希腊等其他艺术风格。当代更多法国设计师也从吸收东方形式方面进行了更多尝试，展现出更多世界视野的气质。

西班牙当代设计，一方面紧随法国脚步，同样精细且更加繁琐。各种艺术品相比于法国意大利等类似地中海地区也更加多元精致，更富有浪漫气息和想象力；另一方面，西班牙现代艺术有更广泛的应用，如高迪等西班牙当代设计师就能推动建筑设计向艺术品的方向大踏步地迈进。

英国当代设计既承接了维多利亚时代的装饰艺术，又在麦金托什（Charles R. Mackintosh）和威廉·莫里斯（William Morris）等诸多先行者的影响下潜移默化地滋长。同时，英国因其最悠久的工业文明历史和连续稳定的传承演进，被认为是各种现代正统设计艺术形式的代表。

德国和荷兰虽为欧洲国家，但传统上被认为在艺术性上要低于前面主流流派，但却因更少的历史羁绊而在现代艺术方面走在前面。尤其分别是 19 世纪末的青年艺术派（Jugendstil）和维也纳分离派，现代主义艺术的包豪斯设计（德国），构成主义艺术和风格派（荷兰）等。

美国设计有些难以纳入上面的讨论。一方面，美国历史更短，缺少溯源，导致现代艺术和设计既有"延续和推崇欧洲"，又在其基础上有进一步"商业化""夸张化"的特点。例如美国能将来自欧洲的装饰艺术成就，应用在现代摩天楼顶部等建筑装饰上，将装饰艺术在实际视觉效果上推向高潮和顶峰。二战后美国设计艺术变得更加多元，其中源自欧洲英国的波普艺术、欧洲国际式等都在美国得到最长足广泛的发展，又借助福特主义和汽车文化氛围而迅速席卷全国，乃至世界。

通过人文科学和艺术学两方面的讨论，从下表能初步看到，政治经济领域、地缘政治学、人文地理学、艺术设计学等方面对不同国家的界定存在一定的差异。但存在嵌套关系，政治和地理互为影响；地理影响文化；文化影响艺术。但在艺术和设计领域，各流脉的区别基本接近于国家，因此可以说，国家之间会更加受到来自文化艺术风格的影响，而区分彼此。本书的建筑学和城市设计视角下的文化"流脉"下的 8 个国家，位于上述从政治的"抽象"含义，到艺术民俗的"具象"含义之间，承上启下，更加适合展示和比较各个国家和文化流脉的特色。

**表 1　从地缘政治学、人文地理学、艺术设计学等方面对不同国家的分类**

| | | 希腊 | 意大利 | 西班牙 | 法国 | 德国 | 荷兰 | 英国 | 美国 |
|---|---|---|---|---|---|---|---|---|---|
| 人文科学 | 地缘政治学 | 西欧和地中海地区 | | | | 北欧 | | | 美洲 |
| | 人文地理学 | 地中海商贸区 | | | | 煤铁产业区 | | 英国 | 美国 |
| 艺术学 | 艺术和设计 | 手工传统 | 人性尺度和未来主义 | 古典艺术和新风格 | 新风格 | 现代艺术和青年风格 | 现代主义和风格派 | 工艺美术运动 | 商业引领和多元化 |

此外，诸多西方文化"流脉"，相比于政治经济范畴的"国家"，除了空间上整体与局部的尺度含义之外，还包括历史进程上的"承续"意思，西方文化之河"流淌传承"，文化流脉之间相互交流影响等含义。这两种影响代表了"空间""时间"两个维度，前者包含了地理学等学科关注内容，而后者涉及文化艺术领域的话题。

总之，通过联系的政治经济、地缘政治学、人文地理学、建筑学和艺术学等学科对"国家"概念的内容。可以看出，上述学科随着尺度的缩小，研究对象会逐渐具体化并体现出更多形态特征。其中，建筑学和城市形态研究，处于人文地理学和艺术学之间，兼有人文科学和艺术设计学特点，是适合开展各国各文化流脉比较研究的尺度和视角。而对于具体的城市形态，这里我们暂时没有丝毫涉及，是有意识地留在第二部分第八章里的畅快讨论。

# 模式

由于受到相同或相近的设计理念的影响，西方城市形态的整体格局时常会重复出现，并具有较明显的"模式化"现象。本书因此将"模式"概念作为研究主题。同时，以往建筑学学科和城市形态研究领域已包含一定的有影响力的"模式"视角的研究成果，本节内容对此简要梳理，并归纳研究思路和原则。

## （1）文化学视角下的城市形态"模式"

城市形态的相关"模式"概念，符合当代文化学理念。

例如，当代文化学者认为，"文化是众人模式化地重复以往的行事方法"；如果进一步解释"模式化"一词的本意——对以往的重复[7]。同时文化学者也认为，文化层面的"重复"，却不似自然科学的精准，而是①包容相似和相近的情况②需要忽略掉无法预知的个体行为。在满足两个条件的前提下，文化的重复或"模式化"才具有统计学层面的科学性。

城市形态的研究显然符合文化模式化分析的特点。对照上述两点，城市形态中的"模式"，以及城市建设的"模式化"，可以理解为各国文化中"历史上重复出现的城市形态特征"或某种特定做法。尽管最早见于古希腊的"卫城模式"，此后古罗马营寨城却是被最多复制，是为了保持城市"小而美"的品质而向周边地区的"模式化"殖民。既是实际建设历程有序推进的需要，也是人们内心对"小而美"的人居理想坚定的信念，是逐渐固化了的思维的反映，并可以从中提取各种西方人居传统的深处特征。

而第二点的"忽略掉无法预知的个体行为"，是城市形态模式方法的另一个特点。建筑学和城市设计领域惯常采用忽略建筑，提取道路、公共空间和水系等要素的做法。常见于阿兰·雅各布斯（Allen B. Jacobs）等人的研究中（图1.7）。

## （2）建筑学和城市设计领域的"模式"理念

建筑学和城市设计领域有大量关于"模式"概念的研究①，这里仅摘

---

① 建筑学和城市设计领域已经有很多"模式"视角成果，例如著名的亚历山大的《建筑模式语言》中，将城市比拟于语言和语法，将城市的各个部分，如市镇、邻里、住房、花园及房间等作为"词汇"，一共253种模式对象类型（词汇），根据某些原则（语法）运用这些图式即可建设一座建筑或一个城市[29]。由于这种方式更多针对新城市的设计，与本书的案例研究有差异，因此并不作为重点介绍。

选少量如下：

斯蒂芬·马歇尔（Stephen Marshall）[26] 针对街道的模式，认为模式概念被用于大多数的总体感觉，包括任何类型的形态、结构，或重复发生的特征。由于每个模式是从文献、观察和实验中提炼出来的，并表明了反复出现的问题，因而具有通用性，可以交流并重复运用，是合理的方法。

胡俊在《中国城市：模式与演进》中，"所谓模式，是指对事件内在机制及其外部关系高度凝练、直观的抽象和概括，一般可分为结构型模式和功能型模式等两种基本模式。前者长于空间关系的揭示，后者长于因果关系的推导，都具有构造、解释、启发和预测等多方面的功能"。显然，本书对各个文化流脉的城市形态研究过程中，从建筑学的物质形态研究视角出发，主要关注的类型属于前者；而后者的较抽象的功能型模式也会在结论部分适当讨论。

科斯托夫（Spiro Kostof）、詹姆斯·万斯（James E. Vance Jr.）等建筑历史学家的视角下，也惯用"模式"思维，并被作为当代"城市形态研究"的主要成果（见第 17 页）。

其他研究还有很多，不再赘述。同时，需要明确的一个问题是，有些"模式"主题研究，目标并不是针对本书关注的已建成案例（"向后看"或"认识"的视角，见图 12），而是面向未来（"向前看"或"标准"的视角）创新和设计，也不在本书关注的范围，如亚历山大（Christopher Alexander）等的《建筑模式语言》等。

### （3）当代城市形态研究领域的"模式"理念

"城市形态国际研究组织"（英文简称：ISUF）①[8][9] 是 20 世纪末形成的一个研究团体，并有每年举行的学术会议和有影响的学术期刊支持，在城市形态研究领域具有较高的影响，相关研究也为我们提供了一套较完整的学术视角。

尽管该组织宣称不隶属于传统学科，是交叉领域；但建筑学是构成该研究领域的两个基础学科之一。在该学术组织成立之初，建筑学领域以关注街区和城市形态肌理为主的意大利穆拉托里学派（Muratorian School）[10]，与人文地理学领域重点关注历史城镇保护的康泽恩学派

---

① "城市形态国际研究组织"（英文简称：ISUF），1994 年，以英、意、法三国城市形态研究学者为主，成立了该组织。经过几年的交流，城市形态学逐渐超越过去以地理学和建筑学为主的单一领域，成为交叉学科。目前每年组织会议，并有半年刊杂志《城市形态》（Urban Morphology）出版[8]。

（Conzenian School），出于两者共同对"前现代城市"诸多形态研究的相似点，构建了这一国际学术研究领域和组织。

　　ISUF 逐渐发展为当代城市形态研究的主要学术阵地，汇聚了全球主要城市形态研究学者。加拿大学者 P. 高提埃（Pierre Gauthier）[11]在图 1.5 中梳理了 ISUF 早期较重要的诸多学者和文献。本书研究视角下，仅关注其中"认知维度"①（图中左半部分的第 3、4 象限），即"回顾历史为主""描述性"观点等特点；而对有关"标准维度"或设计视角的研究加以忽略②。

　　表中提及"认知维度"的 22 位学者，又可以进一步分为 6 种类型③，包括①基于人文地理学背景的英国康泽恩学派；②基于建筑学背景

---

① 按照认知 / 标准、狭义 / 广义两个标准，对诸多城市形态文献进行分类。"认知和标准"中，认知维度侧重对建成城市进行"释意"和"分析"，也称之为"向后看"的理论，也是本书的关注重点。
② "标准"维度与"认知"维度相反，是"预测"未来的城市，为规划设计制定"规范"，是"向前看"的理论。
③ 根据分类，相关研究有以下 6 类不同学科和文化背景，共计 22 名学者及其代表作（图 12 左半部分）。
　① 基于人文地理学背景的英国康泽恩学派专著：《城镇平面格局分析：诺森伯兰郡安尼克案例研究》（Alnwick, Northumberland: A Study in Town-plan Analysis）（康泽恩，1960）
　　论文：《城镇规划在城市历史研究中的应用》（The use of town plan in the study of urban history）（康泽恩，1960）
　　论文：《城市租金理论，时间线和形态基因：一个关于地理研究中的折衷主义》（Urban-rent theory,time series and morphogenesis: an example of eclecticism in geographical research）（怀特汉德，1972）
　　论文：《城镇边缘带的变迁属性：一种时间的视角》（The changing nature of the urban fringe: a time perspective）（怀特汉德，1974）
　　论文：《英国乡村小镇边缘的家庭、社会和装饰别墅》（Family, society and the ornamental villa on the fringes of English country towns）（斯拉特，1978）
　　论文：《作为社会产物的建筑形态》（The social production of building form: theory and research）（金，1984）
　② 基于建筑学背景的意大利穆拉托里学派
　　专著：《可以古为今用的威尼斯城市历史研究》（Studi per una operante storia urbana di Venezia）（穆拉托里，1960）
　　专著：《阅读城市：科莫》（Lettura di una città: Como）（卡尼吉亚，1963）
　　专著：《关于边界的研究》（Per una scienza del territorio）（卡陶迪，1977）
　　专著：《建筑构成和建筑类型学 /1 阅读基本建筑》（Composizione architettonica e tipologia edilizia/1 Lettura dell'edilizia di base）（卡尼吉亚和马费，1979）
　　专著：《自然实景和建筑实景》（Realtà naturale e realtà costruita）（马雷托，1984）
　③ 基于建筑学背景的法国学派
　　专著：《城市建筑体系：巴黎中央市场区》（Système de l'architecture urbaine: Le quartier de Halles à Paris）（布东等，1977）
　　专著：《阅读城市：凡尔赛》（Lecture d'une ville: Versailles）（卡斯泰斯等，1980）
　　专著：《城市形态与殖民冲突：法国统治下的阿尔及尔》（Urban Forms and Colonial Confrontations: Algiers Under The French Rule）（塞林克，1991）

（转下页）

的意大利穆拉托里学派；③基于建筑学背景的法国学派[12]；④基于城市设计领域为主的美国学者；⑤基于定量研究的英国剑桥学派学者；⑥基于文化和城市史为主的各国学者。

**图 1.5** 加拿大学者 P. 高提埃通过"狭义 / 广义""认识和标准"两个维度对城市形态学者的分类。图表左半部分的第三、四象限为"认识"维度的相关学者及其代表作

（来源：[11]）

（接上页）④ 基于城市设计领域为主的美国学者

　　专著：《城市意象》（*The Image of the City*）（林奇、1960）

　　专著：《建成环境的意义：非语言表达方法》（*The Meaning of the Built Environment: a Non-verbal Communication Approach*）（拉普卜特、1982）

　　专著：《为变化而建造：旧金山邻里的建筑学》（*Built for Change: Neighborhood Architecture in San Francisco*）（穆东、1986）

　　专著：《普通的结构：建筑环境中的形式和控制》（*The Structure of the Ordinary: Form and Control in the Built Environment*）（哈布瑞肯、1998）

⑤ 基于文化和城市史为主的各国学者

　　专著：《城市发展史：起源、演变和前景》（*The City in History: Its Origins, Its Transformations, and Its Prospects*）（［美］芒福德、1961）

　　专著：《一种人类场景：城市在西方文明地理中的作用和结构》（*This Scene of Man: the role and Structure of the city in the geography of Estern Civilization*）（［美］万斯、1977）

　　专著：《世界城市史》（*The history of the city*）（［意］贝纳沃罗、1980）

　　专著：《城市的形成：历史进程中的城市模式和城市意义》（*The City Shaped: Urban Patterns and Meanings Through History*）（［美］科斯托夫、1991）

⑥ 基于定量研究的英国剑桥学派学者，包括：

　　专著：《空间的社会逻辑》（*The Social Logic of Space*）（希利尔和汉森、1984）

　　专著：《空间就是机器》（*Space Is the Machine*）（希利尔、1996）

　　6类22名学者，尽管并不都是以"模式"概念为主题，但也都普遍运用类似的"概括"理念，概括的依据包括，"原型（欧洲多数国家）""演变思维下的概念化研究（英国）""多文化比较（美国和法国）"等不同策略。差异的原因，则与各国各流脉根本思想和认识论差异有一定的关系（表2），具体说，在欧洲大陆，尤其是地中海地区，悠久的理性主义思想使人们心目中"模式"概念最强[①]。他们相信城市形态有"先验的""原型化"的存在。现实中的城市朝向"原型"的完美目标不断接近它，因此也可以看到欧洲城市普遍尊崇传统，并通常具有十分完美的肌理形态。因此，欧洲学者心目中的城市形态"模式"，接近于"原型"。但不同国家的研究策略略有不同，意大利类型形态学学者都针对单一城市，关注和挖掘城市形态和肌理"原型"，以及城市形态变迁逻辑背后深层的规律[②]。而法国[③]一方面认同"理性""原型"；同时又接受其多元含义，也因此带有更多"比较"视野，不同国家和城市之间、古代和现代之间等。比较下来，意大利历来城市共和国的历史，与法国长期以来大一统的传统，造就了人们心中对城市"原型"，所对应的对象有不同理解，意大利城市原型对应于单一城市；而法国则对应整个国家的诸多城市。而德国相对特殊，既是欧洲理性主义思想的代表，同时也深受历史上浪漫主义传统影响。而浪漫主义显然与理性主义相反，带有不切实际的幻想甚至虚构，当代德国城市形态中诸多具有前瞻性的创新做法和超大尺度的区域模式研究等也常同这一思想渊源联系在一起。

　　英国人思想中的经验主义[④]更相信"对实验发现和表述"等经验内

---

[①] 理性主义产生于古希腊，理性主义认为，知识的来源是"先验的"，即仅仅存在于一个完美的独立世界中，我们感觉到的世界只是对其隐约透露的神秘影像的复制，理性知识通过"分析"的方法获得；相反，感性认识经常是错误的。启蒙运动之后，欧洲各国均有大学者将理想主义广泛传播，如法国的笛卡尔、荷兰的斯宾诺莎、德国的莱布尼茨为主要代表，他们引导了西欧大陆各国民众思想。尽管三人均根植各国民族文化特点，但都认同理性主义基本原则，因此各国的理性主义思想传统，也被统称为"大陆理性主义"或"欧洲理性主义"。

[②] 意大利学派一方面强调住宅建筑的"类型"；另一方面则较少将城市道路、街坊、地块等要素单独提取出来，而更多关注城市的整体肌理。

[③] 法国现代城市形态研究，包括布鲁诺·韦西埃（Bruno Vayssière）、布兰科（Blanc）对大型现代住宅项目的研究；法博埃（Fabre）等人对住宅房地产开发的研究[12]。菲利普·波纳亥和让·卡斯特合著的《城市形态：城市街廓的生与死》具有多文化比较视角，包含了五个城市的现代扩展和转变：豪斯曼（Gevrges-Eugène Hanssman）的巴黎改造、昂温（Raymond Unwin）的莱奇沃思（Letchworth）、贝尔拉格（Berlage）的阿姆斯特丹规划、恩斯特·梅（Ernst May）的法兰克福新城（Siedlungen）规划、柯布西耶的马赛公寓。

[④] 经验主义是以十六世纪末至十八世纪中期英国哲学家弗朗西斯·培根、霍布斯、洛克、巴克莱、休谟为主要代表，也被称为英国经验主义，它认为"人类的知识主要来源于经验"，通过"综合"的方法获得。

容，也将现实中重复发现的事物和现象更多地用"概念"代替"模式"，认为通过对长期经验的"综合"所获得认知和规律更加可信，而不愿意先入为主地被教条所束缚。因此，相比于欧洲大陆的文化，英国人少了"原型"的禁锢，也形成了更多的创新和变通。在城市形态研究领域，英国人重视对使用者感觉和情绪上的影响，而非已存在、普遍的形态概念，主流城市形态研究学派——康泽恩学派①也正是基于经验主义。而在英国建筑学和城市设计领域，戈登·卡伦（Gordon Cullen）的"连续视觉"分析方法和"画境式"设计的经验主义逻辑更加明显。

表 2 各国城市形态理论及其"模式"研究

| 思维方式 | 理性主义 | | | 经验主义 | | 实用主义 | |
|---|---|---|---|---|---|---|---|
| 城市形态理论流派 | 类型和原型研究 | 建筑学背景的形态学 | | 英国康泽恩学派 | 英国剑桥学派 | 城市设计领域为主的学者 | 基于城市史为主的各国学者 |
| "模式"研究 | "类型""肌理"思维的模式 | 多文化比较下的模式研究 | 模式研究结合城市设计 | 演变思维下的概念化研究 | 定量实验下的模式研究 | 多尺度类型的图示模式 | 街道模式为主的多文化比较 |
| 国家（流脉） | 意大利（希腊） | 法国（西班牙） | 德国 | 英国 | | 美国，荷兰 | |

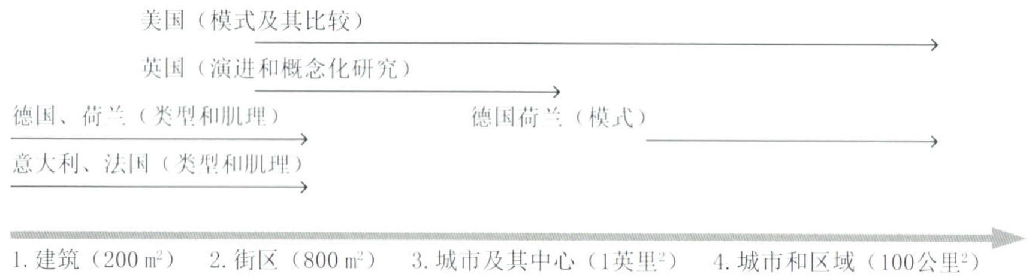

美国（模式及其比较）

英国（演进和概念化研究）

德国、荷兰（类型和肌理）    德国荷兰（模式）

意大利、法国（类型和肌理）

1. 建筑（200㎡） 2. 街区（800㎡） 3. 城市及其中心（1英里²） 4. 城市和区域（100公里²）

图 1.6 不同尺度和不同国家较关注的城市形态概念

实用主义②是当代美国，以及荷兰的主流思想，在城市研究领域，这

① 康泽恩从1940年代开始，在大量调研英国中世纪古镇的基础上，建立了后来康泽恩学派城市形态研究的核心内容——城镇规划分析（Town planning analysis）。该理论十分注重对概念的解析，体现在两方面：该学派有一套完整的专业词汇辞典，读者可在伯明翰大学网站下载，辞典中的词汇分为十类，分别为：聚落类型、街道类型、建筑类型、肌理更新、改造主体、康泽恩学派术语、意大利学派术语、城市规划术语、建筑学术语、分析方法；其次，康泽恩学派利用各种术语，构建了城镇规划分析理论的基本框架，并形成了该理论强调城市形态变化过程的特点。主要概念包括"规划单元"（plan unit）、"形态周期"（morphological period）、"形态区域"（morphological regions）、"形态框架"（morphological frame）、"用地变化周期"（plot redevelopment cycles）和"城市边缘带"（fringe belts）等。

② 实用主义（Pragmatism）源于希腊语"行动"。强调"生活""行动"和"效果"，它把"经验（感性）"归结为"行动的效果"，把"知识（理性）"归结为"行动的工具"。实用主义的根本纲领是：把确定信念作为出发点，把采取行动当作主要手段，把获得实际效果当作最高目的。

种思想表现为"更近地观察城市生活的实际效果"，并根据工作目标需要，"实用性"地包容更加多样化的思想理念。凯文·林奇（Kevin Lynch）就有多种不同研究维度、更多样化的城市模式结论[1]；林奇又与另外两位重要的城市学者（简·雅各布斯［Jane Jacobs］、威廉·H. 怀特［William H. Whyte］）同时将"城市空间的社会利用"作为各自的主要研究领域，并形成差异化结论。阿兰·雅各布斯和索斯沃斯（Michael Southworth）则依循林奇理论，发展了以"图底关系（黑白两色）"为特色的城市形态比较研究。

同时，从城市历史视角，尤其是跨文化下的城市"模式"研究也主要来自美国[2]。作为最年轻的文化，以及美国的实用主义思想，都支持科斯托夫等美国学者通过 5 种左右的模式类型，涵盖人类历史上的主要城市形态现象，并包容欧洲繁杂多样的历史和理念，这种实用主义逻辑当然是历史研究十分需要的策略。

欧美其他各国也在上述三种思维类型中各有归属。如希腊与意大利共享了理性主义理念；西班牙在思想[13]文化方面紧随法国，近年来西班牙学者布斯盖兹（Joan Busquets）[3]的城市形态比较研究引人关注[14]。稍有特殊，德国[15]（包括荷兰[16]）既有欧洲理性主义思想传统[4]，又与英

---

① 林奇曾三次从不同视角提出过城市形态类型，一种包含 10 种模式，Star（radial）星形（放射）、Satellite Cities 卫星城、Linear City 线形、Rectangular Grid city 正交网格城市、Other Grid（parallel, triangular, hexagonal）其他网格（平行、三角形、六边形）、Baroque axial network 巴洛克轴线网格、The lacework 线形、The "inward" city（eg, medieval Islamic）内向城市（中世纪、伊斯兰）、The nested city 雀巢形城市、Current imaginings（megaform, bubble, floating, underground, undersea, outer space）当前的想象（超级形态、漂浮城市、地下城市、海下城市、太空城市）；另一种模式类型包括 5 种，Axial network 轴向网格、Capillary 毛细管状、Kidney 肾形、Radio-concentric 放射—同心圆形、Rectangular grid 方格网形。凯文·林奇在《城市形态》书中针对大尺度城市整体和局部两个层面，提到第三种分类，包括星形、卫星形、线形、方格网形、其他网格形、巴洛克网络形和花边形 7 种。
② 美国两名著名城市历史学者，科斯托夫和万斯。科斯托夫两本著作《城市的形成：历史进程中的城市模式和城市意义》和《城市的组合》是从两个尺度层面研究城市形态。前者侧重于城市整体，正如科斯托夫自己说的："城市模式以空中的视角，在一种整体城市图景当中审视其城市的形态"；而后者（《城市的组合》）则主要侧重于城市形态的构成要素。《城市的形成》论述了历史上在各种文明中运用的五种城市形态的形成途径，有机模式、网格式、壮丽风格、图形式和天际线。《城市的组合》研究城市的构成要素，如城市的边界、城市的分区、公共场所，以及城市的演变。詹姆斯·万斯是加州大学伯克利分校的地理教授，但却更像是历史学者。《延伸的城市》解释了"形态基因"的含义，论述了城市形态同各历史时期社会、文化、经济状况的关系。
③ 胡安·布斯盖兹的跨文化比较视角，总结了五种专指早期殖民时期的城市形态模式——法国西南的巴斯泰德，遍布美洲的西班牙城市、新法国城市模式、英国美洲殖民城市、荷兰殖民城市。
④ 信奉理性主义的欧洲人，对于他们长久生活的城市及其形态，有很固化的认识——认为如同建筑的"原型"一样，城市形态也存在"原型"。

国同属北欧日耳曼民族。因此，尽管德国、荷兰、丹麦等国在城市形态模式方面显著区别于法国、意大利等地中海地区。但几个北欧国家却与后者共享着近似的城市设计理念，包括同样的理性主义和"原型"现象。位于大洋彼岸的美国则有别于前面欧洲各国，是更多受到商业文化影响的实用主义[17]，而同样推崇商业文化的荷兰，也被认为在理性主义中掺杂了较浓厚的实用主义。

**（4）城市形态模式研究的原则**

为使本次研究能兼顾抽象绘图，以及真实的城市体验，联系本书工作，概括出以下几条原则。

首先，本次研究要坚持"模式"策略，选择"可视"恰当尺度，突出研究重点；第二，本次研究需要面对8个国家和22座城市，跨文化的比较分析策略必不可少；第三，也要突出不同国家和流脉文化特色，采取"文化落位"原则和研究思路；第四，在每座代表城市中，精选形态相对典型、更受城市设计业界关注的区域地段的"模块"原则。

**1. 跨文化的"模式"研究原则**

本书阐述的重点在于西方整体城市形态和城市文化内部的差异性。"模式"概念有助于面对复杂多样的城市形态现象，利用其对城市形态相对抽象、泛化的理解，不纠结于细微含义的概括理解和表达——在适当忽略建筑、环境等细节的前提下，围绕城市街道、整体格局等关键形态要素，开展各国"文化"类型下的差异性研究。

多文化的"比较"研究，可以借鉴法国、西班牙、美国学者的跨文化比较方法，如科斯托夫模式理念[22]；以及胡安·布斯盖兹的城市形态比较思路。

**2. 可视且可比较的恰当尺度原则**

选择"可视"尺度，是建筑学和艺术设计学学科要求，是强调"视觉"感知下的研究范围和选择[23]。要求本次研究的尺度范围不宜过大；选择"可比较"尺度，则是本次研究同时面对8个文化流脉的需要。要求研究尺度既能涵盖传统特色地段，又包含当代主要的更新建设区域，因此研究范围又不可能太小。"可视"和"可比较"两方面也需要加以平衡。

关于"可视"尺度的选择。自1960年代后西方学术界包括建筑学、人文地理学等领域，不约而同地出现了重视人的感知的研究视角。同时，除了人们能借助"眼耳鼻舌身意"等自身生理感官外，现代科技支持下的卫星和GIS等现代科技也赋予人们观察更大尺度城市形态的能力，例如德国荷兰的区域大尺度研究。但联系本书主旨，这些超大尺度和空间领域不涉及设计艺术和美感，城市形态仅仅作为一种针对社会、文化、制度等问题下的研究媒介。因此，人们能通过自身生理感官直接感受的"城市肌理""天际线""街景""公共空间"等，才是建筑学和城市设计学科所关注的"设计艺术"问题。其中重点关注涉及形态的"美感"及其设计的"秩序""组织""层次"等审美相关话题；相反，超出人们生理感官能力之外的区域、大都市等尺度，则并非建筑学和城市设计研究领域的重点，尤其无须从"审美"和"设计"的角度进行评判。

　　而对于本书"可视"的具体尺度，参考本书中涉及城市形态的最大照片来自从民航飞机拍摄的高清照片估算，为约 10 公里视域范围。对于这样超大的视域范围，除了部分城市的素材来自作者实地调查拍摄，当代 GIS 等地图技术也能提供更为丰富的底图选择，例如本书就选择基于 OSM 的城市肌理成果开展进一步的研究和绘图。

　　关于"可比较"尺度的选择。"比较"既涉及①每座城市不同地段的形态比较；还包括②由于不同国家城市之间的比较。对于前者的单一城市，研究视域下的约 10 公里的巨大范围，从对"现代城市形态和设计"的研究视角看，显然并不需要进行每一寸土地的筛查，而仅需要提取具有代表性和典型性的地段（图 1.7）。而对于后者的不同城市之间的比较，由于各个城市规模大小不一，尺度过小会遗漏城市格局结构等关键形态要素。同时城市中心区是城市形态的首要特征，应尽量涵盖城市中心区的整体范围。

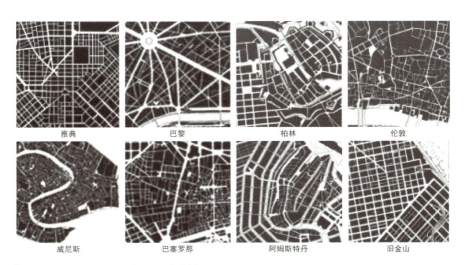

雅典　　　巴黎　　　柏林　　　伦敦

威尼斯　　　巴塞罗那　　　阿姆斯特丹　　　旧金山

**图 1.7　不同文化流脉的中心区形态比较**

（来源：雅典，作者，其他，阿兰·雅各布斯）

19

综合"可视""可比较"两者平衡之下，本次研究选择阿兰·雅各布斯[19]以街道形态为重点的 1 英里见方的研究方法（图 1.7）。1 平方英里见方等国际普遍的研究范围，既能涵盖绝大多数城市的中心区范围，也并没有超过人的正常视域范围，如果可以站在山丘或高楼等恰当的观景点，视野会完整包含 1 平方英里范围。

3. "文化落位"原则

本次研究将面对 8 个国家和 22 座城市。不同国家、各个城市各具特色，本次研究旨在揭示这些特色和特征，并将文化和艺术特色的研究放在突出位置，给读者尽可能提供更加鲜活生动的文化风貌和城市形态。本书将这一思路概括为"文化落位"原则，试图通过街头实景、高空俯瞰等高清彩色照片，与相对抽象的模式图示相对接——让学术领域的城市形态，映照进鲜活真实的风景，大千世界的烟火。

4. 模块优先的原则

对于 1 平方英里研究范围的选择，借鉴萨林加罗斯（Nikos A. Salingaros）"模块"观点[18]——"内部联系程度更高、更紧密的地段"；以及康泽恩城市形态学对"规划单元"建设年代和最初功能的标准，在选定研究地段范围时加以参考。

此外，"模块"原则也契合"模式"概念，与其他城市形态概念的区别在于"模"这个字，具有"模板"，可复制和一定的普遍意义，是开展较大范围和较多案例比较研究较适合的方法。

## （5）模式研究的"图示"

城市形态"模式"的获取方式，显然需要通过实地体验，并能获取和记录相关一手资料。

最直观的是走入其中，如同一个普通人的日常生活一样。例如学者戈登·卡伦和塞尔日·萨拉[21]都通过城市空间中视点切换，形成了对城市形态的解读。（图 1.10 下）

但也正如日常生活与科学研究的差别，仅靠两条腿和头脑中的记忆，难以据此开展城市研究——即使走入其中，漫长的行进路程，也存在感受转瞬即逝，缺少理性提取等问题。如果面对多座城市，就更加需要一定的理性提升，以及构建逻辑。

其他类似可供选择的方法还有，照片、绘画等二维媒体，但这些都仅限于很局部的规模面积，对于建筑单体或许适合，但对于城市则显得单薄无力。以往"城市天际线"等能将城市景观压缩为可以感知的方式，但也

**图 1.8 三维城市形态模式 [ 1. 城市和区域（100 公里²）]，图示 1. 从民航飞机视角**

（左图：更高视角的雅典；右图：低视角的塞萨洛尼基）

**图 1.9 三维城市形态模式，2. 城市及其中心（1 英里²）**

左上：从电视塔视点（柏林）；右上：从无人机 100 米高度视角（那不勒斯）；下图：从城市山丘（巴黎蒙马特高地）

**图 1.10 三维城市形态模式，3. 街区（800 米²）**

（来源：左图：Gordon Cullen；右图：Serge Salat）

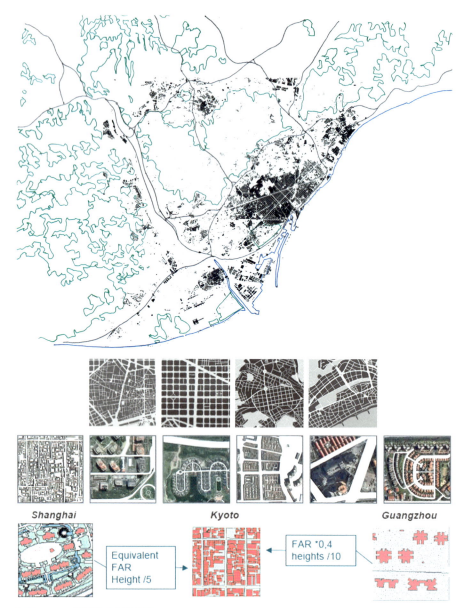

**图 1.11 二维城市形态模式图示**

1平方英里范围(中间一排)主要体现空间结构,但能反映城市主要地段;800×800 米(最下一排),(下图)指标分析(来源:Serge Salat)能体现建筑和景观,但尺度偏小,不能反映完整的城市地段

同样存在信息有限的问题,只能表达三维上有限的高度梯度等信息。

不同于这些常规生活下的感知方式,当代科技给人们提供了脱离地面,上升到空中的城市整体感知方式,摩天楼上看,飞机上看,卫星地图看。随着视点的提升,视域扩大,但所感知到的城市也越发抽象,并失去三维立体特点。而如果视点变得极高，就能获得接近于总平面图的影像，而当代大数据正是在此基础上所形成。

但诸多这些科技支持下的感知方式，共同点是"虚拟化"和"抽象化"，是在真实世界基础上，过滤掉了绝大部分信息，当然城市形态中紧密相关的文化信息也所剩无几。

一些前人的研究也直接影响到本书构思和研究方法。

较重要的包括美籍希腊学者萨林加罗斯的城市结构原理中的"模式""模块"观点，及其"内部联系程度更高、更紧密的地段"等几个特征；西班牙的胡安·布斯盖兹的图示方法，阿兰·雅各布斯—索斯沃斯[20]、法国的塞尔日·萨拉《城市与形态》等发展的标准图示方法等[21]。

对应在图示上，就相应有了城市及其中心（1英里$^2$）、街区（800 m$^2$）、建筑（200 m$^2$）三种较常见的城市形态分析范围（图13）。比较之下，城市及其中心（1英里$^2$）的尺度，能反映城市主要地段并更加具有城市整体结构视野。而更小的尺度，街区（800 m$^2$），建筑（200 m$^2$）尽管能体现建筑和环境，但却会偏于琐碎，不容易与城市尺度构建联系，因此是本次研究将"城市及其中心（1英里$^2$）"作为主要尺度范围（图1.10、图1.11）。同时也尝试更多引入实景照片，弥补该尺度过于抽象的问题。

因此，理想的研究方式是兼顾两者，既有真实城市形态的实地体验；同时也能获得先进当代科技的支持。作者也在研究过程中努力践行这一原则，并在研究和调查过程中借助尽可能多的观察感知方式，空中和地面、科研和生活、低速和高速等，无人机和GIS，以及民航飞机上的观察等。在书中也会尝试据此获得多种感知方式的叠加认识，并给不同文化流脉的比较和特色，提供彼此验证的论据。

## 理念

各种城市形态产生发展，离不开人们对其思考、创造和展望，即所谓的"理念"。换句话说，面对城市形态这一客观存在，人们可以从千百种角度认识思考，但最终能影响到城市形态发展演变的理念却极少，但也正是这些很少的思想理念被人们永远铭记下来，也就是本书这里要讨论的城市设计"理念"。

这里仅从中提取 10 种划时代的代表性理念，分别是：

按照西方城市设计理念的演进脉络，可以分为①前现代主义的城市原型[①]；②殖民城市[②]；③空想社会主义的社会形态设计[③]；④城市扩建[④]；⑤城市美化运动[⑤]；⑥现代建筑运动[⑥]；⑦花园城市和新城[⑦]；⑧现代城市

---

① 从西方城市发展历程能清晰看出，欧洲人内心深处对城市形态至少有两种坚定看法：①小规模、人性尺度的城市规模；以及②教堂等公共设施统领下的市镇设计景观。前者是一种平面格局的表达，希波丹姆斯模式、营寨城、文艺复兴理想城市等都是如此，城墙构成了安全的可防御范围，以及小规模舒适的宜居尺度；而后者则是在安全舒适的小尺度范围内，进一步增加了"三维"景观要求，起伏的地形和教堂的统领……这两样可认为是西方城市的形态"原型"。但在不同文化流脉下，又显现出不同的形态模式。

② 殖民城市最早含义是古希腊古罗马为保持原有城市"小而美"等西方城市感受，源于古希腊城邦文化，并通过殖民和营寨城的方式，将人们喜爱的小城市模式散布到地中海沿岸，甚至整个欧洲。而当代狭义的理解下，殖民城市又指 17 世纪后西班牙等国在欧洲之外土地的殖民地建设。同时，在城市形态上延续营寨城主要特点，依据网格格局的特征。

③ 空想社会主义从始至终更关注"社会形态"，而非本书的"物质形态"，尤其侧重于制度设计等。也正因为如此，空想社会主义少有实现，以至于被看作"空想"。其中，较成功和持久的实践，除了欧文（Robert Owen）的新协和村外，还有戈丁（Jean-Baptiste André Godin）的法兰斯泰尔。1859—1879 年间，法国企业家戈丁建设了容纳 1000 名工人的生活区，并配建大量教育和娱乐设施。此外还包括饲养场、农场菜园、实验室和泳池。戈丁晚年的一次谈话强调了空想和规划建设、导师傅里叶和他自己的本质区别等问题："构想是简单的，但实际做事却是很难的。没有精心的策划，没有大家的支持，这个社会改革尝试也不会获得成功。我们梦想中的大厦也永远无法走入现实。我是实业家，需要考虑实际行动，大家普遍接受的理论是有必要的，但乌托邦却没有理由留下了。"戈丁所言也印证了 1872 年恩格斯的评价，"法兰斯泰尔仅仅是一次社会主义实验"。

④ 城市扩建始于维也纳扩建，具体城市设计模式是拆除中世纪城墙，代替以环形林的大道，并在新城采取有秩序、大尺度的形态模式；在旧城内增加广场、大道。此后，米兰、柏林等欧洲主要大城市均借鉴了类似做法。

⑤ 城市美化运动来源于文艺复兴的意大利开敞大道，却在引入法国后被作为皇室风范而被发扬光大。此后的豪斯曼巴黎改造对整个西方社会影响深远，不仅在此后的欧洲大城市扩建过程中，作为成熟可靠的景观环境提升策略；对大洋彼岸的美国更因其能带给欧洲移民久违的家乡情怀而被广泛应用。同时，美国借助空旷开敞的城市用地，进一步将公共设施的布局和联系，纳入这种由景观大道和壮观地标构成的空间体系，形成了整体化的、有明确景观控制意图的城市形态特色。

⑥ 现代建筑运动是 1920 年代后持续近 50 年的建筑学主题，其中城市设计是最主要的领域之一。1928 年成立的国际建协，以及在瑞士会议召开的国际第一届建协会议（CIAM）展示了当代现代建筑运动所共享的一系列设计理念。包括从最初的形态"简化"、工业化的大规模房屋建造，到高层建筑形态等。在城市尺度下，最突出的理念是"功能城市"下的城市分区、社会住宅建设和现代交通体系，以及这类思想在《雅典宪章》中的系统表达阐述。但从 1970 年代后，由于欧美各国地域文化受到重视，持续近 50 年的国际建协的现代运动之火逐渐熄灭。

⑦ 新城和郊区是 20 世纪初以来欧美主要城市扩展模式之一。受到霍华德田园城市理念影响，并在欧美国家解决大城市住房问题方面有广泛影响。英国、法国都有国家层面支持的多个新城；美国更是通过联邦住宅建设的相关法令，以及金融体系的支持，形成了郊区蔓延式发展。20 世纪末，欧美新城和郊区建设有所放缓。但 1990 年代个别欧洲大城市周边的新城建设又进一步展示出多种新形态，汉堡新城、巴塞罗那新城为代表的新城模式，以临近中心城市，结合港口更新，以及创造知识经济的特征，在城市形态和城市设计上，再次展示了现代风格。

设计①；⑨遗产城市②；⑩人居③（如图，具体理论的详情见注释）。这些理论通常会分为 3 类。以现代社会为界，分别是，①前现代②现代③现代之后。其中第三阶段"现代之后"又有"后现代"等多种称谓，同时也多会从"反现代"的视角对其审视。

而这三类理论，如果对应城市的形态标准，又呈现出"从无形，到有形，再到无形"的演进过程。

所谓的第一个"无形"，指前现代时期的城市，都因历经长期演变下的社会格局，以及就地取材的建造技艺等原因，城市虽然形态优美，但绝少人为刻意设计布局，是无为而治的"无形"状态。人们将城市的形态作为心中的"愿景"，抽象、模糊、朦胧而美好；而现代社会的建筑师登场，并相应对应了标准、规范、准则等"有形"的要求后，却并没有如愿带来优美的城市形态；相反，更多是僵化教条的设计；在此后，20世纪末以来，尤其是当代联合国主导下的遗产城镇和人居理念，则再一次回归为"无形"，而这里的"无形"并非不重视形态，也不是不采取措

① 尽管城市出现之初就伴随着城市设计，但通常认为现代城市设计始于 20 世纪初前后，以卡米洛·西特（Camillo Sitte）、贝尔拉格等欧洲建筑师的实践为代表。王建国主编的《城市设计》作为目前我国高校统编教材，书中谈到，始于 20 世纪初现代主义城市设计，开始结合社会经济和科技发展……尊重人的精神要求，注重生活环境品质及城市资源的共享性。即不仅仅局限于对物质环境和形态的强调[28]。但城市设计作为理论学科的创建则要推迟到 1956 年塞特（Josep Luís Sert）在哈佛大学设计研究生院开设城市设计课程。此后，随着 1971 年旧金山城市设计规划被纳入城市总体规划，行使了法令职能，被认为是现代城市设计的开端。今天，城市设计广泛运用到城市规划管理的全过程、各尺度层面，对城市形态的塑造起到了重要作用。

② 1972 年联合国教科文组织推出《世界遗产公约》以及公约配套的《实施指南》，世界遗产名录开始创建。学术界也逐渐明确了历史城镇型遗产的主导理念及其景观管理策略，使当代遗产城镇的保护利用模式进一步明确。联合国遗产中心班德林（F. Bandarin）和吴瑞梵（R. van Oers）（2017）[4] 进一步将此概括为"历史城市管理的四个支柱"，即类型-形态学分析、遗产保护、适度的改造修复项目、当地居民的参与过程。自此，基于联合国"软法律"性质"历史性城镇景观（HUL）"理念，及其所形成的国际标准下的"基于价值的综合景观方法"，城市形态研究和城市设计，分别对应"类型—形态学分析"和"适度的改造修复项目"进入世界遗产视野，受到进一步重视，并推动了当代城市遗产有效管理。

③ 联合国人居大会每 20 年举办一次，目前举办了 3 届。尽管涵盖人居的广泛领域，但其中仍渗透有部分城市设计理念。其中，2016 年厄瓜多尔基多人居大会形成的《新城市议程》，针对当今诸多城市问题，提出了"城市转型发展"理念，作为实现城市可持续发展的具体行动纲领。《议程》强调城市规划的作用，认为城市与区域规划，覆盖了从跨境规划直至住区规划的层面，其空间面积可能从大到几万、几十万平方公里，小到几十公顷的范围，对当代城镇化具有普遍价值和作用。《议程》归纳了以下城市问题：国家城市政策不健全、部门政策不协调、与地方发展目标不一致、基础设施和基本公共服务不足、规划缺乏长远观念、贫民窟与非正规住区公共服务严重短缺、城市蔓延发展、自然和人为灾害频发、城乡割裂、生态环境恶化、房地产投机、金融信贷危机、政府服务低效、城市丧失特色、文化遗产和生物多样性遭受破坏、公众参与不够、缺乏有效的实施与融资机制等。同时，《议程》提出"公共空间引领"概念，将公共空间定义为"包括街道、步道、自行车道、广场、滨水区、花园、公园等"在内的多功能地区。

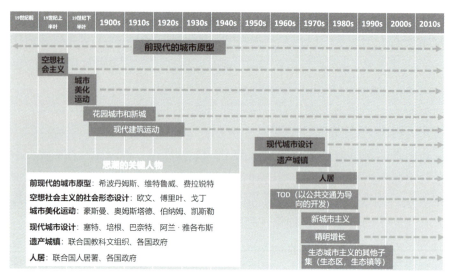

**图 1.12 20 世纪以来的各种城市设计理念及其演进**

（来源：作者根据阿约布·沙里菲思路绘制）

施；这些努力的思路主要是尊重多种文化下的城市形态多样性和特色，避免国际式的单一感，以及重在激发地方文化下的生命力和个性活力等。

　　20 世纪后"有形"的"现代"社会，在整个历史进程中显得特殊。现代社会很大程度上等同于工业化，建立在"福特主义"的大规模生产基础上——城市"有形"的形态也来自工厂、模具和流水线。人口密集，环境拥挤之下，现代社会的城市形态，基本等同于"工业形态"。也正因为如此，当代随着工业时代的逐渐远离，城市形态研究的"反现代"特征突出，文化包容和地域性等话题的重要性也越发明显。

　　这里的城市设计理念，广义上包含所有理念；而狭义上则主要指被作为历史一部分的有影响力的城市设计理念。这里仅讨论狭义上的含义。每一种城市设计理念都是经典，具有一定的国际影响，同时也受到自己所处文化的影响。而作为某种文化流脉的佼佼者，一种先进的理念总是被试图用于证明自己在文化流脉比较中的先进性，尝试在文化流脉之间传播。但也多会最终随着自己文化流脉的沉浮而衰败并被替换。正因为如此，当代各国城市设计理念更愿意探索自己文化流脉内部的地域特点，而很少有哪一种理念在乎是否具有国际流行价值——相应地，20 世纪末以来城市设计理念更强调各自的"反抗性"，摆脱国际式的单一模式，走向自己所处的地域特点。

因此，如果我们带着当代人的视角，回溯这段现代城市形态"理念"发展历程，初步能归纳以下几个基本特点和规律：

### （1）经典始终存在，形态永不磨灭

思想史，或所谓的理念演进历程，都是"经典史"，城市设计的思想史也是汇集了人类最宝贵的思想智慧。相反，一般的理论思想也会有生命，从兴起到消失，大多数思想理念仅能服务于属于它们各自的时代。相比之下，经典思想，或载入人类史册的理念，则更具恒久生命力。例如古罗马的维特鲁威城市设计理念仍然能启发当代人们的思想，依循他们思想所形成的城市，也都是当代的遗产——两者互相依存，经典城市理念和遗产城市彼此印证。其中每一种经典思想只存在产生时代的"远与近"，而没有"新与旧"。

### （2）跨文化传播、跨时代迭代演替

载入历史的经典城市设计理念通常始于一种文化流脉，此后跨越流脉广泛传播。作为先进文化的流脉，则更愿意看到其所倡导的文化能被更广泛地传播，以至于尽力推波助澜。因此形成了城市设计理念特定的"自上而下"地从具有较强文化影响力的流脉，向相对弱小的或并非当代文化主流的地区传播。例如当代德国汉堡城市更新中曾有大量来自美国设计事务所的城市设计和建筑设计作品，可以用这样的逻辑解释。

正是这种发达国家主导的文化话语下，也导致从历史整体进程上看，城市设计理念同大国崛起和兴衰历程紧密相关，并人为将连续的历史划分为若干分散的"时代"。

当前世界虽仍在以欧美为主导的西方国家的文化主导下，但也慢慢走向多元化。另一方面，在城市设计领域同时也体现为通过联合国等高于国家层面的国际组织，追求被视为"跨越了东西方文化"的普世价值（OUV）。但事实上，一方面大多数情况下国际组织仍旧站在（美国等）主流文化的视角；另一方面，其所持理念仍旧带有居高临下的文化优越感，而当代更多观点质疑这种文化优越性。导致当代城市设计领域关于"话语"或"话语权"的争议不断。[24]

### （3）走向反抗性和地域性的当代城市设计理念

各国国情差异悬殊，具有广泛影响力的理论也并不能保证在其他国家成功实施。

　　20世纪后期，以国际建协（CIAM）的终结为标志，年轻建筑师反对国际化教条化的建筑和城市设计理念，最初是探索个性表达，此后逐渐走向以各个国家为单位的理论探索。导致近年来的"地域性""在地性"等理念纷纷出现。[25]

　　在后面8个文化流脉的分别讨论中，将"流脉""模式""理念"三个概念渗透到后文第2—9章内容。包括各"流脉"的文化历史特征；代表城市形态的"模式"及其图解；以及各文化流脉中具有影响力的"理念"、代表性的城市设计者，及其对城市形态形成发展的关系等。

# 第二部分

西方文化各流脉的城市
形态和城市设计

"西方"一词最初源于古希腊人以自己文化为"中心"的视角，认为希腊的"西方"作为"日落之地（希腊语，ereb，欧洲一词的来源）"（图 2.1），也就此赋予欧洲"西方"的含义，并由此固化延续到今天。

此后以古希腊民主—古罗马理性思想为核心的西方思想，也大体按照从东向西的方向依次传播变迁，最终遍布整个欧洲大部分地区和大西洋两岸（图 2.2）。同时，文明所经之处又会因当地风土而结出形态不一的文化果实，包括此后不同历史阶段作为文明中心的各个国家。

尽管文明的中心更迭，但每一种文化也都因曾经的繁华留下了引以为傲的印痕，一方面表现为独特的民族精神，是深藏在人们心底的、无形的文化特质；而城镇遗产则可被认为是最为直观明显的外在证明，也是本书关注的"流脉"的源泉。

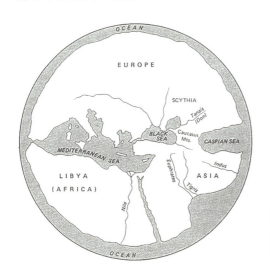

图 2.1　赫卡泰戊斯（Hecataeus）的世界地图

（来源：[1]）

图 2.2　基督教传播路径下的文化分区

（来源：费尔曼[19]）

31

# 第二章　昔日荣光的引领：希腊城市

尽管拥有无比灿烂的过往，希腊却因西欧的崛起而在历史中逐渐衰落，也随着世界重心的西移，近代早期工业文明后的希腊曾被归为"东方"范畴[2]，被欧洲人视为陌生、羸弱，可以被抛弃的地区。整个现代时期，希腊都不再是那个遥远的文明中心，缺少先进科技支持，一直难以摆脱奥斯曼帝国统治的过往影响，在文化方面更接近于前南地区，经济社会发展水平方面也一直是欠发达地区。

同时，希腊仍有鲜明的现代意义，一方面，希腊正是在现代社会后被西方逐渐发现、接纳并尊崇；另一方面，从希腊19世纪初独立和建国伊始，就要持续面对国家现代化进程，以及雅典等主要大城市的更新建设问题。同时，希腊对自身古老文明的坚守，与现代西方思维的持续注入的尝试交织在一起，传统和现代两个主题共同构成了现代希腊社会发展的主基调。

## 被重新发现的希腊文明

这里不再赘述希腊古代时期辉煌的建筑和城市设计过往——这些不仅广为人知，也有些偏离本书的"现代"主题。因此，这里仅讨论西方现代社会对希腊文化的"再认识"这一话题。

所谓近代以来被"东方化""被漠视"的希腊，学者们认为其主要原因之一，在于它衰落后的平凡甚至败落的城市风貌。16世纪末的文献里 ①[2]，对雅典的描写是："希腊最崇高的城市，一切学问的源泉。如今这片土地只剩下了茅舍矮房。"此后，人们对雅典的印象主要来自水手们在船上远眺获得的整体印象，甚少能在此登陆体察。但若仅靠从海上远

---

① 该评述来自 1578 年法国出版的《地理同义词》[2]。

眺，这里又被起伏的山峦所掩映，一次只能看到有限的城堡和一些零星的草房。即使天际线制高点的雅典卫城等史迹隐约可见，但也只能给人一种荒芜的印象。因此，雅典一直没有进入欧洲人的视野，罗马、君士坦丁堡、耶路撒冷才是那时的传统中心。甚至现代时代后，古希腊被重新认识的初期，雅典仍没有被认可，最先被发掘的"地下城市"特洛伊才是当时认可的古希腊文明中心。其中原因，此时希腊城市中浓郁的伊斯兰风貌是主要原因之一——虽然缺少雅典等希腊建国前的图示，但从画家休伯特·萨特勒（Hubert Sattler）1844 年对奥斯曼帝国主要城市伊斯坦布尔画作中看出类似的希腊城市风貌，城市中遍布着清真寺、伊斯兰苏丹王宫和大市场（图 2.3）[3]，总之，一切同西方社会的精神愿景相去甚远。

西方对雅典最初的勘察，来自 16 世纪文艺复兴后法国文人的"雷旺达游记"①，及其对这里的基督教情况的记载。游记中对这里的评价相对平淡普通，并无过多溢美之词。直到 1674 年，法国人雅各布·斯蓬才首次在一篇《关于雅典城的现状》[2]中表达了对帕提农神庙的详细描述和

**▌图 2.3　奥斯曼帝国时代的苏丹王宫遍布的伊斯坦布尔**

（来源:[3]）

---

① 雷旺达旅行："雷旺达"，16 世纪对希腊的多种混乱称呼之一。在当时盛行的旅行游记创作中，驻君士坦丁堡的法国大使达拉蒙等相关文人所记述的旅行见闻中，围绕这一时期奥斯曼帝国穆斯林统治下的基督教文化为主题，被统称为"雷旺达游记"。

由衷赞美。自此，雅典城内的古代遗迹开始为人们所知并逐渐重视。

18 世纪中期，两位英国人对雅典古迹保护有重要贡献，他们是建筑师詹姆斯·斯图尔特（James Stewart）和画家尼古拉·里维特（Nicolas Rivetle）。1751—1753 年间两人结伴在雅典生活三年，投身雅典古迹整理，完成了多卷本巨著《雅典的古代遗址》，并证明雅典是"一座活的历史城市，一座保存了大量文物古迹的城市"。他们的发现轰动了欧洲，引领了英国此后的"希腊趣味"文艺风潮。

18 世纪末，欧洲各国不约而同地推崇希腊。认为相比于同时期罗马，古希腊文明更优秀。当代学者在反思这一文化评论转向时认为，与罗马作为长期以来的欧洲正统相比，希腊城市中却有明显的新意（尽管其历史更悠久）。或许是西方文化厌倦了长期以来等级化、形制化的主流（罗马）文明，如果通过重新定义一个不同寻常的文明巅峰，对整个西方文明体系里诸多领域来说，包括建筑学和城市设计，都面临重新洗牌的机遇；也会为审美和理论创新带来更广阔的空间……因此，当时整个西方社会纷纷对希腊文明的回归报以一致的赞同和响应。

此后，希腊文化作为西方文明之根的认识得以确立。希腊城市形态的突出价值也不时被重提，并在 20 世纪后进一步巩固和凸显，如两次大战之间的"浪漫希腊主义"的文化运动。此外，作为西方最悠久文化的见证，在当代多次城市思想转型节点，选择雅典的环境背景。如"修复宪章"（1931 年，文物保护领域）[5]"城市规划大纲"（1933 年，此后的"雅典宪章"，城市规划设计领域）等国际文件[1]，都将雅典作为文件签署地。

而今天，希腊"昔日光荣和现实困境""西方影响和民族意识"是当代矛盾。雅典卫城等诸多历史文化遗存，无时无刻不在提示希腊过往的城市荣耀，更要做好现代城市设计与之匹配相称；但同时，"希腊一直与贫穷画等号（汉密尔顿语）"[4]国家仅有的旅游业等少数优势产业，不仅对国民经济占比小，更是波动大，很不稳定。2008 年希腊经济危机波及整个西方经济金融体系，希腊政府甚至濒临破产的边缘。

另一方面，西方社会对希腊具有特殊情感，崇拜希腊过往的辉煌，

---

① 1931 年，召开了"第一届历史性纪念物建筑师及技师国际会议"。会议就遗产保护学科及普遍原理、管理与法规措施、古迹的审美意义、修复技术和材料、古迹的老化问题、国际合作等议题进行了讨论，并通过了《关于历史性纪念物修复的雅典宪章》。而雅典则被作为遗产修复的典范。1933 年，国际建协（CIAM）大会安排在从马赛到雅典的轮船上，经过沿途历史城市考察和 15 天航程讨论，在雅典上岸后，集体讨论形成了"城市规划大纲"，强调城市四大功能和功能城市理念。此后，柯布西耶在此基础上编辑形成"雅典宪章"。

景仰这片土地上的众多先贤和思想。因此，一旦希腊陷入危机时刻，或某种发展关键节点，也均愿意施以援手，如 2008 年希腊经济危机下的西方联合援助；乃至于会对希腊政府的判断主张指手画脚，横加干涉。最典型的是二战后在划分东西方阵营过程中，西方对希腊的国家意识形态走向选择有决定性的干涉。当然，在城市设计领域，类似的西方影响也更多更频繁，而在希腊民族意识增强下，对西方的反思和抗拒也更坚决。

## 矛盾纠结的希腊当代社会和城市设计理念

自 19 世纪初希腊摆脱了长达 5 个世纪的奥斯曼帝国统治，成为一个独立国家后，最初不断有来自欧洲发达国家的城市设计理念介入，可以理解为西方文化试图向新希腊传播植入，以及希腊借此顺势对原来伊斯兰文化影响的清洗剥离；但很快随着希腊文化"再发现"历程及其民族意识逐渐树立，希腊城市设计者开始更热衷于探索源于悠久希腊文化之根的现代城市设计思想。

巴斯提亚（Eleni Bastea）[7] 认为，希腊现代城市规划设计有诸多矛盾，包括"希腊本土与西方等周边文化影响的矛盾""希腊政府和规划者与中下阶层公众的矛盾"等。具体来说，由于希腊文化被长期湮没，缺少被西方社会的认同和理解，因此在 19 世纪希腊建国后的建设过程中，一方面接受了来自西方国家主导的规划设计；同时又不断加强对自己希腊文化的确立和坚持，形成了"对西方化的交替接受和抵制"。同时这一过程中，也极力避免受到伊斯兰文化主导下的土耳其影响。

当然，当时人们热衷于引入的西方城市模式有特定原因。希腊学者耶洛林波斯（Alexandra Yerolympos）认为[18]，不论是 20 世纪初前后德国辛克尔风格的古典设计，还是当时流行世界的法国豪斯曼模式，一旦西方规划师着眼于将自己国家追求的"理想城市"模式，用于希腊这一东方异国土地时，总是有意识地抵制希腊本土文化，从而最终远离希腊人心中真正的理想城市，走向了殖民城市的老套路——尽管它们看起来"组织良好、整齐有序，功能齐全，路网系统完整，性格外向……"，但事实上希腊人并不愿意接受，包括城市形态的思想深处，崇尚西方平等主义民主等内核思想。

因此也毫不意外，这些在西方有影响力的城市设计理念都没有在希腊得到广泛认同；相反，在逐渐树立起来的希腊民族传统影响下，19 世纪末希腊的建筑理论认为"视觉"作为最重要的感官，应重点讨论建筑和城市的实际建成效果，从而引入了"三维"景观这一具有现代城市设计特点的理念[9][10]。希腊学术界针对雅典卫城等遗迹形成了"风景如画"的景观分析概念，即研究者通过一系列连续的透视图像，来理解传统城市空间进而指导当代规划设计①[11]。

希腊城市中缺少规划机构，城市规划职能掌控在国家层面，而非常见的地方政府。从社会治理角度看，形成了"城市就是一些与国家和中央政府有直接关系的诸多有产者的家"（耶洛林波斯语）的现象。同时又在近代延续了希腊历来的公众参与传统，以及自由规划氛围。因此巴斯提亚提出了一个简单的希腊城市社会模型，一方是国家、行政当局和规划者；另一方是城市公众，在希腊社会，两者处于矛盾和制衡关系——公众抵制前者在规划编制和管控过程中的复杂性；即使在公众内部，不同社会阶层的人们对这对矛盾（政府的规划和公众的城市投机行为）也有极端不同态度，中低收入阶层更加愿意站在政府的对立面[8]。

国家行使城市规划权力，显然不能很精细，例如建筑布局等；仅能完成城市整体结构和道路系统，而建筑形态则通过一定的规范进行约束（图 2.17）。因此，从希腊城市的路网是否完善，即能看出哪些地区有国家的规划管控，哪些又是未经规划的随意开发（图 2.12）。因此，希腊城市中也就可以较轻易地区分出"现代规划模式"和"无规划模式"两种形态类型。

关于希腊"现代规划模式"，读者能在后文雅典案例中了解。这里重点讨论造成希腊"无规划模式"的原因。

希腊"无规划模式"需要追溯二战前后希腊社会和政府较复杂的社会背景。二战后，希腊在政治经济上深受美国影响。希腊采取执政党和反对党轮流执政，并分别掌控中央政府和地方政府。但这一表面的政治平衡，却在城市规划和管理方面形成了一个"死结"——反对党长期掌控城市政权，并处处同中央政府"唱反调"。这一"反（中央）政府"传统，被认为源于希腊中央政府在战争期间剥夺地方政府一切权利的惯例——和平建设时期，地方政府则以"（和平时期）剥夺中央政府"权

① 希腊学者普遍重视城市形态的比例尺度，例如著名学者道萨亚迪斯 1936 年的博士论文就是依循这样的传统视线分析的视角，并影响了他以后多年的工作。论文中，他分析了古希腊 29 处庙宇遗址的几何布局，提出其城市设计与几何视角系统的关系。

力为报复。如此对立的政治环境下，会出现各种不正常、充满矛盾的政策和部门之间的冲突，也导致了战后的雅典长期缺少能顺利实施的城市规划，以至于雅典民众也长期习惯于这样"反规划""无规划"的社会状态。即使有获得审批实施的规划，也常常被公众无视。

希腊"反规划"社会风气下，违背规划法令的非法开发猖獗，但却在雅典社会中某种程度上合法存在——它们利用希腊政府存在的繁琐低效弊端，借助希腊政府部门之间、各种政策之间的矛盾疏漏，会在某一政策环节下"合法"，并在该部门的支持下有充分的"反规划"理由。例如，有些"反规划"建设并不违反土地法规，并得到土地等相关部门的默许和支持。显然，规划部门和土地管理部门之间的矛盾源于政府间缺少协调。政府部门间在城市建设方面的类似矛盾不在少数，如希腊农业部门时常将农牧业用地出售给土地投机者①，这些用地包含居住区规划设计和各种生活配套，而农业部门却"睁一只眼，闭一只眼"仍旧按农牧业土地出售，农牧业用地也被投机者用于居住区开发。到 1966 年，类似的非法社区人口 32—35 万人，竟容纳了雅典期间 45% 的增长人口。

希腊在这样的民众主导氛围下，两个方面特点尤其明显。一方面显然是公众整体上对规划的反对和蔑视，并招致小规模自发进行的、普遍的城市建设活动。读者也可以在后文"雅典案例"中了解更详细的内容；但这种社会氛围也有积极的一面，并体现在希腊历史城镇保护方面的成效。正是在公众积极参与和小规模更新等综合作用下，当代希腊城市保持了最真实的历史风貌，被誉为"传统欧洲的博物馆"。雅典是最能体现古代传统遗产遗存的城市，尤其拒绝了当代现代主义大规模更新，沿用传统的建筑技艺和细部做法。加上卫城伫立在城市中心，统领了城市整体氛围，使城市不论从社会形态（小规模团体的社会组织，原住民生活场所），还是城市空间形态，仍旧是最古老的"希腊"风格。

此外，希腊在城市规划设计的政府体制进一步支撑了上述两个特点。20 世纪以来希腊规划体系中，规划审批权一直集中在中央政府，各级地方政府无权审批规划。尽管 1990 年代末后因奥运建设等原因有短暂松动，也仰仗地方政府的积极性应对奥运等时间紧迫的大项目。但 2014 年后恢复中央集权，所有规划批准都需要总统令，城市规划的中央集权甚

① 卢科普洛斯（Loukopoulos. D）论文中就描绘了类似案例[8]，用以说明希腊政府内部制度的矛盾。1966 年 10 月，在众议院的一场辩论中，一系列这样的报道被公开披露，其中农业部长和他的前任互相指责，称"允许土地投机者通过购买和出售出租给牧民放牧的国有土地牟取利益"。

图 2.4 从民航飞机由东向西看向雅典，1026 米的伊米托斯山横亘在其东侧，雅典卫城位于中缝靠近山地位置

至被进一步强化。希腊如此严格的规划程序下，的确能形成对尽善尽美的规划形态的追求，学术界和规划师都能追求完美的研究和实践；但另一方面，城市活力的维持和发展则更需仰仗灵活多样的实施对策，而这些则是希腊城市设计所欠缺的。

## 希腊当代城市形态和景观

希腊当代城市形态和设计具有几个典型特点。第一，传统形态要素突出。卫城，历史建筑和考古遗址等都被置于突出位置。第二，当代城市更新采取小规模，以及带有自发性的做法，国家和城市对其进行规范化的要求，因此对城市景观形态的影响较小，并能起到延续传统城市景观的成效。

下面会有两座希腊城市，分别是雅典和塞萨洛尼基。雅典是希腊首都和西方文化之源，但近代发展曾出现中断，并主要从19世纪初重新作为首都才开始现代发展；塞萨洛尼基是北方滨海城市，曾是奥斯曼帝国的重要文化中心，城市发展具有更强的连续性。

### 卫城笼罩下的圣地：雅典

纵观整个近代雅典的发展历程，两方面力量缠绕在一起——人们心

▌图2.5　雅典卫城，从东侧的利卡贝多斯山（Lykavittos）看

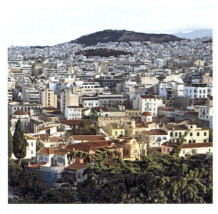

**图 2.6**

从卫城看古城的红瓦肌理（左图）；雅典扩建城区平屋顶形成的一般肌理（右图）

A. 皇家宫殿
B. Kekropos 广场
C. Mouson 广场
D. 次广场

1. 政府部门
2. 集市广场
3. 交易市场
4. 未知建筑
5. 国会
6. 浴池
7. 教堂
8. 雅典学院

**图 2.7**

伯里克利时期雅典的示意图（左上图）；公元前 5 世纪的"大雅典"——包含雅典和港口城市比雷埃夫斯，以及联系两者的长墙（左下图）（来源：[12]）

**图 2.8**

1833 年雅典规划，右图（来源：[13]）

目中的那个完美无瑕的理想城市，一座圣城，充满民族荣光，理应拒绝一切外部影响，并应着力展现城市历史的崇高和精湛技艺等自身特色……另一方面，现代雅典又并不富有，也缺少严谨有序的城市管理和规划，为了生存和发展，一直存在以西方援助为缘由的外来城市设计思想的侵入，以及更多不受约束的违规无序建设。但今天看来，这类建设数量虽多但都规模较小，并对整个城市的形态风貌来说也"无伤大雅"。尤其在雅典探索现代城市模式的道路上，排斥了高层建筑和大尺度开发，城市整体形态仍旧浑然一体，卫城的空间统领作用依然突出。

　　图 2.6 的不同尺度和视野下的雅典城市风貌照片，上述两方面力量一目了然——尽管不够完美，但仍然拥有崇高和神圣，我们也能体会到古希腊精神中的简朴与和谐。正如城市学者卢科普洛斯（Loukopoulos. D）的描述"历史始终存在于雅典，笼罩着城市的空间……它们从卫城岩石高处向外注视着现代大都市的发展"[8]。注视着什么呢？就是城市形态吧，以及城市形态中所包含的一切。

▌ 图 2.9　1933 年雅典规划的建成区（局部）

　　两千多年来的历史发展留给雅典清晰的形态结构。早在伯里克利时代，雅典就围绕卫城北麓形成的老城（图 2.7），今天仍旧依稀能看出留存下来的格局和肌理。在公元前 5 世纪构成的"雅典城市—比雷埃夫斯港口"的哑铃形港城结构，同时，历史上两者之间的长墙也影响了今天的城市结构，不仅长墙演变为皮娅尼奥斯大道（现汽车交通）和塞萨洛尼基大道（现火车轨道），同时，长墙西北侧一直作为工业用地，区别于另一侧的城市和大都市环境。

　　现代雅典的城市形态塑造颇费周折。独立之初的雅典仅为"奥斯曼帝国的一处废弃村庄"[7]，即使三十年后的 1861 年，也仅有 4000 人左右。但新国家和希腊复兴愿景下，人们仍需要思考如何在这个小城镇展示出首都应有的威严和荣光。

在西方规划者的视角下，最初 1833 年规划是典型的西方城市格局——沿袭了"维也纳扩建模式[①]"，并以此彰显希腊作为西方文明一部分——作为曾经的西方文明中心，它的形态显然需要有西方寓意，尽管它来自现代。而当时雅典也希望尽快摆脱旧有的奥斯曼帝国为代表的东方影响，也需要这种西方模式。

为此，1833 年规划中在卫城高岩北麓集中布局，形成三条轴线的空间结构（图 2.8）。王宫坐落在卫城的正北面，林荫大道联系卫城和王宫。这版规划蕴含"古与今交融""国家权力和神权并存"的寓意[8]。规划南侧的卫城作为希腊崇高精神的象征，卫城周边用地被划定为"古迹保护区"[7]。

### （1）20 世纪后雅典城市设计的失效

19 世纪末至 1908 年期间是希腊经济社会的"自由发展"阶段[7]，以雅典为中心建成了全国铁路网、科林斯地峡运河打通后的区域水运网等多项基础设施。雅典在南侧比雷埃夫斯港周边建成了工业中心，雅典—比雷埃夫斯"双城"结构是公元前 5 世纪的"大雅典"形成的（图 2.7），而在 20 世纪初仍旧延续这一结构，进一步将两地之间的用地也迅速开发填充，城市以一种低密度的粗放式模式扩张。

这一时期建成的南北方向带形粗放形态范围，又在希腊特有的相对固化的城市更新建设制度下，被保留延续至今（图 2.10）。

图 2.10　从雅典西侧山体俯瞰城市

从卫城开始，由远及近是：①1833 年规则形态的扩建区，②长墙基础上形成的大尺度工业区，③郊区居住区。

经济的宽松繁荣助长了城市规划的缺失和失控。涌入雅典的下层手工业者甚至冲破了卫城的"古迹保护区"边界，搭建了大量简陋的居所。

---

① "维也纳扩建模式"，是维也纳在 19 世纪初拆除城墙后，在老城周边进行扩建的发展模式。该模式被此后的米兰、柏林等城市效仿。

政府对此选择漠视，也使这片"保护区"被占用至今。

1909年希腊通过与土耳其的战争实现国土扩大，国际地位提升①，雅典中心区规划被重提，其中包括德国建筑师霍夫曼（Luwig Hoffman）的西特风方案，以及英国规划师马森（Mawson）的豪斯曼风格方案。但由于雅典社会认为城市规划和重建事关国王威严，应加倍慎重而不宜贸然实施。就在这样反复比较斟酌下，受到战争影响，几轮规划均不了了之。虽然表面上看，被搁置的规划是浪费了这些西方建筑师们的才华，但其深处则是希腊民族意识抬头下，同西方引入文化所出现的隔阂所致。

回顾这段历史，同德国、意大利等欧洲国家一样，20世纪初希腊城市设计理念活跃，案例丰富，但却少有实施。对于欧洲其他国家来说，是探索和发展；而对于希腊来说，则是试错，证明了西方输出的城市设计理念因文化差异而水土不服。不论雅典，还是后文的另一座希腊城市塞萨洛尼基都是如此。

图 2.11　道萨亚迪斯提出的"城市发展单元"
（来源：[10]）

在多次规划失败后，加上二战时期及此后希腊各级政府在管理上矛盾重重，导致城市规划难以正常开展，进而逐渐导致"无政府"和"无规划"状态。

在没有规划或"反规划"的情况下，雅典就是这样在无序、无规则的状况下容纳大部分城市发展。而在中心区更新方面，也是类似情况，土地业主的自发违规建设频繁。其中，雅典中心区的两项法规进一步纵容了房屋业主的自主翻建扩建行为——"Antiparochi"和"普通建筑标准"（详见后文）又进一步导致城市向更高、更密集发展。

**（2）道萨亚迪斯的建议和现代雅典城市形态模式**

道萨亚迪斯（C. A. Doxiadis）是希腊当代最著名的建筑师和城市规划

① 1910年，希腊自由党人在军人支持下上台，修改宪法并开展进行一系列政治、经济、军事改革，同时与塞尔维亚、罗马尼亚、保加利亚等国建立了巴尔干同盟。通过战争扩大领土，将克里特、马其顿以及大部分色雷斯和爱琴海的诸岛屿，相继并入希腊版图。

师。他曾担任希腊战后重建部门的高级官员，并在此后基于希腊传统的理性思维方法，关注"人居"等全人类可持续发展的话题，成为享誉世界的城市规划学者[6]。

道萨亚迪斯影响了雅典整体格局和扩展方式。

道萨亚迪斯对雅典整体格局观点，体现在多次为雅典提供规划中。最终在 1969 年道萨亚迪斯的规划被接受并贯彻实施①。虽仅有简单的 4 条，但却清晰地勾勒出雅典传统文化、当下发展特征和未来城市愿景。前两条是关于雅典整体的城市结构和分区；第三、四条则提出雅典的整体形态意象格局②。道萨亚迪斯此后在 1979 年给雅典提到的建议又再次强调城市形态格局和城乡协调关系③。

图 2.12　1963 年研究中"反规划下"违背规划法令的范围（深色）

（来源：[8]）

---

① 道萨亚迪斯对雅典的历次规划：1945 年，道萨亚迪斯担任希腊重建部官员编制雅典战后重建规划。规划基于道氏所倡导的区域规划理念，拟在雅典西南部的梅加拉镇（Megara）建立一座卫星城，将城市和国家的行政职能从拥挤的雅典外迁至此。但很快方案被反对而中止，道萨亚迪斯也因此辞职[8]；1966 年，道萨迪斯为雅典提出了发展建议。再次提到政府外迁的设想，并改在雅典北部河谷地区，也未成功。道萨亚迪斯提出的雅典规划四条内容于 1969 年被接受；1979 年配合雅典奥运会规划，道萨亚迪斯再次对此提出规划"建议"。

② 道萨亚迪斯的 1969 年雅典规划四条内容：道萨亚迪斯的雅典规划建议于 1969 年得以接受。经过十年建设，1978 年的一份报告概括了道氏提出的当代雅典城市结构及其主要元素。除了正文中的第三、四条外，第一条和第二条分别是，1. 一条南北向的中轴线，囊括了行政功能和商业等核心功能，东部地区的高收入和中等收入居民；西部地区，包括批发商业区、工业区、国道和铁路枢纽，以及中低收入者居住区。2. 以高收入为主的中部和东部地区，应混合一定的中低收入社区。主要布置在通往梅萨吉亚平原和机场两条发展走廊沿线。每个社区均应配置零售商业中心[8]。

③ 1979 年配合 2004 年雅典奥运会的规划研究，汇集了道萨亚迪斯、科科兰德斯等当代希腊规划精英；但也沿袭了雅典软弱的规划传统，不仅官方名称仅为"建议（Proposal）"，甚至只是"空间管控框架"的建议，接近于我们理解的"概念性规划"。"建议"包括 5 条：1. 人口增长控制。2000 年的目标是 430 万，1979 年人口为 360 万。2. 阻止城市空间扩张，优化已有的空间体系。规划中包含 8 个分区，每约 50 万人（希波丹姆斯的希腊分区传统，50 万人规模也遵循经典理论）；各个中心和副中心应彼此联系并自成一体；3. 畅通的交通网络，重点发展地铁等公共交通；4. 保护和修复环境。治理工业区污染；利用高效农业产业填充村庄间的空地，发展农业；5. 总体规划是一个连续的过程，是政府必需的职能，也应让公众充分了解[8]。

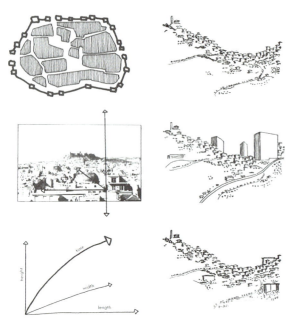

**图2.13**

左图是道萨亚迪斯视角下的"从传统到现代"的希腊城市形态模式,道萨亚迪斯的理念——卫城的关键作用,不仅要在三维上受到控制,在第四维度上,即时间演变过程中也要进行协调;右图是道萨亚迪斯比较了三种城市形态的发展模式,并认为下图的模式能协调形态景观和发展需求(来源:[9])

在1969年的建议中,第三条"生动连续的整体景观意象"提到,雅典从中心到周边分别是①更高、密度更大的中心区、②围绕干道和立交节点周边城区、③逐次外溢到周边的低矮社区,涵盖了高中低不同收入阶层和社区形态,彼此"随机"穿插混合,④最终渐渐与自然形态(山丘、山脉)衔接。区域之间的界限模糊,看似没有尽头,相邻的乡村融入自然景观中。

(第四条)在整个城区中,卫城是一个独立的、与其他格格不入的元素。所有构成城市形态的元素中,不论是建筑还是道路等,都会越接近中心,形态应越复杂。

这一些内容,都充分体现在雅典今天的城市形态中,从作者拍摄的照片中能清晰地看到这些对城市形态整体控制的特征。

道萨亚迪斯对雅典城市扩展的影响,则体现在他"发展单元"的理念中。

他在1960年代末已系统形成了"人居"思想,其中包括"动态大都市(Dynamegalopolis)""理性的人居网络"等概念[9]。"动态大都市"认为,现代社会中,人类不能无限发展,存在容量极限并需要组织理性的人居网络。所谓"理性的人居网络"，道萨亚迪斯认为同惯常的发展模式恰恰相反，新的发展单元需要围绕着自然核心（如山体、水域，而非城市密集区）[10]。基于这样的原则，城市发展的主流是扩散，而非集聚。

至于城市扩展的方式和形态，道萨亚迪斯介绍，"人居网络"的基本"发展单元"是具有广泛普适性、跨文化的现代城市模式——既能在伊拉克巴格达西部开发区（图2.11上图）的低收入住宅区实现，也可以用于费城的伊斯特威克（Eastwick）（图2.11下图）的汽车社区，两者也都是道萨亚迪斯设计完成的项目。此外，上面第三、四条提到的城市形态"元素"，不论是卫城作为独立元素，以及从中心到郊外，由复杂到简单的城市形态元素，在道萨亚迪斯的理论中，都是"发展单元"的概念。

道萨亚迪斯的基本"发展单元"是一个接近于邻里单位的"网格"系统。他认为基本"发展单元"有两个重要方面：1. 构想恰当的规模，确保能同周边交通设施的承载力相适应。道萨亚迪斯按照他在以往城市的规划经验，认为合适的尺寸可以是半英里到一英里长，宽度可以更小；2. 单元的功能，要静态的基本配置和动态的灵活增补兼顾，适应更大范围的规划。此外，单元内的基本服务功能自给自足，无需求助于周边，除非寻求更高级别的服务。作为城市微观单元，诸多各不相同的"发展单元"构成了整个城市的结构，并包容了当代汽车时代的特征。

道萨亚迪斯"人居网络"理念虽然没有在当时得到实施①，但对于构建现代雅典城市形态模式影响深远，1960年代末以后的雅典城市形态中"现代规划模式"多为类似的规则网格。

道萨亚迪斯在希腊亲自设计完成的基本"发展单元"仅有一处，即位于距雅典以西北约100公里的远郊小镇——阿斯普拉斯皮亚（详见后文）。

---

① 正是这条结构化的"人居网络"建议受到雅典社会的激烈反对，而此时希腊的"民主"特点体现出自身力量，规划也被广泛抵制。分析下来，"建议"的确有不合理之处：雅典地区有102个行政单位，且规模差异极大——大到110万人的中心区；小到平均450人的自然村庄；同时，道氏的8个分区也不符合当时雅典情况。雅典政治体制中，基层政府愿意掌控权利，过大过粗放的分区也不受欢迎。因此，雅典地区的市长们联合签署了一项声明，认为在雅典当时情况下"这项规划将毫无意义"。地方政府再次向中央政府投出"否决票"。雅典长期围绕个人住房运作，这是他们选民的权利，并有配套"Antiparochi"等法律政策；"个人住房运作体系"吸收了希腊大部分的建筑师和建筑企业；也是民众改善居住愿望的寄托。总之，市长认为《建议》与国家利益脱节，而国家利益存在于琐碎而广泛的具体措施，而不是宏伟的愿景里[8]——从这点看，政府愿景的"自上而下"规划同市长们的"自下而上"需求产生尖锐矛盾。就这样，在雅典和希腊这样的民主争论中，雅典又一次迷失了规划的主旨和权威性。

### （3）当代的雅典城市形态和设计

在 1990 年代末，出于奥运建设等需求，希腊 1999 年出台了《国土和区域空间规划法》（Law for National and Regional Spatial Planning［L. 2742/1999］）对希腊的国土规划产生直接的影响，国家少见地放权，依靠基层和市场力量实现了各个奥运项目建设布局。因此，奥运筹备期间，雅典难得地规划建设了大规模城市设计项目，包括城市中心区更新、场馆建设和大规模运动员村。但奥运结束后又逐渐恢复中央权力，尤其是 2014 年后，所有规划批准都需要总统令，城市规划的中央集权进一步强化。

本书选取四个典型片区，1. 卫城为中心的老城　2. 19 世纪的"扩建三角"　3. 工业区　4. 郊区住区。

#### 1. 卫城为中心的老城

该片区形成于古希腊时期，是古城墙范围内的城区。今天仍旧基本保持了最初街巷格局，从空中俯瞰，该片区也因其紧邻卫城，且小尺度、红屋顶的独特肌理形态得以凸显。

图 2.14　雅典紧邻卫城的老城

近年来，结合筹备奥运会，对其还进行了集中的更新设计。采取了一系列的景观项目的建造：（1）创建一个步行街连接雅典的古建筑遗址；（2）重建历史街道和广场，包括市场广场、奥莫尼亚广场、莫纳斯提拉基广场和库蒙德鲁广场等；（3）恢复古建筑遗址，包括古迹、古道的开放空间。这些举措不仅使人有机会更近距离地接触散落在卫城周边的古迹，打造了更具吸引力的旅游目的地。同时，也为生活在此的人们提供了更好的市场等服务设施，游人和居民和谐融洽地容纳在具有几千年历史的环境中。

#### 2. 19 世纪的"扩建三角"

雅典当代主要公共建筑分布在"扩建三角"地段。体现在地段内

图 2.15 "扩建三角"地段内的协和广场

有各种体量形态不一的建筑形态，以及大量教堂和广场等历史古迹（图 2.15）。这些公共建筑形态相对多样化和随机化，而雅典其他的住宅建筑，不仅限于"扩建三角"地段，则依循希腊建筑更新规则，形成了相对规则统一的形态。

两个规则，"Antiparochi"和"普通建筑标准"，支持房屋业主的自主翻建扩建行为，使城市中心区形态进一步向更高、更密集发展。

"Antiparochi"是希腊围绕个人住房更新建设的一整套住房运作体系，允许住宅业主将自有住房作为股份，参与自己住房的更新、扩建和市场运作过程。该制度承担了希腊大部分城市住宅更新项目，吸收了希腊大部分的建筑师和建筑企业；也是民众改善居住愿望的寄托。

"普通建筑标准"则是对"Antiparochi"过程中，城市更新形态的具体定量管控，形成了"更新—泡立塔陶里亚（polykatoikia）"等雅典城市形态更新模式。

针对雅典旧建筑，尤其是 19 世纪的两层房屋或较小的原乡村建筑类型，被拆除后，会新建混凝土框架高层公寓楼，这一改造模式称为"更新—泡立塔陶里亚"（图 2.16）。

尽管这类高层住宅的更新模式比例很小，从整个希腊统计，仅占住宅总面积的 3%；但一方面雅典作为大城市，通过"更新—泡立塔陶里亚"模式形成的高层建筑也更多，在雅典和塞萨洛尼基等希腊大城市，这种高层建筑模式是主流。

**图 2.16**

上图是两种希腊城市更新模式，上左图，加层模式，上中图和上右图为更新模式（来源：[14]）

下图左，雅典中心区的"更新—泡立塔陶里亚"更新模式；下图右，雅典中心区近郊的"加层—潘纳西考玛（Panosikoma）"更新模式

### 3. 工业区

雅典工业区历史悠久，是在最早公元前 5 世纪"长墙"的城市格局下演变而成的地段。受到历史上长期无规划和自发建设的影响，雅典工业区内几乎没有形态特色和规律。

现在走在雅典工业区内，道路稀疏，甚至恍惚回到我国普通乡镇企业地区；而另一方面，由于工业区距离雅典中心区很近，卫城成为工业区主要道路的对景（图 2.16 左），再加上地段内仍留存了少量历史建筑，以及较好的工业建筑品质，也使该地段空间独具特色。

另外，雅典工匠素质高，即使工业区内一座简易陈旧的厂房，也绝对是施工精细，用心考究。下图这座清水混凝土厂房上，精致的线脚，模板拆除后的痕迹，以及雨棚上的字体，都是希腊工匠素质的体现（图 2.18）。

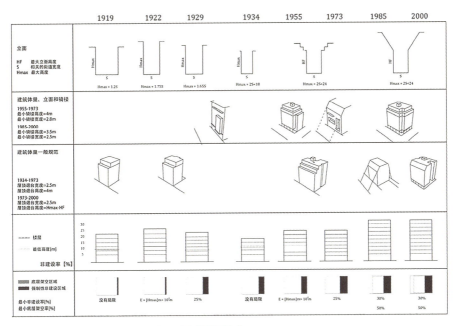

**图 2.17　希腊这种建筑标准 20 世纪以来的发展演变**

（来源：[13]）

**图 2.18　雅典工业区的景观和建筑**

左图能看到卫城的远景；右图是精致的混凝土厂房

### 4. 近郊住区

根据"Antiparochi"和"普通建筑标准",在雅典中心区周边近郊会出现体量相对小一些的更新模式"加层——潘纳西考玛(Panosikoma)"(图2.16左上图),英文会译为"lift up"[14]。希腊允许住户在自有原农业住宅模式基础上,增加1—2层,同时无需规划审批等约束,被称为"加层"。相比于"更新——泡立塔陶里亚","加层"则是雅典近郊更新中更加普遍的模式。

小型房屋的加层符合建筑法令,但同时又因为项目太小,以及原业主经济能力所限,不能聘请专业建筑师和施工单位,大多数这样的更新都是业主自发完成的,不论是设计还是施工等建造过程。

雅典此类建设类型很多,并构成了战后城市的主体。这类建筑也通过其部分未抹灰的混凝土框架,以及从顶部突出的钢筋(图2.16)等外观特征,形成了希腊战后城市形态的独特景观。

## 雅典郊区、远郊新城和乡村

雅典地区有102个行政单位,且规模差异极大——大到110万人的中心区,前面提到的4个片区都属于中心区范围;而中心区之外的行政单位的规模骤降,尤其是希腊作为农业社会下,大量平均人口仅450人的自然村庄(1979年数据)。因此,在希腊主导城市建设方面,小规模的城镇更加普遍。

在希腊,随处遍布着历史城镇,当代城市和乡镇的更新改造并不活跃,当代大规模建设新城更少。由于较特殊的经济社会原因,更多希腊的郊区建设采取小规模扩建。这里仅收录两个希腊新城案例。①道萨亚迪斯1960年代设计的阿斯普拉·斯皮蒂亚(Aspra Spitia)[15],以及② 2008年雅典奥运村。同时,我们也通过对比较典型的历史城镇——距离阿斯普拉·斯皮蒂亚西侧8公里的远郊农业村镇德斯菲那(Desfina),能看出两座现代城镇有别于传统之处,及其所具有的现代"发展单元"形态模式特点(图2.22)。

阿斯普拉·斯皮蒂亚。是道萨亚迪斯1961年为希腊铝业公司规划的员工生活城镇。

城镇规划人口5000人,共1100套住宅。包括一层和两层的住宅、单身公寓、商店、办公楼、学校和娱乐设施等。道萨亚迪斯一方面实践了他"发展单元"理念（图 2.11）；另一方面他也吸收了经典希腊乡村小镇的设计元素。规划中保留了现状的橄榄树，并融入前院、街道和广场的景观设计中。

城镇内部街道系统和尺度设计，道萨亚迪斯借鉴了古希腊城市"普南城"，他曾在 1964 年的一次题为"古希腊和现在的城市"的演讲中展示了阿斯普拉·斯皮蒂亚平面图与古希腊城市普南城局部的联系和尺度（图 2.19）。这样根植于悠久文化的思想，不论在国际学界还是希腊民众心中，都是易于接受和实现的理念。

相比之下，传统历史城镇德斯菲那距离著名的历史遗迹德尔菲 15 公里，至今保持了有机自由的传统山村格局。德斯菲那和阿斯普拉·斯皮

**图 2.19　阿斯普拉·斯皮蒂亚的规划图和实景**

（来源：[15]）

**图 2.20**

奥运村的规划图（来源：[16]）；实景（雅典来源：网易新闻 https://2004.163.com/2004w07/12628/2004w07_1091095131973.html）

蒂亚、雅典奥运村放在一起，它们分别代表了传统和现代模式。三个社区分别代表了雅典地区城市到乡村，以及前现代时期，20 世纪的现代主义鼎盛时期，以及 21 世纪后三个阶段。从中能较清晰地看出希腊城镇社区规模由小到大，从传统到现代的演进路径，以及道萨亚迪斯根植于希腊传统的几何数理逻辑等理想思想[15]，对当代城市形态的重要影响。雅典奥运村在规划理念和形态特点方面与阿斯普拉·斯皮蒂亚有相似的形

**图 2.21** 德尔菲、德尔菲那、阿斯普拉·斯皮蒂亚和雅典的位置关系

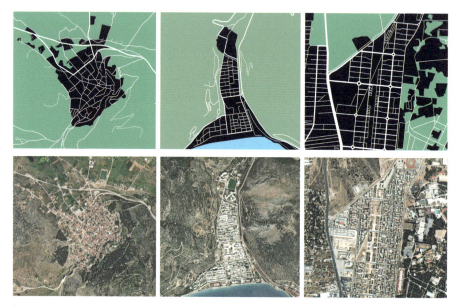

**图 2.22**

德尔菲那、阿斯普拉·斯皮蒂亚和雅典奥运村（从左到右）的 1 平方英里 "模式" 图示对比（上图）；卫星图（来源：必应地图）

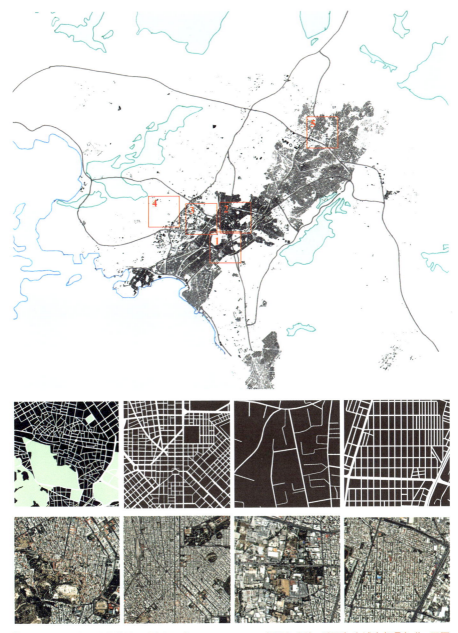

**图 2.23　雅典城市整体格局（来源：在 Schwarzplan.eu 底图上改绘，后面各座城市都是如此，不再重复标注），以及四个典型片区**

由左向右 1.卫城为中心的老城　2.19 世纪的"扩建三角"　3.工业区　4.郊区住区。另有序号 5 为雅典奥运村。

态模式[16]。

最后，将前面讨论的雅典不同时代的城市地段的 1 平方英里"模式"图示放在一起，能看到这样几点——①前现代时期的希腊格局肌理保持

**图 2.24　塞萨洛尼基中心区**

（拍摄时间：2024 年）

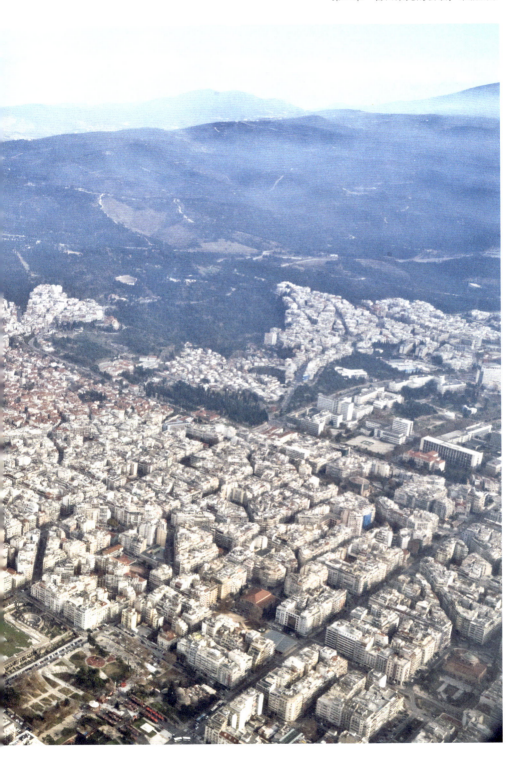

至今，从今天雅典卫城与德斯菲那的图示放在一起，1平方英里的范围内，除去雅典19世纪初扩建，两者在规模格局上有很多近似之处；②雅典现代发展单元模式近似，从雅典近郊区网格扩建，到远郊区的奥运村，再到卫星工业城镇阿斯普拉·斯皮蒂亚，如果忽略规模差异，它们都有近似的形态格局和细分尺度。可见，建筑学在遗产保护问题上所倡导的"新旧对比"原则，在希腊城市的旧城和新区设计模式上也同样适用。

## 为遗产而调整：塞萨洛尼基

塞萨洛尼基是希腊第二大城市，位于希腊北部边境与北马其顿仅一山之隔。相比于希腊其他城市，塞萨洛尼基在地理和社会文化更加接近于其紧邻的东欧巴尔干地区。1990年代后的塞萨洛尼基人口一直稳定在约75万。

塞萨洛尼基始建于公元前4世纪的希腊化初期，最初是亚历山大大帝委派卡萨德罗斯建设的殖民城镇。到17世纪奥斯曼帝国时期，塞萨洛尼基成为区域中心城市和商业枢纽，容纳了以犹太人为主的各民族居民，包含基督教、犹太教和伊斯兰教的众多社区，同时留存了多元文化和丰富的建筑遗产。

塞萨洛尼基标志性建筑遗产——卫城，在公元前55年色雷斯人侵袭该城的郊区之后，出于安全原因而建造。卫城选址远离滨海城镇，位于北侧高耸的山丘之巅。今天的卫城由七座高低不同的塔楼构成，又称"七塔要塞"（Seven-Tower-Fortress），由威尼斯人重建于威尼斯时期（1423—1430），同时在卫城西侧，按君士坦丁堡多层城墙的模式，建设了防御城堡[17]。因此，塞萨洛尼基的卫城是古希腊时期的模式，而城堡则为较典型的中

**图 2.25　塞萨洛尼基卫城**
（来源：上图[17]）

世纪城堡。

比较雅典和塞萨洛尼基，雅典更多传统历史痕迹，塞萨洛尼基则是更多现代布局结构。

### （1）1918 年规划阶段

塞萨洛尼基在 1912 年第一次巴尔干战争后才被纳入希腊国土，塞萨洛尼基也更加急于摆脱此前 5 个世纪之久的奥斯曼帝国文化，遂以更加开放的姿态引入西方新文化。1917 年的一场大火就烧毁了城市中心区的大部分用地后，给新政府出台新规划提供了契机。政府决定重新编制城市设计，法国人厄内斯特·艾伯纳（Ernest Hébrard）采取全新的城市空间模式[18]：①规划中改变了原来奥斯曼帝国按照民族和宗教族群隔离的空间模式，并按现代居住区概念重构；②确定一个体现国家权威的政治中心；③吸引外来移民和资本，重建经济；④保护和突出历史建筑，重点彰显罗马和拜占庭时期的城市历史；⑤实践"中央管控"等前沿城市规划理论；⑥通过大项目，吸引国际关注。

新的城市形态突破了老城的传统卫城模式，构建了沿滨海岸线布局

图 **2.26**

塞萨洛尼基 1918 年规划（图片来源：[17]）
塞萨洛尼基城市全景（拍摄时间：2024 年）

的现代带形城市模式。

新版规划留存了塞萨洛尼基卫城和古城格局。城市核心组团的结构也是典型的"卫城模式"，人们可以从山巅处的卫城俯瞰整个城市。同时，通过绿带勾勒出古城边缘。核心组团两侧分别布置了工业港口区及其工人居住区、中高收入住宅区。

规划中也包含了当时西方城市设计的主要特征：在核心组团，通过体系化的广场和林荫路联结起来；工业和港口在城市中心北侧，工人居住区就近布置，并按照田园城市原则规划；中高收入住宅区在中心区南侧8公里滨海沿线分布，各种产业功能用地也引入"泰罗制"思路，以求得更高效的用地布局。此外，城市规划中绿带用地达到2400公顷，比以往旧城提高了8倍，绿带构成了完整的"半环形"形态，西北侧终止于一处规模宏大的海滨娱乐中心，而东南侧则由一处大学校园和歌剧院／音乐厅的用地收尾。从1940年塞萨洛尼基城市肌理看，带有明显的西方城市格局，结构清晰，街坊尺度宽大，空间开敞。

### （2）考古导向下的城市建设阶段

1962年后，随着塞萨洛尼基三大考古成果的发现，城市中心区内挖掘出大量地下遗迹，最初城市采取"冷冻"的策略，禁止城市更新和新建建筑，谨慎地保护新发现的遗产。直到1978年才有所松动，允许建造类似于新城市主义的乡土风格两层或三层公寓楼。

此后，城市认识到这些珍贵的史迹如能融入城市结构，将给整个城市空间带来新意。为此在1985年新版塞萨洛尼基总体规划中，将"突出城市历史风貌和改善城市中心"作为规划目标。限制车行交通，增加

**图 2.27**

塞萨洛尼基的考古遗迹（中图和右图）；城市肌理在1940—2000年间受到考古发现影响的形态演变（来源：左图和中图[17]）

图 2.28 塞萨洛尼基 1960 年代新发现的考古遗迹在城市中的分布

（图片来源：[17]）

主要历史遗址之间的步行轴线联系。包括从白塔到埃普塔皮吉翁的东部（White tower up to Eptapyrgion）；从亚里士多德广场到弗拉塔顿修道院（Aristotelous square up to Vlatadon monastery）；再往西，从瓦达尔塔楼到上城区（Vardar tower up into the Upper town），除此之外，规划还提议对包括上城区（Ano Poli，或 Upper Town）和旧商业中心（Ladadika）在内的城市传统街区进行提质升级。

1997 年，塞萨洛尼基被欧洲议会确定为"欧洲文化之都"，在众多围绕"文化"主题的项目、研究和建筑竞赛的支持下，重构了城市空

图 2.29 从上城区俯瞰塞萨洛尼基滨海区

图 2.30　从南侧看滨海区和上城区

间。城市中增加了步行区、广场考古发掘地段，最突出的是将老港开放，整合相邻的旧商业中心，融入城市生活，同时通过打通核心组团和工业区，形成了连续开敞的城市滨水公共空间；其他重要项目还包括修复伽列里乌斯综合区（Galerius Complex，含宫殿、广场和考古遗迹等）等重要历史建筑（图 2.34），修复拜占庭遗址，奥斯曼纪念碑，以及多处清真寺……，总之，当代城市规划通过史迹修复，将 20 世纪初西方规划形成的尽管工整有序，但有些乏味单调的城市空间加以优化，重现了二十世纪早期丢失的塞萨洛尼基形象。

### 1. 上城区

　　塞萨洛尼基的上城区，希腊语 Ano Poli，英文译为 Upper Town，是在古希腊卫城基础上形成，在 20 世纪初大规划之前一直是城市的主要范

图 2.31　塞萨洛尼基上城区留存的较丰富的城墙遗址

图 2.32 塞萨洛尼基上城区城市空间景观　　图 2.33 塞萨洛尼基上城区建筑形态和色彩

围。延续了奥斯曼帝国时代风貌传统的红瓦肌理也显著区别于其他地段的平屋顶，构成了典型的地中海当代山地城市形态格局（图 2.32）。除了红屋顶外，上城区的传统建筑还通过多彩、多质感的墙身和窗户等立面元素，创造了丰富的街道空间景观（图 2.33）。

　　同时，塞萨洛尼基上城区在卫城、修道院、城墙等丰富的历史遗迹周边设置了大量公共空间，将住区和环境交织在一起，人们有更多机会在此驻足停留，稍作歇息，并能细细品味欣赏这里历经几千年历史并浸染了多元复杂文化的独特景观。

### 2. 滨海区

　　塞萨洛尼基的滨海区西起旧商业中心，东至伽列里乌斯综合区，是

图 2.34 塞萨洛尼基滨海区的伽列里乌斯宫殿（Rotonda）古迹周边形成的公共空间。该空间也能看出与上城区的层次感

63

图 2.35　网格形态基础上的斜向大道都大大提升了城市空间的导向性和辨识度

图 2.36　塞萨洛尼基滨水建筑形态，照片右侧为著名的滨海地标"白塔"

图 2.37　塞萨洛尼基公共空间

左图为上城区利用城墙形成的公共空间；右图为滨水区公共空间

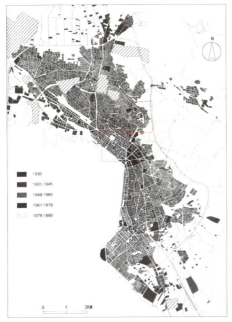

图 2.38　塞萨洛尼基城市整体格局(来源：[17])，以及两个嗳行片区，上城区和滨海区

20世纪初西方文化影响下的规划成果，给塞萨洛尼基城市形态留下了另一种突出的现代特色。滨海空间，以及网格形态基础上的斜向大道都大大提升了城市空间的导向性和辨识度（图 2.35）。近年来，又在原来比较简单清晰的道路网格系统基础上，增加了诸多历史考古遗迹以及更多遗迹之间的空间路径后（图 2.34），到2000年时形成了更加致密复杂的肌理。

## 小结

希腊现代社会来临较晚，当代城市形态相对简朴，规模也都不大，并更多留存有更丰富的前现代特征，包括城市中的遗迹，也包括旧有乡村中的传统卫城格局等。

放眼整个西方世界，没有哪个国家的城市能像希腊这样和谐并具有完美的整体感，城市中除了卫城等重要历史遗迹和山丘，其他所有建筑都有序地服从于城市整体风貌，遵从着恰当的尺度。

希腊城市从形态上是历史统领；在秩序的内核中，则是由市民掌控。

希腊当代城市形态仍具有鲜明的卫城模式传统，这样的格局特点是城市悠久历史决定的——在几千年前城市选址时候就附带的地理特征，地形的起伏也并不曾随时间流逝而改变。卫城与城市的关系也不会颠倒，卫城至今都在空间形态上统领着城市。当代会在单中心的形态格局下向周边蔓延。

如果说到本书要讨论的城市形态的模式，显然希腊两座城市的案例，证明了城市形态有"原型"的存在，不论是雅典和塞萨洛尼基的卫城格局，还是塞萨洛尼基在考古发现后的城市格局调整，都显示出人们内心中对城市形态格局有清晰的勾画定位，不论当代城市如何更新改造，都无法脱离人们心中的"原型"及其固有的形态格局。

希腊的案例证明，城市美不一定与"发达""繁荣"画等号。今天的希腊仍旧如此，政府和规划部门也正是考虑到社会大多数人的诉求。而更大的原因在于，人们是否敬畏城市景观（包括卫城）——城市中矗立的"丰碑"一般的制高点，它的性质是传承了历史荣光，还是（摩天楼等代表的）今天的商业成就等，显然传达了截然不同的文化意味。人们身处卫城等受到高处俯瞰视野的监视，城市中每个人都能意识到需要保持城市形态的完整。

希腊当代城市设计中两个突出特点，一是城市中特有的"无规划"情况，造成了较多无序发展，但同时也拒绝了现代大规划对城市格局肌理的人为强力改造，包容了当下倡导的小规模渐进性的发展策略；二是希腊城市引以为傲的崇高精神，对城市发展起到文化层面的管控，人们不忍对宝贵的历史空间景观造成破坏，而应将协调和美感留给城市。在当代，希腊的大规模城市更新情况极少，这样的无规划和有信仰的社会状况像极了绝大多数西方传统小城镇和村庄，依靠社会普遍遵从的信条和人们彼此的信任安排各项事务，心照不宣之中都能各得其所，乃至实现各自的发展和价值。只是雅典和塞萨洛尼基作为希腊最大的两座城市，将这样的社会状况放大了很多倍。显然在这方面，雅典社会深层的秩序、小而美的社区传统和个人在社会中的作用（尽管今天体现在参与城市更新，而非政治事务），以及"自下而上"的规划管理机制等，仍旧都是西方最重要的城市理想和规划设计范例。

在城市形态方面，雅典卫城伫立在城市高丘，塞萨洛尼基高处的卫城和地下的宫殿共同统领着城市格局，哪怕是新城阿斯普拉斯皮亚也严守经典数理规则——总之，或早或迟，抑或是冥冥之中，希腊城市都跳不出希腊文化深处的形态"原型"，也摆脱不去它们作为西方文化圣地的"宿命"。而更多的希腊城市形态学者则从"数理"和逻辑方面，对此加以分析诠释，使希腊城市回归理性和传统，当然也离不开希腊更广大的建筑工匠坚持手工建筑和工艺的沿袭，以及民众对希腊城市理想的信心……所有的一切，都在恪守着最初的希腊城市理想。

# 第三章 传统和现代的交织：意大利城市

　　意大利是西方文明古国，拥有世界上数量最多的文化遗产（2022年数据）[①]。同时，意大利沿袭了欧洲地中海国家城市规模小的传统，人口约5900万（2021年），含20个大区，110个省和约8100座城市。

　　在意大利地理上看，东西走向的阿尔卑斯山，在接近中央最高处，开始向南侧连绵，也同时勾画出意大利狭长独特的疆域。从整体上看，意大利可以分为三部分：①高山的南侧先是形成宽大平坦的波河平原，容纳了意大利少数主要的大城市米兰、都灵，一直到半岛最西侧的威尼斯等；此后②靴子形狭长山地半岛探入地中海，并沿半岛东西两侧散布了大量城镇，除了罗马、那不勒斯等少数大城市外，更多是滨海小镇，其中大部分规模不足1万人，最典型的是斯佩齐亚附近的五大渔村〔Portovenere, Cinque Terre, and the Islands（Palmaria, Tino and Tinetto）〕，诸多小镇均历史悠久，富有传统风貌和地中海小城的地域特色；③意大利亚平宁半岛西侧和法国地中海沿岸地区是一个连续的地理单元。作者曾透过民航班机的舷窗，在万米的高空俯瞰这一地区——由于东西方向横亘着高耸巨大的阿尔卑斯山，使山脉南侧沿地中海的用地狭窄陡峭，其间有如珍珠般分散着巴塞罗那、马赛、尼斯、热那亚等名城，城市北靠难以逾越的阿尔卑斯山，透过云雾的远处正是金光闪闪、高耸入云的阿尔卑斯雪山，我能想象高山对于这一连串地中海城市，正是将亚平宁半岛为核心的地中海地区割裂于整个欧洲大陆之外的门槛，赋予了这里独特的物产，文化和历史。

---

① 截至2022年，意大利58项世界遗产。梳理其中的20处历史城镇，主要包含以下类型：①将大城市中世纪遗存的历史中心作为遗产：如罗马、佛罗伦萨、那不勒斯、锡耶纳、维琴察、维罗纳；②将中世纪和文艺复兴小城镇作为遗产：圣吉米尼亚诺、乌尔比诺历史中心、皮恩扎历史中心、费拉拉；③近代20世纪后的工业和商业城镇：克雷斯皮·达达、伊夫雷亚；④民居特色的传统村落：贝罗贝洛的特鲁利、阿马尔菲海岸；⑤大尺度城镇群作为遗产：包括威尼斯及其潟湖，韦内雷港和五大渔村、陆地之州—西部的马尔州；⑥其他没有当代城市生活的类型：16—17世纪威尼斯的防御工程、庞贝等。

本书综合考虑城市遗产和地理区域，选择罗马、那不勒斯、威尼斯和米兰四座意大利案例城市。上述三类意大利地区中，有第一类的米兰和威尼斯；也有第二类的罗马和那不勒斯；第三类地中海西部区域相对特殊，选择了巴塞罗那和马赛，分别作为西班牙和法国的滨海代表城市，在意大利的城市中就没有重复选择，一方面，热那亚与马赛和那不勒斯的相似性较大；同时，作为滨海城市的代表，意大利的那不勒斯和威尼斯已经足够典型，再增加城市已没有必要。

## 文艺复兴的城市

自从古罗马帝国，一直到 19 世纪中叶前，意大利的各个地区一直是分散的状况。城市共和国之间也是彼此竞争，除了威尼斯等少数城市秉持"共和国"应有的民主决议外，大多数城市的统领本质上都是由富豪独占或商业寡头家族垄断。但这些城市统领又并非依赖封建分封的贵族，而本质上是并没有显赫头衔的商业精英，相比此前已经进步。同时，作为商人的他们做事率性果断，眼界开阔，尤其崇尚艺术有明显品质。因此也使这里成为文艺复兴来临的特定土壤。

所谓的文艺复兴的"文艺"，是"文学和艺术"。类似于今天流行的所谓"文艺范儿"，指有喜爱读小说和欣赏绘画等艺术情趣的人们。而当年的文艺复兴的发起者正是这类文学艺术爱好者，尤其是有文艺范儿的城市统领和社会名流，进而影响了整个欧洲社会的文化和风气。

文艺复兴是经典涌现、硕果累累和人才辈出的时代。它承前启后，如同一群城市设计和经典建筑的鉴赏家，他们从黑夜中走来，面对地下挖掘出的大量中世纪前的希腊罗马文明遗存，他们将其中一部分最精彩的部分挑选出来，又在城市建设中加以复原重现：古希腊的人体尺度、古罗马的对景大道，中世纪晚期的法国地毯式园林等。从这个意义上说，文艺复兴也是一个城市设计和经典建筑的"策展人"，这段时期创造出来的大量精彩绝伦的城市和建筑作品，绝大多数被人类的文明所认可和传承，甚至持久地崇拜。

我们知道文艺复兴之前的中世纪是至暗时期。拜占庭帝国流亡的贵族、教士，将柏拉图、维特鲁威等的大量书籍理论带到意大利。人们的眼界开始变得开阔，思想和社会风气逐渐开放[1][2]。人们崇拜的对象由天上的上帝变为人间的君主[3]；人们心目中所思所想也由虚无世界转到尘世生活、精美的商品和迷人的艺术。人们更将这种摆脱宗教束缚和迷信，回归自我需求和本真认知的现象称为"人文主义"——生活的核心是"人"而不是"神"。

意大利是文艺复兴的中心。同其他国家相比，这里的人们对自己古代城市更有自豪感。那些随处可见的古代建筑遗迹虽不能让人轻易读懂，但昔日的辉煌和建筑如能复原后的宏伟想象是很容易感知的。在整个文艺复兴时期，人们开始实践这个愿望。建筑师们研究幸存古罗马建筑的尺度和造型规律，维特鲁威（Marcus Vitruvius Pollio）的书成为关键性依据。书中，人们找到了这些残垣断壁中存在的共同设计原则，相信这些原则是造就古代建筑伟大之处的共同准则。人们纷纷按照这些规律进行建筑和城市设计实践，一座座理想的城市、优美协调的建筑出现了……

意大利文艺复兴时期，在原来营寨城及其扩建模式基础上，进一步创造了两种城市形态模式，分别是：对应"从无到有"新城——图形式的"理想城市"；以及针对以往缺少公共空间和设计感的旧城，通过城市更新所形成的"景观大道体系"。

为什么文艺复兴时期出现了图形式的理想城市？早在柏拉图的《理想国》（Republic）中[4]，就曾隐含了相关理念。在他描绘的理想城市亚特兰蒂斯（Atlantis）中："卫城居于中央，周围是圆形的墙；从这个中心开始，发散出12个区，每个区居住着不同的人群"。理想城市还出现在维特鲁威的《建筑十书》（Ten Books on Architecture）中："城市不应该是绝对的正方形，也不应该有明显的突角，城市应该呈某种圆形，这样从不同位置都可以观察到敌人。"至于放射状的平面，维特鲁威从主导风向的角度解释。主导风向总共有8个，8条向心的道路可以避免不利的风道。此后的文艺复兴时期建筑师也试图将放射形状的设计，或者至少是某种具有统一性与和谐感的设计用于城市形态。维特鲁威还曾阐述了城市形态具有"人形化"特质，以及人文主义的完美[5]。达·芬奇（Leonardo da Vinci）的绘画《维特鲁威人》（Vitruvian Man）就是对维特鲁威《建筑十书》中有关人体比例同建筑城市尺度的比对。

帕尔曼-诺伐（Palmanova）是一座16世纪意大利理想城市，它是威尼斯公国在大陆领地的桥头堡，斯卡莫齐（Vincenzo Scamozzi）这位杰出的军事工程师和建筑师参与了城市规划。帕尔曼-诺伐战争中并没有被攻破，在实际战争中证明了理想城市的有效性和合理性。城市是九边形，但城市中心的广场却是六边形，六条通往城墙的道路中只有三条可以联系城门。城市内部靠近城墙的位置是军营。中央的广场周围布置了指挥部门和最忠诚的威尼斯子弟兵。城市有城墙、棱堡和雇佣军军营，也具有完整的"图形"，如同人体一样健全、健壮。今天的帕尔曼-诺伐基本保留，但城墙和棱堡已经被拆除，作为"16世纪至17世纪威尼斯的防御工程"（Venetian Works of Defence between the 16th and 17th Centuries: Stato da Terra-Western Stato da Mar）的一部分，已入选了世界文化遗产。

尽管意大利文艺复兴理想城市模式特色鲜明、形态完美，但建成的却极少。更多是意大利文化中的"心中理想"，或更多"原型"意味。同时，理想城市更是被认为是东西方文化碰撞交融的产物。原因在于，这一城市模式出现在同穆斯林的战争过程中，包含了阿拉伯文化中的装饰。有研究就证明了在达·芬奇的绘画、菲拉雷特（Filarete）米兰斯福扎（Francesco Sforza）公爵府设计等广泛艺术领域中都有伊斯兰文化影响[7]。这种多元文化交融创新下，艺术的突变跃升，并进而突破了意大利，给整个欧洲传递了这种多元文化和美学思想的震撼力。尤其给中世纪城市文化更繁荣的德国、荷兰地区，带去了更完整形态的城镇和城墙设计理念，以及更加有机协调的水系形态等。

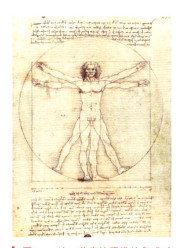

图 3.1 达·芬奇按照维特鲁威对人体比例的阐述，绘制了体现这些原则的《维特鲁威人》

图 3.2 今天的帕尔曼-诺伐

（来源：[6]）

　　但不论如何，文艺复兴理想城市的内涵——"人文"，包括人的尺度和人体比例在城市设计中的体现等理念，却成为至今都延续的意大利设计内涵。

　　除了新建的理想城市，建筑师面临的更现实的问题是，如何在一片破破烂烂的旧城市中构建理性和秩序，并使其焕然一新。

　　罗马历来不缺少高品质的街道空间，即使在教权笼罩的中世纪，这里作为宗教世界的中心，也并不缺少景观和大道。只是往日里中世纪的教权和战争笼罩欧洲，身处罗马的人们无暇察觉城市的美。但随着文艺复兴的到来，人们将大道两侧的建筑修葺一新，身心轻松的人们直起身瞥见了这笔直大道，清新的气息扑面而来。城市太需要这样的笔直大道，他们所希望做的，不仅是保留和重复它们，而更希望在此基础上强化它们。

　　城市大道是城市公共空间重要的装点，而这就是他们钟爱大道和对景的原因，也是埃德蒙·培根（Edmund N. Bacon）所称的"文艺复兴思想最伟大的表达"[8]——利用大道、对景、三支道（trivium）等，他们做到了"有秩序地扩建城市"。而"景观大道体系"则是当时罗马教皇西克斯图斯五世（Sixtus V）和他的规划师方塔纳（Domenico Fontana）对城市设计的贡献。

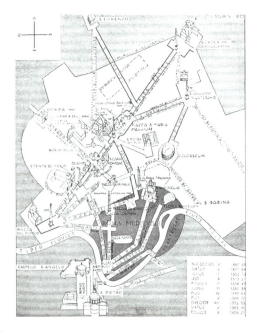

**图 3.3　教皇西克斯图斯五世和他的规划师方塔纳的罗马"景观大道体系"**

（来源：[9]）

　　在此之前的罗马城市空间格局虽然松散零碎，但却不乏景观大道等文艺复兴创新风格的空间要素。除了来自佛罗伦萨美第奇（Medici）家族的米开朗基罗（Michelangelo Buonarroti）在罗马的皮亚街（Strada Pia）改造中提出街道对景（Vista）概念外[6]，波波洛广场（Piazza del Popolo）是典型的巴洛克风格广场，是最早的三支道之一。同时，"三支道"又是米开朗基罗街道"对景"的提升强化。将街道的对景，从最初的建筑山墙立面，到波波洛广场中一个方尖碑，再加上两个相同的建筑穹窿——体现出巴洛克典型的"迷幻"特征——如同一个人喝醉后所见，让人误以为眼花看错的"迷幻感觉"，但丰富的装饰最终创造了富丽堂皇的城市气氛（图3.4）。

　　教皇在上面罗马城市空间要素的基础上，进一步整合构建了完整的景观"系统"。在图3.3中，我们可以逐一看西克斯图斯五世规划的几条大道。在波波洛城门内，已有"三支道"，但西克斯图斯五世又规划了第四条大道费利切大街（Via Fellice），通往大圣玛利亚教堂（Santa Maria Maggiore）。

　　在三支道与费利切大街的衔接处，充分利用地形的高差，形成了罗马最美丽的广场——西班牙广场（Piazza di Spagna）。从大圣玛利亚教堂前，除了这条连接西班牙广场的大道外，又布置了两条大道，一条通

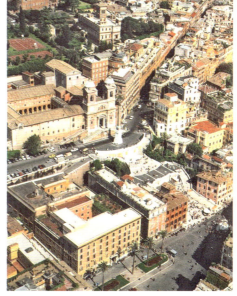

**图3.4　波波洛广场和西班牙广场**

（来源：网络）

往圣克劳齐教堂（Basilica of the Holy Cross in Jerusalem），另一条通往圣乔瓦尼教堂（Basilica di San Giovanni in Laterano）。而圣乔瓦尼教堂前又增加了一条通往斗兽场的大道，形成了整个空间系统同老城的空间联系。

城市依托一系列笔直大道和开放空间体系上发展起来，并串联起大量空间和地标对景。罗马的这一做法影响到了巴洛克时期、城市美化运动时期等阶段的欧洲城市。

文艺复兴是意大利最引以为傲的文化。但意大利的文艺复兴也其实很短暂，在今天看来，这仅是国王和领主们对古代艺术形式的一次宣讲展示。时代发展真正的车轮将走向一百多年后的法国启蒙运动和英国工业革命；而一如艺术家们总乐与贫困为伴，文艺复兴后的佛罗伦萨和罗马也带着一身高贵的艺术气息，又一次陷入孱弱和衰败之中。

但待到19世纪中期意大利迎来了久违的统一，被政治学领域认为是对现代意大利来说，意大利统一是堪比法国大革命的重要事件和转折时刻。此前统一强大的罗马帝国和辉煌文艺复兴时期留下的丰厚遗产，之于此后分崩离析的映衬下，在统一之初的意大利人看来显得更加珍贵。因此，在19世纪中期意大利统一后，短暂的文艺复兴所倡导的"人性尺度"和意大利设计等话题，都被一再强调并反复提及，成为奠定意大利城市设计作为西方领先者的社会文化基础。

## 充满碰撞和争论的当代意大利城市设计理念

意大利是今天的世界设计之都，世人关注意大利设计领域的一举一动。这样的地位来自历史的赋予，意大利的设计师也对此格外珍视。具有世界影响力的设计理论和作品层出不穷，且多兼有悠久的历史传承和深刻的当代批判思维，设计师和学者们都在持续思考和争论，如何扎根光荣灿烂的历史长河，引领当代西方设计发展。

意大利当代城市设计领域也充分体现这一点。自20世纪初以来，面对历史城市的当下问题，以及传统与现代、保护和发展的巨大矛盾，意大利当代城市设计领域曾存在巨大的意见分歧，并都在具有世界影响力的建筑师和学者及其精彩实践予以引领，也形成了各不相同的当代城市形态模式。本节将在意大利城市设计的"历史传统和现代发展"视角，综合审视来自研究和实践两方面的判断，讨论当代意大利城市设计的理念和走向。

### 意大利设计传统

历史上，发源于维特鲁威等的意大利城市设计传统，历来是赞美人体形态倡导在建筑和城市中体现人性尺度，及其和谐的比例关系，尤其是文艺复兴时期理想城市中的"功能健全""骨骼健壮"等形态特征。但二十世纪初现代建筑运动后，一股简约现代的模式不可避免地出现在当代城市设计中。从此，诸多意大利建筑师集体参与了历时几十年的当代城市形态理念"大讨论"中，并逐渐形成了当代意大利类型学为基础的城市形态理论。突出体现在：坦然接受了现代功能和超大尺度的同时，人性的尺度开始退隐到局部的细部中——尽管从宏观整体形态上，当代意大利城市形态是一派现代气息，现代城市的大尺度上超越了人的生理感知，当然也不可避免地脱离了人性尺度；但作为意大利设计传统的应对，主要有两方面策略：①超大尺度下也绝不可缺少精准的比例关系；同时，②在城市形态的微观细节上，不论是城市中心景观，还是建筑，都可以在细节上看到文艺复兴以来精致典雅的意大利"人性尺度"和"艺术气息"（详见后文案例）。

### 意大利当代设计中的现代和传承

近代以来，整个意大利设计行业都面临着类似的纠结——现代主义冲击下的历史传承问题。

现代社会，首先带来一个"超尺度"问题，工业化社会大生产带来普遍的、更大的产品尺度。以下图意大利泵压浓缩咖啡机为例，意大利在 1940 年代发明制作意大利传统浓缩咖啡的电力机械后，现代大型商用咖啡机应运而生，其外观形态成为一个崭新的问题。传统形态只能用于小型的、主要是家庭功能的产品（图 3.5 左上）；而在公共咖啡厅里，多杯商务咖啡机却以一种明显的、大尺度和现代气息的形态出现，工业产品设计师内心里引以为傲的"意大利设计"仅在不经意的细节中体现，如在飞马（Faema）咖啡机（图 3.5 右）上，精致无瑕的仪表和龙头旋钮配件，人们手握旋钮的刹那也能体会到设计者的人体工学等，人们能感受到设计者是如此地"体贴"……这些细腻的手感和精致的细节造型则成为"意大利制造"区别于其他的标志，也是人性尺度和优雅意大利设计传统。在意大利现代室内设计上也反映类似问题（图 3.5 下图），仅仅

图3.5 在当代工业设计和室内设计
方面，在小尺度作品，以及大尺度作
品的细节方面，"意大利设计"继续探
索延续了文艺复兴理想城市中体现的
"功能健全""骨骼健壮"等形态

（来源：网络）

在屋顶有丰富细节，而墙面则变成简洁现代的大片色块。

当代意大利建筑学和工业设计联系紧密，理念相通。上述当代工业设计问题和原则也充分体现在意大利建筑学和城市设计中。

### 皮亚森蒂尼、穆拉托里和夸里尼——意大利现代城市模式的形成

20世纪后的意大利城市形态模式和城市设计经历了较复杂的发展过程。

在这一从传统到现代的思维转换过程中，三位意大利建筑师起到了更为关键的作用，皮亚森蒂尼（Marcello Piacentini）、穆拉托里（Saverio Muratori）和夸里尼（Ludovico Quaroni）。皮亚森蒂尼的贡献是较早提出了对历史传统的保护观点，以及后期的罗马人民宫（Esposizoni Universale di Roma, EUR）形态模式创新，为意大利提供了当代公共建筑集群的城市设计模式；而穆拉托里和夸里尼则分别提供了城市现代住宅集群和标志性公共建筑的形态模式。

20世纪初的意大利城市设计领域，现代思潮盛行，未来主义、理性主义（或意大利风格的现代主义）和新古典主义都有众多支持者，并都建成了一定的城市设计实践。但所有20世纪初的意大利城市设计师都共

同思考的问题是，如何在现代城市的大尺度下，仍旧传承保持意大利引以为豪的设计品质——这一点同欧洲德国、法国等其他现代建筑运动的"反装饰"的特点截然不同，意大利人仍旧离不开设计品质，这是意大利设计显著区别于其他国家的特点，是设计成果"溢价"的来源。这一观点不仅是对待现代建筑，对待传统城镇也带有更多欣赏眼光。而两者（现代建筑和意大利设计传统）的结合，是众多意大利20世纪初建筑师的追求，其中最早就开始于建筑师皮亚森蒂尼对历史城镇的保护努力中。

皮亚森蒂尼早期的实践提供了充分的探索和铺垫。他在1916年的一份罗马规划的备忘录中，皮亚森蒂尼请求对古代的城镇中心予以完全的保护，并推动了意大利成为最早开展城市保护实践的国家。

此后，在布雷西亚的维多利亚广场（Piazza della Vittoria）设计中（1928—1932），皮亚森蒂尼又进一步发展了现代城市设计。从此，意大利现代城市空间中，充满了类似维多利亚广场的设计模式（图3.6）。广场周边的建筑形态也富有新意，契合了意大利的当代审美。通过设计小高层形态的社会保障大厦，以及对侧多层形态的邮政办公楼，建筑形态和城市空间均简洁现代，而体现意大利设计的装饰，仅仅出现在建筑头部细部和入口的门廊。

1930年代后期，皮亚森蒂尼在法西斯时期（1939年规划）的罗马人民宫[11]中，融合了以往未来主义、理性主义（或意大利风格的现代主

**图3.6** 皮亚森蒂尼布雷西亚的维多利亚广场（**Piazza della Vittoria**）（**1928—1932**），成为典型的现代意大利城市空间模式

（来源：[10]）

义）和新古典主义，进一步在整体格局上发展为一种更完整的现代形态模式。

人民宫尽管是极为成功的当代城市设计作品，但其设计背景也十分特殊。作为政府和国家背景下的庄严轴线有强烈装饰性、也充分体现出意大利文化传统，并与其定位也显得恰当；但意大利其他普通城市地段和一般住宅区如果采取现代风格，应该具有怎样的形态模式？这些城市一般地段，并不显眼，但由于量大面广，却决定了城市整体形态和风貌。尤其是如何在这些地段和普通住宅上体现意大利设计水准，融入独特的装饰特色，以及意大利超出其他国家的审美水平？意大利城市设计行业当时仍然认识模糊，也远没有达成共识。

当时，可以采取的做法也很有限。一方面，一味对老城严防死守，但也扼杀了老城社会发展和经济活力，城市发展将举步维艰；另一方面，不可回避的当代发展和新功能不断出现，又常常以传统风貌破坏和历史建筑损毁为代价。城市建设领域的两难纠结伴随着学术领域的论战纷争，以及政治家无休止的争吵，是战后这段时期意大利城市设计领域的混沌常态[12]。

建筑师穆拉托里和夸里尼之间的认识分歧和争论正是这一时期意大利城市设计思想碰撞的缩影。

两人早年曾是好友和合作者[13]，但此后却出现了尖锐的专业见解分歧。当然，正是最激烈的争论才能形成更深刻的认识。通过两人的激烈论战，形成了意大利当代城市设计的两种成就：一方面，城市一般肌理模式的形成：是"穆拉托里"的贡献：具有重视"模块"重复和整体协调的特点；另一方面，夸里尼促进了意大利公共建筑和地标性建筑的突出品质〔尽管米兰建筑师庞蒂（Gio Ponti）等也参与其中〕。

穆拉托里强调历史的价值，被作为"基于历史连续性的建筑学"方向的学者，或演变的"过程类型学（typological process）"代表[14]。穆拉托里承认动态演变存在客观规律，有演进"过程"的差异和不同类型，但绝不可凭空出现[①]。他认为城市形态等对演变"过程"类型

---

① 穆拉托里认为的"演进规律"，包含新型建筑类型的"试错"过程。他认为，城市遵从形态演变的周期性和阶段性规律。有四个阶段：1. 允许城市设计中出现创新性的城市肌理，作为一个新的"城市组织"进入历史肌理；2. 新插入的肌理应该具有一定的"重复性"，便于形成"主导类型"；3. 由于城市肌理的重建存在周期性规律，因此可以在新建城市地区的城市设计中尝试通过模仿以往历史时期的城市肌理，获得更有整体感的城市形态；4. 这种肌理如果得到确认，将成为一段时期的"主导类型"推广；否则又将进入下一个具有"试错"性质的循环。因此，西方普遍有将城市比喻为"反复涂改的羊皮纸"的观点。

的归纳研究，是为城市演进更新寻找客观理由和设计依据。穆拉托里倡导设计的模式化重复、控制建筑单体尺度，并尤其关注历史住宅形态肌理在当代的重现，以此获得城市动态更新过程中的整体形态协调[15]。

而夸里尼则相反，他是"兼容对比的城市形态学"研究方向的代表①，他认为，城市可以包容新的形态模式以及可以接纳"新旧形态对比"的原因在于，城市是由过去和现代、私人和公共行为共同作用的，诸多看似矛盾的事物共同形成的整体。因此，"兼容""对比"不可避免。夸里尼主张通过新旧对比，形成兼容传统和现代的城市形态。此外，他认为城市是一个波动扩展的基础设施，同高速公路等其他城市基础设施一样，城市形态和建筑也需要不断增加尺度，并在空间上增容扩散；同时还要具有较夸张的象征性以及必要的创造力。夸里尼善于运用圆形、曲线等几何形态，体现出城市形态优美的流畅感。同时，形态中隐含的精确比例和构图，也使人能很容易地感受到来自遥远悠久的意大利城市设计积淀和文艺复兴以来的人性比例等。

夸里尼的支持者不在少数，尤其在当时汽车城市的背景下，夸里尼关于城市尺度扩展的见解令人难以辩驳，因此在展示意大利城市设计特色这个问题上，借鉴夸里尼的圆形、曲线等形态也容易被看作一种策略。例如在今天罗马东南方向近郊区，能看到大量类似的圆形形态的城市住区局部，就是受夸里尼的影响。

1959年威尼斯沙岸项目（the Barene di San Giuliano）设计竞赛（图3.7），是两人所代表的两种城市设计理念的一次交锋，也是意大利学术界对两种策略的直面评价[13]。

沙岸地区位于威尼斯岛对岸的梅斯特雷（Mestre）地区，是当时城市拟拓展的新区。穆拉托里基于他的历史延续观点，并在设计中继续沿用皮亚森蒂尼"模块化"手法——每一个模块都是采取各不相同的新古

---

① 在意大利学者尼古拉·马尔佐归纳的5种城市形态学类型中[14]，包括"基于历史连续性的建筑学"、功能主义和有机主义的城市形态学、辩证合成的城市形态学、理念并存的城市形态学理论、由传统城市研究向现代城市研究转变的城市形态学理论。各种理论类型的代表学者观点差异明显，彼此争论不断——如著名学者阿尔多·罗西就曾明确反对穆拉托里的思想，认为是过时的内容。综合比较发现，不同学术观点的争论焦点是现代建筑和历史传统。穆拉托里认为建筑师不应被新事物所迷惑，而应谦虚地学习历史城市。"今天的城市设计仍旧是传统历史的延续，我们并不需要创造新的城市形态模式，而应试图将建筑设计作为古代城市结构不可分割的一部分。"夸里尼等其他学者则赞同创造新的时代文化，可以同传统并存，也可以新旧转化，抑或兼容对比等。

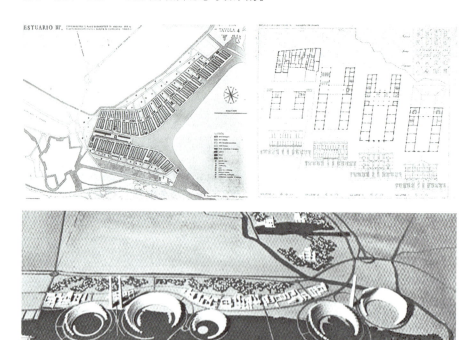

典风格（图 3.7 右上）。此次竞赛，他所提出的 3 个方案中，都以威尼斯以往某一历史时期的形态模式为参照[①]。方案 3［规划构思为"近代威尼斯（16—18 世纪）规划的翻版"］赢得了大奖，参考哥特时期（12—15 世纪）的方案 2 也获得了荣誉提名。

夸里尼也参加了竞赛，夸里尼的方案展现出十分现代、舒展自由的

---

① 穆拉托里在威尼斯圣朱利亚诺岸滩竞赛中，基于城市形态主导类型的周期性变化，结合威尼斯历史发展，提出了三个方案，分别是：方案 1，规划构思为"十一世纪威尼斯规划的现代翻版"，特点是相同模块化、岛屿状的居住区和同自然环境联系良好；方案 2，规划构思为"威尼斯哥特时期（12—15 世纪）规划的现代翻版"，优点是空间结构更加清晰，相对独立的、半岛状的住宅单元沿着车行道连续分布，又通过单元之间的运河相分隔；方案 3，规划构思为"近代威尼斯（16—18 世纪）规划的翻版"，16—18 世纪的威尼斯已经具有很多现代性的特征了。规划呈现两条带状布局，半岛型的单元布局更像是前两个方案的综合，优点是社会结构丰富，城镇辐射范围更大，水路、陆路交通完善。上述三个方案中公共建筑和广场形态也都参考了相应的历史形式，如威尼斯最初城市中心的 Campi 广场，分布着教堂和宫殿；哥特时期的线性城市肌理，文艺复兴时期之后出现的新月形态（crescendo）城市空间，也旨在表达城市空间类型的演进过程。

形态，似乎沉浸在现代主义美学遐想中 ①，这当然是意大利设计水准的体现，但在历史风貌浓郁的威尼斯潟湖地区，这样的形态一旦建成，则很难想象其对传统风貌的冲击。显然，夸里尼更擅长公共建筑和标志性形态创造的特点，在此次住宅区功能的竞赛中并不适合。

穆拉托里沙岸项目设计竞赛的获胜多少有些出人意外，在意大利城市设计行业中，夸里尼具有更高的声誉和更广泛的支持者。而在此后，夸里尼并未受到影响，仍旧在公共建筑领域也获得了更多成功和认可。因此，两人的竞争和对比之下，更使人看清楚一个问题，那就是"城市大量性的住区规划，当然是有别于公共建筑"。在当代城市设计领域，侧重于关注公共领域，而相对忽略私人领域（居住区规划）。两者在设计手法和形态特点方面有显著差异。

而在"前现代"社会，人们对这一点认识一直十分清楚，欧洲地中海地区将建筑学中关于城市景观的设计，称为"市镇设计（Civic Design）"，——其中的"市镇"（Civic），从字面上看，就是城市中的公共领域，是设计的重点，而城市其他的居住区等私人领域则应该作为公共领域的背景和陪衬，形态上也需要相对淡化，甚至不太需要过度设计。

但到了 20 世纪后的社会下，由于城市规模急剧扩大，"市镇设计"也相应变为"城市设计"，至少从字面上，从"公共领域（Civic）"，变成了"大都市（Urban）"，这种"公私之间（公共领域和私人领域）"的明确界限变得模糊了，设计关注的领域扩大，私人领域也因被归为大都市的一部分，成为城市设计的主要内容。另一方面，当时活跃的现代建筑运动在倡导"简化""工业化"的思维下，更多聚焦于一般居住区，也使这些原来比较忽视的领域登上前台，受到过度的重视。

而这一次，从穆拉托里和夸里尼两人，理念和设计形态手法对比之下，原来"市镇设计"蕴含的城市"公私"领域的差异，又被重新关注起来。对其认识也开始回归城市设计中市镇设计传统，并认识到两者需要秉持差异化设计策略。例如克里尔（Leo Krier）绘图展现了市镇设计的原理，将这一欧洲城市的多年传统重新进行强调（图 5.7），并成为当代新城市主义的重要基本理念之一。

---

① 夸里尼更倡导现代城市形态。"新的城市形态将如波斯地毯般拓展"。在夸里尼的方案中，通过放射形态的结构，"创造崭新的城市。将历史城市作为远景和逐渐失去的遗存，将它们消失在遥远冷漠的地平线……"（夸里尼的助手 Ciucci 和 Dal Co 转述夸里尼的话[33]）。

两人此后也发生了风格上的转变。夸里尼就曾吸收了穆拉托里的模块单元化形态，将以往因倡导尺度扩展而明显张扬（但的确更具美感）曲线形态加以收敛，增加了斜线、折线等丰富形态，并将原来的圆形造型形态放置在细节层面，在他1973年设计的摩加迪沙国际大学中充分体现这样的"当代意大利城市设计"模式。如今夸里尼理念也通过他的追随者维托里奥·格里高蒂等当代意大利建筑师，获得了更广泛的实践（图3.8）。

而对于穆拉托里关于城市整体肌理的"整体化""协调感"设计策略，也在1960年代后的意大利被通过历史城镇保护等多方面工作加以验证确立[15]。

此外，近年来学者关注到意大利建筑学和城市设计领域这种"成对"的建筑师现象，以及争论传统。从文艺复兴小桑迦洛（Antonio da Sangallo the Younger）同珊索维诺（Jacopo Sansovino）的分歧，到这里谈到的穆拉托里和夸里尼，此后还有萨蒙纳（Giuseppe Samoà）和斯卡帕（Carlo Scapa），包括罗西（Aldo Rossi）和格里高蒂（Vittorio Gregotti）等理念针锋相对的知名意大利建筑师们[16]。理论家马尔佐（Marzot Nicola）[17]在将意大利与荷兰城市形态学放在一起比较时，认为在荷兰实用主义哲学下，映衬出意大利城市学者所需要的舆论导向乃至"政治属性"。上面提及多数意大利建筑师需要长期投身经营建筑学期刊杂志等公众媒体，并以此作为舆论阵地，持续性、定期地发布理念主张，以期影响公众，以及投入公共辩论或攻击对手，从而确立自己的

**图3.8　夸里尼早期图文和其追随者格里高蒂后来在米兰比科卡项目中的实践，具有相似性**

（来源：[33]左图，右图：网络）

建筑和城市设计主张的影响力。这些事实既有意大利建筑学长期坚持的理想城市影响，也是公民社会和社会事务传统使然。马尔佐说，"事实上，很明显，要在意大利确立一个建筑师的突出地位，就需要提出一个原创的理论立场，比如罗西或吉安卡洛·德卡洛（Giancarlo De Carlo）的'坦登扎'（Tendenza，意语"趋势"）学派的《Casabella Continuità》杂志"。此外，在适当的时候，意大利建筑师必须将自己的立场与志趣相投的政党联系起来，因为他们知道，在意大利，这种"政治联姻"有助于树立建筑师"政治正确"的认识水平，及建筑师将建筑学作为改善社会的专业抱负，而不会给公众造成"趋炎附势"的反感。当然，从前文中可以看到的确如此，除了罗西和德卡洛，他们师承的皮亚森蒂尼在人民宫设计时与墨索里尼的紧密关系[17]，都支持了意大利建筑师的创作实践。

时过境迁，穆拉托里和夸里尼的论战声音远去，而学术争鸣不绝。但随着穆拉托里在当代城市形态学领域先驱地位的确立，以及夸里尼之后格里高蒂等追随者的诸多实践成果，两者之间的分歧被淡化，而更多看作是理论研究和设计实践之间的固有差异。穆拉托里的理念成为当代历史城市保护及其更新设计的主流；而夸里尼的思路和设计风格手法被更多地应用在为数不多的新城设计项目和地标建筑中。

可以想见，未来的意大利仍旧会"思潮涌动"充满争论，创新的城市形态模式也将层出不穷。一如从珊索维诺以来的意大利思辨传统，意大利城市形态也终将在争论中带着文艺复兴传承的悠久文化走向未来。作者认为，意大利城市设计的传统，文中提及的诸多城市形态特点只是一方面，诸多建筑师和理论家在广大公众视野下的精彩论战，对理性毫无保留的探究，才是思想深处最宝贵的财富。


## 意大利当代城市形态和景观

意大利当代城市形态方面，既有欧洲理性主义理念下对完美城市形态的追求，同时也有地中海"市镇设计"传统，关注城市形态的整体感，社区的内聚性等城市形态传统。但不同城市也在上述统一的理念传统下，依据当代发展需求和不同城市的自身定位，形成了具有一定的多样性的城市景观和形态风貌。包括威尼斯的博物馆式的传统风貌、罗马历史城墙特色下的大尺度城市格局、米兰以高层建筑为特色的现代风貌、那不勒斯的滨水地段格局等。

1960年代后，意大利城市设计领域出现新动向。实践者试图探索一条适合意大利悠久历史的遗产保护策略。两个观点成为工作实践的基础：第一，人们质疑以往常见的"异地建设新中心（或副中心）"的策略，认为此举一定要十分谨慎和恰当，必须兼顾新城和旧城（如乌尔比诺（Urbino）新城，是值得效仿的范例）；而一旦处理不当，会导致历史中心的活力被抽离，使历史中心的发展窒息；第二，意大利实践领域开始不再排斥现代项目，而认为最关键的是采取怎样的具体形态，并获得保护和更新的平衡[12]。

对此，1985年的《加拉索法》①[18]引导意大利城市规划领域将视野放大到历史城市整体，乃至与周边山水格局的整体关系的"风景"（Landscape）②。审视城市"风景"最常见的策略是"展示城市俯瞰照片"，通过一目了然的图像，评判其中建筑环境等各种因素的综合视觉品质，包含整体感、历史原真性、历史风貌的感染力，以及当代发展的协调性等。在"风景"概念下，城市评价对象从以往的以建筑物等人工构筑物为核心，开始转向更真实综合的实景管控，并更加接近城市设计的综合理念。

建筑学领域，对于城市中心区，一方面，人们认为"历史城区的合理使用，是对历史建筑最好的保护"；而一旦陷入一味保守，历史城镇迟早会腐朽败落。为此，意大利建筑师开始接受当代材料、技术和设计语言，以此对历史遗迹和建筑进行兼具协调性和原真性的增建和修补。同时，城市设计师也接受可以对旧城肌理进行新的干预和微调，不过这些作为学术前沿的工作，需要极为谨慎和敏感周全的设计，确保两者能真正实现对话，而非对立矛盾[12]。对于城市郊区，1978年罗马举办的"打断的罗马（Roma Interrotta）"活动中，柯林·罗（Collin Rowe）和詹姆斯·斯特林（James Sterling）等关于"拼贴城市"的理念启发了意大利城市设计领域，对于城市郊区的社区建设，完全可以通过化整为零

---

① 1985年，意大利《加拉索法》在所有大区推行全覆盖的"风景规划"[18]——契合时任文化环境遗产部副部长加拉索关于"不制订风景规划就不应该进行开发"的观点，该规定是将1939年《自然美景保护法》针对13个保护区的保护策略，扩大到所有大区。"风景"理念不同于传统的建筑规划，而是将自然地形、园林绿化、人文遗产，以及普通城镇整体看待，并整体综合概括为"风景"概念。

② 按照《城市风景规划》（西村幸夫著）中的释义，"风景"有别于"景观"，尤其不同于"城市景观"，是"超越了仅仅由建筑及城市设施构成的地区内景观问题的范围，涉及城市的、由地形构成的大骨架以及眺望、远望的景观"。[18]

的做法，以及小规模组团，在适当弱化整体形态的前提下，也能适应山地地形并获得风景协调。

　　下面会有四座意大利城市，分别是罗马、那不勒斯、威尼斯和米兰。案例内容侧重于当代城市设计的形态和理念。相比之下，前三座城市都是世界遗产城市，中心城区内的城市更新基本没有。罗马的当代建设主要位于古城范围外；那不勒斯围绕港口更新用地；威尼斯由于主要位于潟湖岛屿，用地更加稀缺，城市更新只能在建筑设计层面进行。而最后一座城市米兰，则没有世界遗产的头衔，在当代城市设计中有更多创新做法。

图 3.9　罗马

## 走出古城：罗马

如前面照片中所见，罗马城市形态具有浑然天成的整体感和秩序之美，而孕育这些美感的内在原因则是众多城市设计经典原则，尤其是出于凸显教廷等众多公共建筑而有意为之，以及通过诸多繁杂法令加以支持的结果。除了前面提到的教皇西克斯图五世构建的景观大道体系外，罗马"橘黄色"的灿烂城市色彩也被城市设计学者吉伯德（Fredderik Gibberd）归为一种设计策略——黄色作为一种"向前"的色彩，对白色教堂起到了衬托作用，并更容易使人将注意力放在公共建筑的精美细部

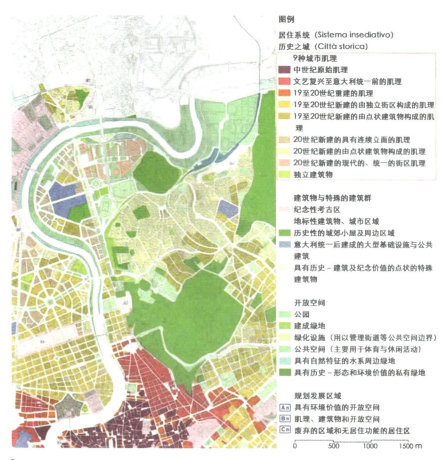

图例

居住系统（Sistema insediativo）
历史之城（Città storica）
9种城市肌理
■ 中世纪原始肌理
■ 文艺复兴至意大利统一前的肌理
■ 19至20世纪重建的肌理
■ 19至20世纪新建的由独立街区构成的肌理
■ 19至20世纪新建的由点状建筑物构成的肌理
■ 20世纪新建的具有连续立面的肌理
■ 20世纪新建的由点状建筑物构成的肌理
■ 20世纪新建的现代的、统一的街区肌理
■ 独立建筑物

建筑物与特殊的建筑群
■ 纪念性考古区
■ 地标性建筑物、城市区域
■ 历史性的城郊小屋及周边区域
■ 意大利统一后建成的大型基础设施与公共建筑
■ 具有历史-建筑及纪念价值的点状的特殊建筑物

开放空间
■ 公园
■ 建成绿地
■ 绿化设施（用以管理街道等公共空间边界）
■ 公共空间（主要用于体育与休闲活动）
■ 具有自然特征的水系周边绿地
■ 具有历史-形态和环境价值的私有绿地

规划发展区域
An 具有环境价值的开放空间
Bn 肌理、建筑物和开放空间
Cn 废弃的区域和无居住功能的居住区

0  500  1000  1500 m

**图 3.10　罗马总体规划中，对"历史之城"的 9 种城市肌理与其他分析示意**

（来源：谢舒逸对罗马总体规划的翻译[32]）

上，最终确保人们在罗马获得叹为观止的艺术享受。

当代罗马延续了上述秩序和格局，并包容了不同时代累积而成的城市形态模式，体现了丰富的"层积性"和真实感。

罗马是西方文化之都，教廷所在地和教民朝圣之地。因此，罗马极为珍视老城，长期在城墙内有限的空间发展。城市从克拉苏时代[2]就长期与土地投机者作斗争，对城市秩序极度重视。因此，直到20世纪初的罗马，仍旧集中在老城范围内。

罗马古城的当代城市设计，体现出意大利类型形态学的积淀。例如

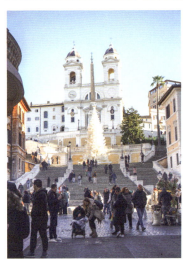

**图 3.11　罗马古城内的重要景点**
上图为波波洛广场；左下图为西班牙广场；右下图为北城门附近

在 2008 年罗马总体规划的附件中，运用类型学方法对历史城区及周边建筑环境要素的普查展示尤为精准恰当（图 3.10）。图中不仅包含了传统的建筑和空间要素，还统筹引入了不同时代、开放空间和水体、建筑功能，以及是否具有地标价值等多维信息，大大提升了图纸对城市历史景观形态的信息量和表达效果。

罗马的城墙被较完整地加以保留，不同地段也有差异化的城墙痕迹，例如罗马古城和梵蒂冈，以及作为封建宅邸的美第奇别墅等局部地段，都有较明显的城墙。而城墙形态既是罗马城市形态和整体格局中最重要的形态之一，也是在当代城市发展和形态演变过程中最为纠结和争论的地方。20 世纪以来罗马围绕如何走出城墙，以获得更大尺度的城市发展用地，也充满了思想的碰撞和争论。因此，罗马整个 20 世纪就处于老城为核心的集聚发展，与周边扩展发展的两难纠结中。

罗马第一种现代城市形态模式的引入，要追溯到文艺复兴时期。当时教皇西克斯图斯五世和方塔纳主导了城市的第一次扩建，构建了著名的罗马景观体系，通过波波洛广场"三支道"最东侧道路巴布依诺大街（Via del Babuino），经过西班牙大台阶转换到通往大圣母大殿的希丝缇娜大街（Via Sistina）；此外，中间大道直通斗兽场；西侧道路通往奥古斯都宫（Mausoleo di Augusto）。

1861 年统一的意大利王国，最终 1870 年攻占罗马，随即开始了新首都的建设设想。坎伯雷希委员会（the Camporesi Commission）于当年 11 月 10 日提出了完整的景观设想，延续了教皇西克斯图斯五世的景观结构思路，并对新增轴线和公共空间提出建议。这些建议体现在随后的 1873 年《罗马城市总体规划与扩建》[19] 中，同时，建设范围仍旧被限定在城墙内。

科斯托夫分析了此次扩建的范围（图 3.12），认为此次扩建在整体格局上仍然延续着教皇西克斯图斯五世和方塔纳景观体系。在东侧扩建片区中，希丝缇娜大街成为空间主轴，城市形态延续罗马景观大道模式[19]。这一片区的城市肌理也与老城融为一体，但却在高度体量和密度方面有明显区别（图 3.12）。

直到今天，这一片区仍然承担了罗马历史城区现代功能引入和提升的任务。片区内部分用地甚至历经了数次更新改造。毕竟相比于罗马老城大部分拥有几千年历史的地区，以及见证了凯撒等先贤的地段和建筑，这些仅有百余年历史的扩建区更容易成为被更新的对象。

但很快，扩建区的更新潜力枯竭，同时现代城市的规模要求和更多

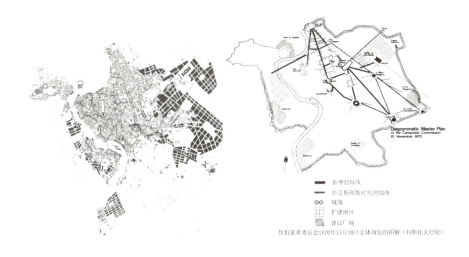

新增的轴线
西克斯图斯时代的轴线
城墙
扩建地区
建议广场

坎伯雷希委员会1870年11月10日总体规划的图解（科斯托夫绘制）

**图 3.12 1873 年《罗马城市总体规划与扩建》的建设范围**（来源：[19]）

下图：今天罗马扩建区的实景［从平乔山（Pincio）方向向南看］

新的功能却需要持续引入，最终促使罗马需要走出古城，向周边拓展新的格局。

### 走出城墙的最初尝试

20 世纪后，罗马城市建设出现了明显变化，城市建设开始跳出城墙范围，并开展大规模城市设计实践。

最早尝试跳出罗马城墙的主导者是墨索里尼。作为野心勃勃的独裁者，他构想罗马作为国际化大都市，城市形态模式应转变为最新的汽车城市模式。因此，墨索里尼一方面建设了作为公共建筑集群的"人民

**图 3.13　皮亚森蒂尼设计的人民宫位置（底部），1942 年停工时的实景**

（来源：https://roma.repubblica.it/cronaca/2015/03/11/foto/eur_expo_1942-109281737/1/）

宫"；同时也在罗马郊区，结合大企业的员工生活需求新建了小城镇。

　　人民宫的规划师是当时意大利著名建筑师皮亚森蒂尼。人民宫采取了"蛙跳式"发展模式，或"飞地式"开发模式（图 3.13 左图）。规划手法以重复出现的"方盒子"来强调现代主义的秩序与效率，在建筑装饰和细部上以拱券和穹顶等形式表现古典主义。而项目周边环绕了现代化的高架道路，既可以看作文艺复兴理想城市中"城墙"的当代诠释；也呼应了当时意大利未来主义设计思潮。

　　在人民宫内部，布置了大型广场，以及广场中央的方尖碑。标志性建筑以精致的立面体现高雅的设计品质。

　　人民宫在二战时期没有完全建成，却因大量留存的发展空间，为此后几十年里带来了持久的发展。1960 年代罗马奥运会期间，人民宫地区继续建设。体育宫（the Sports Palace）等当时经典建筑，填补了区域空地，进一步塑造了人民宫的整体城市形态。

　　而今天的人民宫已进入城市更新阶段。拆除了原来低矮建筑，正在新建不少高层建筑，例如滨河高层建筑（图 3.15）。而在人民宫南侧环路之外，也在原来大规模绿地内建成了大型购物综合体项目"欧洲人民宫（Euroma2）"（图 3.14）。

　　与人民宫规划建设的同时，罗马还建有类似的郊区新城。典型的是1936 年建设的郊区航空工业小镇古杜纳（Guidonia）[10]。新城距离罗马市中心东侧 20 多公里外，是罗马郊区最早的发展组团之一。城市分为

▌图 3.14　当代罗马人民宫和新建项目 Euroma2 城市综合体

　　两个功能不同的组团，一是沿林荫大道景观中轴线组织的行政组团。组团网格形态，平面有营寨城特点，核心是带有尖塔的中心广场、交通枢纽和市政厅。周边通过网格组织行列式现代住宅；另一个组团是东侧科研生产功能，为大尺度街坊和工业建筑形态，各用地依靠现代汽车干道串联。

　　古杜纳具有鲜明的现代建筑理念，开敞的空间尺度、简洁的轴线，

▌图 3.15　当代罗马人民宫中轴线景观，东侧为在建的高层建筑（2024 年）

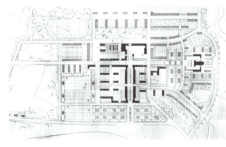

图 3.16　古杜纳

（来源：[10]）

以及清晰有序的城市公共空间，是同时代意大利"民族主义和集权主义结合的产物［塔夫里（Manfredo Tafuri）语］"——当时意大利社会中的知识分子和建筑师对墨索里尼法西斯主义抱有幻想，从而在城市设计的形态上，借助传统罗马帝国的城市形态，赞颂当时的政权。

### 走出古城，走向现代和模块

　　二战后，罗马城市建设的重点进一步聚焦于古城之外的大片用地。但城市形态和格局的思路并不清晰，最初仍延续 19 世纪规划中与中心区空间结构联结和连续的思路。这种考虑十分自然正常，是出于对罗马这一伟大城市整体形态的尊重和延续。但与罗马传统老城十分有限的用地规模范围比较，二战后的扩展空间极大，新纳入的用地多，与罗马古城距离远，也似乎无需强求肌理形态的统一连续。因此，探索郊区开发片区"碎片化"形态结构的思路逐渐出现，并得到了理论界和著名建筑师群体的认可。其中，1978 年"被打断的罗马"设计展览[20]，所展示出诸多当时著名理论家和建筑师对罗马郊区发展的见解，一定程度上确认了郊区开发片区"碎片化"形态的合理性。

　　"被打断的罗马"设计展览中，最值得关注的是柯林·罗[21]和斯特林的作品。斯特林是面对相对空旷的郊区用地，决然地采取植入新结构

**图3.17　1978年"被打断的罗马"设计展览中，斯特林提交的作品**

（来源：[20]）

的手法，同时毫不掩饰对汽车城市的接受，不论从道路名称［为"真空吸尘器"（Vacuum Strada），意指罗马的汽车将像尘埃一样被"吸"进公路，迅速到达另一端］；还在规划中布置的收费站和多层停车场等，都是与罗马古城不相搭的形态语汇。从简洁的形态看，也都同此前皮亚森蒂尼人民宫的做法更近似。同时，人们评价他"以一种巧妙的方式活用了古罗马'网格—转换—冲突'的规划传统"，人们从其方案中看到了自教皇西克斯图斯五世以来的神似。

　　而柯林·罗在理念上与斯特林有呼应之处。柯林·罗"被打断的罗马"方案的合作者史蒂文·彼得森（Steven Peterson）在《城市设计的战略》一书中对方案进行了进一步的说明。他认为，在城市形态元素之间的联结策略问题上，尽管教皇西克斯图斯五世采取了"轴线"策略，但当代罗马仍旧可以采取"碎片"策略，以及在此基础上的"连接"策略。事实上，罗马不乏后两种策略——传统上的"罗马七丘"（Sette collidi Roma，罗马城初建时的政治中心）就是山丘将城市分割为不同的"碎片"；而今天之所以并未展示出"碎片"的肌理，在于此后的人们逐渐通过各种"连接"策略，将分散的形态重新"连接"整合。因此，"碎片"策略是城市从无到有的第一步；而"连接"策略能一定程度上对"碎片"加以优化，包括场所的渗透、肌理的连续、公共景观、意大利园林的肌理等策略。

　　"1978年被打断的罗马"为此后的人们重新认识城市形态带来了启示，乃至是颠覆式的认知。在城市新区，诸多"碎片化"的城市形态更多出现；而城市中心区也开始利用更多"连接"策略，优化城市的整体感。

　　"被打断的罗马"设计展览影响不仅限于罗马，一方面，展览在此后30年里持续在全球展览；另一方面，也进一步支持构建了柯林·罗《拼贴城市》[21]理念，对整个城市设计行业带来了很大影响。

**图 3.18　圣塔马利亚-德拉皮埃塔的住区**

在当代罗马郊区住区规划中，大量"碎片化""模块化"的住区，历经不同阶段，分散化地分布在不同地段。例如位于罗马中心区西侧 6 公里的圣塔马利亚-德拉皮埃塔（Santa Maria-della Pieta）的住区（见后文），分别由多个单元化模块构成，但模块之间有清晰的边界和空间分隔，彼此间也如同柯林罗和斯特林图示表述风格一样，随着地形的变化而出现"扭转""尺度缩放"等形态微差，构成了具有拼贴城市特点的空间形态。

从罗马 20 世纪初以来的城市设计中，能看出一条连续的理念，在突破了古城范围后，一方面，深入探索现代城市形态的新模式；同时又能与千年古城和意大利传统相称。恰如整个意大利的设计行业所面临的类似的"传统和发展"问题时的谨慎负责态度。

**当代罗马远郊区典型地段**

位于罗马中心区西侧约 6 公里外的圣塔马利亚-德拉皮埃塔，是罗马当代社会住区建设的主要地段之一。规划布局受到汽车时代影响，功能上引入了大型购物中心和密集的道路系统。城市形态上，一方面受到罗马起伏山地的影响，留存了大量自然山体和陡崖断层；另一方面，不同建设时间、品质定位的组团又相对独立，彼此有绿地分隔。多个单元化模块之间也如同柯林·罗和斯特林图示表述风格一样，随着地形的变化

**3.19 圣塔马利亚-德拉皮埃塔的住区**

左上：快速汽车道路组织不同组团；右上：居住组团；左下：商业中心；右下：典型建筑和公共空间

而出现"扭转""尺度缩放"等形态微差，构成了具有拼贴城市特点的空间形态。

但 20 世纪末通过"被打断的罗马"而接受"碎片化"发展模式后，带来的城市形态结果良莠不齐。一方面的确有一部分地段遵循"网格—转换—冲突"等规划传统，获得现代秩序；但另一方面，城市郊区中也出现了更多未经规划、毫无秩序的开发片区。

面对上述城市规模大幅扩展，以及城市形态"碎片化"，尤其是无序建设的问题，2008 年罗马总体规划也选择妥协。基本方针出现重大转变，城市不再被作为由老城中心扩展的整体，原来的"中心—周边"的结构被一种新的多元模式替代。周边组团可以被作为一处新的城市或卫星城。人们将这一形态转变称为罗马的"去中心化"[31]。

而在不再纠结于中心形态后，2008 年总体规划所提出的新的城市结构（图 3.20）中，强调了罗马城市总体系统，并突出了五种要素：①城墙周边（橙色）、②考古遗址（绿色）、③台伯河水系（浅蓝色）、④地铁和轻轨系统（紫色）、⑤城市公共活力地区（红色）。这种新的城市结构，显然是需要首先颠覆以往的中心，并依托正在扩建的郊区地铁系统，以及若干郊区大型购物中心，形成了多中心结构，并将以往无序建设的片区包容组织进来，以重构新的秩序。

　　尽管如此，罗马坚持原来中心区结构的呼声仍很高。虽然新的城市结构更接近（伦敦等）当代大都市，但搭建超大尺度的新结构会不可避免地导致老城的活力外流；同时也会助长更多不必要的郊区房地产投机。如建筑师和政治家雷纳托·尼科利尼（Renato Nicolini）评论该规划是"贪婪而空洞"的承诺，而老城才是罗马的核心价值[31]。而对于位于新的城市结构周边的诸多次中心区，尤其是几处位于位置十分偏僻，显然存在房地产投机意图的大型商业中心［包括占用绿地扩建的欧洲人民宫，此外还有罗马埃斯特（Romaest）和罗马门（Porta di Roma）］，罗马人历来憎恨的炒房者，这样的规划也受到广大民众的批评。

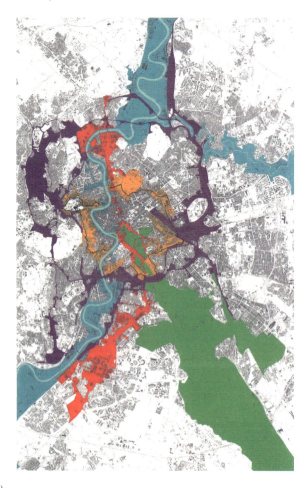

图3.20　罗马2008年总体规划的大城市结构

（来源：[31]）

1. 老城    2. 20 世纪初城墙内扩建区    3. 人民宫

4. 航空小镇古杜纳    5. 圣塔马利亚–德拉皮埃塔

图3.22　那不勒斯俯瞰，从圣马丁迪诺修道院视角

## 滨海遗产城市：那不勒斯

那不勒斯自 15 世纪中期后主要受到西班牙的统治，直至 18 世纪末。这里是区域的统治中心和总督所在地，也是 17 世纪意大利最大城市，如今是世界文化遗产[23]。城市中留存着古希腊和古罗马时期建设的道路。18 世纪的那不勒斯国王卡尔·冯·布尔波（Karl von Bourbon）曾试图调整城市形态模式，希望将那不勒斯从一个滨海历史旧城，扩建为一座形态结构更宏伟完整的大城市。为此，他扩建港口，打通郊区公路，新建法院等公共建筑，并建设一座容纳 8000 人的救济院（dei Poveri），收纳低收入者和贫民。至于卡尔国王的改造成效，贝纳沃罗对此评论道，"这些伟大的工作却不能持续地控制城市的风貌：在人口不断增长的情况下，城区和郊区仍在不规则地发展，以致难以管理"[24]。

在实际发展历程中，那不勒斯一直依循着"单方向（海岸线）的外扩"的规律，体现出滨海城市特色——各种城市扩展均顺沿着滨海岸线方向。

1990 年代后，欧洲国家之间的结盟、合作，形成了相对一致的城市设计步调，例如地中海城市中，巴塞罗那、马赛、那不勒斯、塞萨洛尼基等城市之间都有交流合作，在遗产城镇保护为核心的城市设计理念思

（a）

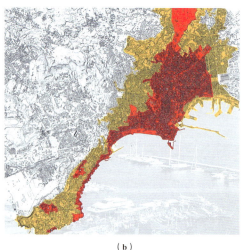

（b）

**图 3.23　那不勒斯遗产范围**

（来源：[23]）

▌图3.24 城堡区全景，从西向东视角。左侧高处为圣马丁迪诺修道院；右侧海中岛屿为"蛋堡"

路方面有相似性。

"那不勒斯历史中心（Historic Centre of Napoles）"是世界文化遗产，遗产核心保护区包含了完整的历史城区和绵长连续的滨海地区。同时将近代以来城市向山体方向的扩建地区作为协调区，也有相应的管控要求（图3.23）。

除了中心区之外，本书还选择了三个区域，共4个片区，分别代表核心保护区（城堡区和中心区）、协调区（奥罗广场 [Piazza Medaglie d'Oro] 社区）和不受限制区（港口铁路更新区），分析当代那不勒斯作为世界文化遗产城镇保护思路下，各片区的城市形态，并粗略了解其城市设计理念。

### 1. 城堡区

那不勒斯最初的选址和卫城位于一处近岸小岛，这里区别传统的山巅，是一处兼有战略要塞和陆域联系的选择。岛上城堡"蛋堡"（Castel dell'Ovo）作为不同于传统希腊山地卫城的另一种军事要塞模式。

随着蛋堡城堡统治力的确立，城市开始从岛屿向大陆拓展。首先是紧邻蛋堡，并依托圣马丁迪诺山（San Martino）的缓坡地段。在这里建设了象征主权的宫殿和广场，随着城市规模的扩大，也进一步需要更加安全可靠的城堡加以庇护，中世纪在圣马丁迪诺山山顶修建了圣埃莫堡（Castel Sant'Elmo）（图3.25）。这样，构成了典型的希腊山地卫城模式，同前面介绍的希腊城市塞萨洛尼基的城市结构模式很近似。

那不勒斯城堡区分为截然清晰的两部分，以蛋堡—圣马丁迪诺山顶

图 3.26　那不勒斯城堡区滨水地段的建筑景观

左上：老城堡和新城堡（来源：[22]）；左下：宫殿和广场；右上：公共建筑；右下：滨水码头

连线为界，西侧是历代王朝的宫殿、城堡和广场等公共设施（图 3.24），东侧则为十分独特、极高密度的"西班牙区"（Quartieri Spagnoli）（位于片区最东侧）（图 3.28 左下，3.33），是在最初西班牙总督近卫军军营基础上逐渐更新形成的高密度住区。

　　城堡区西侧原是更加陡峭的山坡，一直以来都是防御宫殿和城市的自然缓冲地段，但 20 世纪后战争威胁逐渐消退，这里开始出现山地社区

图 3.27　蛋堡—圣马丁迪诺山顶"连线"的西侧的山地住区

图 3.28　那不勒斯城堡区的"西班牙街区"（左图）；那不勒斯中心区的公共空间

建设，其中最集中的建设阶段是墨索里尼执政时期。这里的住区虽然地势复杂，但房屋协调并充分体现了现代滨海风貌（图 3.27）。

### 2. 中心区

那不勒斯中心区位于城堡区东侧，用地平坦而且更适合商业功能发展。当代发展成为著名的旅游目的地（图 3.28 右）。

### 3. 奥罗广场社区地段

奥罗广场社区地段位于那不勒斯老城北部，是 1920 年代末建成的住区。该地段鲜明的"星形"形态和放射形道路系统，是意大利现代城市设计早期特征，在俯瞰视角下，围绕星形广场为中心，具有强烈的形式感（图 3.30）。

**图 3.29**

奥罗广场社区南侧，城堡区方向的环境（左图）；奥罗社区的星形广场内部（右图）

**图 3.30** 奥罗广场社区地段俯瞰，照片中心是星形广场位置

奥罗广场片区早期主要是用于社会住宅建设，建筑形态朴实无华，造型简洁，规划布局的秩序感强。当代由于该地段紧邻中心区，且从城堡区、圣马丁迪诺修道院等地也能方便抵达，因此逐渐演变为服务当地居民的商业中心，尤其是当代那不勒斯中心区演变为旅游区之后，这里成为当地人们进行社会交往的中心。

我曾就那不勒斯各片区均具有中心感的城市形态话题，询问我居住的民宿房东亚历桑德罗先生，他的解释可以作为意大利民众的理解。他说，人们需要一个中心，更多是宗教等相关聚会，以及由此衍生出的当代人们社区归属感的需求。他提出的反例是位于那不勒斯北部远郊区的社会住区"斯坎比亚（Scampia）"，大大弱化了宗教和公共服务功能，社区的形态的中心感也就随之消失。但带来的结果却是缺少管理，如今

**图 3.31 斯坎比亚**

左图（来源：À Naples, le quartier de Scampia veut oublier la mafia-Reporters (france24.com)）；

右图（来源：Napoli, abbattuta la Vela Verde di Scampia simbolo di Gomorra: gli escavatori all'opera-Il Fatto Quotidiano）

成为社会广泛争议的地段，以至于已经面临拆除重建的境地（图 3.31）。

在西方社会，教会和社区、小尺度和社会性等因素，都是长期以来相对固化的城市要素——在城市形态上也就形成了具有"中心性"的特征。我也愿意接受亚历桑德罗的观点，并将类似社会交往导向下的集聚现象作为欧洲地中海地区郊区社区的形态特征之一。

### 4. 港口区

相比于城市其他地区，那不勒斯的港口区内主要是港口铁路用地及相关工业用地，空间形态则相当混乱无序。且由于位于遗产范围之外，也缺少更多重视和管控。2000 年后，那不勒斯决心对其开展统筹更新，构想了一个完整的"东部那不勒斯（NaplEST）"的片区概念，并于 2010 年整合了 18 个（2016 年增加到 25 项）私人投资项目，形成具有统一思想和共同标准的城市设计[25]。

城市设计中包含不同类型的更新项目，既包含容纳 4000 人的居住小区，也有商业综合体、音乐厅、地铁总站、高等院校和中小企业园区等。最早完成的项目位于保护区和协调区之外周边的大学城项目等（图 3.32 右下）。

那不勒斯是欧洲地中海城市的代表，狭窄陡峭的用地条件下，以及悠久的城镇发展历史，形成了特有的街道空间，贝纳沃罗解释为"在古希腊、古罗马城市结构基础上一再向上空发展"的结果。城市设计历程中也遵从经典范式，除了中心区在依托古城格局外，此后的星形城市和自由形态模式等，也都是不同时期的典型形态。当代那不勒斯港口区更新，相比于其他国家的同类项目，相关工作更加谨慎，进程也相对缓慢。尽管目前建成项目不多，但却因临近世界遗产、大规模和分散化的用地等较特殊的制约，也必将激发出更多创新理念而备受关注。

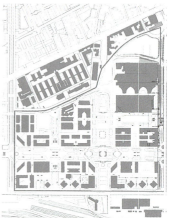

**图 3.32　东部那不勒斯，全景和范围**

（上图和左下图，来源：https://www.naplest.it/old/2011/10/20/piano-di-recupero-della-ex-manifattura-tabacchi/index.htm）；右下，大学城项目规划形态（来源：https://www.naplest.it/old/2011/10/20/piano-di-recupero-della-ex-manifattura-tabacchi/index.htm）

1. 城堡区　　　　　　2. 中心区　　　　　　3. 奥罗广场社区　　　　　4. 港口区

图 3.33　那不勒斯四个片区的形态模式图示

由左向右：1. 城堡区　2. 中心区　3. 奥罗广场社区　4. 港口区。总图内还包括城市北部的社会住区"斯坎比亚"
（来源：2. 中心区黑白图在[26]基础上改绘）

109

**图 3.34　威尼斯俯瞰**

（来源：italiano_pellicano，2010 年，https://farm5.staticflickr.com/4060/4716045268_e0115dfe7f_b.jpg）

## 博物馆城市：威尼斯及其潟湖地区

"威尼斯及其潟湖（Venice and its Lagoon）"是另一座世界遗产城市。不论是世界遗产的范围界定，还是城市市域管控，威尼斯市都是一个区域概念，包含整个潟湖沿岸及湖内 118 个岛屿，人口约 35 万，用地 414.6 平方公里。

相对于位于波河平原（Pianura Padana）核心位置的米兰，威尼斯处于意大利较边缘的区位。即使在城市最繁盛的中世纪，也是仅仅通过十字军东征获得造船等制造业的支持，但在此后西班牙崛起后就迅速衰落。

同时威尼斯用地极为狭小，对城市形态的管控也更加严格。下面将讨论意大利当代城市遗产保护和发展实践，以及在文化传承、城市保护和发展的平衡、相关景观控制等方面的典型案例和策略。不同于其他意大利城市的情况是，威尼斯推行十分严格的城市保护，城市形态的管控更加精细，尤其侧重建筑尺度的雕琢。

当代威尼斯具有"抵制现代性"和突出传统保护的城市文化，这显

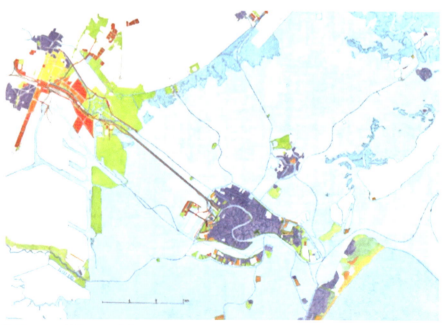

图 3.35　贝纳沃罗 1994 年的研究成果，形成了在此基础上的 1998 年城市总体规划

（来源：http://www.benevolo.it/userfiles/files/fl24.pdf）

然来自威尼斯光辉丰厚的城市遗产给人们带来的文化优越感。但在当代城市发展问题上，这样处处弥漫的厚重历史氛围同时也极容易使城市陷入保守、停滞甚至平庸。正如塔夫里在《威尼斯与文艺复兴》中所写，"威尼斯对'现代人'来说是一个问题。他们沉溺于一种连续的传统感受，这种感受极易被误认为是由协调统一，但却平庸的事物构成的……"当然，塔夫里这里是在警告城市不能因一味追求协调而甘于平庸，要敢于向平庸挑战。显然意大利一代代学者和建筑师——阿尔多·罗西、德卡洛、格里高蒂，以及来自葡萄牙的西扎（Alvaro Siza）等人正是带着不甘于平庸的心态，使当代威尼斯又一次成为备受世人瞩目的建筑和城市设计展台。

当代威尼斯及其潟湖地区发展依托于著名历史学家列奥纳多·贝纳沃罗1994年完成（1998年实施）的研究成果，形成了在此基础上的1998年威尼斯城市总体规划。

贝纳沃罗完成了历史（100年前）、现状、未来三个时段的绘图，支持威尼斯有序演进的规划逻辑，以及对超长时间的缓慢发展态度的阐释。研究中包含了从发展愿景，到用地布局，以及潟湖、湿地保护、环潟湖整体区域均衡发展、绿地增容，朱利亚诺沙岸地区城市公园等诸多节点的一系列规划构思。

贝纳沃罗规划中所谓的"威尼斯的历史中心"，类似我国规划的"历史城区"，专指运河划分的东西两岛（Centro Storico 或 Main Island［town centre］）和南侧的朱代卡岛（Giudecca），在贝纳沃罗研究中主要被作为以保护为主的"具有历史性质的城市肌理（图 3.35 中蓝色）"，其中仅在主岛西侧的码头区和东侧展览区（原兵工厂），以及朱代卡岛有少量"局部更新地区（图中朱红色）"。更新力度较大的"综合性更新用地"和"重建地区"都位于大陆一侧的梅特雷斯市。

1994年贝纳沃罗规划在强调"超长时间的缓慢发展"的理念下，新建和更新项目极少，但并非没有。本书将其中有限的项目部分提取出来，并分层次介绍，并体现出威尼斯当代城市设计契合项目所处层次和区位的恰当理念和策略。

本节选择从由威尼斯主岛向外分4个层次介绍，重点展示1994年贝纳沃罗规划影响下的城市形态演变更新。层次1是主岛；层次2是紧邻主岛的朱代卡岛；层次3是临近大陆的潟湖小岛马扎博岛（Mazzorbo）；层次4是位于大陆的梅特雷斯市。

将四个层次放在一起比较，能看出随着距离威尼斯主岛距离的增加，传统文化的束缚放松，现代城市更新的力度和城市尺度都随之增加，由此形成了现代威尼斯整体有序的城市形态更新管控。

**层次 1：核心区中现代要素的灌注——威尼斯主岛的局部形态更新**

威尼斯主岛的当代更新极为谨慎，建设项目稀少且设计要求极高。可供本书选择的案例不多，且由于贝纳沃罗规划理念下，威尼斯主岛大规模城市更新基本被叫停，因此这里只能提供此前格里高蒂设计的卡纳雷吉欧区住区项目（图 3.37），展示威尼斯在保持历史风貌的前提下，对城市发展最谨慎的应对。

卡纳雷吉欧区（Canaregio）位于威尼斯东岛北侧的一个区。格里高蒂所设计的住区 1981—2001 年间陆续建成。用地原为萨法（Saffa）火柴厂。格里高蒂反对将威尼斯"博物馆化"的静态保护及旅游景点化，而倡导探索城市作为生活空间的现代方案。

北侧的新建筑顺接周边肌理并保留几条南北向的巷道，构建了与历史肌理相协调的平面格局。同时，住区也在建筑单体的造型和立面上并无太多历史特征，以简洁的现代气息为主。

**层次 2：更新的放大——朱代卡岛**

朱代卡岛位于威尼斯主岛以南，既能与主岛脱离，又紧邻其南侧并作为威尼斯历史城区的一部分。也不同于主岛严重的"景点化"，朱代卡岛至今保留了一定比例的原住民，岛上仍有良好的社会结构和生活氛围。

威尼斯主岛和朱代卡岛有不同的历史建筑保护政策。主岛内所有建筑的主体结构不允许改变，只能进行极微小的更新；而在朱代卡岛没有"保护建筑结构"的限制，也意味着可以进行力度较大的更新工作。因此，朱代卡岛内的当代更新项目，较主岛而言更能体现威尼斯当代城市设计特色，并包容一定的创新做法。

近年来对朱代卡岛的更新项目主要有 4 个（图 3.36），由西向东分别是，斯卡雷拉–特雷维森地区（Scalera-Trevisan）、荣汉斯（Junghans）地区、CNOMV 码头地区、坎波·迪·马特（Campo di Marte）地区。除 CNOMV 码头地区仍在规划论证阶段外，其他三处都已建成，我们下面以坎波·迪·马特地区为例详述[27]。

该项目位于朱代卡岛上一个衰退严重（且部分被拆除）的住宅区。1980 年代中期，阿尔瓦罗·西扎参与该项目招标并获胜。

阿尔瓦罗·西扎希望设计一个富有节奏和秩序的城市结构，规划遵

图 **3.36** 朱代卡岛的四个更新项目

（来源：[27]）

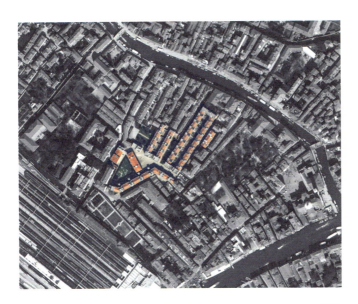

图 **3.37** 卡纳雷吉欧区居住区

（来源：下图来源：https://www.conoscerevenezia.it/?p=5252）

从用地原有地块划分方式，呈现细长形态，建筑沿东西向布局，看上去有整体感和凝聚力。沿较长方向的立面以恒定的节奏排列窗户，建筑形态简洁质朴。

为此，西扎仔细研究了威尼斯的历史和城市形态。探讨如何识别那些广受欢迎的住宅形态中的关键要素，包括门廊、庭院、凉廊和顶部阳台，认为这些住宅要素是构成朱代卡岛内部空间景观最重要的内容，西扎也在设计中吸收借鉴。

完成设计多年后，西扎重返该社区，他对这里所建立的睦邻关系感到满意，认为设计过程中对威尼斯城镇形态和社会生活研究起到了实效。

### 层次 3：形态学的应用——潟湖小岛马扎博岛的住宅更新[12]

马扎博岛位于威尼斯主岛东北约 10 公里，面积 0.2 平方公里，位于 5 座小岛构成的托切洛（Torcello）岛链群的最南侧。与相邻规模相近的布拉诺岛（Burano，3000 人）密集的肌理不同——马扎博岛被作为岛链的公共中心并保持着农业状态，包含青少年中心、体育健身中心、公园和公墓；以及葡萄园、蔬菜种植、果园等农业休闲设施，一处度假综合体（名为 "Venissa"），仅有 256 人（2019 年）。

建筑师詹卡洛·德卡洛成名于乌尔比诺的诸多实践项目，马扎博岛

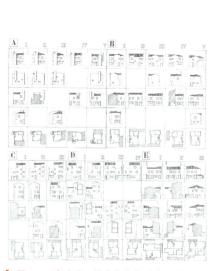

图 3.38　詹卡洛·德卡洛的类型学设计方法

（来源：[12]）（ http://buromilan.com/en/project/social-housing-in-mazzorbo-venice-italy-2/ ）

**图 3.39　西扎设计的坎波·迪·马特地区**

（来源：https://divisare.com/projects/321659-alvaro-siza-alberto-lagomaggiore-nicolo-galeazzi-campo-di-marte）

是他另一项重要代表作品。他长期主导了岛上的社会住宅项目，自 1979 年开始设计，直到 2003 年才陆续完工。多年来，德卡洛一共设计了 36 栋造型、色彩各不相同的社会住宅。

诸多住宅都依循德卡洛的"参与式建筑学（Participation Architecture）"理论，即"倡导将建筑设计融入环境、历史和社会"，具体做法是提取岛内历史建筑中不同的形态要素，形成 A—D 共 5 种基本类型（图 3.38）。住宅的色彩也来自传统材料本身以及岛屿自然环境要素，包括丁香花的紫色、水面的绿色泛影等，一系列要素和色彩的自由组合下，形成了既有整体协调关系，又各不相同的建筑群。同时，德卡洛对少量重点要素进行创新，形成现代新颖的特色。如圆柱形楼梯间、金属质感的烟囱等。

**图 3.40　威尼斯大陆一侧的梅斯特雷，空间尺度明显放大**

（来源：https://trip101.com/article/things-to-do-mestre-italy）

117

**层次 4：尺度的开敞——大陆一侧的梅斯特雷地区**

大陆一侧的梅斯特雷地区是威尼斯环潟湖地区的主要生活区，既是主岛上威尼斯建筑学院诸多学生的主要生活住宿区域，也是诸多旅行者更经济实惠的旅游接待地。相对于威尼斯主岛，因历史厚重感的减退在规划管控方面有所宽松（图 3.40）。

将威尼斯主岛和大陆一侧的梅斯特雷地区的两张图示放在一起，显示出较明显的模式差异（图 3.41）。建筑设计也是从"单体雕琢（主岛）"，到"组团布局（朱代卡岛）"，再到"整岛类型化推演（马扎博岛，类似于街区）"，一直到大陆一侧的梅斯特雷地区的"模式化"规划。随着距离文化中心威尼斯主岛的距离增加，设计策略逐渐调整。但其中类型学思维贯穿始终，差异仅是对象不同。例如在更大尺度下，会探讨平面街巷等空间和秩序的类型；而小尺度中则将门窗、色彩等造型元素作为类型化、可复制的模式理念和设计策略。

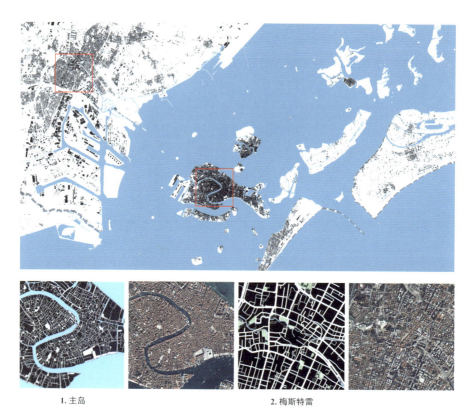

1. 主岛

2. 梅斯特雷

**图 3.41　威尼斯整体格局，以及主岛和梅斯特雷两个片区**

**图 3.42　米兰俯瞰**

（来源：[28]）

## 时尚产业的需求：米兰

米兰是意大利现代工业中心和最大城市，以及北方文化中心和旧有首都[1]。同时米兰城市设计活跃丰富，城市形态精彩多样。此外，米兰曾在拿破仑时期被法国控制，直到1861年才被意大利收回。因此，城市具有法国大城市气派，同意大利传统的滨海小镇有鲜明差异。

米兰在城市演变过程中，来自古老的中世纪和文艺复兴文化，及其建筑师菲拉雷特等人的城市设计理念是其重要的思想"原型"。而近代以来，随着城墙的拆除，城市有了可供填充的空间，这些原城墙用地也在近代被反复更新；同时，米兰城市形态由封闭转为开放后，城市周边也有更大规模的扩展项目。而当代米兰在城市整体格局上，又进一步在"多方向的重构"上有诸多创新举措。

### 菲拉雷特对米兰的两方面贡献

费菲拉雷特留给米兰的，是"宏观和微观""愿景和现实"的两方面的"理想城市"。

前者的"宏观"和"愿景"下，以菲拉雷特"理想城市"更加著名，体现在他为米兰公爵斯福尔扎设计的米兰城市规划。包括带有清晰的边界的"图形式"城市形态[2]，及其对高楼广场的接纳等[3]（图3.43左）。

而后者的微观层面，则在他1471年建成的大医院［Cà Granda（Greater hospital）今天的米兰大学，17世纪重建］中得以充分展现（图3.43右）。建筑颠覆了以往人们将内部院落作为私人空间的传统，而是将其作为重要的公共空间，对使用者来说，这里的内院是等同于广场街道

---

① 米兰也是通往意大利南方地区罗马、那不勒斯等城市的地理枢纽。近代以来，米兰曾经先后被19世纪法国、奥地利统治下的伦巴第-威尼斯王国统治。此后，米兰回归意大利的过程曲折，也成为19世纪意大利民族主义运动的一个中心。
② 菲拉雷特整体城市形态延续了以往维特鲁威星形城市的传统，两个正方形交叠而成的八角形，也是一种欧洲古代的魔幻图形，文艺复兴时期曾用来表示亚里士多德学说中四种元素"干湿冷热"的相互交叠关系。
③ 菲拉雷特的创新在于星形城市的"内部填充"——具有现代形态特征的"广场"和"大厦"，两个大尺度要素。菲拉雷特作为文艺复兴建筑师，从人文角度将这两个要素进行强调，旨在对抗以往的教堂、修道院等宗教设施对城市空间的统治地位。其中，菲拉雷特在城市中心设有一座十层高的"善恶大厦"，大厦的底层为低俗娱乐设施，楼上是高雅的讲演厅和一个学院。菲拉雷特的设计理由是，他认为自己深入研究了美德和邪恶的各种表面特征，城市中需要存在善恶两种行为的各自空间。

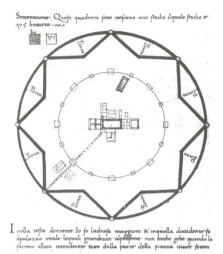

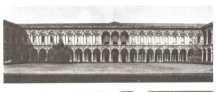

**图 3.43**

菲拉雷特的理想城市图示
左图（来源：[6]）；米兰大医院（来源：[29]）

的地方[1]。菲拉雷特大医院的创造性做法体现了自己对现代建筑（相对于文艺复兴之前建筑）的理解，注入了空间开敞通透的现代城市氛围，深刻影响了现代米兰城市设计。同时，菲拉雷特关于城市空间作为交往、

Piano Regolatore della città di Milano, Cesare Beruto, 1884

**图 3.44  1889 年的米兰规划图（右图）**

（来源：[30]）；左图为维尔纳环（来源：https://austria-forum.org/af/Bilder_und_Videos/Historische_Bilder_IMAGNO/Innere_Stadt/00614254）

---

① 正如菲拉雷特在他的《建筑论著（Architecture Treatise）》中写道，"进入建筑（大医院）后，马上发现自己置身于一处巨大的方院，这里不仅仅是一处医院附设空间，而是服务于整个社会，提供了一处人们的交往会面场所；所吸引的人群也不限于城市居民，也包括远道而来的郊区人们，他们乘船沿着临近的 Naviglio 运河来此"[29]。

会面等社会活动的理念，也一直根植在此后米兰城市建设的历程中。

### 20 世纪初前后的米兰城市设计

直到 1535 年斯福尔扎去世也没有实施菲拉雷特的理想城市。但不久之后，米兰公国的主宰权旁落至西班牙帝国，西班牙国王同时担任米兰公爵，并将米兰作为欧洲统治的中心，城市也得以扩建。此时，西班牙统治者也修建了第三圈米兰城墙后，城市中心由原来的城堡转为大教堂[30]，而新的城市格局被认为接近了菲拉雷特理想城市模式。

米兰 19 世纪后半叶，地产开发商对西班牙城墙外的斯福尔扎城堡周围、阿米广场（Piazza d'Armi）等地的开发意愿强烈。米兰顺势扩大城市范围，1873 年将城市用地增至 77 平方公里。同时，1889 年出台贝鲁托规划①，决定拆除西班牙时期城墙，并对城墙内的旧城开展疏解更新，增加公共空间（图 3.45）。

贝鲁托规划也采取了豪斯曼规划的"先掏空（gutting）再弥合"的策略，拆除了一定量的历史街区，再通过城市设计加以弥合融通。

图 3.45 威尼斯门地区，照片左侧为西班牙城墙内部区域；中部带形街坊原为城墙用地；在扩建用地中增加了公共空间，体现了菲拉雷特思想

（来源：[28]）

① 塞萨尔·贝鲁托（Cesare Beruto，1835—1915）的总体规划是 1884 年制定，1889 年批准和实施。

贝鲁托规划是当时西班牙时期欧洲城市更新的典型模式——新增了两条圈层式的林荫道，一条是拆除城墙后形成；另一条环形林荫路则作为新城市扩展边界的限定作用而设。两条平行的林荫路之间的用地，菲拉雷特的思想再次得以实现，即以大型广场和花园为中心，形成一系列城市组团。

两个圈层之间用地的设计有大量经验可以借鉴，是成熟模式。如维也纳 1859 年的"维也纳环（Wiener Ringstrasse）"，再如稍晚一些的柏林"威廉环（der Wilhelminisch Gürtel）"等欧洲大城市扩建规划，几乎都可以作为贝鲁托的范例。相对而言，贝鲁托的米兰规划有更多的菲拉雷特"大医院风格"的广场花园，公共建筑等大尺度空间，以及容纳人们交流的公共空间，也因此更接近于"维也纳环"。

当然，贝鲁托规划的特色和关键，是通过每个广场花园，将城市中心的道路延伸出去——换句话说，城墙的拆除并没有改变米兰中心区的理想城市形态，而是相同模式的尺度扩展。贝鲁托规划由此履行了 400 多年前的菲拉雷特规划的核心特点——菲拉雷特规划正是通过由中心放散出去的 16 个次级公共空间，并整合为整体来获得城市形态特点。

## 20 世纪的米兰城市设计

整个 20 世纪，米兰的人口增加约 100 万人（从 1923 年 41 万到 2018 年 138 万）。但基本保持了基于老城和贝鲁托规划范围的"单中心"城市结构。当代城市设计项目主要位于贝鲁托规划范围内，尤其是原西班牙时期城墙拆除后用地，此外也将部分用地规模过大的项目置于远离中心区的近郊用地。

### 1. 延续"低层高密度"城市肌理

米兰二战时期有四分之一住宅被损坏，战后重建过程中对于这些零碎用地的缝合，延续了菲拉雷特大医院的"低层高密度"模式，是兼有历史城市整体保护和容纳现代发展需求的平衡做法。"低层高密度"模式具有两个优势：第一，能支持米兰城市人口密度的成倍增长（1974 年 9591/KM2 对比 1923 年 4759/KM2）。第二，"低层高密度"较之于高层建筑，对公共空间更加友好——会使花园、广场等公共空间无需太大尺度，就能获得较好的体验感和舒适性。

### 2. 原城墙用地的"反复涂写"

从贝鲁托规划开始，米兰延续了其"先掏空再弥合"的城市更新策略。而原城墙用地由于并无太多历史遗迹，也就成为历次更新的重点，少量用地甚至被多次拆除更新。在欧洲城市文脉中，将城市更新比喻为"反复涂改的羊皮纸"（Palimpsest，最早由意大利历史学者焦万诺尼〔Gustavo Giovannoni〕在 20 世纪初提出），即是特指此类情况。

米兰原城墙用地被反复"重写"，有两个 21 世纪以来新建的典型案例，第一个案例，是奥伦蒂广场（Piazza Gae Aulenti）。最早建于 1920 年代的费拉米兰城市展览中心（Fiera Milani City Exibiton）；而在 2010 年后，又再一次更新。新建了包括扎哈（Zaha Hadid）设计的高层建筑的新型城市形态集群（图 3.46）。另一个是莉娜・博・巴尔迪广场（Piazza Lina Bo Bardi）。广场以米兰女建筑师莉娜・博・巴尔迪名字命名。同样建有新颖的高层建筑（图 3.47）。两个项目相距不远，遥相呼应，重塑了米兰中心区的天际线。

## 郊区大型片区式项目

### 1. 米兰新会展中心

米兰是世界时装之都，每年有大量展会举办。因此城市会展功能十分重要。

早期米兰最大的会展中心位于城市中心的奥伦蒂广场（图 3.46 右上）。近年来在拆除了位于奥伦蒂广场的会展中心后，米兰在城市西北方向郊区又新建了更大规模的新会展中心。意大利建筑师福克萨斯夫妇

**图 3.46** 费拉米兰城市展览中心拆除前的肌理和景观；以及拆除后检查的奥伦地广场

（来 源：https://www.romyspace.it/de-stinazioni/europa/europa-occidentale/italia/milano-e-lombardia/la-storia-di-citylife-e-della-fiera-di-milano/）

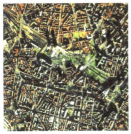

**图 3.47　莉娜·博·巴尔迪广场的天际线**

上图（图片来源：https://www.wantedinmilan.com/news/milans-new-skyline.html）；奥伦蒂广场（图片来源：https://www.h-b.it/it/portfolio-view/city-life-milano-mi/）

**图 3.48　莉娜·博·巴尔迪广场形态**

（来源：https://www.3dcadbrowser.com/3d-model/milan-city-italy-2020）

**图 3.49　米兰新会展中心**

（来源：[28]）

图3.50　比科卡区项目

（来源：左图：https://www.domusweb.it/it/architettura/2010/10/16/il-principio-etico-della-bicocca.html，
右图：https://www.ecp2015.it/timetable/venue/）

（Massimiliano & Doriana Fuksas）设计的米兰新贸易中心，位于米兰（大教堂）中心西北约10公里处，场地原为废弃工厂，2005年建成。总建筑面积超过180万平方米，是当时欧洲最大的单体建筑（图3.49）。

### 2. 米兰比科卡区项目

米兰比科卡区（Bicocca）项目的设计者，是夸里尼理念的追随者维托里奥·格里高蒂。

米兰比科卡区位于原倍耐力工厂旧址，用地规模70万平方米。改造工程于1985年启动，历时35年直至2010年最终建成。

项目的功能是围绕米兰大学比科卡校区的一系列校舍和研究机构，包含教学楼、研究实验室和学生宿舍，以及当代艺术博物馆、意大利国家研究委员会（CNR）、跨国公司办公室和倍耐力集团的新总部等。

该项目被认为是比肩伦敦金丝雀码头和柏林波茨坦广场的欧洲大项目，在意大利当代城市中，也因罕有的大规模尤显重要，但它却是诸多欧洲大型城市更新项目中最早启动而又最后完成的一个，也是建设周期最慢的一个。但这个"慢"则正体现了设计者维托里奥·格里高蒂对法国年鉴学派历史学家费尔南德·布拉代尔（Fernand Braudel）的"长时段"理论的推崇。他将项目定义为"缓慢的""长期的"工程，利用更长的时间不断能适应优化方案，形成更协调的城市形态和更丰富的设计细部，也使米兰逐渐告别那个曾经饱受关注，但逐渐褪去的"倍耐力工厂"，逐渐迎来更新后的各种科研创新功能，恰如迎来了一个新的生命，慢慢看着他长大。

### 建筑形态——当代米兰精彩的高层建筑杰作

尽管建筑形态有些超出本书较侧重宏观尺度和片区模式的惯例，但

**图 3.51　博洛尼亚的阿斯奈利塔和加里森达塔（ towers of Asinelli and Garisenda ）是城市中世纪 180 座塔楼中仅存的两座**

（ 来源：http://www.goldenassay.com/ 2012/05/13/towers-of-bologna/ ）；
下图为圣吉米尼亚诺中世纪最多拥有的众多高塔

注：意大利的中世纪塔楼：意大利中世纪塔楼是家族非法所建，用来防御，并在此后成为显示家族地位的象征。目前所存很少，现代社会对其拆除，被认为是城市回归公共属性的必然。博洛尼亚仅有两座，圣吉米尼亚诺现有 14 座。

米兰高层建筑堪称经典，且很多建筑被奉为当代高层建筑设计的典范，这里也愿意对此进一步讨论。

米兰二战后重建过程中，少量采取了高层建筑方式，但极为谨慎并均为杰作精品。由于意大利将城市形态视为城市固有的，"先天的（Priori）"，只有历史上曾经出现过的形态，或者说存在"原型（Prototype）"，才可能在当代重现。而米兰在这方面却恰恰有先例可循。一方面菲拉雷特米兰理想城市中就有城市中心的高楼形态，此后的米兰大教堂也拓展了米兰城市形态的三维尺度；另一方面，意大利城市传统中也不缺少高层建筑传统。中世纪曾经大量出现塔楼的博洛尼亚、圣吉米尼亚诺（San Gimignano）（图 3.51）可以提供一种"稀疏"、孤立的"塔楼"形态。

不同于战后其他国家较常见的低品质高层现代建筑，米兰这一时期所建成的高层建筑普遍具有很高的艺术品质。最著名的维拉斯卡大厦（Velasca Tower）和皮瑞丽大厦（Pirelli Tower）。两栋建筑的建筑师都是吉奥·庞蒂。

维拉斯卡大厦（建于 1956—1958 年）被学者弗莉（Maria Grazia Folli）称为"战后意大利建筑代表和集大成者"。作为一处 87 米高、标准层呈现方形且面积较大的庞然大物，人们却多以赞美的角度诠释。如

**图 3.52**

维拉斯卡大厦（Velasca Tower，右上）和皮瑞丽大厦（Pirelli Tower，左）（来源：https://www.archdaily.com）；右下图，扎哈设计的奥伦蒂广场（图片来源：https://www.h-b.it/it/portfolio-view/city-life-milano-mi/）

1. 老城　　2. 城堡区　　3. 扩建区

4. 奥伦蒂广场　　5. 新会展中心　　6. 比科卡区

弗莉就这样描绘——"让人感觉是中世纪塔楼一样的无与伦比的轮廓，构成了米兰崭新的天际线"，"富含历史文脉和传统意大利建筑的复兴"。

另一座皮瑞丽大厦（建于 1956—1960 年）是米兰政府办公楼，庞蒂采取了另一种展示"精湛技术之美"的方式，意大利最伟大的结构大师奈尔维（Pier Luigi Nervi）作为结构工程师提供了这方面的支持。尽管体量较大，但仍给人纤细修长的感觉，同时也传达出庞蒂将现代建筑视为"水晶"的精致感。

此外，当代米兰也不乏高层建筑杰作，包括前文的奥伦蒂广场（图 3.46）等，这里不再重复。几代米兰建筑师的高水准的高层建筑设计，向世人充分展示了米兰作为当代设计之都的城市品质。


## 小结

意大利是西方文化的源泉之一，其城市形态至今保持着历史风貌，并将文艺复兴以来流传下来的对人性尺度和完美细节的追求延续至今。想必其思想深处，有类似于宗教信仰一般的执着追求。细想下来，的确如此。从古罗马开始，城市是他们最引以为傲的成就，罗马人就精心编造故事，赋予城市以各种神的佑护，用以凸显宣扬城市在战略、经济和交通等方面的不可撼动的地位和优势。

同此前另一处西方文化之源的希腊比较，当代意大利也留存了更加丰厚的城市遗产，更多姿多彩的城市风貌，城市设计思想更多元复杂，并充满了思想的碰撞和争论。显然，从本书视角看，意大利城市形态能初步证明，城市设计"理念"的活跃和多样化，也伴随着更丰富的城市模式——"理念"催生了新的城市形态模式；同时"理念"也捍卫着旧有的模式。而在诸多"理念"的持续涌动下，更多元复杂的城市形态模式会不断涌现。

活跃多元的城市设计"理念"当然离不开基本的思想"主线"，而且当代意大利城市设计学术领域在一些大的问题上，思想高度一致。意大利城市文化中，保护是首要目标，并完整贯穿于城市设计的各个层面。这种坚决的保护态度和一切"反现代"文化氛围，是 20 世纪初历经了最激烈的论战和最持久广泛的探索后所获得的多方共识，是几代人的智慧和积淀。"对城市形态的保护"融合包容了 20 世纪以来意大利未来主义、现代主义、新古典主义等城市设计理念，也支持兼容了诸多城市形态模式创新。

　　谈到城市形态的"模式"话题，意大利城市源于古老的营寨城、文艺复兴"星形"城市、城市内部的景观大道体系三种迥然不同的形态模式，但都被作为意大利经典的城市形态"原型"，当代意大利城市中也都能看到三种模式的片区。

　　而面对 20 世纪后的发展需求，尤其是现代城市的大尺度和高密度问题，意大利城市逐渐在不同尺度层面均发展出相对统一的设计策略。

　　在宏观尺度上，意大利城市均保持历史城区在城市整体结构上的核心地位，同时通过拼贴多种形态模式构建大尺度城市格局；而在中观尺度，仅在远离历史中心的郊区，才会新建较大规模的现代城市设计项目，并基本均沿用"打断的罗马"确定的拼贴模式；也就是说，历史城区成为被特殊对待的单元，并完整保持了传统形态模式。而在微观尺度下，意大利城市历史核心区也不乏更新建设，但具体建筑均能与其所处的形态模式相适应协调。这也是为何意大利的现代建筑单体，如果脱离其所处的周边历史环境，都是极为特殊的建筑。它们不同于任何其他国家，形态风貌千差万别，各具特色，但却更加兼容于历史风貌，并能契合自己所处的城市及其高度差异化的地方性。

　　而从城市设计的成果来看，上述三个尺度里，宏观和中观尺度保护力度坚决，可更新的空间十分有限，均主要停留在"务虚"和理论探讨范畴，极少被大规模采纳实施；唯有微观尺度和建筑设计是能开展实质性工作的环节，也因此造就了意大利建筑师和建筑学学科在城市规划设计领域的核心地位，他们也基于大量实践而在理论方面争取到了更多话语权。

　　意大利城市形态研究的学术领域盛行的"类型学"传统，也由意大利特定城市形态和设计管控特点造就——是建筑师在城市形态和城市设计的主导性，延伸到学术领域的结果。换句话说，意大利"类型学"盛行，根本原因并非意大利建筑类型更多样，恰恰相反，意大利"浑然一体"的城市肌理下，寻找传统建筑之间不易察觉的差异，反而成了学术界的重要课题。其中，对城市形态进行"类型化"细分成为工作的关键和重点。"建筑类型学"应运而生——意大利传统城市形态中，在一众看似一致的建筑集群内，提取其中微差，构建类型体系的工作，为城市演进更新和设计探索依据，正是当代意大利类型形态学被赋予的重要城市形态研究使命。

# 第四章　现代精神：法国城市

　　法国地理优势明显。相较于意大利靴子状的半岛和到处的海湾岬角，法国是兼得了海陆优势的"六边形"国家——三个边是海岸，另三个边同不同邻国接壤。但也在中世纪招致日耳曼和阿拉伯两方面的夹击。所幸大部分法国国土位于欧洲大陆纵深腹地的大平原，便于地区间的沟通联系，很早就构建了致密的教会网络[①]，并形成了整体化、相对安定的社会格局；同时，国家依托于丰饶的农业和土地，稳定持久也有利于长期积累，使法国既易于培养突出的民族凝聚力；但也难免出现集权统治。

　　彼时意大利借助文艺复兴短暂崛起，但因国土规模和政治制度所限，很快被其他欧洲国家赶超。西班牙和葡萄牙因航海技术和美洲殖民短暂强盛[②]；而唯有此后的法国随后凭借高度的民族凝聚力，成为欧洲大陆最强大的国家。

　　现代法国民族性格虽然也源自文艺复兴和启蒙思想，但却主要脱胎于专制王权的民族国家，尤其深受"三十年战争（1618—1648）[③]"中法国集权胜利的感召，使每一个法国人逐渐将自己作为国家的一分子，而非以往世袭领主的臣民。法国政府也进一步认识到集权的要义，和平时期不仅延续了战时做法，也进一步通过全国统一的教育标准，灌输和塑

---

[①] 中世纪社会中，教区有权不受日耳曼王国干涉，并能保护城市不受入侵，法国每个城市对应一个主教区，因此事实上，教会体系在战争时期起到了对法国的保护作用。

[②] 西班牙和葡萄牙都曾凭借着最先进的航海技术成为世界上疆域最广阔的国家。但他们的里斯本、塞维利亚和马德里都没有成为最伟大的城市，而是被法国和英国反超。乔尔·科特金认为西班牙和葡萄牙人缺少足够的商业头脑去经营农耕收获。相反，他们最为看重的是荣誉、上帝和金银财宝，并显得过于自负和固执，缺少改革和宗教宽容，从而导致影响城市运转。最典型的例子是西班牙1492年颁布犹太人驱逐令，超过18万犹太人和新教徒离开了西班牙（这是世界上第一次对犹太人的驱逐，此后还有1881—1914年百万俄国犹太人事件和德国法西斯时期的驱逐和屠杀犹太人事件）。由于犹太人在商业活动中历来的重要作用，西班牙失去了国家商业支柱。

[③] 法国在"三十年战争（1618—1648）"期间，通过集权管理，面向全国严格征税，同时剥夺了封建领主的权力等措施，获得了丰富的资源，进而支持了法国在战争中的胜利。

造了以后现代法国人意识和民族凝聚力。因此，法国与欧洲其他国家相比，并非民族先于国家，而是相反，或者说，"法兰西国家塑造了法兰西民族[1]"。到此后的法国大革命，又进一步将法国人与国家命运紧密联系在一起。日耳曼军队1792年再次兵临巴黎之际，来自千里之外的地中海朗格多克（Languedoc）等地区的人们集体高唱《马赛曲》驰援巴黎，人们此时已经将法国作为一个统一的国家和团结的民族，相信大家是在保卫祖国，而非任何个人、国王或领主。

法国脱胎于皇家"集权"，历经大革命洗礼后呈现出"自由平等博爱"等民族性格。这一过程跨越了"极度集权和极度自由"的两端，本身就是一个矛盾体。因此，当代法国社会在思想、地区差异和社会等方面也都沿袭了这一突出的矛盾性，并进一步映射到城市形态上。

在思想的矛盾性上，法国既是地中海地区最虔诚的天主教传统国家，但也受到大革命影响，民众中的知识分子群体里有更多无神论者。因此，法国社会中持有激进思想的中产阶级，与保守的天主教民众，在思想上分裂对立。这被认为是法国大革命形成的悠久社会传统，中产阶级和知识分子，一直被法国大革命崇尚的"自由、平等、博爱"的理想信念所感召。同时又与启蒙思想家留给法国文化中的热爱抽象和理想，漠视现实和经验的思想传统紧密关联，尤其同英国经验主义思想截然不同。

在地理区域的矛盾性上，法国文化中除了有"巴黎和外省（巴黎相对于整个法国其他地区的优越感）"，还有法国北方对南方的优越感[1]。历史上法国南北两部分有不同的语言和文化，但13世纪南部被北部征服和同化，并强加了不平等对待，在当代法国人心中仍旧依稀残留这样的感受。本书后文中提到的巴黎和马赛的案例，两者在对待城市设计的差异就可以有这样的解释。

法国社会的矛盾性中，底层民众和中产阶级等富裕群体之间有诸如更大经济收入等差距所形成的鸿沟，这一点在欧洲主要国家中也是最大的。这或许是法国被认为是"分裂社会"的最终根源，并决定了其他方面，如教权和反教权，激进和保守，也影响了城市和农村（含小城镇）的分裂。从而导致了法国的城市仍旧是富人的天堂，穷人无法离开乡村。

当代法国建筑学和城市设计盛行的现代主义理念都可以从这些法国历史社会背景中，找到隐藏深处的根源。民众思想的更大差异性，包容了多种多样的城市设计理念；不同地区和城市之间的发展落差，支持城市间选择不同的形态模式；社会民众的隔阂、收入消费的差距都在自己住房选择方面差异明显，而负责提供城市住房及其城市设计上，要求必不可少的差异化城市形态；等等。

而当代法国在城市形态上的这种"多样性"，往往最终被归结为"现代"模式，也即为本章标题的"现代精神"。较之欧洲其他国家（如临近的意大利）相对单一传统的模式化城市形态，法国现代城市形态有更多的 20 世纪才新出现的特点，很多做法更大胆，与传统城市形态具有更强烈的对比，当然也更具争议，以至于在 1960 年代后法国需要对历史城区推出比其他欧洲国家更多更严格的保护措施和技术，以维持历史地区较纯粹的传统风貌。

## 法国现代城市思想和传统：从壮丽风格到现代城市

### 壮丽风格——从城堡中走出的大都市

启蒙运动后，法国国王通过"君权神授"实行中央集权。亨利四世（Henri Ⅳ）为了加强帝国的权威和形象，有意识地加强了巴黎城市建设。

除了意大利的景观大道等舶来品外，法国也在巴黎更新中寻找自己文化中的闪光点。卢瓦尔河谷舍农索城堡（Châtean de Chenoncean）如同波斯地毯一般的精致园林，备受世人推崇（图 4.2）。这种原产于意大利的文艺复兴和巴洛克艺术，在法国的土地上被进行"尺度放大"和各种"组合"后变得丰富多彩。从而使这种具有"壮丽风格"（the Grand Manner）城市模式顺势被贴上了法国文化标贴。

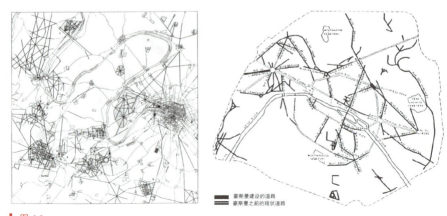

**图 4.1**

豪斯曼改造（右图）（来源：[2]），以及同时期巴黎碎片化的城市格局（来源：[3]）

　　这种新的形态模式成为此后不断重复的法国现代形态的主要原型。包括凡尔赛（Versailles）、维康宫（Vaux Le Vicomte）等。贝纳沃罗和波纳亥（Panerai Philippe）的研究都发现（图4.1），在豪斯曼规划之前，在巴黎郊区类似壮丽风格的城市局部大量出现（图4.1左）。即使此时国王已经垮台，但这种来自集权和皇室的城市形态模式①仍旧被作为法国现代城市设计的主要模式，不断复制。

　　此后的拿破仑三世（Napoléon Ⅲ）执掌下第三共和国（the Third Republic）②时期的巴黎，豪斯曼改造（haussmannien city）③进一步整合了此前巴黎的诸多景观大道，重塑了城市结构——形成了"大十字"干道系统和两个环形路[4]。

　　豪斯曼（George Eugene Haussmann）的"城市美化"尽管是大拆大建，但客观上构建了巴黎的现代格局，被科斯托作为壮丽风格的代表[2]。此后的埃菲尔铁塔使其达到顶峰——拥有开敞的公共空间和制高点，能俯瞰周边美景和浑然一体的巴黎城市形态。

　　豪斯曼改造后的巴黎，同以往教皇西克斯图斯五世实施的罗马景观系统不同——罗马仅是局部优化，恰如豪斯曼之前的凡尔赛、亨利四世实施的香榭丽舍大道等（图4.2）；而豪斯曼改造之下，巴黎外环路之内的地区，均被纳入具有完整形态的区域，在大尺度和完整感方面更胜一筹。

　　20世纪后，法国壮丽风格的城市形态尽管不再有新的案例，但这种模式的城市中心区风貌却被作为法国文化的一部分，并开始了"景观地（Site）（1930）"等立法保护措施。采取了"历史建筑物周边500米区域

---

① 法国皇室钟爱最初流行于意大利的文艺复兴轴线大道。亨利四世的太太，著名的玛丽皇后，是佛罗伦萨美第奇家族的玛丽·德·美迪奇，她将意大利的广场、林荫路等开敞的城市空间带到法国。此外，皇后是艺术爱好者，对城市空间有自己的独到见解，尤其喜爱完整大方的城市空间，她说："如果一条道路正面看起来整齐划一，则是对这条道路最好的装饰。"

② 拿破仑和豪斯曼改造：现代法国的缔造者，代表大资产阶级的拿破仑一世曾构想过他心目中的巴黎改建——是将巴黎变成一个"神话般的、规模空前的、史无前例的"城市，以体现胜利的荣光和帝国的强大。尽管拿破仑一世并未完成这一愿景，但却被他的侄子拿破仑三世在多年后付诸实施。在1851年执政不久后，拿破仑三世宣布巴黎是"法国的中心，让我们竭尽全力来装点这个伟大的城市"。他在位期间，法国经济繁荣，产业特征由农业主导成功向现代工业转型，巴黎在他任内发展成为世界上最大的工业城市。当时有40万工人和100万居民。拿破仑三世也因此有实力下令对巴黎进行大规模改造，塑造现代城市轮廓。

③ 豪斯曼改造：巴黎行政长官兼军事防卫官豪斯曼对城市改建的理由是，城市过多中世纪遗存，不利于现代化炮兵、骑兵进入城市，是城市安全的隐患，因此先大量拆迁房屋以修建城市大道，再利用剩余用地新建现代化建筑，形成街道两侧良好的城市界面。

图 4.2　法国陆续建成的"地毯式"景观

自上到下，左上图：16 世纪初建造卢瓦尔河谷舍农索城堡开始流行园林风格；右图：维康宫；左下图：凡尔赛（来源：bing.com）

保护区"等管控做法①。

　　1962 年，文化部长马尔罗（André Malraux）②[6]签署《有关法国历史的、美的遗产保护立法的补充和促进不可移动文物修复的法律》③[7][24]，

---

① "遗产保护"是当代巴黎另一种持续的城市设计基调。1913 年《历史纪念物法》开始将"街区"等大规模地区作为与单体建筑同样地位的"保护对象"[5]。1930 年的法国"景观地（site）"的保护制度，保护具有"审美、科学、历史、神话和风景价值的地区"。使有价值的街区等"景观地"同历史纪念物一样，具有法定保护地位。1943 年，法国进一步确立了保护历史纪念物周边 500 米的景观。此后，对需要新建的建筑需经过严格审查，并为此设立"国家建筑师（ABF）"及"建设许可证"制度。保护建筑周边的圆形（可以根据具体情况在 500 米最低间距基础上扩大，保护范围也就并不都是圆形）区域，也因此在成为保护建筑背景的同时，具有了保护街区的地位。这种"保护点"及其"背景"的"由点及面"的结构性思维，也构成了以后 1962 年《马尔罗法》的基本理念。

② 马尔罗是具有传奇色彩的政治家，大学学习的专业是"建筑和东方学"，正是由于他对于建筑和文化的熟识，推动了巴黎历史城市的保护[6]。

③ 马尔罗法的核心理念是"分区保护"。巴黎被划分为三个区，分别采取松紧不同的保护力度。第一区为 18 世纪形成的城区，需要在外观和内部功能方面严加保护；第二区是 19 世纪形成的城区，可以根据当代发展需要，在保持外观的基础上，进行一定的功能调整；第三区是周边区域，适合放松限制，允许建设住宅和大型设施。马尔罗法从此奠定了巴黎文化之都的地位，造就了举世闻名的兼有现代与文化特色的时尚之都。相应地，马尔罗法也被称为"保护区法"，提出历史建筑遗产保护与城市发展相结合，并努力使居民的生活现代化。其中也确定了各类公共和私人角色在保护区中的权利和义务，平衡两者的关系，并促进双方共同参与。1999 年，法国借鉴巴黎做法，共形成了 91 个类似的保护区，覆盖了 6000 公顷的用地，80 万居民，文化部相应成立国家委员会予以管理[7]。

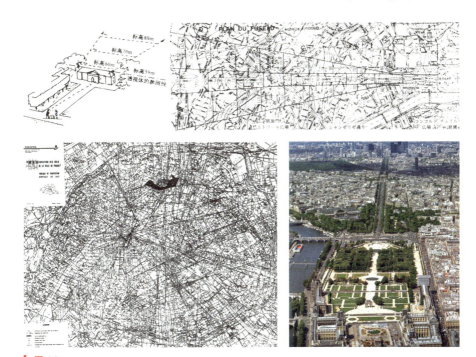

**图 4.3**

"巴黎纺锤形高度控制及景观地保护规划"（来源：[5]）；巴黎主要的公共空间，从卢浮宫到凯旋门（来源：[17]）；
上图：纺锤形高度控制的原理（来源：[5]）

也就是常说的"马尔罗法"。此后又进一步在规划中强调保护城市结构、
形态、肌理等内容，以及结合全覆盖的景观规划，强调了纪念物的"观
景点、目标点、视廊"等关键要素[①]。

从豪斯曼到景观控制，包括最早景观大道的整体分布，巴黎都是有
比较系统完整的整体控制。这也是巴黎被奉为大城市景观控制领先者的
原因。

1994 年巴黎土地占用规划（Plandócupation des Sols，POS）中，纺
锤体景观控制区（Le fuseaux de protection géné rale du site du Paris）基本
覆盖了整个巴黎上空。使巴黎的整体城市形态得到了有效的管控，不再
轻易出现影响整体风貌的高层建筑（图 4.3）。

但学者西村幸夫（Nishimura Yukio）也介绍了纺锤体景观控制的两

---

① 对于巴黎城市更新的高度管控，除了马尔罗法的圈层控制外，1977 年，巴黎新版土地占用
规划将"重视现存城市结构、形态、肌理"作为最重要的课题，并将城市"风景"作为最重
要的要素。此后 1993 年出台《风景法》，规定"风景规划"是土地占用规划中必不可少的一
部分[7]。

个缺点，一是这一较细致有效的高度管控做法，只能限于单一行政区内。换句话说，例如对于紧邻巴黎西侧的拉德芳斯市（La Défense），作为在行政上与巴黎一样的另外一座城市，巴黎的纺锤体控制区对拉德芳斯无效，于是就并不妨碍拉德芳斯大量出现高层建筑，也一定程度上破坏了整个地区（包含不同市域）的景观形态。而法国城市市域规模一般偏小，平均仅 2000 人，类似城市之间的矛盾问题也比较常见，彼此协同开展整体景观管控难度较大；另一个缺点，则是当代法国城市中常常会划出若干"协商开发区"（Zone d'Aménagement Concerté，ZAC），旨在开展城市更新和提供公共设施等公益目的。"协商开发区"并不受到"土地占有规划"及其制定的纺锤体控制区约束。因此，也可以看到近年来塞纳河两岸贝尔西区（Quartier de Bercy）等协商开发区中，逐渐有国家图书馆等高层建筑出现。也就是说，城市三维形态的品质还需要"协商开发区"的管控，与纺锤体控制区有统一的思想，但这一点已不再是纺锤体景观控制体系所能掌控的了。

### 现代城市——大革命遗产和几代法国近代建筑师的城市追求

法国大革命及其随后的雅各宾专政时期开创了"简化""纯净"的审美。这源于对国王审美的反对——国王推崇的繁琐精致的城市形态，也成为大革命反对的"标靶"。大革命时期推崇简洁的形式和纯净的形态，包含关注普通民众基本生活需求，淡化装饰并追求实用的理念。这一理念同一百多年后兴起的现代建筑运动具有因果关系，也是法国二十世纪初现代主义建筑理念的坚实群众基础和思想文化根源。

当代法国现代城市设计始于戛涅（Tony Garnier）[①]的"工业城市"（Cité Industrielle）[8]。此后的诸多法国年轻建筑师也纷纷提出了崭新的城市模式，向奥斯曼模式的城市改造发起挑战。但这些早期现代城市思想尽管新颖，但作为创新者和挑战者，最初并不成熟，需要经历曲折漫长的成长过程，直到战后重建热潮的到来才得以充分绽放。在这一过程中，诸多法国现代城市设计者的理念充满了革命性和批判性，甚至有大量论战对抗。而其背后，都是对新型城市形态的执着探索和对现代城市设计的不懈追求。

---

① 戛涅的工业城市方案还配合提供了一系列比较丰富的细部构想。城市的车行道路出现了高架立交形式，这是十分具有创新性的现代做法；港口闸仓储用地相邻布置；休疗养用地的出现也很适合现代生活；住宅采用独立式、平屋顶和钢筋混凝土结构，公共建筑和厂房多是大跨度的现代建筑。

### 1. 戛涅和伊纳尔的城市设计技术支持

戛涅和尤金·伊纳尔（Eugène Hénard）都跨越了两个时代，一方面，他们处于城市美化运动的中心巴黎，伊纳尔还是豪斯曼改造后续规划的制订者；但另一方面，20世纪初出现了突出的科技进步，并对如何融入现代城市设计提出了迫切要求。因此，按照这样的"技术和设计传统相融合"的思路，两人分别以中心城市（尤金·伊纳尔）和城乡区域更大空间（戛涅）的视角，为法国现代城市设计提供了技术支持，并推动"现代城市"成为整个二十世纪法国城市设计的焦点话题。

"工业城市"理论影响深远。但1899年戛涅提出该理论时只是二十岁的大学生。他利用获得的罗马大奖（Prix de Rome）[1]奖学金，调查了法国地中海沿岸的戛纳、尼斯、摩纳哥、马赛等城市，这些城市所处的岸线均山高地窄，用地被高山所打散，海港及其工业体系繁杂门类，又对用地布局和秩序要求更高。因此滨海城市布局必须因地制宜，打破巴黎大平原地形提供的固有模式。

理论中的"工业"城市，特指有别于传统的"生活"城市，不是商业城市，更不是消费城市，而是为工业服务的城市——城市布局、基础设施、功能分区等一切都服务于该目的。戛涅构想的城市规模3.5万人，与同时期的田园城市（霍华德）类似。城市至少由三部分构成，第一是居住区，第二是工业区；两者构成了城市的主体；第三部分是老城。此外，戛涅方案中城市形态是现代风格，以钢筋混凝土作为主要建材。

与戛纳同时期对法国城市规划有重要影响的是尤金·伊纳尔。1903—1908年间，伊纳尔基于他多年政府经验[2]，发表了一系列关于巴黎城市交通设想的文章，其中以围绕放射式交叉口的"环岛""立体交叉口""阶梯式林荫道""多层立体交通"等最富创意并影响深远。

### 2. 柯布西耶的居住单位

马赛公寓（Unité d'Habitation à Marseille）是法国自19世纪后期以来持续的社会住宅建设下的产物[3]，它的建成进一步推动了大型郊区住区

---

[1] 罗马大奖：针对欧洲艺术类大学生的奖学金，是最高等级的青年学术奖励。每年只有一人，获得过罗马大奖的建筑师有戛涅和范伊斯特伦。

[2] 1882年尤金·伊纳尔进入巴黎工程局市政工程办公室，并从1901年开始担任城市监察员。

[3] 法国1850年颁布法令，规定国家或地方政府需要为社会住宅建设提供资金；而建设方应在社会住宅的规划建设上达到卫生、安全、廉价的要求。1912年法国颁布法令，支持建设城镇社会住宅。1918年，政府鼓励非营利组织进入社会住宅的建设中来。1925年至1928年巴黎建成了26万套中低价格的社会住宅。二战后一直到六十年代是法国社会住宅大规模建设的时期。政府推出了大量政策，简化新建住宅工程程序，提供土地供应。但由于这一时期主要是以满足居住需求为主，仍存在环境、社区文化、邻里关系等问题。同时，对于郊区化带来的交通就业等问题，也尚未引起重视。

的出现，并被认为加速了传统城市街坊式形态模式的没落[9]。当代法国建筑师包赞巴克称其为"第二代城市"（Age Ⅱ：Superblock），以示区别于此前的模式。在柯布西耶（Le Corbusier）不懈努力下建成①。马赛公寓得到了法国重建部部长的支持②，被国家重建部作为重点工程[10]。

马赛公寓是人们的习惯称谓，它的官方名称为"居住单位，法语中"L'United"具有"集合体"的意思。"居住单位"事实上是柯布西耶理解的"垂直方向"居住区（而不是佩里邻里单位的低密度小区，但两者都包含了类似的住区综合功能），一栋高层住宅中涵盖了今天居住区的大部分功能，如第8层是商业街，屋顶是包含游泳池的运动场，中间一层还有供妇女工作的手工业作坊。

柯布西耶是霍华德（Ebenezer Howard）田园城市不折不扣的倡导者③[10]。如果忽略马赛公寓和英国花园郊区迥异的建筑形态，两者对开敞现代的城市环境的追求是相同的。

### 3. 埃科沙和卡迪利斯的现代城市探索

米切尔・埃科沙（Michel Ecochard）曾长期在发展中国家工作④，使他更多偏向现代主义建筑中"简化""拒绝装饰"等理念，并尝试吸收当地文化，提倡一种"生态化的城市规划"[11][12]。

埃科沙1946年在当时法国海外城市卡萨布兰卡规划中，不愿仅从少数欧洲人的利益出发，认为还应妥善处理好普通民众的生活需求⑤。

---

① 柯布西耶对马赛公寓倾注了大量心血，为了建筑的完成，他在马赛长期驻守，并因建筑的前卫特点，以及作为法国重建部重点项目的重要性而承受了空前的压力。从设计到建成，社会各界的质疑声不断。柯布自己曾称之为"一场可怕的持续五年的战斗"。

② 法国建设部部长皮埃尔・叙德罗（Pierre Sudreau）在战后重建过程中，极力推行马赛"去中心化"政策。其中就包含部长支持下的柯布西耶马赛公寓。在柯布西耶书信集里1949年7月3日致母亲和哥哥的信中，清晰地记录了他在马赛公寓竣工后如释重负的感觉。"我刚刚在火车上度过了两个晚上，从马赛归来。我带着部长及其夫人在已完成的第一套公寓过夜。周一晚上，一顿亲密的晚餐（气氛出奇地融洽）。然后用甜点招待了我的20位合作者。晚上，部长夫妇在主卧就寝，办公室主任睡在其中一间儿童卧室，我睡另一间。部长被征服了。从此可以有理有据地反驳我的那些诽谤者了，一次正式的访问，在一套公寓中待上48小时，忠实地展示了我们的作品。光辉城市就此诞生，灿烂夺目！让反对的人见鬼去吧！"[23]

③ 柯布西耶曾说，"二十世纪最伟大的发明有两个，一是田园城市，二是飞机。如果驾驶飞机从天空俯瞰田园城市，将是更加美妙的事情"[10]。

④ 米切尔・埃科沙毕业于巴黎美术学院。但他毕业后长期在叙利亚和黎巴嫩等地区工作，有丰富的发展中国家实践经历。

⑤ 埃科沙卡萨布兰卡的规划面临几个问题，一是要改善欧洲人和当地人的隔离政策；二是面对卡萨布兰卡周边农村地区人口的加速涌入，要改善当时极为拥挤（密度超过1000户/公顷）的城市状况，提供服务和基础设施。因此，埃科沙在郊区和外围地区规划了多处当地人新社区，而卡萨布兰卡的欧洲人集聚区则沿着公路环形区域，占据了滨水地带的大部分面积。而在疏散了当地低收入者后，这里的城市环境和密度也都得以改善。

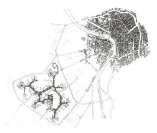

**图 4.4**

建于 1967—1975 年的图卢兹勒·米拉新城局部（来源：https://www.grandemasse.org/PREHISTOIRE/?c=actu&
p=Filiation_Atelier_Architecture_CANDILIS）；卡迪里斯的图卢兹勒·米拉新城规划（来源：[12]）

人们认为埃科沙规划实践中的社会平衡思想更接近于雅典宪章的主旨；而在促进现代工业效率、合理化交通、并提供大规模生产的工人住房方面，又体现出戛涅的城市理想，是公平公正社会价值的体现。

埃科沙的城市设计理念和实践深受年轻建筑师群体的欢迎，包括后来的图卢兹勒·米拉新城（Le Mirail）设计者卡迪利斯（George Candlis）。

图卢兹 1950 年代迎来快速发展，大量阿尔及利亚移民涌入，从而导致了严重的住房短缺。此后，法国在图卢兹规划建设航空城，更是凸显出大量知识分子的居住要求。

勒·米拉新城[12]是政府主导的大规模居住区。规划用地 800 公顷，人口 10 万人。卡迪利斯的城市设计一方面延续埃科沙网格形态；同时，也结合了基地地理特征和乡村特色（图 4.4），呈现组团结构，以及多种差异化形态和解决方案。

### 4. 法国当代对现代城市的政策支持和限制

马赛公寓尽管受到欢迎，但并未如愿在法国大规模推广，这体现了历史的必然走向——事实上，在 1960 年代后，法国尤其是巴黎重新审视这段战后现代主义建设热潮，反思认为城市更新的现代高楼代价不菲，历史文化的破坏更是难以弥补。因此，当代法国城市设计中历史城市保护的呼声渐强，现代模式开始更多受限[13]。

法国 1970 年代后，整体上转向将现代城市理念限制在历史城区之外。同时，通过多种国家、城市等层面的公共政策，有条件地在郊区、新城等地区推动现代城市实践。

相比其他国家，法国战后国家推动下的新城建设历时长且政策力度大。尤其是巴黎郊区的新城建设，体现了法国国家的强力管控，通过国家层面的选址，强制一定范围的社区和小城镇相互联合，形成大规模城镇联合体，统筹包含多个市域的新城选址。同时，国家通过投资建设基础设施加以支持。这一现象在欧洲相对独特和有效。但也有评论认为，这样的区域联合也存在不顾当地城镇的实际需求的"拉郎配"现象，并更多看重郊区城镇对巴黎中心区的人口和产业疏散所提供的支持，一定程度上仍是巴黎突出的优越感使然，并加剧地区间发展的不平衡。但这种城镇之间的联合又是法国等南欧国家必不可少规划措施。法国各个城市的行政属地都是历史上确定的，彼此边界清晰明确，而且规模都比较小（平均约2000人）①，最大的巴黎也仅有105平方公里，每个小城镇单独组织规划设计并不经济。各个城市若能在国家的干预下彼此合作，服从区域发展的整体利益，多个城镇之间的联系就很有必要。

法国在城市中心区内部也存在类似的局部差异化政策。例如通过各种形式的"特殊区"支持推动现代城市理念。巴黎1978年率先划定了40处"协商规划区（ZAC）"，改变了以往重视"连续性"和"均质化"的政策，改为有所侧重地划定重点地段；也不再强求城市形态"均质性"，接受城市形态的差异化和一定地段的突出的局部景观效果。1996年，法国依循巴黎做法，允许各个城市划定"城市自由区（Zones Franches Utbaines）"，以及差异化城市设计和城市形态。马赛2008年也有类似的"协商开发区"的做法。同时，对于这些特殊区域的更大开发强度，法国还通过设立"混合经济公司（Societes d'Economie Mixte）"开展市场化运作，鼓励地方政府行使灵活积极的城市建设政策。但也由于这些特殊区域更突出的景观形态，在城市风貌的完整性方面，对城市设计提出了挑战。

## 法国当代城市形态和景观

法国城市三维形态和景观方面，主要体现了两种理念。地中海"市镇设计"（Civic Design）传统，以及现代建筑运动影响下的城市设计影响。

地中海城市关注城市形态的整体感，以及传统社区的内聚性等城市

---

① 法国人口仅有6700万左右，但却有约3万座城市。在2000人的平均规模下，难免会带来诸多城市设计和规划的不经济，因此法国也相应出现了各种方式的城镇联合体，包括在新城的协调发展，也包括城市内部各地区的统筹整合开发（如马赛）等方面，都体现出协商合作下的成功经验。

形态传统。不欢迎突兀的局部形态，尤其不愿这些突出形态干扰以传统教堂等公共建筑统领下的历史中心和地标。巴黎是这方面的代表。尽管城市中遍布了帝王们留下的宫殿和纪念物，但当代巴黎在整体形态上，仍然将整体感的传统审美扩大到整个巴黎，当代通过马尔罗法等新政策出现而得以强化，两者内涵和目的一致。

而20世纪初以来法国影响深远的现代建筑运动，却在另一方面给城市注入了持续的现代化更新力量。尤其是通过各阶段各种形态的城市副中心，现代大型社会住区等更新项目，以及现代建筑运动反传统，反装饰的内在思想等方面。

如何处理好传统的整体感城市审美和现代建筑运动，以及这一对矛盾的调和策略，则是法国当代城市设计所要面对的重要问题。

当代法国城市设计也相应有惯常策略。一方面，擅长在现代城市设计中更多引入当代艺术元素，使新增的现代部分与既有的法国传统城区在艺术审美和感染力上相平衡，而并不使任何一方因品质低下而不协调；另一方面，当代法国城市也会将两种城市设计理念和形态模式的城区和项目，在大的空间上分开。例如巴黎和拉德芳斯，马赛和当代滨水区更新等。因此，与其他地中海文化国家比较，法国城市形态中有更明显的现代艺术氛围，以及城市分区和组合的特点。

本书选择巴黎和马赛两座代表城市。巴黎作为法国首都，更多与地中海地区之外的欧洲国家交流，使巴黎在文化上尽管能代表法国，但却显著区别于马赛等国内其他城市。而一定程度上，马赛则更能代表一般法国城市的当代城市景观和形态，具有更多的传统和现代的组合。同时，马赛是滨海城市，是典型的地中海城市，也面临当代后殖民时代多元文化的更多影响。

图 4.5　巴黎全景，从蒙马特高地（Montmartre）视角

## 人居典范：巴黎

巴黎集合了开敞感、大尺度，以及极为精美精致的建筑，带给人们无与伦比的体验。但巴黎的城市成就也难以复制——最初来自帝王，及其要凌驾于城市和公众的优越感，这些都是以集中整个国家财力为支撑，在现代社会中绝不会重现。

在当代，巴黎既是联合国公认的人居典范[1]，也是整体城市设计实施最为成功的城市之一，是兼顾了城市文化保护和城市有序更新的可持续发展城市。

学者周俭评价，"巴黎以其统一而不乏丰富的城市面貌和经典的城市空间著称于世[2]"[15]。"统一"来自一系列整体谋划，包括豪斯曼改造、风景（Paysage）规划等；而"多样性"，从本书能看出，更多来自20世纪后的现代城市探索，以及将城市空间艺术置于较高地位的原因。

此外，巴黎一直有强烈的城市活力和开发需求，它独特的城市魅力支持经济社会持续增长。来自社会基层、诸多工商企业的发展动力旺盛，内在的创新能力和更新愿望都很强。当然需要一定的"自上而下"的整体设计加以约束规范。而现代社会以来，对巴黎城市三维高度的管控则是其中最突出的需求。

### （1）巴黎现代城市模式探索和高层建筑建设

巴黎早期并无太多高层建筑传统，曾经的最高建筑埃菲尔铁塔，在饱受争议后更多是一处对城市整体形态的"监督站"[3]——从塔上看，巴黎整体形态尽收眼底，一切细微的不和谐也都能看清楚。因此，二战前巴黎尽管一直都是世界瞩目的中心，但没再有明显的超高层建筑，或大

---

[1] 巴黎作为2015年联合国人居署《城市与区域规划国际准则》中，唯一的一张城市景观配图。具有较明显的人居范例导向。

[2] 周俭论文中认为，"这种改变（巴黎当代城市建设）不能粗放式抹平我们曾生活、感受、铭记的空间载体；（而是）从发现一个城市空间美感的规律出发，调整并确立新创造的准则"，"从而使历史悠久的传统城市结构与现代生活、现代建筑形式相互融合"，使城市空间成为容纳历史环境和历史文脉相关联的"形式要素"，并作为法国城市文化所独有的一部分。

[3] 1889年，埃菲尔铁塔在小仲马、左拉等大文豪的反对声中最终建成，但仍饱受争议，莫泊桑最著名的一句戏谑是"（在埃菲尔铁塔上用餐是因为）这是巴黎唯一看不到埃菲尔铁塔的地方"。但无论如何，铁塔给巴黎提供了难得的空间方向感和地标；同时又成为（从顶部俯瞰）城市形态"监督站"，一切不和谐的城市形态，尤其是突出的高层建筑都尽收眼底。

规模高层建筑群建成，正如二战题材电影《虎口脱险》中巴黎的完整风貌，除了蒙马特高地等少数有机协调的制高点外，巴黎城市形态浑然一体。

但巴黎整体感的城市形态背后，作为思想批判性和革命性最突出的法国文化下，面对 20 世纪以来现代混凝土和摩天楼潮流的涌现，决然做不到视而不见。柯布西耶很早就提出了"光辉城市（La Ville Radiense）"等巴黎改建构思，就提出将巴黎中心区协和广场等悉数拆除，新建拼贴式肌理和高层住宅集群（图 4.6）。当然反对观点不可避免，这种图示更多可以被认为是一种"革命性"的宣言，是柯布西耶向传统城市宣战的刻意夸张的"檄文"。

**图 4.6 柯布西耶改建巴黎的构思**
（来源：[10]）

最终在二战后巴黎重建过程中迎来机会，"柯布西耶式"理念在城市向金融服务业转型，以及住房短缺困境的背景下，开始一点点尝试，又逐渐在 1958 年"优先城市化地区"政策支持下[24]，做了更大规模布局（图 4.7）。包括埃菲尔铁塔以南，塞纳河左岸大规模高层建筑群开发；在上塞纳区、13 区意大利区（Quartier D'Italie）社会住宅群的建设（图4.8）；1973 年建成的巴黎蒙帕纳斯车站（Gare de Paris-Montparnasse）；

**图 4.7　战后巴黎新建的高层建筑**

上图是受到 1959 年巴黎规划影响所建成的住区建筑形态（来源：[16]）

位于凯旋门西侧 5 个街坊外的"迈里奥门"（Porte Maillot）会议演艺综合体等。

但这段现代城市建设的结果却是"灾难性"的。这些现代摩天楼地段，都被认为是对豪斯曼改造以来的巴黎城市风貌造成不可挽回的破坏。经过反思后，1970 年代巴黎基本放弃高层建筑和大规模城市更新，并加大保护力度，细化管控措施，引导城市转向城市遗产保护[13]主导下的发展方向。

具体措施有，最早的马尔罗法按照建成年代的分区分级管控。此后，依循马尔罗法分区思路，又在更多尺度范围推行风貌分级分区管控措施——将巴黎及其周边地区分为 3 级高度控制。巴黎 105 平方公里被视为"内城区"；巴黎市与相邻的上塞纳省（Hauts-de-Seine）、瓦勒德马恩省（Val-de-Marne）和塞纳-圣但尼省（Seine-Saint-Denis）共同构成的 650 平方公里构成了"外城区"，下文提到的拉德芳斯新区、布洛尼（Boulogne）雷诺工厂等都属于这一范围。而外城区之外，周边的伊夫林省（Yvelines）等 4 个相邻省诸多城镇，构成了"大巴黎地区"，是新城的主要地区。整个巴黎地区的城市形态，也会从内城区、外城区和大巴黎地区，管控尺度逐渐放松，形态风格也从传统逐渐变得更加具有现代感。

**图 4.8　巴黎城市核心区**

（来源：[3]）

上图分别是两处集中片区，埃菲尔铁塔以南的塞纳河岸，13 区意大利区社会住宅群（来源：[17]）

　　从马尔罗法，到此后巴黎及其周边地区的整体管控，以及后来的"协商规划区"等，都支持巴黎不再强求"均质性"，接受城市形态的差异化，并追求统一中求变化，以及动态更新下的协调感等。

　　下文提到的几个片区中，位于城市核心（马尔罗法内圈层）的马莱（Le Marais）区，是完整保持形态格局的基础上，少量关键公共节点的更新做法；贝西区（马尔罗中圈层）留存现代建筑特征，包容空间形态冲突，凸显国家地位。前面几个片区都属于巴黎市，或风貌等级中的"内城区"；而布洛尼雷诺工厂更新项目、拉德芳斯区则位于巴黎市域之外，是风貌等级中的"外城区"。由于建成时间有先后，它们之间也随时代变迁有明显的城市形态差异。

　　**1. 巴黎内城区**

　　当代巴黎内城区基本杜绝了大规模开发，采取了利用环境整治和地下空间开发等小规模更新策略。

　　（1）马莱历史保护街区

　　《马尔罗法》中将"保护区"（内圈层）界定为"优先开展文物修复的地区"，其中"马莱地区"[18] 最早实施，更新策略为完整保持形态格局的基础上，并不对城市形态模式产生影响，仅有少量关键公共节点的更新。

由于马莱区项目需要通过拆除大量有碍观瞻的建筑，以实现景观优化，因此在拆除建筑时往往存在争议，即"如何能证明这栋建筑有碍观瞻?"要知道，巴黎并不存在国人熟知的"违章建筑"等私搭乱建现象，而都是不同历史时期的合法物业。这一拆迁问题也进一步暴露出"保护区""拆迁范围"都不能简单划定，一方面需要对每一栋建筑进行科学专业的甄别定性；另一方面，还要使每栋建筑的评估结果符合其在历史城区中的整体定位。因此，在原来"土地占用规划"的基础上，增加了专门针对保护区的"保护与价值重现规划（Plan de Sauregarde et de Mise en Valeur，PSMV）"，在该规划中要对所有建筑进行评估，形成了巴黎两套"平行化""双尺度"的城市规划管理体系。这一点同我国传统上"控规—修规"体系很不一样，很值得我国历史城区工作借鉴。

（2）马莱区西侧的改扩建

紧邻马莱区西侧是蓬皮杜中心（Pompidou Center），相邻用地有两处更新项目，能代表当代巴黎中心区对公共建筑和住宅组团的更新模式。

中央市场（Les Halles）是公共建筑的代表，位于古罗马风格的长广场（forum），19世纪以来一直是巴黎最重要的商业中心和市民生活中心，这里是巴黎游客购物的首选地之一，每天接待75万名游客。二十世

▌ 图4.9　马莱区邻近国家档案馆（Jardin des Archives Nationales）的街景

图 4.10 马莱区西侧
（来源：必应地图）

1. 中央市场　2. 蓬皮杜中心　3. 现代居住组团　4. 马莱区

图 4.11
巴黎中央市场最初的形态（左图）（来源：https://www.fotocom
munity.fr/photo/paris-les-halles-4-michel-c/26108975 ）
中央市场近年来的改扩建设计（来源：https://parisfutur.com/
projets/le-nouveau-forum-des-halles/ ）
中央市场（右上图）和开放式住宅组团实景（右下图）

纪八十年代曾通过城市设计，整合了公共空间和商业建筑。但考虑到近年来的老化衰败情况，以及当代明显提升的安保标准，考虑再次更新。

　　更新后的中央市场，城市空间更加开敞，有识别度，包含一个人性化设计的公共花园；更宽阔的步行空间和重新规划的地下流线；设计了一个大尺度的共享顶篷——完整地组织了复杂的功能，同时提供了导向性。

蓬皮杜中心北侧居住街坊进行了更新建设，新建的住宅区吸收了鲍赞巴克（Christian de Portzamparc）在13区意大利区"第三代城市：开放街区（Age Ⅲ：Open Block，与第一代传统围合街区，第二代现代超级街区或无街区相差异）"理念，在城市形态和肌理上与周边历史城区相协调（图4.11）。此外，尽管街区立面和院落空间是现代氛围，但高水准的建筑细部和景观雕塑与相邻的传统城市环境相比并不逊色，行走其中的人们也难以察觉街区现代风格的转变。

（3）沿塞纳河更新项目——贝西区

1977年"城市规划整治指导纲要（SDAU）"重新定义了巴黎的城市空间，将对于国家必不可少的城市开发项目聚焦到塞纳河沿线。一方面通过诸如"密特朗十大总统工程"等凸显其重要性和特殊性——某种程度上包容了城市形态上的不妥；同时，当代城市设计又刻意同现代主义这段口碑不佳的历史"划清界限"，如其中的蓬皮杜中心、拉·维莱特公园（Parc de la Villette）等项目均展示出与现代主义迥然不同的设计理念，甚至以此引领了高技派和解构主义等后现代设计理念的先河。

城市规划政策方面，巴黎1970年代后通过"协商规划区（ZAC）""城市项目"等，配合更加具体周全的设计策略[13]，改变了从1959年以来的城市整体视角的"大手笔"惯例，形成了当代巴黎城市更新中突出的精致感和艺术品质。

自此，以往散落在其他区域的高层建筑，在明确了塞纳河主轴后，又重新沿此规划高层建筑。1987年的贝西公园（也称为巴黎左岸项目）是继雪铁龙公园（Parc André-Citroën）（1985）后巴黎塞纳河两岸更新较早的实践之一，包括大规模的国家图书馆等。

**2. 外城区**

巴黎外城区城市形态管控放松，有条件形成新的城市形态模式，也展示出法国城市设计的创造性和浪漫特点。

（1）CBD新城——拉德芳斯副中心

拉德芳斯位于巴黎城市范围之外的另一座城市，在巴黎景观整体控制中，被定义为巴黎市105平方公里之外的"外城区"，受到的风貌管控相对宽松，也不受纺锤体控制区管制，因此也是巴黎近郊区规模较大、功能较完善的副中心。

拉德芳斯区有大量"毁誉参半"的社会评价。但对其批评更多来自

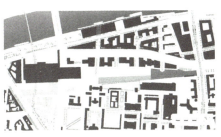

**图 4.12 贝西区平面，左图；俯瞰，右图**

（来源:[13]）（来源:[14]）

早期，以及受到初建时 1959 年巴黎总规指导思想的不利影响。而在拉德芳斯区规划建设 40 多年后，经过中间的规划调整优化，则因其多样的开发设计理念而赢得了更多赞誉。

1982 年丹麦建筑师斯波莱克尔森（Johan Otto Von Spreckelsen）创意基础上的"新凯旋门（La Grande Arche）"是对整个拉德芳斯新区空间景观的集中提升，也是密特朗总统敲定的国家项目，给整个拉德芳斯区带来了新形象和整体感，加上周边同时推进的公园景观，显著提振了拉德芳斯区发展。1990 年代后，规划建设方拉德芳斯区域开发公司（EPAD）不再大幅增加新的高层建筑，而是主要通过招商运营和文化活

**图 4.13**

拉德芳斯新区（左图）和周边的高层住宅区（右图）（来源: 俯瞰巴黎[17]）

**图 4.14**

"拉德芳斯 B 区——nanterre"（左上）（来源: https://lagazette-ladefense.fr/2019/06/05/tours-nuages-renover-le-bati-et-changer-les-esprits/ ); 云塔（左下）; 早期建成的商务区（右上）; 近年建设的新商务区（右下）

动组织，提升新区的运营效果。

紧邻拉德芳斯商务区的则是南特雷居住区（Nanterre），也是 1950 年代末由 EPAD 统一规划建设，是居住和就业相协调的整体。这里大量形态各异的住宅，充满了艺术的想象力。同时，1968 年这里又建成了国家建筑学院，马尔罗的纪念公园，以及毕加索和米罗等现代艺术大师的雕塑公园等丰富多样的公共设施，进一步提升了住区品质。

当下的拉德芳斯仍旧在持续扩建，新建的部分已经改变了原来大尺度气派和汽车城市功能，更多是贴心人性的步行化系统和精致细节，成为巴黎人乐于接受的郊区社区环境。

（2）近年的沿塞纳河项目——布洛尼雷诺工厂更新

沿塞纳河上的布洛尼雷诺工厂隶属于巴黎相邻的布洛尼-比扬古市（Boulogne-Billancourt），建于 1898 年，最后一辆雷诺汽车于 1992 年下线后被废弃。项目更新后，原来封闭的河滨空间开始转向开放，人们开始有条件抵临河流，发现和享受难得的开放空间。

更新项目由著名的环境服务集团维旺迪（Vivendi）承担。规划包含

**图 4.15**

布洛尼雷诺工厂更新项目（来源：https://www.leparisien.fr/hauts-de-seine-92/boulogne-billancourt-92100/boulogne-billancourt-vivendi-a-l-abordage-de-l-ile-seguin-14-03-2017-6762378.php）Par Anthony Lieures 2017

一个文化中心，容纳多达 6000 名观众的音乐厅，一个公园和公共体育设施。

在具体设计中，引入"第三代城市"的开放社区做法，形成了更细密的格网和更多的地块街坊，并进一步支持步行畅通、公共空间丰富，以及建筑形态的多样性[13]。

由于该项目的规划建设时间较晚，对三维高度的管控也更严格。不仅新建建筑禁止出现高层建筑（不超过 28 米，巴黎规定）；同时还对周边梅登（Mendon）的眺望视线的畅通也一并加以管控。

本书收集了巴黎 8 个地段（图 4.16），都体现了不同历史阶段，出于解决不同问题所形成的差异化城市形态模式。体现出法国城市形态兼有传统和现代的双重属性，并由此塑造了较突出的"多样性"和艺术感。但其中也存在法国启蒙思想以来的"从整体到局部"等思想内核，构成了巴黎城市形态的"统一性"和整体感。

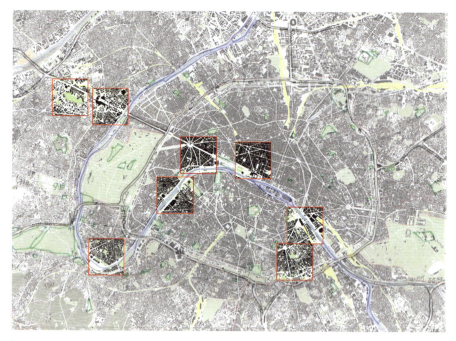

**图 4.16**

巴黎 8 个城市形态模式图示的位置，从左到右，第一排，核心区西侧，核心区东侧。第二排，埃菲尔铁塔以南，贝西区，13 区。第三排，拉德芳斯商务区，拉德芳斯 B 区住区，布洛涅雷诺工厂更新区

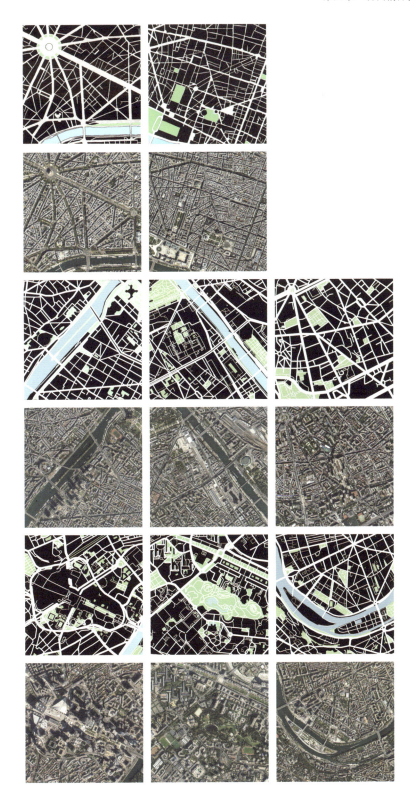

图 4.17　马赛中心区俯瞰

## 多元性的矛盾体：马赛

马赛自古希腊时期以来一直是地中海航运商贸体系的重要节点。同时，作为原法国第二大城市和最大港口，马赛也是法国在巴黎之外的重要力量。法国国歌《马赛曲》即取自马赛人驰援巴黎大革命行进中唱出的爱国反侵略精神。

马赛与巴黎相比，深受海洋文化和殖民移民文化影响，加上历史上多次战争袭扰，最终造就了马赛城市形态的多变和复合多元特点。

位于马赛老港（Vieux Port）以北的历史核心区，是典型的地中海传统城市。沿袭中世纪的致密紧凑肌理特征，以及错综复杂的城市街道网络。这里19世纪末效仿豪斯曼改造，建设了穿过城市中心的共和大道（Rue de la Republique）。大道西侧的滨水地带被作为商业中心，命名为勒帕尼耶街区（Le Panier，意为"购物区"）。此后，马赛沿着共和大道方向进一步向南延伸，建设了普拉多大道（Avenue du Prado），引导城市向南发展，沿线著名的马赛公寓给城市彰显了突出的"现代性"。

二十世纪的两个因素对城市影响最大，一是马赛作为法国北非殖民地联系枢纽地位，以及相应的殖民和移民文化，二是战后重建过程中，受到马赛城市"去中心化"政策影响，现代建筑在城市周边获得了进一步生长土壤。此外，从作者现场考察看，马赛独特的自然环境也造就了城市形态

1. 马赛主教堂　2. 城市大学　3. 共和国大道　4. 加纳比耶尔大街 La Canebière　5. 老港　6. 城堡　7. 火车站　8. 凯旋门　9. 达飞海运大厦

图 4.18

马赛老港区今天的街道肌理和主要公共设施（来源：http://www.recoin.frcartes/plan-le-panier-carte.gif）；马赛建成区的演变历程（来源：http://paolettaholst.info/research/ambivalent-marseille-immigration-and-urban-strategies/）

更明显的三维起伏。马赛位于高大群山环绕的海湾之畔，作为城市远景的加拉班峰（Garlaban）高达715米，在其映衬下，即使超过百米的高层建筑也显得渺小，造成马赛历来有更宽容的现代高层建筑的氛围。

### （1）历史核心区

马赛历史核心区是港口及其贸易和工业活动区，以及低收入者、劳工和移民的聚居区。

马赛自1960年代开始着手进行港口北迁工作——将旧港区功能迁往北部的福斯地区（Fos sur Mer），但也从此开始，马赛旧港区大量工厂关门，导致出现了持续的就业短缺和经济衰退。尽管马赛从1970年代就开始筹划中心区复兴和港区更新，但直到1990年代后，才伴随欧洲一体化进程，以及1995年《巴塞罗那进程》（Le Processus de Barcelone）[1]对马赛区域地位的提升，有了实质动作。马赛港区2008年推出了"欧洲—地中海"项目，包含旧港区北侧的313公顷用地，其中有商业区，也有贫民区雷考兹区（Les Crottes）。两部分采取了不同的策略——雷考兹区以房屋修缮和增加城市公共空间为主，立足于通过多年持续改善逐渐积累成效；而约2平方公里的商业区则主要引入新的功能和形态，更加注重城市形象和活力的提升。对此，商业区采取了"合作开发区"政策，并

图4.19　从马赛老港看历史核心区全景，片区的周边已经陆续更新，但核心区的内部仍旧保持了较完整的历史风貌

---

① 1995年的11月，欧盟和地中海沿岸国家在西班牙的巴塞罗那举行首次外长会议，会议通过了《巴塞罗那进程》，决定建立全面合作的伙伴关系，并采取切实可行的措施，启动旨在加强各方在政治、经济、社会、科技、安全等诸多领域合作的"巴塞罗那进程"，此外还商定在2010年建立"欧盟—地中海大自由贸易区"的远景目标。（来自新浪网2005年6月3日新闻）

包含了 3 个协商开发区（图 4.23）。利用细分用地和微观视角，进一步配合更加具体周全的设计策略。

协商开发区（ZAC）具有公共决策特点，即该区域内的规划策略均由政府代表公众集体决策，而非私人开发商能够左右。私人开发商的任务，仅在于执行实施协商开发区内的各项公共效益项目（https://www.bnppre.fr/glossaire/zone-d-amenagement-concertee-zac.html）。

城市设计中，首先开放了 3 公里长的滨水岸线，使滨水区成为马赛整体城市意象的一部分。拆除了滨水区的全部高架道路，那些曾经在吕

图 4.20  马赛具有豪斯曼改造风格的共和国大道（左图）；历史核心区内部的传统社区，两者的景观形态具有鲜明的对比

图 4.21  从马赛老港的公共空间视角，能看到极为开阔的城市界面，以及十分丰富多样的文化信息——古堡、教堂、新城等（上图）；扎哈设计的达飞海运集团总部大楼（高度 147 米），在东侧高山的映衬下并不高大突兀

克·贝松（Luc Besson）电影《急速的士（Taxi）》中引以为豪的，能穿行在教堂和码头之间的滨水高架道路，被悉数拆除；同时，将滨水路作为城市空间主轴，整合了沿线广场、码头，城市中也不再受到高架道路下的"消极空间"的困扰，城市滨水地区空间开敞、连贯有序。规划突出了"圣·让古堡（Fort Saint Jean）"一侧的主教堂和新建的滨水博物馆，将其作为区域的"文化极"，旨在以实现悉尼歌剧院和毕尔巴鄂古根海姆博物馆的地标效应（图 4.24）。

**图 4.22　"欧洲—地中海"项目建成景观与更新前景观的对比**

（来源：同上图）https://www.ilex-paysages.com/portfolio/la-cite-de-la-mediterranee/

ZAC St Charles　　ZAC Cité de la Méditerranée　　ZAC de la Joliette

**图 4.23　马赛"欧洲—地中海"项目范围，及其包含的 3 个"合作开发区"**

左起，圣查尔斯合作开发区，地中海之城合作开发区，朱力艾特合作开发区（来源：http://www.linternaute.com/savoir/grands-chantiers/06/dossier/euromediterranee-marseille/plan.shtml）

**图 4.24　"欧洲—地中海"项目建成的博物馆，与相邻的主教堂构成了马赛的"文化极"**

老城北侧滨水空间进一步点缀了一系列高水准的超高层建筑，重塑了马赛城市天际线。其中扎哈设计的147米的达飞海运集团总部大楼（CMA-CGM Tower），以及让·努维尔（Jean Nouvel）设计的高135米的塔楼是滨水地区新增的两座制高点。

### （2）扩建区

法国建设部部长皮埃尔·叙德罗（Pierre Sudreau）在二战后马赛重建过程中，极力推行"去中心化"政策，又进一步依托普拉多大道两侧建设城市新区和社会住区。其用地南侧不远处即为柯布西耶马赛公寓[20]。

该区域是地中海城市近代扩建区的一种较典型功能，法国之外的意大利、西班牙等地中海城市也都是如此。但马赛扩建区则有法国特色，通过两条林荫大道构建了片区空间结构。其中，南北方向是普拉多大道，东西向则为柏丽大道（Boulevard Baille）。

**图4.25 马赛扩建区的全景**

从大圣母院（Basilique Notre Dame De La Garde）方向看扩建区全景（上图）；其他为从26喷泉口公园（Parc du 26ème centenaire）方向的扩建区内部；左下图大道为朱利叶斯·康蒂尼大道（Avenue Jules Cantini）；右下图为正在修建的"下卧式立交系统"

尽管最初为普通民众建设，但今天的扩建区则主要是中产阶层以上的区域。该片区空间开敞、环境舒适。同时，扩建区也随中心区一并拆除了高架道路。在主要干道的交叉处，修建了半地下的"互通式立交系统"，提升优化了城市环境和步行体验，形成了创新的城市形态（图 4.25 下图）。

### （3）郊区山地住区

战后随着更多移民的涌入，马赛沿普拉多大道进一步向东南延伸，直到被山体截断[21]。这里成为马赛当代主要社会住区的聚集地，建筑形态采取现代建筑模式。

这种比较杂乱多样的形态，背后是马赛较混乱的住宅政策的体现。2000 年通过了《团结和城市改造法》( the Solidarity and Urban Renovation Act )[21]，旨在推动社会住房建设，要求社会住宅应达到整个城市住宅总量的一定比例。这类住宅在形态上接近于马赛公寓，也以大体量的板式高层建筑居多；另一方面，2014 年又通过了《住房和城市更新法》( the Housing and Renewed Urbanism Act )[21]，相应促进了私人住房开发，并引导增加密度和集约用地。这样，马赛政府在社会住宅和私人住宅两方面都持有支持态度。同时，这两类大体量住宅形态，又混杂在常见的独栋住宅区内，三种住宅类型挤在这一较局促陡峭的山地片区，最终形成的布局更为混杂，构成了较为无序的风貌（图 4.26）。

马赛建筑学院的 Ion Maleas 对马赛近年来社会住宅建设与城市形态的矛盾性提出看法[21]，他认为法国的城市政策需要反思几种象征性的、几乎对立的住房形式之间的可能关系和相容性，尤其是高层社会住宅和郊区独栋住房。Maleas 认为，是否在城市形态中增加了较突兀的高层板式住宅，是刻意给公众彰显政府的社会住宅工作成效？如果这是有意为之，显然也同时在以独栋风貌为主导的山地郊区，无谓地平添了杂乱

图 4.26  郊区山地住区

1　历史核心区　　　　　　　2　扩建区　　　　　　　3　郊区山地住区

图 4.27

马赛三个片区的城市形态模式图示，从左到右：历史核心区，扩建区，郊区山地住区

和社会分裂的景象。或者说，即使从城市形态的社会象征意味上说，这样较杂乱无序的形态显然也违背了社会和谐的宗旨。

如果将马赛从中心到郊区的三个片区放在一起，能看到具有一定的形态规律，以及从传统到现代的演变过程。

尤其是三个片区通过法国特色的林荫大道（共和国大道—普拉多大道）贯通串联，构成了统一中有变化的整体。随着用地与中心区距离的增加，现代形态特征增强。

各片区形态特色鲜明，并具有差异性。中心区肌理尺度小、路网空间细密，内聚性强。是多年积淀形成的文化地区。扩建区是现代城市模式，网格和大道是主要的空间结构。图示选择的片区带有"形态转换"的过渡措施，普拉多大道以东、柏丽大道（Boulevard Baille）以南区域，契合更明显的山地地形，城市形态也开始变得自由多样；山地住区则为进一步变为更加自由的形态。

马赛当代城市设计的主题是"现代性"，以及将现代城市融入它的过往。城市设计相应采取了多种方法，包括①分隔，扩建区的两条大道，将该片区的现代城市形态同其他城市地段分隔开。②混搭，马赛移民多，需要布局大量社会住宅，因此多种住宅形态混搭布置。③渐变，从老港周围的核心区向周边，城市形态和尺度都呈现出渐变态势。

尽管有各种传统和现代风格的要素，但马赛却能将两者较好地协调，也同时体现出高超的"传统和现代"相融合的技巧。例如马赛采取的将立交功能"地下化"，以及引入众多当代建筑精品的老港更新区等。


## 小结

法国现代文化中缠绕着两个主题，历史上国家集权的持续影响力；以及大革命以来对民主自由的影响。当代诸多努力也都是着力调和两者。而在法国当代城市形态中十分突出的"现代性"，则是致力于将两个主题相调和下诸多城市设计的结果。

两个主题间的矛盾性显而易见。历史上强大的法兰西帝国及其集权下铸造的法国民族性和国家精神，以及今天无处不在的凯旋门、记功柱和城市广场，都是城市形态上的证明。而大革命则是对集权的颠覆，建立了民主民权的自由制度。

两种文化主题的差异，用本书城市形态模式可以清晰展现——壮丽风格（巴洛克）和现代模式。而所谓的城市形态的"现代模式"，从前面巴黎和马赛的案例更能看得出来，基本上接近于"反模式"或"无模式"——不重复已有城市形态，这一点可以说也印证了大革命"反集权"的出发点。

　　法国城市形态模式这种传统和现代的"分裂性"，契合了法国当代文化社会差异状况。法国在欧洲有更大的社会差距，导致更明显的城市形态差异。包括巴黎和马赛整体形态品质差异，也包括每座城市内部片区之间的形态差异。法国社会差异也来自多方面，除了收入差距较大外，法国社会中持有激进思想的中产阶层，与保守的低收入民众，通常又是天主教徒，是另一个分裂状况。知识分子为代表的中产阶层追求完美，并希望在整个国家和城市推行更优的政策，他们可以被看作当代法国支持集权传统的力量；而民众更关心自己所在社区和局部，是现代城市的支持者。

　　两者差异如何做到统一？本书研究中能看到几种措施。第一，法国城市设计中有更多的"分区"做法，各种理念和倡导都有自己领地，并如同接受人们不同宗教信仰一样，接受城市形态和设计的不同选择，以此支持生活方式、景观形态等方面的分隔分裂。只是这种差异性形态在城市中相邻出现，更加考验城市设计者的整体把控能力。而巴黎自1950年代以来的多种形态（高度）分区，以及令人眼花缭乱的分区管控规划和政策，则是必不可少的相互补救措施。第二，法国传统上不缺乏形成整体统一的城市设计手法，马赛一条林荫大道贯通到底，串联之下的各个形态片区，可以较轻易地获得统一感。此外，法国城市设计类似对滨河区、海滨地段、漫步系统等的管控设计娴熟，使法国城市不缺少设计品质和体系化的构建手段；第三，法国人的艺术才能，整个社会弥漫的艺术氛围，似乎也更适合于调和矛盾。当代法国建筑和城市设计也一样，艺术化地融合了壮观的公共建筑和精致的艺术设计，即使是当代社会住宅区，也因在各方面融入艺术思维而变得更加别致美观，无形中也就淡化了差异性。第四，法国对历史地段的态度中包含一定的求变愿望和批判性——不同于意大利等其他国家的严格限制，法国在历史地段的城市设计项目中采取了"对历史文脉'先承、后破、再立'"的策略，即"既要保持、也要创造性地改变"[15]。类似的协调统一做法会贯彻到具体城市形态要素中。林荫大道是法国城市形态中的标志物，传统上的林荫大道两侧是均衡协调的肌理，如巴黎香榭丽舍大道。但法国现代城市设计中，宽阔的林荫大道也被用来作为两个形态分区的边界——一侧是传统城区；而另一侧则是对比鲜明的现代城区肌理。

# 第五章　晚熟的花朵：西班牙城市

西班牙所在的伊比利亚半岛遍布了阿尔卑斯山西侧低矮余脉。中世纪早期的摩尔人曾利用这里的地形，将其作为侵入欧洲的根据地<sup>①</sup>，也使伊斯兰文化与基督教文化在此充分融合，直到13世纪后期伊斯兰文化才逐渐退去。至15世纪末，在穆斯林彻底退出西班牙的同时，美洲大陆的发现标志着西班牙走出中世纪，迎来美洲殖民时代。

此后，曲折漫长的发展历程和辽阔的殖民疆域，也给西班牙进一步带来了最多样化的文化交融。自此，西班牙成为汇集最多文化类型的民族。从古罗马，到日耳曼蛮族，再到穆斯林，以及远方美洲的玛雅和殖

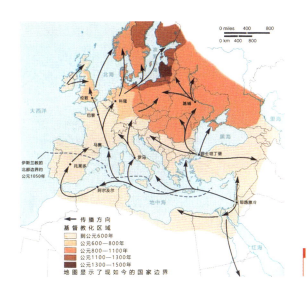

图 5.1　中世纪穆斯林在欧洲的势力拓展<sup>[1]</sup>

---

① 公元644年，即穆罕默德去世12年后，穆斯林推翻了波斯帝国。此后又相继从拜占庭帝国手中夺得叙利亚和北非。基督徒仅凭借在通往欧洲腹地咽喉要道上的两处堡垒——君士坦丁堡和法兰克王国，艰难阻止了穆斯林对欧洲的全面侵入，欧洲大陆腹地得以存留。但作为地中海出海口的伊比利亚半岛和直布罗陀海峡的陷落，导致原来属于古罗马的地中海黄金海岸都成了伊斯兰领地，沿海贸易中断。

民文化。

　　作为最早走出中世纪的西班牙，却在此后现代化进程中逐渐落后。不仅国家工业体系迟迟难以构建成熟，城市化水平也一直停留在欧洲最低行列。在现代化进程最关键的二十世纪初，还因内战和长期的军政府统治，导致国家内向封闭，被欧美其他国家远远甩下。但二十世纪末以来，随着国家民主制度的确立，西班牙重现开放姿态，文化艺术领域成果全面绽放，城市形态也迎来久违的新风气，成为西方城市设计园地中一朵引人注目的"晚熟花朵"。

　　本书首先层层剥离掉后来的文化影响，从最早的伊斯兰文化谈起；分析最具西班牙混合文化特点的城市形态形成和演变；最后围绕马德里和巴塞罗那两座代表城市，讨论西班牙当代城市设计理念和城市形态模式。

## 多元文化下的西班牙城市文化和城镇遗产

　　在古老阿拉伯历史中，一系列先知引领凡人。每一位先知都带来一本启示录。七世纪，穆罕默德和他的《古兰经》促成了伊斯兰教思想和整个阿拉伯半岛的统一。在这样共同规范下，所有城市都有相同的立法准则和几乎一致的社会框架，导致各座城市的建造方法和形态也惊人地相似。

　　相应地，阿拉伯城市历史以伊斯兰教统一为界[1]，分为初期和后期。初期的城市遵循古代美索不达米亚人和阿拉伯祖先创造的原则建设。本质上是西方世界古希腊—罗马概念上的棋盘形态格局，依据西方社会惯常的民法法典。而到了后期，由于伊斯兰教倡导一种"总体的生活方式"，而没有西方基督教传统的神圣和世俗之间的显著区别。因此，伊斯兰教不仅规范了特定的宗教仪式，还界定了家庭生活、公共环境和装饰（图5.2）、服饰，甚至个人卫生等。伊斯兰教由此也塑造了历经千年恒定的城市形态。其中较突出的特征是，强调公共空间和建筑与私人住区的强烈尺度对比，包括大尺度的公共广场（包含露天市场）、清真寺，及其周边细密的、小尺度并向中心内聚而缠绕的尽端路[2] 等（图5.3）。

---

①　7世纪初，穆罕默德统一了整个阿拉伯半岛的伊斯兰教，被认为是伊斯兰教出现的时间。

②　学者米琼认为，祈祷者对完整祈祷过程中的需求，以及下面4点，影响了伊斯兰城市形态。第一，礼仪性的洁净阶段。包括各种净身礼所需求的盥洗室、池塘、喷泉和公共浴室。其中，这些场所的穹窿顶是一座伊斯兰城市的标志；第二，遵守祈祷时间的需要。城市要建有通报祈祷时刻的"盖楼"，负责招集祈祷者；第三，建筑朝向要面向麦加；第四，在星期五的集会场所。城市需要容纳所有参加公共祈祷的、足够大的场所，这是大城市最重要的、必备的场所[3]。

图 5.2　典型的阿拉伯风格马赛克装饰画，与下图的伊斯兰城市有近似的形态秩序。

（来源：网络）

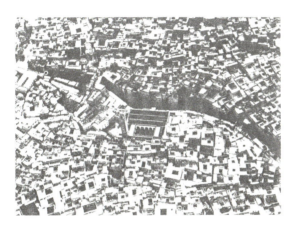

图 5.3　叙利亚大马士革常常被视为典型的伊斯兰城市形态

（来源：网络[3]）

　　伊斯兰文化对西班牙侵入十分迅猛，仅用 4 年（710—714 年）就攻达巴塞罗那和瓦伦西亚。从此开始了与基督徒长达 700 多年的南北对峙局面[1]，基督教和穆斯林模式的城市形态也逐渐融合。

　　科斯托夫的研究揭示了这段历史变迁和文化融合下的城市形态演变（图 5.4）。从左图和中图对应了古罗马早期和晚期规则开放的网格，到右图穆斯林接管后的城市形态变化。街道和公共场所等开放空间不断被填充，变得越来越小，贯通的大街被截断。

---

①　710 年，一支 500 个摩尔人组成的探险队侵入隶属于西哥特人的伊比利亚半岛。到第二年摩尔人扩大到 5000 人，并在瓜达莱城会战中击溃了西哥特人。此后，穆斯林开始了在西班牙南部和中部的迅速征服。同年占领南部的科尔多瓦和马拉加，712 年占领了塞维利亚，713 年，占领伊比利亚半岛北部的巴塞罗那，714 年占领了瓦伦西亚。此后，西班牙被分为南北两部分，北部基督教世界同南部伊斯兰世界并存。其中除了个别城市外（西班牙巴塞罗那于 801 年，托莱多于 1085 年，萨拉戈萨 1118 年被西哥特人重新夺回），其他城市在 13 世纪前一直被穆斯林占领。13 世纪后期开始，基督徒开始反攻，格拉纳达的穆斯林统治作为最后的堡垒一直延续到了 1492 年。

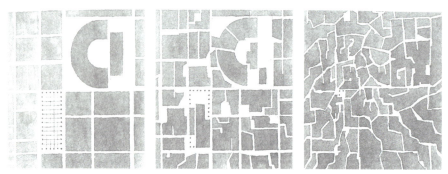

■ 图5.4 科斯托夫解释了网格状古罗马殖民城镇向伊斯兰城市过渡的过程
（来源：[2]）

　　两座安达卢西亚（Andalucia）地区城镇具有代表性。科尔多瓦是世界文化遗产[4]；塞尔维亚是安达卢西亚文化中心。

　　科尔多瓦曾长期是西班牙伊斯兰文化下的宗教和行政中心。十世纪

■ 图5.5　科尔多瓦。上图，从护城河的桥梁看大教堂。左下，住宅的内院。右下，商业街沿街公共建筑的立面装饰

（来源：作者 2017 年）

城市繁荣程度达到顶峰，被誉为可媲美当时的巴格达和君士坦丁堡。

在阿拉伯早期的扩张中，穆斯林征服者致力于社会的融合，他们并没有刻意去改变当地人的信仰，主要通过说服方式，使人皈依伊斯兰教。这一点可以充分体现在科尔多瓦大教堂的扩建过程中的建筑功能和形态的融合上。穆斯林选择在西哥特人的圣文森特基督教堂（Basilica de San Vicente Mártir）原址上扩建容纳伊斯兰教大清真寺。同时允许基督徒留在圣文森特教堂，将其作为基督徒的主教堂。此后，混合两种宗教的主教堂不断扩大，直到790年完工，成为西班牙多元文化共存融合的充分体现（图5.5 上图）。

当代科尔多瓦将老城城墙较完整保留，城墙内部保持了传统风貌与精美建筑和空间，除包容多种宗教类型的大教堂外，商业街两侧建筑有渗透了阿拉伯审美的华丽立面，古城内曲折小径和趣味空间，也都极具特色（图5.5 下图）。

塞维利亚被认为是西班牙传统文化的代表城市，也是历史上不同时期的政治和文化中心。包括长达536年的摩尔人首府，以及此后收复国土后的西班牙的首都，并垄断了美洲殖民等海外贸易。此外，相比其他西班牙城市，塞维利亚有更少的穆斯林痕迹。历史学家 J.A. 米切纳（James A. Michener）在《伊比利亚》这样描述塞维利亚："征服者一消失，塞维利亚很快就将自己重建为一座西班牙城市，让人嫉妒于它的偏执和狭隘的态度，如果要寻找拒绝承认变化到来的一群人的话，那么很少有人能与塞维利亚的市民相媲美。"因此，对于大多数西班牙人来说，塞维利亚是最纯正的西班牙城市——得益于塞维利亚人对自身文化的这

**图5.6　塞维利亚从大教堂看下去的城市全景**

（来源：作者 2017 年）

种坚持，也使塞维利亚被誉为当今最能代表西班牙文化的城市。

塞维利亚老城内对历史原真性、层积性和整体性的保护，堪称当代大城市的遗产保护典范。老城内，有前现代时期有机生长模式，也有近代扩建地区平直的道路形态（图 5.6）。

除了两座著名的历史名城外，西班牙还在殖民时代发展出模式化的美洲城镇。这些模式化的城镇最初来自国王关于形态的命令，确定了类似于圣菲（Santa Fe，Granada）（图 9.2）的网格形态格局。此后又通过"西印度群岛法"[Leyes de las Indinas（西语），或 the laws of Indies]，将网格形态加以固化，并约束了网格中广场、道路等内部要素的尺度和布局。同时，由于主要的方济各教派主张修士应该周游世界，四处传教，并倡导俭朴生活，也使西班牙殖民城镇相对简洁，淡化装饰。

## 后发优势下的西班牙城市设计理念

相比英法德等欧洲大国，近代西班牙在经济技术上较为落后，以至于使城市设计并不活跃。可以理解为缺少更多创新技术支持，而保持了更多艺术传统。

纵观西班牙近代城市设计理念发展历程[6]，一方面，相对不鼓励理论批判和创新，更认同传统继承，也从而导致了西班牙建筑和历史城市保护氛围浓厚；另一方面，西班牙城市形态学者普遍信奉"形态是社会政策的产物"观点，也较漠视设计和创造。这在某种程度上源于西班牙长期军政府统治下相对封闭的社会环境。这一不足也进而使西班牙在近代文化上倒向邻近的设计大国法国。不论是塞尔达时代（19 世纪中期），还是整个佛朗哥时期（Regime of Franco）（1975 年结束）都是如此。这一点可以从西班牙全国标准化的法国风格道路系统模式看得出来——遍布着环岛、互通式立交桥的法国伊纳尔风格的汽车道路体系。因此，西班牙在世界文化整体视野下，一直被认为尽管传统特色鲜明，但缺少更大的现代影响力。

但 20 世纪末后，随着军政府下台，西班牙走向民主制度，对外开放力度增加，久违的传统文化吸引力和影响力迅速提升。先有毕加索、米罗（Joan Miró）等艺术精英崛起；在城市设计领域，随着 1992 年同时举办巴塞罗那奥运会和塞维利亚世博会，西班牙向世界展示出加泰罗尼亚和安达卢西亚等风格迥异又特色鲜明的文化。其中，诸多城市所展示出来的独特风貌，是西班牙文化吸引力的集中体现。

20世纪前的西班牙城市建设有两个主题，一方面是重启传统城镇保护；另一方面则是大城市扩建。

1836年，西班牙大部分宗教设施被移交给城市政府或私人［门迪扎巴尔法令（Mendizabal）废止的结果］，被认为是西班牙历史城镇保护的开端。在城市政府拥有了大量教堂、广场、修道院等宗教设施后，有条件对其加以系统的利用，并使得类似的古迹建筑价值随之凸显。1837年西班牙参照法国历史古迹委员会的模式，建立了（由省政府负责的）"古迹委员会（the Comisions Provinciales de Monumentos）"[6]，其目的是对遗产进行清查和保护，避免拆除城墙和重要历史建筑。

另一方面，在大城市扩建规划编制过程中，掌握现代交通技术的工程师成为领导者。马德里和巴塞罗那被作为第一批城市规划编制对象。其目的是在历史中心之外，按照现代城市模式规划建设新的"扩建区域"，两座城市规划均于1860年通过。规划编制者分别是马德里的卡斯特罗（Carlos Marta de Castro）和巴塞罗那的塞尔达（Ildefons Cerdà）。两项规划的内容也有大量类似之处，包括网格形态街坊、街坊内作为社区单元的开发模式、斜切的街坊转角、宽阔人行道和树木，以及位于新建国家铁路网中的火车站等。

今天的人们习惯于将两部规划进行比较，塞尔达规划显然更具声望。人们在讨论缘何两个最初十分近似的规划，最终的建成结果和影响却大相径庭？卡斯特罗当时虽是一位深受王室支持的技术专家，同行中无人能挑战他的权威；但也导致卡斯特罗处处为王室考虑，并甘心屈从于特权而不能坚持己见，使他一些最有开创性的理念被逐渐消磨，从而走向平庸。例如马德里就有不少基本的公共空间和城市道路因王室和特权阶层的需要而被取消。相比之下，塞尔达的巴塞罗那扩建规划得以更加忠实完整地实施，各类公共空间也均衡充实。类似的众多差异积累下来，两者的差距就很容易凸显出来。

二十世纪后，随着一战的结束，西班牙迎来了短暂的民主环境。城市规划也作为一项城市职能被尝试。但一路磕磕碰碰，直到1930年代初，西班牙才出现有实施价值的城市规划。马德里和巴塞罗那又一次不约而同地编制了规划，也都是西班牙建筑师与国外著名建筑师合作完成。巴塞罗那由塞特和法国建筑大师柯布西耶合作（见后文马西亚规划）；马德里1933年规划由西班牙建筑师塞孔迪诺·祖亚佐·乌加尔多（Secundino Zuazo Ugalde）和德国大柏林城市设计竞赛（1910）（图6.12）

的获胜者赫尔曼·扬森（Herman Jansen）合作。两项规划又一次给马德里和巴塞罗那带来了城市扩展[15]。

此后，因1939年开始的佛朗哥统治时期，相对自由活跃的城市设计停止了。国家转向推行一套严密的"等级体系"①，包括这一时期的城市设计。受此影响，整个西班牙在这段时期的城市设计都具有相似的理念和形态模式，但相应地创造性显得不足。

1975年，西班牙结束了佛朗哥统治，国王胡安·卡洛斯支持将西班牙由军事独裁制度转变为民主制。成为当代"君主制"和"民主制"相结合的政治范例[7]。城市规划上，也对原来较严格的比达戈尔（Bidagor）"等级体系"进行改革。社会也对改革持欢迎态度。认为原来看似严格的规划，却造成了增长失控和形态失调。尤其面对1960年代末以来的经济衰退，人们认为应采取措施加以提振。

几次大型国际活动成为西班牙推行改革的契机。城市设计参与到一系列国际展会的筹备建设中，并为城市注入艺术品质和吸引力。经过十几年的筹备，西班牙在1992年同时举办巴塞罗那奥运会和塞维利亚世博会等。高水平城市设计支持下，西班牙向世界展示出加泰罗尼亚和安达卢西亚风格迥异又特色鲜明的文化。城市郊区也因西班牙近来快速城市化而大量兴建居住区支持城市扩展。

讨论西班牙近年来城市品质迅速提升甚至"逆袭"的原因时，在西方其他文化流脉看来，尚有一些落后的西班牙，却具有十分完整且未经现代文化侵染的历史真实性。例如，西班牙传统城市设计深受法国影响，至今在城市空间中保持一定的皇室传统，因此西班牙城市形态更接近法国巴黎传统城市形态特点——有豪斯曼改造之前的"多点""多中心"，以及整体系统化的城市空间传统。同时马德里和巴塞罗那中心区更新力度更低，与巴黎历史中心在空间形态上有明显的类似性。这些都受到了当代城市文化爱好者和艺术领域的高度关注。

此外，在西班牙城市中高密度的人口、比达戈尔体系配置完善的基础设施、自给自足的教育医疗等社会体系，显得尤其珍贵并富有当代发展潜力，被看作欧洲更加真实的"前现代"社会的大城市，也在城市形

---

① 佛朗哥时期的官员比达戈尔为马德里构建了被称为"等级体系"的城市规划体系。包括：①将马德里同周边市镇统一规划，将20多处市镇所构成的城乡网络体系，使马德里城市用地从原来的66平方公里增加到607平方公里；②1948—1953年间出台了13项法令，形成了法规支持体系；③增加了具体规划审批过程中的规划管理控制和干预范畴；等等。这一系列做法被冠以"等级体系"的总称，并环环相扣地形成有逻辑的标准措施。这一标准化和制度化的做法，也被随后推广到整个西班牙全国。

态上更具欧洲传统的模式化——保持了历史城区中小尺度，这些特质也有利于当代引入步行化的空间和秩序，以及更精细地引入艺术文化和创新等。西班牙当代城市设计也充分利用这一优势，在城市街头艺术、各类高等教育、创新创意产业等方面进行了长足发展。

## 西班牙当代城市形态和景观

西班牙城市普遍有浓郁的地中海传统特色，古城遗址很多，分布广泛，这得益于19世纪初开始对古城的登记普查；同时大部分古城至今仍一直被作为普通社区使用，并有持续的生活气息。

西班牙这样的城市传统也影响了当代城市设计。西班牙城市设计主要体现了两种理念。地中海"市镇设计"传统，以及欧洲现代主义思潮影响。所谓"市镇设计"（Civic Design），最初指地中海城市关注城市形态中市镇公共设施的设计品质和整体感（图5.7），以及传统社区的内聚性等城市形态特征。不欢迎突兀的局部形态，尤其不愿这些突出形态影响到以传统教堂等公共建筑统领的历史中心，及其整体协调感。

但20世纪初西班牙短暂的民主风气下，大量引入欧洲其他国家的现代规划设计理念。其中德国建筑师扬森在马德里郊区规划建成的现代高层建筑"副中心"模式，对此后的西班牙城市设计有持续影响。只是在整个20世纪，受到佛朗哥军政府的长时间较刻板严格的管理，并不支持城市中大量出现这种高耸突出的高层建筑集群，直到1970年代后政治风气转

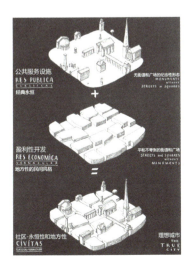

**图 5.7　克里尔关于"市镇设计"中"公/私"关系的图示**

（来源：[18]）

图 5.8　马德里俯瞰全景

（来　源：https://www.comunidad.madrid/noticias/2019/03/31/comision-seguimiento-pacto-regional-canada-real-sigue-avanzando）

向后，才随着奥运会的举办重新引入城市形态中高层建筑等活跃要素。

两种主导理念塑造的城市景观有鲜明的对比——传统上平缓完整而内敛的小尺度，以及现代的高耸突兀的大尺度城市景观。但在当代西班牙城市中能较好地将两者协调起来。老城和城市中心区都严格采取传统的小尺度景观；而在中心区周边，结合新城和滨水地区大型公共空间，会采取大尺度高层建筑形态。当然，两者相距足够远，传统的小尺度城市景观的用地比例也占绝大部分，并在整体俯瞰格局上并不受到这些大尺度肌理的干扰。

同时，西班牙历史上对城市景观的管控通常依据一定的法规和规划统一开展。例如塞尔达规划中就对建筑高度和街道宽度有严格的比例关系控制。马德里在引入高层建筑形态时，也有整体规划加以指导。在佛朗哥时代后被"等级体系"规定了普遍比较整齐划一的建筑高度体量后，西班牙城市设计变得更专注景观和艺术装饰——无需考虑建筑的高度形态这些固有的指标，而只要专心搞好建筑立面设计等景观装饰问题即可。

但1980年代后，随着管控严格和模式化的佛朗哥军政府的结束，城市更新增多。城市管理中也允许出现较特殊和富有新意的城市设计做法，例如通过在规划中命名为"城市项目""城市片区"等特殊地段，将其作为一种中等尺度的活跃要素，改变城市规划直接管控建筑单体的情况，争取创造较大手笔的城市景观变化。

下面会有两座西班牙城市，分别是马德里和巴塞罗那。马德里是西班牙的首都和文化中心；巴塞罗那是滨海城市，加泰罗尼亚地区文化中心。两者除了能展示平原首都城市和滨海山地城市的形态差异外，两者差别较大的城市形态也能较好地体现西班牙特有的多元文化特色。

## 从皇室领地到实用主义城市：马德里

马德里是西班牙首都和最大城市。城市文化崇尚实用，历次规划和城市设计都强调简洁高效，城市形态也显得更为规则有序，有清晰的逻辑和重复性；这种实用主义同倡导理想主义的巴塞罗那有鲜明对比。

由于倡导"简洁""高效"的理念，在近代马德里发展过程中，仅有两次主要的规划用地扩展，第一次是1860年卡斯特罗扩展规划，用地增加了3倍；第二次的1946年比达戈尔规划更是增加了9倍之多。城市形态模式也持续沿用标准网格模式，以及多层高密度的肌理。

**图 5.9 马德里老城保留了传统紧密的空间**

（来源：[9]）

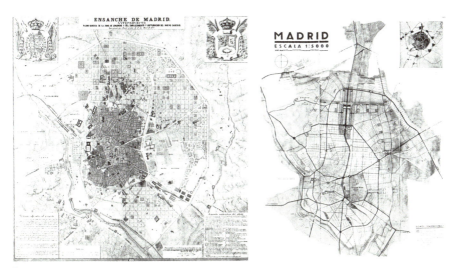

**图 5.10**

马德里 1860 年规划（左图，来源：[8]）；马德里 1933 年规划（右图，来源：[8]）

  马德里 1860 年卡斯特罗扩展规划（图 5.10 左）中，增建区域以老城为圆心呈现周边布局。卡斯特罗规划开启了马德里较注重传统和连续性，倡导改良（而非剧烈变革）的中庸基调。

  此后，围绕卡斯特罗规划和马德里城市改良策略，公园从皇室移交城市和公众，并进一步修建广场、市政大厦等。此外，卡斯特罗规划也包容了著名的索里亚（Soria）1882 年私人建设的 1.9 公里带形城市（体现在马德里 1933 年规划图中，位于最右侧略有弯曲的道路）（图 5.10 右图）①[8]，这些注重城市公共空间改良，以及公私之间的良性合作等，都

---

① 1882 年索里亚首创了通过私人开发公司，参与公共道路和轨道公交建设的先河，并在马德里进行了长达 1.9 公里的实验建设。

被认为是卡斯特罗规划影响下马德里城市发展历程中被延续传承下来的务实特点。

祖亚佐/扬森1933年在卡斯特罗规划基础上，进一步提出规划（图5.10右）。这是一次西班牙理念同欧洲20世纪初主流城市设计理念的结合，其中主要渗透着"现代主义建筑运动"思想，以及网格城市的模式。

两名合作者之间理念互补。祖亚佐作为西班牙规划师，倡导弘扬城市传统和改良文化，以及突出马德里作为首都的地位和价值，并在此基础上赋予城市新形象——"一切都需要按照马德里的传统结构完成，既不破坏其基本的交通流线，也不抹杀其规划传统，而应对其进行支持、确认、改进……"规划划定了城市边界和老城范围。在老城周边布置大型绿带，与扩建区形成间隔。祖亚佐的合作者，德国规划师扬森则带来大都市的整体结构和形态等创新思维，并提出了交通、健康、住房、工业区、城市重建和机场等具体措施。这些都被视为凝聚了德国当时诸多权威①规划思想的产物，并倡导更美好、更人性、更生态环保的理念。体现在城市形态上，则突出体现在城市扩展下，通过副中心、新建和扩建卫星城、郊区农场等疏解老城人口等策略。

祖亚佐/扬森规划中，老城和新城之间的扩建区是设计的核心。规划提出了"带形公共地带〔（A Fuencarral）西语"电源"喻为公共中心〕"理念——从普拉多大道，至拉雷塔拉卡大道，再到拉卡斯特兰纳大道，总长度2.5公里、宽400米的城市新轴线。轴线内包含高层住宅、停车场、公共建筑和广场。这一片区本质上属于"副中心"的模式。

由于"带形公共地带"是中心区向北侧的扩展，也是尺度的扩大。三维上，也相应采取12层现代高层建筑形态，形成大尺度、结构性和创新感的城市风貌。这种集簇出现高层建筑的做法，显然并不是地中海文化的城市景观，而更多来自北部欧洲文化的特点，是德国建筑师扬森的关系。如果读者联系后文第六章德国部分20世纪以来的内容，显然能找到更多关联。

经历此后多年建设，今天的"带形公共地带"已经成为马德里现代城市中心，是众多大型公共设施集聚地，如"马德里之门"、伯纳乌球场等。

马德里"带形公共地带"高耸集簇式城市形态的出现，被视为划时代的创举。不仅改变了西班牙文化对传统低矮建筑为主的城市形态的理

---

① 文献[8]中提到影响的扬森规划理念的德国规划师，包括布鲁诺·陶特、奥托·瓦格纳、保罗·梅布斯、约瑟夫·斯塔本、保罗·沃尔夫。

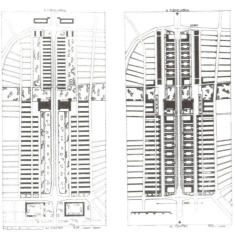
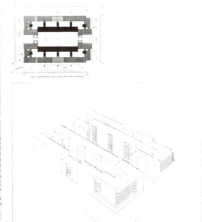

图 5.11　祖亚佐／扬森规划的"焦点"是位于老城正北侧的"带形公共地带"，以及"形态改进街坊"
（来源：[8]）

解，成为塑造现代大城市形态和景观的典范，也进一步影响了二十世纪整个西班牙语文化圈的城市设计，包括卢西奥·科斯塔（Lucio Costa）设计的巴西利西等。

　　"带形公共地带"之外，从祖亚佐／扬森规划开始，马德里开始了可以包容一切的，以网格式"开放住区"为特色的城市设计探索（同巴塞罗那的更大规模封闭街坊有鲜明差异）。同时，祖亚佐的街坊尺度更加具有城市性和公共属性，因此，这种街坊模式在郊区居住社区中被大量采用（图 5.11 右上）。

　　在住区规划中，祖亚佐／扬森规划废除了以往城市形态中的"地块"划分，即由原来的"城市—街坊—地块—建筑"的主要 4 个尺度层次，变为"城市—街坊—建筑"的三级结构，即"每个住区街坊布置唯一、灵活多变的建筑群，而不再划分地块"，从而提高了城市形态的统一感，也在中观尺度上，加强了"街坊"这个形态要素的重要性，且每一个街坊规模约为 1 公顷。因此，这种住区模式也被称为"1 公顷住区模式"

**图 5.12　左图，今天的"带形公共地带"，近景是皇家马德里主场伯纳乌**

（来源：https://www.westend61.de/en/photo/DAMF00446/spain-madrid-aerial-view-of-santiago-bernabeu-stadium）

右图，1929—1933 年间，祖亚佐曾在卡萨德拉佛洛伦斯（Casa de las Flores）项目（来源：[9]）

（图 5.14）。

　　祖亚佐 / 扬森规划虽然产生于军政府之前，但其中包含了明显的模式化、等级制度逻辑思想。

　　1946 年比达戈尔规划中"等级体系"，显然受到祖亚佐 / 扬森规划影响。同时由于受到佛朗哥军政府的支持，这一"等级体系"此后进一步成为整个西班牙全国的城市规划政策。比达戈尔规划内容包括，①打破市镇行政边界，整合纳入马德里周边 20 多处市镇，使城市用地从原来的 66 平方公里增加到 607 平方公里。② 1948—1953 年间出台了 13 项法令，形成了规划的法规支持体系；③增加了具体规划实施过程中的各种管控要求。此外，规划的核心思想，仍然是支持城市的工业化转型。除了工业用地外，还包括各类基础设施和 7 万套外来工人的社会住宅区。这一系列做法被冠以"等级体系"的总称，并环环相扣地形成有逻辑的标准措施。

　　而在城市规模进一步扩大的同时，城市形态保持一定的延续性。中心区继续贯彻了祖亚佐 / 扬森规划"带形公共地带"布局。同时，在更大范围的远郊区，也沿用祖亚佐 / 扬森规划类似的"1 公顷街坊"的形态模式。

　　1975 年佛朗哥军政府统治结束了后，原来比较固定而僵化的比达戈尔"等级体系"松动，城市形态和设计在功能需求多样化影响下，也开始摆脱多年惯用的单一模式，尤其是尝试打破祖亚佐规划"1 公顷街坊"的均质特点，使马德里住区街坊形态逐渐多样起来。

### 当代公共设施用地

　　目前，马德里两个城市设计项目受到关注。马德里新北部（Madrid

▌图 5.13 马德里新北部项目规划模型

▌图 5.14 位于马德里中心区周边新建的 **San Chinarro** 住区仍是"1 公顷街坊"形态

（来源：[9]）

Nuevo Norte）[10] 和南部的滨水更新，两者被认为是平衡城市南北地区的公共投资重点工程。

其中，马德里新北部项目用地原为废弃的国有铁路用地。1993 年由国家铁路公司与开发商联合发起，原称为"查马丁设想（la Operación Chamartín）"，紧邻扩建区北侧著名地标建筑"马德里之门"。基本上可以被认为是"带形公共地带"向北侧的延伸。

经过二十多年的反复评议，2017 年企业曾一度与地方政府达成的协议①，就平衡公共利益和开发效益达成一致。

新规划中，新增 1.05 万套住宅（原来规划为 1.9 万套）和超过 100

---

① 马德里新北部项目复杂曲折的审批过程：1994 年项目立项，集体制银行（pubilc-owned bank）控股的 DUCH 公司负责开发。1997 年，项目被纳入马德里城市总体规划，并提出了总体管控要求，用地规模 3 平方公里。1997—2004 年，DUCH 游说提高该地区的开发强度，马德里批准将容积率从 0.6 提高到 1.05。但这项提案在上报国家审批时被否决。理由是没有充分考虑铁路部门的需求。国家政府 2004 年改组，项目被提交给下一届政府。2009—2015 年，开发者与新组建的城市政府形成新的开发规划，但却又被马德里法院否决。同时企业坚持开发诉求的情况下，只能等待再一次新的城市政府换届。2016 年，新任政府通过公众咨询，独立编制了开发规划，但开发商 DUCH 公司虽并不认同，但同意与政府进行磋商。2017—2019 年，高密度开发的新版方案得到认可。但需要通过公示，2018 年 12 月完成政府公示，但法院环节的公示受到公众质疑，在 2019 年 5 月举行新的地方选举之前，地方政府无法批准该计划。工程再次停滞。

万平方米的办公功能，其中包括多座摩天楼；大面积的公园绿地；查马丁火车站及配套交通枢纽的改造。城市形态也呈现出较典型的摩天楼副中心的模式。

## 当代居住区

西班牙自1990年代进入快速城市化发展阶段，并有鲜明的发展大城市的政策倾向。近年来，马德里住区开发的规模大，强度高，在欧洲各国中较为突出。

马德里不同区位的居住区形态有所差异，中心区周边延续"一公顷住区模式"，变化仅体现在尺度的扩大（图5.14）；而在郊区和远郊区居住则形成了规模更大的邻里单位模式的居住区形态。

当代马德里郊区和远郊区住区在规模上显示出三个规模层级和"嵌套"关系，与我国常见的"居住组团—小区—居住区"大致对应。这

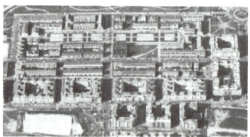

图5.15 左图为马德里Arroyofresno社区，能看出当代完全突破了网格约束，使建筑单体及其组合（而非街坊）成为形态的控制要素，体现出商业社会对密度的追求；右图Valle de la Jarosa社区，重新运用卡斯特罗网格，增加了广场等当代要素所形成的形态（来源：[9]）

图5.16 北部郊区的新城圣奇纳罗和拉斯塔普拉斯

（来源：马德里政府网站2008年"圣奇纳罗（Sanchinarro）（东南方）"和"拉斯塔普拉斯（Las Tablas）（西北方）"项目进度信息，https://www.madrid.es/）

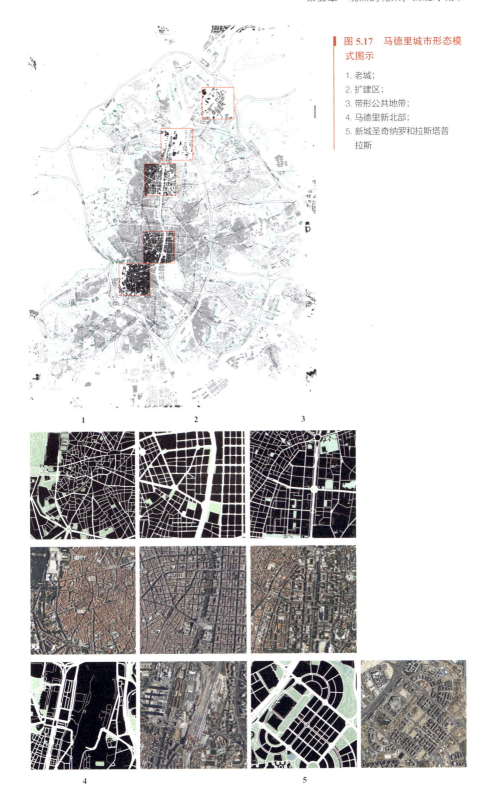

图 5.17　马德里城市形态模式图示

1. 老城；
2. 扩建区；
3. 带形公共地带；
4. 马德里新北部；
5. 新城圣奇纳罗和拉斯塔普拉斯

**图 5.18 巴塞罗那俯瞰**

是 1980 年代马德里总体规划中对城市肌理等形态问题开展整体管控的成效。[①]

规模最小的层次一，延续祖亚佐"城市街区"模式，采用与中心区周边一样的"多街坊组合"模式。即在 10 个左右街坊（每个街坊约 1.5 公顷）的组合基础上，进一步形成内部绿化系统和社区中心等形态要素。如拉贾罗萨的山谷广场（Plaza Valle en la Jarosa）（图 5.15 右）。

层次二，位于城市中心区外，依托外环路形成的 1 平方公里左右的综合住区。由多个层次一尺度的居住街坊组合，街坊形态较规则。但通过圆形的公共服务设施单元，以及大尺度的公共景观绿地，形成了具有组合感的住区。例如 Arroyofresno 社区（图 5.15 左）。

规模最大的层次三，由 2 个及以上层次二规模的住区组成，强化自由形态。例如北部郊区的新城圣奇纳罗（San Chinarro）和拉斯塔普拉斯（Las Tablas）（图 5.16）。

圣奇纳罗和拉斯塔普拉斯是 2005 年后马德里的新型住房开发模式，是位于马德里北侧的两座相邻的大型居住区。它们距离城市中心区更远，规模更大，配套设施也更多样综合。

两个居住区占地约 5 平方公里。按照马德里常规 0.6 容积率，以及配置的两房和三房的公寓住房为主，每户面积 90—160 平方米的标准估算，共约容纳 10 万居民。

两个社区各具特色，圣奇纳罗吸纳了 3 座医院，形成了具有康养概念的社区。拉斯塔普拉斯设置了地铁和轻轨站，吸引了更多办公功能和年轻白领人士。

但作为新的住区模式，学者和公众也有异议。公众抱怨如此大型社区吸引了大量投资者，甚至国外炒房团，而非当地居民，浪费了国家的财政补贴和基础设施投资。学者从专业视角也批评这样的大规模新城做法，城市形态学者玛丽亚·何塞·罗德里格斯-塔杜奇（Maria Jose Rodriguez-Tarduchy）提到两个问题[9]：

第一，类型的重复而导致的单调感。不论是街道空间还是建筑形态，低标准住宅区的简陋感受过于明显。第二，空间模式的内向性和公共生活的缺乏。这同马德里历来的开放街区和丰富的城市生活特点不相符，

---

① 从 1981 年开始编制的马德里总体规划（Plan General de Ordenacion Urbana）面临的问题是如何将城市作为一个整体来考虑，如何将城市组织好。马德里的城市总体规划历时两年于 1983 年 4 月颁布。规划建议调整城市的肌理（Fabric）、提取城市的空间与风貌形态（Form）、确定重点建筑项目的风格等重点工作。

同周边地区格格不入。

　　总之，马德里20世纪以来的城市设计历程中，祖亚佐/扬森规划奠定的现代城市形态和格局贯穿始终，富有理性、强调结构秩序的城市形态最能体现马德里讲求实用的城市文化。当代的"马德里新北部"和诸多郊区社区仍遵循其理念主旨和形态结构。仅有远郊区的超大型住区（如圣奇纳罗和拉斯塔普拉斯）的形态超出了祖亚佐/扬森规划的形态原则。当然，这两处大型社区也是最近涌现的新事物和个例，其持续性和生命力尚不确定，目前的社会争议和略显萧条的市场反应也能说明这一点。


## 超级街坊城市：巴塞罗那

　　巴塞罗那所在的加泰罗尼亚地区，因特殊独立的历史文化原因，相比于首都马德里和文化中心塞维利亚，巴塞罗那一般被认为无法在文化领域作为西班牙的代表（而仅能代表加泰罗尼亚文化）。但在当代城市设计领域，巴塞罗那作为西班牙地中海经济中心的城市地位，尤其是近年来诸多创意举措，与西班牙整体改良和传统延续的氛围相比，则显得更加独特且富有成效。

　　同时，巴塞罗那城市肌理具有高度的统一感和艺术性，被认为是"不曾残损"的城市——这里没有经历战争的摧残洗礼，在二战后比较保守低速发展的社会也并没有被商业资本所更新。在1980年代前，传统城市中甚至连基础设施和河流等结构性要素都与城市肌理融为一体，城市

**图 5.19　巴塞罗那全景，从古埃尔公园方向**

格局也富有高度的整体感。

### 塞尔达规划

巴塞罗那最早由罗马营寨城发展而成，老城周边环绕塞尔达网格（图 5.20 左）。因此，《巴塞罗那现代建筑指引》[13] 将整个近代巴塞罗那城市格局概括为，"基于老城和塞尔达所作新城基础上的扩展"（图 5.20 右）。的确，图中看出，除两者之外的虚线为塞尔达规划之后的道路。这类虚线道路数量很少且主要位于城市郊区。仅有奥运会后的南部滨水区，以及对角线大道（AV. Diagonal）对城市形态结构有后续影响。这意味着（塞尔达规划以来）150 多年来的城市扩展相对有限，巴塞罗那也一直被限定在塞尔达规划内。

如今，这部 1860 年完成的规划（塞尔达规划）所具有的罕见"适应性""可持续性"等，一直是当代城市设计领域的热议话题。人们发现，规划理念的科学性支持了长期效益。塞尔达受当时圣西门（Saint Simon）思想影响，认为知识分子和社会学者应具有科学思想，并有义务解释社会变迁、预测未来发展。因此，他在规划中积极引入未来需求，并通过对标巴黎，借鉴诸多先进设计理念和技术。①

塞尔达的巴塞罗那规划中，首先就是形态问题。他思索了以某种统一的形态覆盖巴塞罗那扩建区的问题②。他的思路[11] 是，将简洁的网格作为城市格局；而将设计的主要内容放在下一个街坊尺度内。塞尔达强

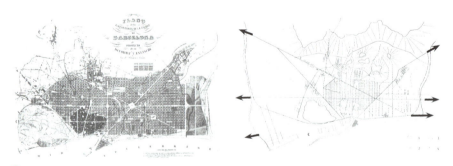

**图 5.20-1**

塞尔达规划（左图，来源：[12]）和今天的巴塞罗那城市结构（右图，来源：[13]）

---

① 他的规划研究包含四部分、地形图、城市化基本理论、规划成果、法规条例以及经济方面的考虑。其中重点考虑了环境卫生、交通，以及如何以某种统一的形态大规模覆盖巴塞罗那平坦区域的问题。

② 塞尔达从 1865 年开始，作为总督的技术指导和代表，一直在建设工地奔波，持续工作到 1874 年，使规划能付诸实施。

图 5.20-2 一处巴塞罗那扩建区典型街坊内院。包含商场采光顶、运动场，以及下沉式社区交往空间等功能。

（来源：作者 2017 年从沿街酒店阳台拍摄）

调将设计重点放在"单一街坊"的问题时说，"在每一个由城市干道所隔离的空间（即单一街坊）中都存在一个小世界，一座小城市，或者说一座初级城市，无论是它的整体还是局部，都具有令人称赞的可比性，甚至与大城市相类似[12]"。

也正是由于塞尔达强调街坊的重要性，他选择了一种能包容诸多城市功能的大型街坊做法，人们通常称其为"超级街坊"。① 因此，塞尔达网格中的"超级街坊"既是城市公共功能单元，能满足几乎所有城市功能，以及各类公共建筑；同时也是"巴塞罗那式的居住单位（作者借鉴柯布西耶对马赛公寓的称谓）"。作者造访巴塞罗那时所居住的酒店就位于类似的"街坊式"居住单位内，街坊内是可以容纳所有居住生活和公共服务设施的居住小区——街坊周边沿街布置商业设施，地下布置停车场，屋顶平台是儿童游乐场和小型足球场等（图 5.20-2）。

### 现代主义建筑运动下的巴塞罗那规划

塞尔达规划后的一百多年里，巴塞罗那较持久的军政府统治，以及受其影响下的自给自足的社会氛围，使城市建设均被限制在"扩建区"

图 5.21 塞尔特同柯布西耶共同编制的巴塞罗那马西亚规划（Pla Maciá，1934）

（来源：[15]）

---

① "超级街坊"经常见于对美国邻里单位住区的评论，或城市更新的多街坊整合开发，但如果整个城市都通过"超级街坊"开展开发，则世界上巴塞罗那是独一例。

图 5.22　巴塞罗那 20 世纪后的城市建设，斜向大道和滨水区更新，1992 年奥运会前后的对比。
（来源：[12]）

范围内。尽管历次规划均未实施，但其间 1920 年代末的加泰罗尼亚现代建筑师组织 GATCPAC 与柯布西耶合作完成了马西亚规划，其规划理念仍对城市发展有启发[16]。

　　马西亚规划具有鲜明的现代主义"功能城市"的特点，规划中强化了港口为中心的滨水区，并在塞尔达"扩建区"统一网格中增加了"斜线大道"，及其支持下的郊区扩建用地。GATCPAC 主要成员塞特（Josep Iluis Sert）提到，"规划要理性，也就是像格罗皮乌斯（Walter Gropius）所说的要同公众需要相符，（但）不能总是向经济妥协"。斜线大道项目是考虑了城市空间气氛与山体关系的结果，也使城市避免了单调的机械感（图 5.21）[16]。显然对于巴塞罗那这样极为均质化的城市肌理而言，规划中的斜向大道等要素有很高的必要性，这一"统一中求变化""秩序中纳入艺术"的思路也越发成为当代巴塞罗那城市设计中的核心理念。

　　1970 年代中期，巴塞罗那显现出后工业时代的迹象。失业率达 18%，城市中心的工业用地开始废弃闲置，即使最优秀的工厂也在试图迁入郊区。

　　此时佛朗哥统治已结束，新政府决心通过改革应对危机，包括推行"城市公共空间的重建与协调"等举措。1976 年大都市区总体规划的主题是"从城市'规划'到城市'重建'"。政府将城市建设重心从郊区开发转到中心区更新，并收储土地。

　　在巴塞罗那奥运周期内，城市①也开展了旧城区更新、道路系统

――――――――――

①　整个 1980 年代，巴塞罗那城市规划设计的主题是申奥和迎奥。从 1983 年议会决定申奥到 1986 年申奥成功，再到 1992 年奥运会开幕，一系列规划和法令陆续出台，支持对城市不同区域进行相应的更新。首先对旧城进行复兴规划，采用休克疗法和"针灸式"更新[12]。旧城的 90 亿欧元投资中，75% 用于公共领域，重点改进公共空间、基础设施和公共设施；其次，对城市周边区，也就是塞尔达的"扩展区"，重点是重新定位。包括挖掘展示最初历史特色、各用地在整体城市结构中定位、用地同总体规划各服务设施系统的关系、（转下页）

**图 5.23**

右图，迎奥期间城市中心区规划（来源：[12]）；
左图，2004 年建成的波布雷诺滨海公园（来源：[20]）

等[①] 工作（图 5.23 右）。

　　1990 年代后，巴塞罗那城市设计领域引入多学科思维。在开展城市更新和活化时，重视对少量局部用地的活力营造，通过对城市艺术元素的引入，积少成多实现了带有"针灸效应"的城市整体更新[19]。在诸多用地更新设计中，普遍鼓励创新思想，多样化和不规则的建筑形态更多

---

（接上页）用地内建筑形态类型特点等。同时，在旧城更新过程中，引入了"特殊内部改革计划（PERI）"，即面对内城的复杂情况，允许打破 1976 年大都市规划确定的公共 / 私人区分，允许出现出于特殊公共目的的公私混合运营项目，构成混合的"行动单元"，如广场和住宅的混合布置、商场和公共停车场等彼此混合等[12]。

①　1980 年代后巴塞罗那重点进行了道路系统优化工作，发现有两个突出问题，一是道路系统不能满足需求[12]，对此增加了交通结构设计理念，限制过多穿越老城的交通量，解决在老城核心区周边出现交通阻塞的瓶颈；第二，这些道路系统和节点缺少城市设计，道路系统缺损。需要有系统化的形态设计。为此设计了四个层次，第一层次是由快速路（Ronda）构成的，联系城市不同区域的主要网络；第二层次，主要街道联系起城市商业，支持公共交通，是人们城市工作生活的结构轴，形成城市交通的次级网络；第三层次，作为居住区使用的内部网络；第四层次是步行道路。

出现。从非线性曲线造型，到融合了周围文化环境信息的设计形态（图5.23左）等。因此，巴塞罗那也因十足的设计感和颇为前沿新潮的城市景观，被归为当代最具代表性的"后现代城市"。

2009年，巴塞罗那又将城市设计重点放在公共空间设计上，第一是全面系统地补充公共空间。此前只有两处真正的城市公园，蒙特惠奇山（Montjuïc）和城堡公园（Parque de la Ciutadella）。多年来巴塞罗那的城市绿化景观环境也主要是由"两块板"道路形式中间的绿带，交通环岛核心的圆环等兼具交通功能性和城市感的要素填充构成，而除此之外缺少更多公共空间。新增的大型公园包括，对角线大道以南至滨水区的波布雷诺海滨公园（Poblenou）等（图5.23左）。第二是沿着北侧山体边缘制定了"16个科赛罗拉山（Collserola）山门"的规划，串联起一系列山体与城市交通的公共空间节点，节点形态不限于集中形态公园，也包含绿带形态公园，并致力于串联不同山的公园，形成系统化的环山景观线路。

此外，城市尝试吸收建筑师扬·盖尔（Jan Gehl）建议，利用巴塞罗那特有的山海关系，将整座城市构建为"虚拟公园"。[13]将整个城市作为一个看不见的巨大公园，通过联结科赛罗拉山和滨海地区的景观廊道和著名景点，构建虚拟的"多线中央公园"。为此，除了要保护历史建筑和传统街区，通过增加具有休闲性和体验感的现代空间，并带给人们参与感和娱乐性。

巴塞罗那的"后现代"氛围中，凝聚了基于城市规划视角的更新"重建"、艺术视角的"修复"、社会组织技术视角的"治理"，以及商业视角的"营销"等特点的综合工作，是通过环境创新理念，并依靠社会积极互动的城市复兴重振。当然，巴塞罗那上述当代成就，也离不开长

**图 5.24  22@Barcelona**

（来源：[12]，右图，网络）

期以来"内聚性"和"自给自足"类型社会的发展积累，为城市积淀下来历史悠久、数量众多、体系完备的城市公共服务设施体系，包括图书馆、体育中心、学校和健康中心等。在当代信息时代下，这些社会的传统优势又被充分地对外彰显，并在增加了网络社交、当代艺术和商业模式后，以往的积淀被充分激发，城市也顺势成为令人瞩目的当代城市。

### 22@Barcelona 科创新城

巴塞罗那 "22@Barcelona" 是当代欧洲最大的城市更新项目之一，目前仍在持续实施。项目占地 115 个街坊共约 2 平方公里。项目通过新建、改造和适应性更新，增加 400 万平方米的建筑面积，其中 320 万平方米将用于公共功能，80 万平方米将用于住房和配套。

贯穿科创新城的斜向大道是塞尔达规划中的设计。按照塞尔达规划，对角线大道从西北的山体通向东南波布雷诺海滨，完全贯穿城市。但这条对角线大道受到历史上波布雷诺工业区（建于二战前）阻隔，塞尔达规划被修改，大道也没有完全贯通。

20 世纪末，波布雷诺工业区衰败闲置，巴塞罗那 2000 年启动的城市更新项目 "22@Barcelona"，将波布雷诺工业区更新为科技创新区和 "新经济" 的服务区，同时增加休闲和居住空间，并贯通对角线大道，重塑塞尔达设计格局。

当然，"22@Barcelona" 也不可能与一百多年前塞尔达规划完全一致，首先，新区规划改变了塞尔达城市形态内向的封闭街坊模式。更新后用地内以开放布置的小型创新型公司为主，倡导一种人们可以相互学

**图 5.25　圣包迪利奥−德略布雷加特**

（来源: Una mica d'història-Escola Vedruna Sant Boi）

197

习并能从共享知识中受益的发展理念。第二，项目在三维上改变了塞尔达城市形态统一的模式，新的设计涵盖十分复杂多样的建筑体量和空间形态，从高密度节能住宅区到各种规模形态的公共绿地，再到复杂多样的交通组织。第三，项目引入了大规模公共空间，改变了塞尔达规划缺少大型公共空间的局限。

此外，规划还保持老工业区的部分历史遗产，给城市提供景观意象的传承延续，并倡导新旧融合的设计。

### 传统郊区住区

圣包迪利奥-德略布雷加特（Sant Boi del Llobregat），是紧邻巴塞罗那西南侧的历史城镇，与巴塞罗那仅有一河之隔。在18世纪末人口已超过2500人，并一直作为巴塞罗那重要的郊区住区。城镇至今保持了传统风貌，具有与巴塞罗那老城类似的城市形态。

将一系列传统小镇作为当代中心城市的郊区生活中心，是巴塞罗那相比于马德里截然不同的郊区发展模式，不仅体现了巴塞罗那作为山地地区的特殊性（当代留存了更多隐藏在山间的历史城镇），随之也带来了形态更为紧密，空间结构也更加持久稳定的城乡住区结构，以及传统城镇文化的留存。

#### 依托传统城市的扩建新城：锡切斯

位于巴塞罗那西南37公里处的滨海小镇，锡切斯（Sitges）与巴塞罗那仅相隔一座山体，滨海高速铁路在穿过山洞后随即抵达锡切斯。小镇自然环境优越，素以优质沙滩和壮美涌浪闻名；人文资源也十分丰富，

**图5.26 锡切斯**

（来源：参考 www.sitges.cat 资料绘制，右图 https://www.vinosycaminos.com/texto-diario/mostrar/1460740/sitges-logra-835-sobre-10-indice-reputacion-online-base-opinion-visitantes）

**图 5.27 锡切斯扩展住区形态**

（来源：www.idealista.com）

小镇因这里的高迪设计的酒庄而汇集了大量艺术家和游人。每年举办电影节、狂欢节等节庆活动，也使小镇成为文艺青年追捧的旅游点。

锡切斯 1989 年通过现行的规划，在历史城镇周边扩展城市用地，建设了居住和旅游度假功能区。新的项目采取极为缓慢的速度建设，到 2022 年仅完成了东侧约 1/3 用地的开发。规划实施初期，新建住宅建筑多是面向房地产市场的较大户型高端住宅产品，使这里成为巴塞罗那人投资郊外别墅的首选地。但由于锡切斯低密度用地临近枯竭，如今的住宅形态也以 3—5 层的多层建筑为主，但通过宽大露台和更好的室外环境，也提供了与别墅建筑相仿的居住品质（图 5.27）。

## 小结

西班牙的精神内涵是文化的多元认同。城市要包容最多样化的文化，同时又并无哪一种占绝对突出的主导地位。那么，这样的情况下，更容易倾向于规则的、中性的、平实而不偏不倚的城市风格；同时又要适合未来扩建……只有网格模式能满足这样的城市文化要求。在均衡统一的网格形态中，城市历经多年无声无息的发展，却仍能保持不变的风格风貌。

这样，在模式化的西班牙网格城市形态下，包容了老城和新城，传统和现代、城市和住区、生活和工作等所有一切，也尊重兼容了城市中的各种文化诉求。

**图 5.28　巴塞罗那的四个典型片区**

1. 老城区；
2. 扩建区；
3. 圣包迪利奥-德略布雷加特；
4. 锡切斯

　　模式化的网格，也曾是西班牙殖民过程中的法定模式，约束了不同情况下的海外城市形态。网格模式虽带有强制性，但也有利于城市管理和文化互通。因此，与其说网格模式是西班牙文化的外在表达，不如说是网格本身就来自西班牙历来管理比较严格的国家传统，除了殖民时代，20世纪后长期军政府统治时期的"层级制度"下的城市形态规范化管理，也进一步造就了城市形态的模式化。

　　西班牙的多元文化和严格的城市管理也互为因果。即较为严控的城市文化的来源，仍旧是多元文化。在思想观念、价值诉求千差万别的社会中，凡事都需要事先定下规矩，因此，城市先入为主的模式化规定，也就必不可少，不同文化群体也均乐于接受。

　　西班牙一直不是西方主流，因此也无需张扬而更愿意追求实用，并愿意学习引入其他国家的更好做法。其中，作为首都的马德里在祖亚佐/扬森规划中借鉴德国现代理念，并长期坚持贯彻实施的做法，能较好地反映出西班牙文化中实用主义的价值取向。

　　近年来西班牙在文化领域的崛起开始越发引人注目。思考下来，西班牙的城市建设理念中，还有善于"化不利因素为有利"的优点——那些"新旧共存"和"多元包容"的策略，使城市中留存有较多以往封闭制度下的自给自足形成的历史风貌，以及高质量的宗教、教育等文化设施。在今天开放的西班牙和后工业化时代开始重现风采，这样与当今开放世界的一种"时间差"所带来的新鲜感也被充分利用，使与此相关的旅游业、文化教育等产业都成为西班牙的支柱产业。不仅如此，西班牙在不同方面都愿意展示自己的与众不同，除了西班牙著名的现代艺术，越来越多的西班牙当代特色鲜明的城市设计被世人赞赏。

　　纵观西班牙当代城市设计历程，从一个较落后封闭的国家，在20世纪初缺少自己文化自信，再到当代为世界贡献最多的艺术家，最具创意的文化流派，这一蜕变历程尤其值得有近似经历的我国思考借鉴。其中，长期留存有最厚重的文化禀赋、和谐丰厚的社会资源，并以最积极的态度参与国际文化交流等是一部分原因——如西班牙拥有最深厚的文化和遗产（剔除自然遗产的世界文化遗产类型数量世界第一）、最密集的社会网络（如铁路线密度世界第二）、最高比例的艺术行业从业人员……这些文化资源的优势并不会产生工业产品，不消耗生产物资和不占用城市用地，但这些软实力的因素却在当今后工业时代创造持续的文化价值，推动城市以新的方式获得长足发展。

# 第六章　内聚和发散：德国城市

在西欧地形版图中，南部山体和北方平原之间是丘陵和黑森林。从德法边界向东，几乎整个德国中部都是这样的地理条件；德国北部则是北欧平原和东欧平原的一部分。

德国社会中也有类似的二元性，天主教和新教徒之间有长久的思想对立，以致彼此互有敌意[1]。但同时德国传统上政府强势，对民众严于管理，上述矛盾也易于管控；而当代德国则是通过精细严密的制度设计，也同样起到了社会和民众的管控成效。

当然，这种源于宗教信仰的社会深层思想分歧，也终究导致德国民族性格的分裂。在欧洲，德国并不是孤例，法国也是如此。社会学者认为德国大部分时间的现实主义（Realism），浪漫主义（Romanticism）则是隐含和偶然显现的性格。现实主义的德国人实干勤勉，是德国从二战泥潭中走出的关键；而浪漫主义是德国中世纪流传下来的富有想象力的传统。德国文化中的"浪漫主义"在音乐文学等艺术方面是优势；但作为民族性格应用于社会管理和政治事务却存在危害，纳粹对重现"千年帝国"的臆想就被认为源自浪漫主义的虚假幻想。当代类似的讨论则聚焦于"绿党（Bündnis 90/Die Grünen）"倡导下的生态低碳等带有一定乌托邦色彩的发展理念，德国人认为这样多少有些虚幻的愿景，将会使德国再次承受更大的发展拖累。

我们将话题带回到城市。德国 20 世纪前的城镇发展有一条相对清晰的过程。

九世纪神圣罗马帝国的成立，使以往被认为是蛮族的日耳曼人站到欧洲的中心，也是今天德国人认为辉煌过往的开始。他们树立了中世纪的审美倾向——"哥特艺术"，或"哥特式曲线美学"①，并以此作为基督

---

① 日耳曼人创立的神圣罗马帝国控制了原西罗马的地域范围，文化艺术方面出现了不同于原罗马帝国的形式，基督教的艺术开始让位于日耳曼人的艺术倾向——所谓的"哥特 （转下页）

**图 6.1　哥特艺术和中世纪城镇日内瓦（右）、锡耶那**

（来源：[2]）[2][2]

教有别于原来罗马帝国的审美。同时，中世纪的文学艺术中也逐渐形成（相对于以往罗马帝国）新颖奇特为特征的"浪漫主义"，这些加在一起也构成了以后德国人思想深处的浪漫主义美学思想。

　　哲学家解释"浪漫主义"时说，"浪漫主义者把植物和国家都当成活生生的有机体[3]"，这句话用在德国人的审美取向上最恰当不过了。中世纪以来德国的城镇发展出一种如植物叶脉一般的形态肌理（图 6.1）。这些德国中世纪城镇最早出现在 12 世纪，当时商业复苏，建筑工匠初现专业化并支持了城镇的大量出现①[4]，但与英格兰时常需要抵御海盗侵袭的"防御城镇"（Bastide towns）不同，在当时，今天德国的南部地区相对平静、安全，形成的是以农业生产为主的"种植城镇"（Planted towns）②，典型是弗赖堡、伯尔尼等（图 6.1）。各个城镇均采取类似的布局模式③，也具有较高的艺术水平，被称为"美丽中世纪"，以一种更加

---

　　（接上页）艺术"。哥特艺术的形态特点又可以用"哥特式曲线美学"概括。在哥特艺术的题材特点上，"对（以往罗马和希腊的）表现人的形象感到强烈的厌恶"；日耳曼人擅长金银丝艺术，艺术主题为动植物形状和抽象形态，并反映出丰富的想象力[2]。

①　据陈志华的《外国建筑史》介绍[4]，从 12 世纪开始，建筑工匠进一步专业化，石匠、木匠、铁匠、焊接匠、抹灰匠、彩画匠、玻璃匠等分工很细，他们使用各种测量工具，使用更加复杂的建筑样板，这一时期出现了专业的建筑师和工程师，除了指导现场施工外，还绘制建筑平、立、剖面图、细部大样、自由式城市形态产生的复杂多样的建筑技术也因此得以解决。曲线道路系统的城市更多地出现，包括今天看来十分优美的中世纪城市，如伯尔尼、阿姆斯特丹等。

②　12 世纪，策林格公爵在莱茵河两岸（今天的瑞士和德国南部）建立了一个种植城镇奥芬堡，此后相继建成了弗赖堡、菲利根、洛特维尔等城镇，总计 12 座。学者们认为，策林格公爵12 世纪的种植城镇的修建，引发了 13 世纪新城镇的繁荣[5]。

③　在莫里斯的书中[5]，归纳了种植城镇的基本要素：第一，都有一条贯通全城，并连通城门的商业街，宽 75—100 英尺；第二，城内空间充分利用，没有空闲空间；第三，以每块宅基地作为规划单元，也是征税单位；第四，作为规划基础的直角相交几何形（棋盘格），（转下页）

小尺度、乡村式的曲线形态为主的城市艺术为特色。

14世纪后，地中海已经成为穆斯林的内湖，相关商业贸易北迁到波罗的海地区，给德意志各邦国带来机遇，尤其是今天德国北部滨海地区。在早期种植城镇基础上，又在河口海港位置形成了大量相距不远、形态近似的商业中心城市，并构建了后来的汉萨同盟（Hanse）的城市体系。包括吕贝克、汉堡、策林格，以及丹麦的哥本哈根和瑞典的哥德堡等。同以往种植城镇比较，汉萨同盟城镇不仅规模更大，还引入了意大利理想城市理念，加强了周边城墙设计，建造带有棱堡的星形城市。

19世纪初，尽管以普鲁士和奥匈帝国为主的德意志各邦国没有统一[1]，但因1815年维也纳会议（Le Congrès Vienne）接受统一管理，以往侧重农耕的策林格种植城镇和擅长海上贸易的汉萨同盟城镇从此拥有了共同的归属。相互配合之下，彼此均得以壮大。各个大城市得到优先发展，形成了维也纳规划、科隆规划（属奥匈帝国），以及此后柏林威廉环规划。这些城市又均是围绕中世纪商业城镇，采取圈层形态扩展，以及填充式建设的模式，这一做法此后也被作为20世纪初西方大城市扩建的主要范本（图6.2）。

德意志各邦国同时期的社会和土地改革也支持了上述统一规划设计。

图6.2　科隆1886年规划，建筑师约瑟夫·施图本（Joseph Stübben）设计了旧城墙拆除后的环城林荫路。该图为雅各布·夏纳尔（Jakob Scheiner）绘制的水彩画

（来源：[17]）

---

（接上页）协调的比例为2:3或3:5；第五，公共建筑不建在市街（商业街），而是在其他地方；第六，防御堡垒，建在城市一角或者一侧的城墙上；第七，建有下水道。伯尔尼被认为是最典型的种植城镇，历史核心区是包含64个宅基地的网格式布局形态，每个宅基地临街面宽100英尺，进深60英尺。这样的规划布局中某些思路直到今日仍然是先进的理念，如公共建筑避免位于城市主要车行道路一侧，交通和公共服务功能互不干扰[5]。

① 19世纪初前后，统一一前的德国仍是由普鲁士和奥地利为主的300座邦国构成的松散地区，称为"莱茵联邦"。

图 6.3

左上，种植城镇分布（来源：[5]）中左：汉萨同盟城市分布（来源：网络）；中右，策林格公爵的种植城镇（来源：[5]）；左下，柏林最早的城市地图（来源：[6]）；上右，文化地理领域对欧洲地形研究显示，德国主要处于丘陵地区（Hills）（来源：[7]）

改革要求将贵族土地移交城市政府，使城市政府拥有大部分城市用地（乌尔姆市政府曾经一度拥有 80% 的城市土地），并在此统筹规划和建设公共事业，在城市形态上贯彻统一的思想理念。加上当时掌控德国政府的容克阶层（Junker）[1]特有的纪律性和关注细节特点，使德国在 19 世纪末至 20 世纪初的时期，伴随着德国国力强盛崛起，也诞生了丰厚的城市设计实践和管理理念[2]，成为西方世界中城市设计的领先者。

---

① 12 世纪末到 19 世纪初存在的条顿骑士团，1809 年才被拿破仑禁止。此后又从条顿骑士演化而成的"身兼高级文官职位和军职双重身份的容克阶层"，容克们长期掌控各德意志邦国，最典型的代表是俾斯麦。容克阶层拥有高度的纪律性和对细节的专注，以及对社会组织的娴熟掌控等特点，被认为深刻影响了现代德国社会秩序和民族性格。

② 1875 年的《普鲁士建设用地法》中，将城市新区中的道路建设、排水和照明费用分摊给所有临街用地的所有者，而在城市道路和公共设施的土地上，不得有任何私人建设。也从而使德国城市管理更加有序。

## 德国现代城市思想:"重回中世纪"与"走向新城市"

正如社会学者认为德国大部分时间的现实主义,浪漫主义则是隐含和偶然显现的性格。在城市设计中,现代德国也是两种理念交叠。

最初伴随着德国崛起的是浪漫主义。普法战争后,德国国力日渐强盛,民族主义凸显。但此时的德国城市环境缺少特色,多数城市建设以"廉价出租营(Mietskaserne)"形态为主,这同其逐渐崛起的大国形象不符,而且尤其要打破当时法国通过豪斯曼改造树立的巴黎对欧洲城市设计模式的垄断[①]。在德国人看来,中世纪文化最能代表德意志的民族性,加上长期以来崇尚浪漫主义的思想传统,此时的德国文化艺术领域,包括建筑学,广泛出现了模仿中世纪的文化倾向,提出了"重回中世纪"的口号[2]。这一时期德国所形成的城市设计理念和实践,受到整个西方社会的认可和效仿,德国也成功替代法国,成为20世纪初前后建筑和城市设计领域的"主导者"。

德国当时代表性城市设计理论家是卡米洛·西特(Camillo Sitte)[②],他认为可以在中世纪有机生长的城市空间里找到一条现代道路。在街道形态方面集中体现为"变形网格"的形态特征,即通过在网格街道系统中增加曲线、折线道路,开展三维立体的形态设计等,丰富了现代城市的艺术性和美感。

受西特影响,从19世纪末开始,人们在城市道路改建中不再像以往那样单一地采用笔直的道路形式,而是常常采用略微弯曲的道路走向[9]。在当时德累斯顿、慕尼黑等城市的道路设计中都有类似案例。

西特理念也有十分持久的影响力。在一些当代主流城市设计理念和实践中,如罗伯·克里尔(Robkrier)和美国新城市主义(New Urbanism)实践等,都能明显地看到西特的影响。

"浪漫主义"城市设计风格盛行的同时,德国"现实主义"城市形态

---

① 19世纪后,德国出现一种"民族主义",认为是一种比其他民族更加优越的日耳曼精神,并由地理学家创造了"生存空间"等概念,认为更加优秀的日耳曼民族值得有更大规模的土地,从而进一步演化为向外扩张的军国主义。

② 卡米洛·西特是奥地利人,1889年出版了著名的《城市建设艺术》,被认为是现代城市设计的开端。在书中,西特提出了"重回中世纪"城市设计手法的建议,认为可以在中世纪有机生长的城市空间里找到新的城市设计方法,消除当时的单调感,增加艺术品质。卡米洛·西特的规划理念广泛影响了当时整个西方世界的城市设计理念。[10]

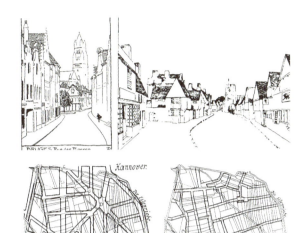

图 6.4　西特风格（右图）与法国豪斯曼风格的对比

（来源：[14]）

模式也在不断酝酿。其发展的路径和逻辑，依循着德国 19 世纪末开始的社会住区规划，到 1920 年代随着现代建筑运动走向成熟。

　　德国历来重视工人住宅，主张从国家层面推动工人社会住区建设①。一战后，魏玛共和国（Weimar Republic）的"工人福利"住房政策，更是采取国家包办的工人郊区居住区的做法，也成为以后德国主要的城市扩建模式。柏林郊区被纳入世界文化遗产的 6 处社会住区是典型案例，其中又以布鲁诺·陶特（Bruno Taut）设计的胡夫艾森住宅区（hufeisensiedlung，1925—1933，又称为"马蹄形住区"）最为著名（图 6.5 右）。此外，当时的建筑师恩斯特·梅（Ernst May）主导下的法兰克福（图 6.5 左）②、规划师舒马赫（Fritz Schumacher）在汉堡，也都在类似社会背景下完成了大量郊区社会住区建设③。

---

① 德国 19 世纪后期工人运动蓬勃发展，俾斯麦也顺应形势，推行了大量改善工人处境的立法措施，确立了较为齐全的保险和福利体系，覆盖了工时、工资、废除童工、工人教育以及工伤疾病、老年人和残疾人保险等多方面，从而在制度上保障了民众生活，也为城市中社会住宅建设提供了依据。同时，德国较强势的政治传统，也支持城市住宅建设主要由政府主导包办，再由政府租售给中低收入家庭，是大规模的社会安居工程。

② 法兰克福是德国主要的工业城市，也是福利住宅区设计的重点。1926—1928 年，恩斯特·梅担任城镇规划办公室的负责人，负责制定规划政策、权衡城市扩展的可行性，以及不同层面规划的协调。梅具有郊区化的疏散规划思想。他在法兰克福结合工人福利住区规划，进行了大量卫星城实践，如威斯巴登、哈瑙、达姆施塔特、瑙海姆。这些居住区同工业区、绿化系统、公共交通网络紧密结合。实现了通过最少的基础设施投入，满足最基本生活需求的现代城市设计目标[14]。

③ 弗里茨·舒马赫（1869—1947）是对汉堡 20 世纪早期现代城市发展影响最大的规划师和官员。舒马赫生于外交官家庭，童年在纽约和波哥大度过。由于英语熟练，并了解英美城市规划前沿思想，他此后对城市规划中阐述的"复杂清单"思想，被认为是类似于格（转下页）

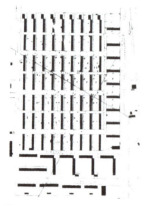

图 6.5

恩斯特·梅在法兰克福建设的现代住区（来源：[14]）建筑师布鲁诺·陶特设计的位于柏林的胡夫艾森住宅区（来源：https://sdg21.eu/db/hufeisensiedlung）

　　这些德国20世纪初郊区社会住区也具有较鲜明的德国特点。由于是政府投资并直接组织建设，因此上述德国郊区住区的选址都遵循了整体统筹的规划考量，且一般都距离大城市及其包含的主要工业点不远，并通过配建的多条轴向交通干道直达市中心。因此，在城市整体结构上构建了"放射"形态的格局，这一形态模式显著区别于英国的圈层形态。例如舒马赫的汉堡"鸵鸟羽毛"规划结构（图6.26）。

　　在住区内部，这些新住区也构建了崭新的空间模式，不再像以往私人地产商将街坊中心的绿化作为私人环境，而是在街坊之外的道路、公

图 6.6　魏森霍夫住区，1930年代鸟瞰

（来源：https://www.gettyimages.co.uk/detail/news-photo/the-weissenhof-siedlung-housing-project-at-stuttgart-news-photo/2635589）

---

（接上页）迪斯"区域调查"的当时先进理念。他"复杂清单"思想中综合考虑了社会、经济和生态等方面的相互关系和彼此依赖特点。以城市问题、发展前提、发展目标、新地块设计以及旧城改造等几方面作为重点，并梳理形成了他独具特点的"清单式"规划成果。他不仅关注现场周围的直接区域，还寻求对其加以整合，并为整体城市发展提供可能。

1921年，舒马赫提出汉堡"鸵鸟扇"发展图示。这一"放射式"发展模式被认为延续了此前德国建筑师特奥多尔·弗里奇（Theodor Fritsch）1896年图示模式，并同法兰克福此后的恩斯特·梅发展模式近似。[11]

图 6.7　汉堡战后郊区的现代风格社会住区
（来源：[10]）

园等用地进行大量投入，形成更好的外部环境。因此，城市形态也就此产生了根本性的变化，通透的建筑布局更受欢迎，围合式高密度街坊形态逐渐被替代[14]。

　　格罗皮乌斯、密斯·凡·德·罗（Ludwig Mies Van der Robn）等德国建筑和城市设计学术权威则通过积极参与郊区社会住区建设①（如魏森霍夫②），及其展览等宣传推广③工作，将这些德国经验发展成为"现代建筑运动"的主流理念。而现代建筑运动又由于吸收了欧洲各国的广泛经验，进一步引导德国社会住区向更精致、人性，以及贴近社会需求的高品质人居环境等现实主义务实方向发展。

　　在二战后至 1970 年代里，联邦德国仍延续战前郊区住区模式，但在

① 受到福利住房建设需求影响，德国建筑学的主流——包豪斯 1920 年代开始接受国际式的现代主义运动。在城市规划领域，德国以格罗皮乌斯为代表的学术界，对中低阶层工人居住区的形态达成了共识，即改变柏林高密度周边式布局，代替以中高层行列式的布局形态[15]，并随之形成了几处著名的居住区，包括布鲁诺·陶特和马丁·瓦格纳 1925 年设计的布里茨马蹄铁形居住区、法兰克福罗马城（1926）和韦斯特豪森（1929）等。

② 魏森霍夫住区是斯图加特 1927 年规划建设的社会住区。魏森霍夫位于斯图加特北部山坡，著名现代主义建筑师、时任德意志制造联盟副主席的密斯·凡·德·罗被任命为主持建筑师。1925 年底，密斯在提交了第一份规划总图的同时，附列出了一份邀请参展建筑师的 26 人名单。密斯在信中这样写道："我有一个大胆的想法，只要能邀请到我所列出的建筑师，此次展览将获得空前成功。"住宅组团的道路系统适应了地形变化。组团内建造了 21 栋共 63 户现代住宅。魏森霍夫住宅区展览宣传资料中，将"光线、空气、运动、开放"定为新住宅的关键词。在宣称新式住宅"易于保持洁净的地面和家具，这简化了家务劳动，解放家庭中女性，并使她们更易于进入社会中获得工作"。

③ 魏森霍夫通过展览会形式宣传推广。德意志制造联盟举办的主题为"居住"的住宅展览是配合该项目建成的推介活动。展览为常住人口 36.4 万的斯图加特带来了超过 50 万人次的参观者，并在德国国内外被广泛报道，引发了巨大轰动。

住区规模、三维形态等有进一步发展。到 1970 年代，联邦德国能十分多样化地根据户型、环境，以及距离中心区的尺度不同而采取相应的住区形态模式。

1970 年代开始，面对经济发展放缓和公共财政减少等问题[①]，联邦德国开始关注旧城更新[②]，以西柏林最为典型。尤其是 1980 年代后通过"国际建筑展（International Bauausstellung，IBA）"模式（详见后文柏林案例）进行城市更新，并一并对城市空间形态进行缝合和重塑。而郊区建设则逐渐减少，至 1988 年，联邦德国停止在国家层面建设福利住房，将相应职能交给地方。长达近百年的德国模式化社会住区建设告一段落。

## 德国当代城市形态和景观

在两德统一后的当代，仍旧是两种模式交替进行。一方面，以柏林为代表，高层建筑集群增多。这些大工程和大项目出现的意义，很大程度上是树立统一后的"新德国"形象，并希望赢得世界范围的赞美。但作为城市更新的结果，柏林城市形态的完整性被一定程度上破坏，并越发被割裂为大小两种尺度的城市。大尺度的城市要素，包括高层建筑集群、轨道系统和大型站点等成为一种被人为凸显出来的景观系统，被有些生硬地叠加在柏林传统的小尺度街道和建筑肌理之上。

近年来的德国一些更加务实的城市发展理念也在潜移默化地改变着德国的城市景观。在当代倡导公交和步行的欧洲新城镇主义理念背景下，

---

① 1970 年代后，整个西方社会出现比较严重的经济增长下降、生育率下降和公共财政资金减少的问题。但同英国等其他国家采取规划放权不同，经济衰退反而导致德国中央政府权力增强，进而使德国规划力度增强。从 1970 年代德国掀起了一股规划热，整个城市规划行业处于前所未有的乐观状态。从城市总体规划到州层面的区域规划的参与者都认为一切是"可预计"的，其中原因在于财政总投资减少的情况下，政府手中的财政拨款越发珍贵，更需要作好规划安排。政府体制内部也有相应变化，中央政府的影响力增强，地方政府决策空间相对减少。为获得中央政府的有限拨款，城市和乡镇之间的竞争激烈，合作减少，这也从另一个角度促使中央政府需要拿出措施进行区域协调[10]。

② 对于德国旧城，1971 年 5 月 25—27 日，在德国慕尼黑召开了第 16 届德国城市代表大会提出的"拯救我们的城市"的口号，反映了当时人们对于城市问题迫切性的认识。大会主席、慕尼黑市长汉斯-约亨·福格尔认为"老市区被越来越快地改变，新市区拔地而起，交通阻塞……学校拥挤不得不倒班上课，医院爆满"。他认为德国的城市规划体系同城市发展现状存在大量矛盾之处，其中盲目发展小汽车，对交通阻塞和污染束手无策；面对大量的私人城市投资，却不能忽视公共投资；土地投机盛行，却对地价调控不力。从这次会议开始，德国将旧城问题摆到政治核心问题的地位上来[10]。

城市中心区通过高昂的停车费和出租车计费标准，以往驾车在柏林众多著名大道和广场名胜之间快速切换的美妙体验，如今已经变得很奢侈，更多人选择轻轨为主的出行方式。

因此，当代柏林轻轨交通系统重塑了人们对城市的景观体验，并间接地重塑了城市空间结构。少数景观相对一般的枢纽型轻轨站点〔而非传统的勃兰登堡门（Brandenburger Tor）和菩提树下大街（Unter den Linden）等名胜古迹〕成为更加突出的城市节点，包括亚历山大广场站（Alexanderplatz），以及柏林西站（Westkreuz）等聚集了更多人群。

这些当代城市设计策略顺应了时代发展，但也不免带来了问题。人们对城市空间的体验感受因速度的降低（与小汽车相比）和线路的固定（轨道交通）而转变。传统城市设计中的那些著名地标景观，及其之间的精心联结转换也都变得更难以抵达（缺少小汽车的快速体验），这想必仍是传统保护和当代发展的矛盾纠结下的一种遗憾吧。

下面会有 3 座德国城市，分别是柏林、汉堡、沃尔夫斯堡。柏林是德国首都和文化中心；汉堡是最大港口和滨海城市；沃尔夫斯堡则是著名的汽车城，并在本书中作为汽车城市的典型代表。


## 分裂和缝合，内闭与挣脱：柏林

柏林最早建于 1237 年，是由隔河相望的两座历史城市组成——柏林和科尔恩（Cölln）。在柏林 1648 年成为普鲁士首都后[6]，将两座城镇连为一体。柯恩城东侧城墙完全打开，并建设法国风格的宫殿和花园，由一个宽阔的桥梁通往对岸的滨水区域。

柏林是德国首都和新教文化中心①。德国倡导中产阶级为主体的"洋葱式"社会结构，相关政治和土地制度下，大力支持社会住宅建设，进而使城市空间形态均质化，尤其热衷于多层高密度的围合式形态，如最早的"威廉环"②（图 6.9 下）。这样的城市形态也因缺少公共空间而招致

---

① 柏林传统上是信仰新教的普鲁士首都。从 1871 年第二帝国统一德国后，一直到二战结束，都是德国首都。

② 柏林"威廉环"依托于 1862 年普鲁士警察局官员和规划师詹姆斯·霍布莱希特的规划，规划主要解决工人阶级的住房需求[6]。"威廉环"最显著的特点是避开了老城历史城区，且在新区中仍旧延续老城区的街道尺度，规划旨在引导城市实现圈层式扩张的同时，统筹安排街道和公共空间，并在城市整体层面兼容不同收入阶层。

图 6.8 柏林俯瞰。从柏林电视塔上向西看

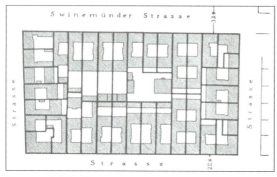

图 6.9 "威廉环"主要解决工人阶级的住房需求,形成的围合式建筑形态的"廉租营"。

(来源: https://www.monumente-online.de/de/ausgaben/2008/6/staedtebau-mit-notbremse.php,右图;[6]左图)

图 6.10 "威廉环"

(来源:[6])

广泛批评[①],尤其与同时期的英国花园住区相比,显得品质不足;而建筑学者则批评其高密度肌理思想落后、目光短浅和形态陈旧[②]。

20 世纪后,柏林由于此前"威廉环"的存在,城市建设用地枯竭。但国家逐渐强大的背景下,柏林急于展现德国首都的现代风貌和强国气

---

① 在"威廉环"建设过程中确有违背社区规划主旨的做法。如为追求更多工人住宅,使最初配建的许多公共空间都被舍弃;阶层混合也未实现。富有的资产阶级聚集在环的南部和西部,主要的公共设施也偏向这里。原因是,社会住宅之外,这段时期的各种市政和交通基础设施都依靠私人投资进行建设和运营,资本的逐利性促使他们更倾向于富有阶层的居住区域,从而也导致了城市格局的分化。也主要是由于柏林此轮规划在城市社会结构方面的不平衡,因此人们批评霍布莱希特规划的成就低于塞尔达巴塞罗那规划[16]。

② 罗西[16]多次提及柏林在 19 世纪末建设"廉租营"过程,认为柏林这种并非将公共建筑(很多公共建筑和空间被舍弃)及其形成的形态作为城市设计的核心,而是追求工人住房形成的围合式肌理,以及满足最低住房标准前提下的布局模式,其寿命注定将十分短暂。显然,罗西第一是坚持城市设计应首先关注公共建筑和空间,而非普通住宅;第二更是反对住宅标准定低。尽管罗西也称这种做法是德国理性主义,但他分析认为,正是这样将规划布局的"最低标准"作为核心问题,造成只顾眼前的短视的城市形态,且无法进行居住标准的提升改善,因此这样的城市形态和居住区很快就过时了。

**图 6.11　柏林墙将城市分隔**

（来源：[6]）

度。决定跳出"威廉环"，扩大城市范围，尤其要解决三个问题，一是新增大型城市公园和公共绿地；二是建设联系城市不同区域的主要干道系统；三是铁路和轻轨系统的建设。

1910 年柏林城市设计竞赛就是围绕上述三个问题的一次有较高影响力的现代城市形态探索。其中，阿尔贝特·盖斯纳（Albert Gessner）方案"大城市地区愿景：从火车南站街到莫格尔湖"（Südbahnhofstra Be zum Mügglsee）较好地解决了三个问题。图中（图 6.12）近处区域为克罗兹堡（Kreuzberg），远处延伸开的则是柏林周边沿河的绿色地区。规划了一种与往常的"廉租营房建筑"不同的，更有吸引力的城市形态模式（摘自"城市愿景 1910—2010：柏林、巴黎、伦敦、芝加哥、南京"城市设计展，2016）。在局部的滕珀尔霍夫

**图 6.12　阿尔贝特·盖斯纳方案 1910 年大柏林城市设计局部，"大城市地区愿景：从火车南站街到莫格尔湖"**

（下图，来源[6]）

空地（Tempelhofer Feld）组团设计中，则是西特风格，具有细腻丰富的空间变化和围合式的建筑形态。这些构想尽管没有完全实现，但给以此柏林城市建设提供了更清晰的愿景。[6]

二战后，柏林被分隔为东柏林和西柏林两部分（图 6.11）。老城和"威廉环"的大部分区域都位于东柏林一侧。在民主德国管理下城市更新

采取现代建筑风格和板式高层建筑做法。

西柏林 1950 年代倡导人们搬离旧城，迁居到郊区新建的"陶特风格"（4 层以下）低层花园住区①，人们搬离后的住宅则被拆除更新。此后，西柏林支持旧城更新和郊区住区建设的法令和社会运作方式不断推出②。住区也不断增大增高，高层住宅形态也多为简单重复并缺少特色③，住区环境也从陶特"低密度"花园郊区，转为政府倡导下的所谓"高密度城市感"，此时的郊区住区已同中心城市的密度区别不大了（图6.13）④。

这样的"高层高密度"开发模式招致很多批评。不仅建筑师逐渐发现拆除历史城区的代价不菲；在民众看来也意见很大——在郊区住宅变成高层建筑后，户型不论怎样设计都大不如前，室外环境更是难以同（陶特风格）低层住区相比；公共服务设施在高密度住区条件下，也总是处于供不应求的状况。在当时柏林高层郊区住区同内城城市更新拆迁安置捆绑结合之后，很多原来的内城居民是带着不舍和怨气被迫离开，并由此引发潜在的社会矛盾。而同时，世界范围的发达国家中兴起的"后物质主义"（postmaterialism）背景下，当代德国年轻人变得不再关心宏大蓝图，漠视国家倡导的大型郊区社区，开始更关心自己生活的旧城街巷、房屋的改善问题[1]。因此，1980 年代初在民众"占屋运动"等要求下，柏林的大型郊区住区、非营利性开发公司和旧城大拆大建的更新模式也被同时叫停[8]。

---

① 二战后初期，联邦德国仍推崇此前的花园郊区做法。1950 年颁布的[10]住房建设法中，规定新建住房的层数为 4 层。建筑师海因里希·施特罗迈尔 1953 年曾在德国建筑联盟大会上发言认为，应"远离冷酷的城市，前往彻底绿化之城（即郊区花园住区）""远离百万人口城市的巨瘤，前往单个市区的小组联合（即郊区居住区）"；在当时的语境中，人们将郊区低层现代建筑称为"远离六层的出租住房（内城 19 世纪末住房），建成三层的行列式住房"；对郊区道路系统称为"合理的枝状系统"；郊区建筑形态也是"安全可塑的建筑群"而远离"临街立面"。

② 战后西柏林大型住区都是通过一种非营利组织性质的"公益住房建设公司"运作，借助国家税收减免等政策和现金补助，进行郊区住区的综合开发。在战后 1950—1965 年期间建成 310 万套住宅，远超政府计划的 180 万套。

③ 1960 年联邦德国联邦建筑法（BBauG）出台，支持了郊区规模和高度更大的居住区形成，有些大型居住区也被认为是联邦德国的战后"新城"。代表性的有柏林南侧 10 公里外远郊区的格罗皮乌斯城、马尔基什小区等（图 6.13 上图）。

④ 联邦德国 1960 年代后大量引入高层住宅区，使高大的建筑体量成为环境的"主角"。建筑之间的布局组合、高层住宅单体的造型，及其复杂多变的空间构图成为这一时期的城市规划设计的重点和特色。因此，这一阶段被学者称为"居住区结构的解体，以及城市空间的（在郊区的）重新发现"（图 6.13）[8]。

**图6.13　左图为联邦德国在柏林郊区的大型社会住区格罗皮乌斯城（Gropiusstadt）**

（来源：[6]）右图为东柏林位于卡尔马克思大街（Karl-Marx-Allee）两侧的战后住区（来源：作者）

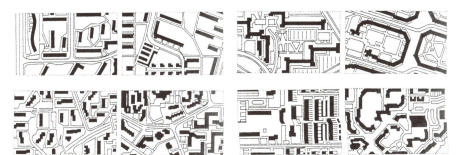

**图6.14　联邦德国战后住区的住宅形态**

（来源：[8]）

### 1980年代——西柏林通过建筑展引导城市改建

1980年代后，西柏林为转变城市更新模式，决心停止拆除重建，改为恢复原来的旧城格局，走向适应性的微更新。采取的策略是"IBA：西柏林国际建筑展（1984—1987）①"。

通过1—2次建筑展览的方式，就能实现大城市的旧城更新？如果仅从字面理解，的确是匪夷所思。但"展览"真实的意思是，在德国文化下，"建筑展"仅仅是整个"综合性城市更新实践"的一部分，或者说仅仅是一个"称谓"；真正的工作是涉及社会各方面——在政府的全方位支持下，通过用地、资金等的政策倾斜下，构建了一整套市场化运作

---

① 1984年在西柏林举办国际建筑展（IBA），范围是老城南侧东西方向的狭长地带。分两部分，东侧紧邻柏林墙的克罗兹堡是更一般性的衰退居住社区（私人住宅更新）；西侧片区为"腓特烈城南部和动物园地区"，区内较多公共建筑和著名公共空间（公共部分）。两个片区分别对应"作为居住地的内城"和"拯救衰退的城市"两个不同主题[6]。

的旧城更新运作系统。① 最后的展览仅是一系列工作的缩影，以及向人们履行听取民意职责的公开态度的过程。这体现出德国社会制度设计方面的擅长和优势。例如，具体于 1984 年举办的"IBA·西柏林国际建筑展"，是由西柏林州议会委托成立的"柏林建筑展览有限公司"，展示了该公司提出的旧城更新 12 条原则。各条原则的拟定、审批等更多相关工作早已在此前完成。

IBA 这种模式成为德国城市更新领域备受赞扬的典范——兼顾了旧城更新和大量性的社会住宅改善。作者 2023 年底参观了其中的夏洛滕堡地区（Cbarlottenburg）更新，看到这种更新模式在内院中增加了各种社区功能，包括停车和儿童的小游园，简单朴实，但实用贴心。加上近年来柏林轨道公交和内城复兴等外部条件改善，居住在这里的人们的舒适性、社区感都已大大提升。

IBA 也不完全仅限于实用性的微更新，少数地标性质的建筑也出自建筑大师手笔，尤其是早期 IBA 建筑师群体（图 6.14）。他们沿用欧洲理性主义传统，除了独具特色的建筑单体外（图 6.14 上），还使用经过历史验证的城市空间类型。包括柏林经典的街道、公共空间、公共纪念物等空间类型。为后续工作树立了标杆和范本。

但随着一个个类似项目的建成，人们迷惑于尽管多数建筑和空间协调统一，但不免单一而缺少生气。参与过早期 IBA 的著名建筑师阿尔多·罗西对此认为，主要是缺少公共建筑的吸引力。"一座城市要成为真正意义上的城市，除城市肌理外还需要纪念性建筑激发城市认同感。"但由于除了柏林国会大厦等少数地标外，柏林其他大多数纪念性历史建筑均在东柏林，使此时的西柏林急需建设属于自己的纪念性和地标性建筑。自此，一种"新精神"开始萌发，似乎期待着东西柏林在空间上的整合统一。

---

① 政策方面。既是传承于 1930 年代魏森霍夫建筑展的德国特色；也在当时得到了德国诸多法令政策的支持。德国住宅法令规定"联邦、州、地方和地方联盟，必须通过对住宅的特殊优惠政策，把住宅建筑当作一项紧迫的任务来资助，这些措施根据（住宅）的大小、设施、租金和负担，适应广泛的居民阶层（福利住宅）"[8]。
资金方面。为应对这样的群众参与模式，政府对项目提供了经济支持，在 IBA 项目启动后，柏林政府投入大量资金直接用于改造老住宅，部分用于资助居民对房屋进行自助改造，部分用于弥补地产所有者由于保留房屋而产生的损失。
运作实体方面。1985 年，旧城更新项目移交私营企业"谨慎的城市更新有限公司（简称 IBA GmbH）"，该企业成立于 1979 年，原是柏林较有影响力的居民资助房屋更新组织，具有广泛的群众基础。

**图 6.15**

1984 年国际建筑展的更新成效对比（下图，来源：[6]）；上图，罗西在 1980 年代 IBA 国际建筑展中设计的柏林南腓特烈大街（Southern Friedrichstadt）公寓，采用柏林当地材料，是当时新理性主义的代表作品

### 1990 年代两德统一后整合的城市设计

1990 年两德统一后，尤其是以往属于东柏林的历史中心被纳入，使柏林的城市形态恢复了完整。此后，政府通过推出多个大项目，酝酿"大手笔"城市建设，借机塑造柏林城市新形象。这一过程中，城市设计起到了重要作用。

最著名的是"蓝天组［Coop Himmelb（l）au］"对"柏林十字（Berlin Crossing）"地区，即对腓特烈大街梅林广场（Mehring Platz）以北用地的城市设计。该方案尽管没有最终实施，但起到了十分重要的务虚性质的启发作用（图 6.16）。

在方案竞赛过程中，专家评价蓝天组方案时，认为体现出有别于当时流行的美国摩天楼形态的"欧洲模式"，以低层高密度的建筑肌理为特点，保持了柏林传统上将最大高度控制在 22 米的低矮平缓形态模式。仅在波茨坦广场（Potsdamer Platz）等重要节点有所放松，形成少量稀疏的高层建筑集群的整体形态。

回望 1990 年以来柏林城市设计的整体历程，能明显看出蓝天组方案的重要作用，尤其在构建柏林当代城市整体格局等方面。蓝天组方案中对柏林城市形态的"新与旧""高层地标与城市整体肌理"之间的协调和辩证关系，得到人们认可接受，并几乎对柏林此后多年城市建设有"拍板定调"的意义。

同时期开展了大量有成效的城市设计工作。除蓝天组方案外，"施普雷湾"（Spreebogen）城市设计也很好地指导了德国统一后诸多国家政府机构和交通枢纽的规划建设，并具有鲜明的现代形态特色（图6.20右下）。

1995年后，柏林公众质疑大规模城市建设的实效，不希望柏林被建成一座单纯的政府和博物馆区域而失去城市真正的意义。议会也因此否决了大多数旨在展示形象的城市设计项目，其中包括2006年总额760亿欧元的首都公共项目融资计划。

柏林回归此前的内城更新道路。最初由于公共投资骤减，城市建设被限定在内城小规模重建工作，所有大项目被叫停①。1999年后，几年来积压的首都和大城市所必需的大项目和公共设施，也需要寻找适合的开发方式。此后的城市设计实践探索了几种主要方式，一种模式是通过将大规模项目打散，作为若干小项目化整为零地"挤进"传统肌理中，如"总管广场（Hausvogteiplatz）"项目。这种模式需要在遵从传统肌理格局的前提下，展现同周边现存建筑相"对立统一"的高超技巧，即"既能融为一体，同时又展现每栋新增建筑与众不同的新意和现代气息"，诸多新建筑放在一起，产生一种令人应接不暇的新鲜感；另一种模式则开展基于历史地图，对传统城市肌理的恢复。如莫尔肯广场（Molkenmarket）项目。规划师通过将原来汽车时代"大路网"的车行道路拆除，代替以当代步行时代的"小路网"格局，并支持开发新项目。

城市风貌景观方面，当代柏林城市设计强调新旧融合的"新感受"等欧洲新传统主义（Neotraditional Urbandesign）核心理念。

作者实地体验了柏林的"新感受"。能从老城中新增设的更加明艳、

---

① 波登沙茨将柏林1990年代后的重建分为3个阶段，除了正文中的第一阶段[6]，第二个阶段是1995—1999年。由于发展的野心遇到百废待兴的现实制约，随即而来的实施遇阻。这一阶段最大的成就是完成了1996年柏林"内城规划纲要"，纲要规定了在历史城区进行更新的理念，并通过内城整体城市设计，将这一理念下的具体做法落实到每一栋建筑上。从城市设计理念上回到了10年前的"国际建筑展"时代，同时又在其南部地区的基础上，扩展到整个柏林历史城区。
第三阶段是1999—2006年，在柏林重建思路及"内城规划纲要"的严控下，所有建设活动都要被限定在纲要管控的框架下，小规模的更新在持续进行，但作为国家首都和大城市所必需的大项目和公共设施，也需要在框架约束下找到发展策略。

图 **6.16**　蓝天组对腓特烈大街梅林广场以北用地的城市设计

（来源：[6]）

新鲜的材质和色彩上直接体现出来，而并不仅仅是形式和尺度上。举例来说，从哈克市场（Hackesche markt，图 6.16 右）地铁站出入口附近建筑能充分看到这一点——新建的住宅建筑仍旧拥有丰富的细部和复杂的屋顶形式，但却能通过更加鲜明的色彩看出它的"新"，从而体现出识别性，并以此尊重相邻历史建筑的"原真性"。而从柏林电视塔顶（位于亚历山大广场）俯瞰（图 6.17 左），这些新建筑仍旧能同历史肌理取得协调。

图 **6.17**

哈克市场地铁站的建筑景观，左图是从电视塔俯瞰这一地区

### 1—柏林老城

两德统一后，柏林围绕老城内大量历史建筑和文化遗产，活化填充文化博览功能，形成了"博物馆岛"的文化新地标（图 6.18）。

城市设计对博物馆岛的城市空间组织起到重要的支撑作用。其中，在柏林新博物馆（Neues Museum）通往柏林大教堂（Berlin Dom）的路径中，通过统一的城市设计，修复形成的柱廊序列，结合了新建的现代形态，优化了建筑形态，重塑了城市空间（图 6.18 下）。

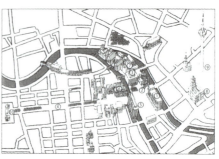

**图 6.18　博物馆岛**

上图，从菩提树大街看向博物馆岛；下图，新增建筑形态起到了修补空间的作用

| | |
|---|---|
| 1.共和国宫 | 6.军械库 |
| 2.柏林大教堂 | 7.博物馆岛 |
| 3.老博物馆 | 8.红色市政厅 |
| 4.菩提树下大街 | 9.电视塔 |
| 5.外交部旧址 | 10.勃兰登堡门 |

## 2—局部的城市设计地段

柏林近年来完全实现了轨道交通的"公交常态化"——基本上用轻轨、地铁等轨道交通代替了地面普通公交车。并在此基础上按照TOD

的思路有序推进城市设计。目前，柏林城市中心核心区构架了由 5 条地铁线组成的东西向密集化的轻轨集束（从西十字站 Westkruez 到东十字站 Ostkruez），形成了柏林中心区的公共设施主轴（图 6.19）。换句话说，柏林共 10 条地铁线中的一半，要途经从西十字站到东十字站的这段中心区线路，沿线地区就很自然地被定位为柏林的核心地段，也成为吸引最多人群的地区（图 6.19）。

柏林轨道交通网所形成的核心地段中，又大致以腓特烈大街站为界，东侧为原东德地区，因其具有更多更新开发潜力而成为当代柏林城市开

**图 6.19 柏林地铁图**

[来源：1909261713c19b5c2c8c9a604e.jpg（2339×1654）（oumengke.com）]

**图 6.20 波茨坦广场城市设计**

发建设的重点地区。至今，这段地区沿线的大部分地铁和轻轨站点都开展了城市设计支持下的城市更新，并实现了对城市空间的缝合。更加整体化、连续性的柏林中心区就此形成。

下文简要介绍柏林当代城市设计案例，包括波茨坦广场、新火车站，以及原东德地区的华沙大街地铁站（warschauer）、柏林东站（ostbahnhof）和亚历山大广场站之间地区。

① 波茨坦广场

波茨坦广场是 1990 年代初两德统一后最早的城市设计（图 6.20）。

波茨坦广场紧邻原柏林墙，周边都是以往惯于采取保留现状的展览会模式，富有传统特点的肌理。但由于柏林墙拆除后提供了可用于整合开发的用地，以及在新德国和新形象呼声下，此次城市设计的形态受到空前重视。

设计方案的决策过程沿用德国设计竞赛传统，中选方案所采用的德国围合式的布局形态是胜出的主要原因。在此后建筑设计过程中，吸收了众多高技派建筑师，包括罗杰斯（Richard Rogers）、皮亚诺（Renzo Piano）、赫尔穆特·杨（Helmut Jahn）等人。类似风格代表了 1990 年代建筑设计领域的崭新风貌。波茨坦广场作为新的城市地段，在与周边历史城区大致协调的平面肌理下（围合式），尝试在三维和街景上创造鲜明现代的观感。这种理念在同时期的汉堡也有体现。

② 施普雷湾

施普雷湾是 1990 年代末另一项城市设计（图 6.21）。用地位于柏林历史核心区外西北方向的河流转弯处。主要功能是新的德国联邦政府，以及新建火车总站（Haupbahnhof）。在这样既有最高的城市公共性（火车站）和私密化的机关场所要求下，方案选择分别在河流两侧布置，并将更加需要公共空间和交通组织的火车站，置于用地更开敞的河流北岸。

施普雷湾城市设计简洁的几何形态是方案的另一项突出特色。城市设计提出的"联邦政府的缎带（Band des Bundes）"概念所形成的直线形态，与新火车站的曲线形态之间的强烈对比，给 1990 年代初带来了富有形态感和艺术表现力的"新柏林"意象。[6]

③ 原东柏林地区（亚历山大广场站至华沙大街站）

东柏林地区战后重建过程中，采取更加现代的城市形态，这里有更开敞的空间尺度、绿化环境和现代建筑（图 6.23）。因此，在柏林 1990 年代后构建 TOD（Transit-Oriented development，公共交通导向型发展）基础上的城市东西向主轴线（从东大十字站至西大十字站）时，涉及原

**图 6.21 施普雷湾**

上图，电视塔的远景；下右，Axel Schultes 城市设计一等奖方案（来源：https://www.wettbewerbe-aktuell.de/ergebnis/spreebogen-berlin-128959）；下左，俯瞰（来源：[6]）

**图 6.22 原东柏林地区（亚历山大广场站至华沙大街站）**

轻轨站点在照片右侧，照片近处商业设施是亚历山大广场站，远处滨河高层建筑集群为华沙大街站，两者之间还有柏林东站。照片左侧为原东柏林城市轴线卡尔马克思大街

**图 6.23　位于卡尔马克思大街的原东柏林建筑**

东柏林地区的站点周边用地，显示出更大的开发潜力。而城市设计中选用的塔式高层建筑，也在形态和尺度上容易取得协调（图 6.22）。

　　总之，当代柏林采取了两种不同的城市设计路径——一种是浪漫主义的、宏伟蓝图式的大型城市设计；另一种是现实主义的、务实的旧城适应性更新。前者需要机会契合，更需要民众对浪漫主义情绪的激发（如两德统一）。这些项目虽然令人印象深刻，但更理想化，以及经常在经济社会效应上的欠缺。后者则是日常生活的常态，虽然不显山露水，但绝不可缺少，而且往往在日积月累之下也能看到显著成效，并构成了城市设计工作的主体。

　　此外，在漫长的"时间"因素加持下，两者也会转化。早年间富有浪漫主义色彩的宏大愿景，在柏林保持城市设计高度延续性的氛围下，最终会转化为现实主义的城市实景。例如 20 世纪初大柏林城市设计竞赛里扬森方案中的大规模公共空间、长距离铁路联系的城市形态结构，已经在一百多年后成为柏林最重要的城市特色。当代的柏林尤其以亚历山大广场等大型公共空间组织城市空间秩序，并以轨道交通（轻轨和地铁）等公共交通体系重塑了崭新的风貌和大尺度形态景观。

　　柏林吸收了扬森方案中对城市整体结构最关键的形态要素和设计理

念，并固守一百多年，其间未曾动摇，并进一步探索将上述结构化理念层层向下传导，落实实施。而在这一过程中，德国众多的各不相同的城市设计又贡献了丰富的创意、景观特色，以及在聚集各方面力量，支持开展社会治理下的城市更新等务实工作，最终支持了长期愿景的有效实施。

1. 老城　　　　2. 原西柏林片区（含波茨坦广场）　　　3. 施普雷湾　　　　4. 原东柏林片区

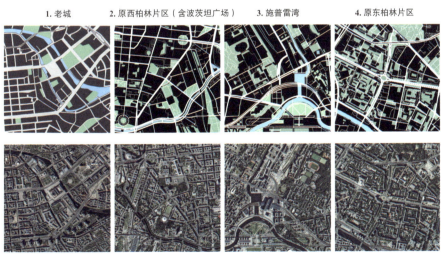

**图 6.24　柏林 4 个片区**

从左到右，①老城②原西柏林片区（含波茨坦广场）③施普雷湾④原东柏林片区

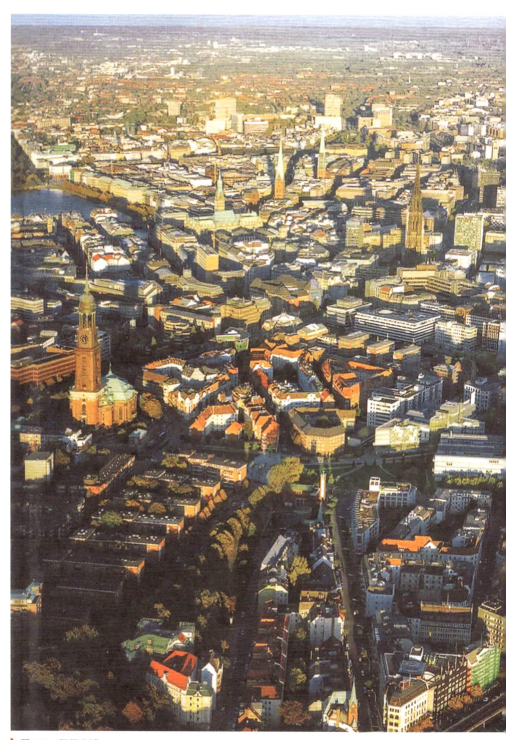

图 6.25   汉堡老城

（来源：[9]）

## 集聚和发散：汉堡

德国濒临北海，不同于地中海基岩海岸，这里遍布了滩涂（类似我国江苏省海岸）。因此德国几乎没有可供依托的岩石海岸，无法建设大规模的"顺岸式"港城（如那不勒斯和巴塞罗那）；同时也因地理纬度高，港口和城市选址需要更加远离海岸线，并依托于大型河流河口区位，以便获得冬季的港航条件。汉堡就是这类河口型海港，也是德国最大港口和第二大城市，位于易北河入海口约 80 公里。

汉堡最初建于 1189 年，是神圣罗马帝国的一个商业城镇。此后汉堡加入汉萨同盟，今天仍旧保留很清晰的历史城镇形态。

汉堡 20 世纪以来的城市设计中，不论在旧城更新和新城建设方面都堪称典范，享有盛誉。其中，老城作为传统中心，是汉堡一直以来的"内聚"中心；而汉堡郊区则很早就确立了"发散"发展模式，并开展了持续性的建设。

### 舒马赫规划

弗里茨·舒马赫（1869—1947）编制了"大汉堡区域规划 1919—1931 年"，规划思想具有最早的现代思维——居民点的选址和规划均结合了港口和产业的布局，并测算了城市就业量加以统筹考虑。

舒马赫构想中的未来汉堡的形态结构，一方面应承续德国传统的轴线发展理念[①]；同时，也着力打破当时欧洲城市设计盛行的均衡、对称等教条——舒马赫认为"某些形态只能从空中辨认出来"。同时，他更愿意以"等时线（Isochrones，考虑不同交通工具的出行效率基础上的出行时间）"为依据，形成了不对称、不均衡的城市形态结构，并在规划中以"鸵鸟羽毛"的响亮概念展现出来[11]。

"鸵鸟羽毛"模式的各发展轴的不均衡特点，对汉堡尤其适用。一

---

① 舒马赫认为，汉堡作为大城市发展的核心问题是港口扩建不足，此外，还有如何同周边港口协调、将居民区与工作场所合理配置，以及交通和基础设施规划等问题。住宅方面，舒马赫认为衡量和评价一个时代的城市建设水平，是以最差住房为标准（而不是高标准住宅），为此，舒马赫强调城市政府对住宅区及其选址、标准等的直接介入，以及对建设环节的监督。从 1919 年到 1933 年，他代表政府为汉堡规划建造了约 65000 套工人住宅和公寓[11]。

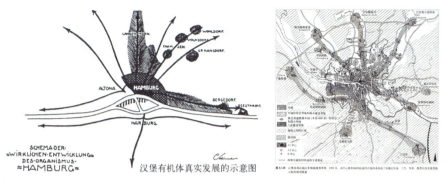

汉堡有机体真实发展的示意图

**图 6.26**　舒马赫的"鸵鸟羽毛"构想；1969 年规划仍然延续"鸵鸟扇"图示，甚至极为接近舒马赫的最初构想

（来源：[10]）

方面，几条大规模滨河轴线，可以发挥易北河发达便捷的航道所带来大规模发展机遇；另一方面，几条小规模北向的轴线，也避免了对优良农田和自然环境的侵蚀。同时，小轴线有更曲折灵活的轴线走向，也能串联起现有的城镇，便于依托旧城镇建设新住区，而不需要另外进行新城选址。

　　舒马赫的"鸵鸟羽毛"城市结构带来了持久的规划效益。直到 1969年，新版"汉堡轴线发展规划"中仍延续"鸵鸟羽毛"模式，极为接近舒马赫的最初构想（图 6.26 右）。而 1970 年代后汉堡新增的住区中，规划人口 7 万人的阿勒默厄（Allermöhe）住宅区则是舒马赫 1920 年代构想的东侧"鸵鸟羽毛"主要构成部分，他也曾于 1925 年实地勘察过这里，如今已形成郊区新城（见后文案例）。

### 老城及其更新

　　汉堡 19 世纪城墙内区域，一直是城市中心和精神象征，在"重视和

**图 6.27**　二战期间受到的颠覆性战争破坏，几乎将历史城区内大部分建筑摧毁

（图片来源：Hoffman）

保持历史城区中心感"这一点上，汉堡及其他德国城市都一贯如此。

同时，不同于其他欧洲历史城市的是，由于二战期间遭受毁灭性破坏，历史城区内几乎大部分建筑被摧毁（图 6.27），汉堡历史城区实际上是二战后更新重建的一座新城。但新建过程中体现出对传统肌理的尊重，并很快恢复活力。类似经历二战而彻底重建的古城还有波兰华沙、法国勒阿弗尔等。除了汉堡人在重建问题上的勤奋和智慧外，历史城镇形态深处蕴含的"韧性"也是重要原因。如果回溯历史，一次次的战争之后都是古城的彻底摧毁和重建，而古城的形态却总能得以保持。这种坦然面对战争的摧残而能坚韧重生的特点，或许已经是古城与生俱来的品质。

1980 年代后，汉堡又对老城形态进行少量优化，对战后重建中缺憾和不足（图 6.28 下，从堤坝门（Deichtor）到米勒门（Millerntor））[1] 加以弥补，逐渐恢复了传统的致密完整的城市形态肌理。同时，与其他欧洲城市，尤其是与他们近邻荷兰不同，在战后老城城市肌理填充过程中，汉堡采取了类似于意大利米兰的低层高密度的策略（图 6.28 上），同时也并不排斥现代建筑形态，尤其是南侧的哈芬港（Hafen）重建区（图 6.29），使汉堡今天的老城包容了历史传统和当代发展的双重特色。

1990 年代后，随着两德统一后的建设高潮来临，汉堡又是德国当时经济基础最好的城市之一，因此这一时期在老城内形成了较多备受世界建筑界瞩目的设计作品，其中来自美国建筑师和事务所的作品居多，设计风格以现代风格和后现代风格为主。这些作品中，建筑细部极为精美，体现出 20 世纪早期以来德国包豪斯为代表的现代建筑的当代积淀，以及德国作为制造业大国在建筑科技上的成就（图 6.29 上）。

在历史城区整体保护的同时，汉堡对局部用地的更新也不保守。在相对重视教堂等重要文物建筑及其周边地段之外，而对一般地段的部分普通历史建筑也会予以拆除，以实现城市发展中的功能优化等目标（图 6.29 下）。

### 汉堡港口新城（哈芬港城）

从 1990 年代开始，汉堡将城市建设重点放在南侧哈芬港城（Hafen

---

① 战后老城重建过程中，汉堡从最初就坚持较严格的高度体量控制，1950 年代初修复了城市肌理。但美中不足的是，仍旧受到美国高速公路建设等现代建筑思维影响，汉堡在老城内利用了二战期间被轰炸的区域，拓宽了从堤坝门（Deichtor）通向制绳厂（Reeperbahn）的米勒门（Millerntor）的东西向大道。这条宽阔的道路横贯老城核心区域，打破了老城小尺度的肌理。但这一不足又在 1980 年代得以优化改善[10]。

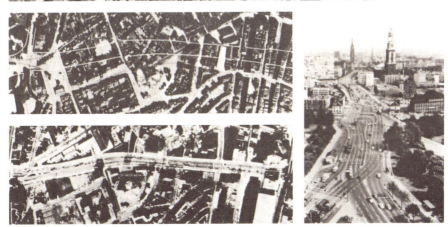

图 6.28　汉堡二战规划建设的从堤坝门通向制绳厂（Reeperbahn）的米勒门的东西向大道。这条宽阔的道路横贯老城核心区域，利用了二战期间被轰炸的区域，是典型的 1950 年代现代建筑运动理念下的产物（来源：下图[10]）；该地段经过改造后的现状景观（来源：上图、中图作者）

**图 6.29  汉堡老城内的现代建筑**

左上，位于 Stadthaus-brücke 塔桥的新老建筑搭配；右上，Axel Springer Platz 的现代建筑；下图，正在拆除的历史建筑，位于圣尼古拉教堂和 Enix GmbH 广场之间

city）地区。哈芬港城项目占地 157 公顷，是当时欧洲最大的城市更新项目之一。2010 年，港城总体规划获批后逐渐更新建成。港城内混合使用的住宅区为居民提供了生活、工作和休闲空间。

哈芬港城的特殊之处是，它包含了一处约 26 公顷的世界文化遗产，"施派谢尔施塔特和康托豪斯区与奇勒豪斯（Speicherstadt and Kontorhaus District with Chilehaus）"[12]，由两个分区构成，施派谢尔施塔特和康托豪斯区是位于汉堡老城南侧滨水地区的长条形岛屿；奇勒豪斯是位于陆地一侧。

施派谢尔施塔特于 1885 年至 1927 年间初建于易北河的一组狭窄岛屿上，1949 年至 1967 年部分重建。它曾是世界上最大的港口仓库建筑群之一（30万平方米）。包括15座巨大的仓库大楼、6座附属建筑和一个由短运河组成的连接网络。

康托豪斯区占地面积超过5公顷，有六座大型办公楼，建于1920年代至1940年代，用于容纳港口相关企业。该建筑群体现了19世纪末20世纪初国际贸易快速增长的影响。

在哈芬港城的更新中，并没有割裂世界遗产建筑与其他用地，而是将两者统筹考虑，融为一体。同时将众多世界文化遗产建筑作为港城中一系列开放空间的构图中心和地标；同时众多简洁现代的当代新建筑也很好地起到了协调和衬托作用（图6.30—6.32）。

**图 6.30**

汉堡滨水区对比，左图传统滨水区，右图为哈芬港城滨水区

**图 6.31　汉堡哈芬港城**

### 汉堡郊区新城

　　汉堡是柏林之外诸多德国大城市的代表。不同于柏林城市设计侧重于老城之外的副中心，汉堡当代城市设计主要集中在老城范围内。一方面，汉堡老城比柏林老城规模更大，包容力更强。不仅容纳了行政服务等公共设施，也有多片完整的生活社区；另一方面，汉堡自二战后，就面对战争遗留下来的大量空地，开启了主要限于老城范围内的，系统性和全方位的城市设计和更新建设。使汉堡老城内自成一体，相对独立。

　　汉堡老城形态有清晰的边界。尽管城墙已经被拆除，但拆除后作为环状公共空间和公园，空间痕迹很明显。城墙内外形态和功能差异明显——老城范围内是城市的公共中心；而老城之外则是郊区居住区。

　　汉堡近年来在城市整体格局上仍延续舒马赫的轴向发展理念，当代阿勒默厄新城，即位于舒马赫规划的东侧发展轴线，连接汉堡老城的轻轨站点支持了新城的发展。

　　该住区由东西方向并置的三部分构成，且形态差异明显，体现了汉堡当代住区形态模式，以及多样化设计策略。最东侧的内特尔堡住区（Nettelnburg）是传统低密度郊区住区，也是最早建成；西侧阿勒默厄住区规则模式的现代住区；居中的东阿勒默厄住区（Allermöhe-Ost）是新

**图 6.33　汉堡东阿勒默厄住区俯瞰新城（Allermöhe-Allermöhe-Ost-Nettelnburg）**

（来源：https://www.hamburg.de/contentblob/2831412/40241ff1197c22bb98fd942e006d2b8d/data/stadtteilwerks
tatt-neuallermoehe-materialsammlung.pdf）

**图 6.34　汉堡阿勒默厄新城（Allermöhe-Allermöhe-Ost-Nettelnburg）平面**

（来源：必应地图）

古典模式，是罗伯·克里尔倡导的特色，也是最晚建成。能体现出新古
典模式在对接传统和现代的矛盾上的成效（图 6.33）。

　　Allermöhe-Ost 住区用地曾是一处废弃的矿井，在挖掘到 3000 米后
开采失败，矿区废弃。因此，住宅区的规划建设需要十分严格的生态修
复要求，克服此前采矿业可能造成的环境污染。新古典模式所采用的更
开敞的外部空间布局也满足了项目对更多生态绿化用地的需求。

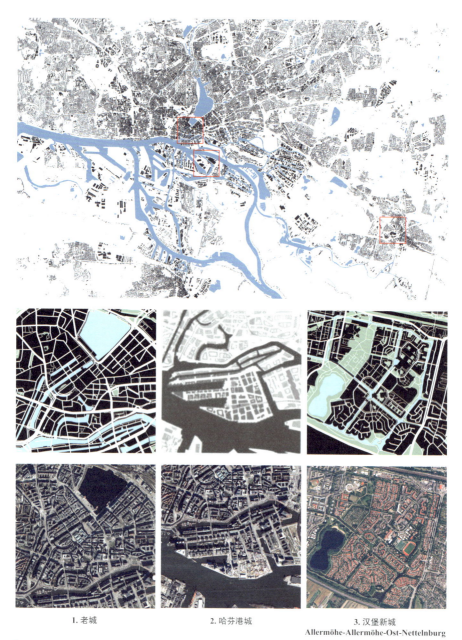

1. 老城                    2. 哈芬港城                    3. 汉堡新城
                                                        Allermöhe-Allermöhe-Ost-Nettelnburg

**图 6.35    汉堡 3 个片区**

从左到右，1 老城   2 哈芬港城   3 汉堡阿勒默厄新城

图 6.36 沃尔夫斯堡

## 汽车城市：沃尔夫斯堡

德国新城建设的情况特殊，由于德国中世纪以来已经形成了十分密集的城镇网络，当代很难有合适位置大规模兴建新城；同时，德国城市行政范围普遍不大，例如柏林在 891 平方公里的土地中，已经密集分布了 363 万居民，因此也难以有大规模用地支持当代卫星城建设。因此二战后席卷欧洲各国的新城建设热潮中，德国反应平淡，并没有突出的新城。

1930 年代因大众汽车厂选址而建设的沃尔夫斯堡，则是少量德国 20 世纪新城之一。同时，由于汽车产业对沃尔夫斯堡的关键影响，导致了沃尔夫斯堡在城市形态上也充分体现当代"汽车城市"的诸多典型特征。

沃尔夫斯堡位于柏林以西约 150 公里，最初是希特勒政府依托于柏林的辐射作用建设的大众汽车厂。规划师彼得·科勒尔（Peter Koller）将其定位为"作为花园城市的工业城市（industrial city as a garden city）"，并在规划中引入"功能单元式""模块可复制"的思路。最初的形态采取了"团块模式"。这种集中布局的形态是 20 世纪初德国新城审美特点，延续了德国传统城镇的小尺度和紧凑性，与德国第一座花园城市的马迦（Marga，建于 1915 年的矿业小镇，邻近科特布斯）也类似。

但实际建设过程中，并没有留存城市中心的花园绿地，而是强化了

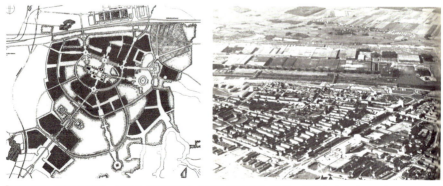

图 6.37　1938 年彼得·科勒尔绘制的沃尔夫斯堡规划草图；彼得·科勒尔绘制的沃尔夫斯堡规划建成初期的景观，远处为大众工厂

（来源：[13]）

南北方向的主要道路，并沿道路布置了城市公共设施。再次出现了德国近代以来城市形态上"内聚和发散"之间的切换。周边郊区采取现代住区风格，形态接近陶特设计的柏林胡夫艾森住宅区（马蹄形住区）。

　　战后，规划师汉斯·林楚的规划理念同此前科勒尔截然相反，他所提出的"分散化的低密度城市""自由形态的汽车城市"，进一步支持沃尔夫斯堡向现代汽车城市发展。空间结构改由东西方向的交通发展轴。通过一套汽车友好型道路系统，串联了各个组团。从形态上看，由于采取尺度小，密度低的布局方式，住区很好地结合了环境，如同散落在林地之中（图6.40）。

　　1960年代后，沃尔夫斯堡依托汽车产业迅速发展。城市中心区引入大量现代主义建筑师的著名作品，包括有市民中心［阿尔瓦·阿尔托（Alvar Aalto），1962］，市立剧院［汉斯·夏隆，（Hans Scharoun）1973］，科学馆（扎哈，1998）等。同时，当代城市中心的汽车主题特色也被进一步强化，除了服务于大众汽车厂员工的城市外，还包含汽车大

图 6.38　沃尔夫斯堡中心区标志性建筑和景观

上左，扎哈设计的火车站；上右，阿尔瓦·阿尔托的市民中心；下图位于大众汽车厂一侧的汽车主题公园

学、创新科技园等（图 6.38）。

中心区周边，住区则采取组团式布局，各组团之间保持较大间隔，避免了连片发展，形成了"岛链"形态的整体结构。

今天，由于沃尔夫斯堡中心区保留了 1930 年代城市建设之初的风貌，因此城市仍旧具有很明显的"社区感"（图 6.39）——城市只有一条商业街，对外交通也主要依赖火车，城市的商业等公共设施也都依托和围绕于火车站布局。而火车站的另一侧是大众汽车厂，是城市产业的另一处依托的核心。只不过，当下汽车产业面临发展困境，新能源转型对沃尔夫斯堡冲击较大，城市也相对萧条。城市设计如何服务于未来城市转型，沃尔夫斯堡的选择值得我们密切关注。

图 6.39　沃尔夫斯堡社区景观

1. 中心区　　　　　　　　　　　2. 郊区住区

**图 6.40　沃尔夫斯堡城市形态模式图示**

（来源：根据 https://schwarzplan.eu/ 底图改绘）

## 小结

德国的民族精神被概括为"大部分时间的现实主义，以及时常出现的浪漫主义"。其中，现实主义来自德国的农业社会传统，以及自中世纪种植城镇的沉静生活，是德国人由内到外的民族性格，也是德国在创业时代和多次危难时刻需要仰仗民众和社会共同行动的思想基础；浪漫主义则能从德国众多文学艺术中明显看到，是德国沉静社会中迸发出的艺术火花，需要社会中的少数天才的灵感。同时两者总是相伴而行。

德国农业传统下的现实主义也被带进现代社会。传统农业社会中广泛的社会组织和群众联系，在德国工业化进程中，也将这种社会组织联系完整地由农业制带到工业社会。并在 20 世纪后，德国将社会住区作为城市建设的核心，并习惯于通过大规模、政府组织化的设计策略持续推进。在城市形态上体现为一种更有组织有秩序的"发散"形态，恰如本章标题所示，包括城市规划、城市形态模式和环境设计等各方面均围绕这一主题进行。其中多轴线放射状城市形态模式，有助于借助轨道交通和高速道路发展大规模郊区住区，绿环绿带等公共空间旨在提升住区品质；而展览会的建设推广模式更是能将政府倡导的住区模式深入居民内心。

另一方面，德国人以中世纪的辉煌历史为荣，今天也有丰厚的城镇遗存，并提供了经典细腻的审美源泉。现代城市设计过程中，自 19 世纪开始，德国城市不约而同地采取了围绕"以历史城镇为中心"的城市形态格局，形成了德国城市"低矮"中心，周边局部地段高耸的"单中心""多轴线"的城市形态模式。这些建于千百年前的历史城镇，今天仍旧是德国几乎所有大城市的城市中心，足以看到德国文化将历史传统置于最高位置。同时，如果在整个欧洲进行比较，德国对待历史城镇的做法，也是保留最完整，并将其置于城市结构中的最突出位置的国家。本章标题中的"内聚"一词，即是意在提炼德国城市形态中围绕历史中心布局的传统。这种将历史文化和过往荣光高于当代经济开发等任何因素的做法，显然离不开文化艺术至上的浪漫主义。当然，历史城镇蕴含的宝贵设计思想和空间特质也在无声无息地回馈社会，作为城市精神和审美原则，使德国当代城市设计领域保持高水准。

而对于当代城市，浪漫主义也会偶尔出现，城市会有少量重要项目开展城市设计，展现时代需要的新形象，催生新的城市形态模式。例如柏林 1990 年代两德统一后等关键时间节点，少数城市设计得以实现；汉堡仅在后工业时代转型节点时刻，也有哈芬港城的城市设计。这些城市设计都需要高超的设计水准，也需要具有前瞻性的政府引导，以及诸多同样抱有理想主义的社会民众支持。

当然，在当代德国，人们也在担忧浪漫主义正逐渐消失，当下"两德统一后"的一代年轻人很少关注国家，"嬉笑和无所谓"性情下[1]，对那些常常出于国家荣誉而更多投入的事情不感兴趣，城市形态创新和大规模城市设计正在变得更加稀少。

# 第七章 低地国家和个性城市：荷兰城市

荷兰阿姆斯特丹是现代建筑运动所遵循的"功能城市（the functional city）"理念的发源地。如果从空中俯瞰，荷兰城市如同一组精密的机器，不论是中心区、住区，或是码头等交通枢纽，每一处街区、街道、建筑都展示出它们该有的风貌，并用与功能相称的形态，精准地表达各自在城市中的功能——恰如机器中的零件一般。我们也思考，这样的"机器"所构成的社会必然也会高效而精准地运转；同时也更想知道，支持这样社会的文化思想和设计理念又是怎样？

1581 年荷兰北部七省脱离汉萨同盟成立共和国，贵族特权被大为削弱，转向支持国家、城市和个人的发展。1848 年第一部荷兰宪法进一步建立了自上而下（从国家到地方）、层层监督的制度，被称为"托尔贝克体系（House of Thorbecke）"[1][1]，这是在荷兰此前失去比利时和卢森堡（1830 年）[2]之后痛定思痛的弥补之举，重在加强对以往颇具"城市共和国"传统[3]的各个荷兰城市的监管，同时又能区别于法国等国集权制度的做法，并通过赋予省和城市一定的权力以削弱国王和中央的制衡做法。

这套最初避免城市独立和国家分裂的体系，又被成功地运用到各级城市规划管理中[4]。通过这样的层层传导和多重监管，城市中每一寸土地都经过国家层面的规划，并通过省、地方城市两个层级落实。每一个局部和细节的形态和设计，都被置于整体布局和系统谋划的管控中。

这样多层级和多方配合的规划体系中，民众的支持也必不可少。荷兰民族既有日耳曼人的服从，也更强调协作，愿意将自身利益与社会和公众利益绑定，而不计较个人眼下的得失。人们解释认为，荷兰历史上饱受水患，在长期同大自然斗争过程中，人们普遍发现，服从整体安排

---

① 荷兰"托尔贝克体系"因创建者荷兰首相托尔贝克（Johan Rudolf Thorbecke）得名，形成了荷兰从国家层面管控城市发展的传统，并经过省政府、市政府层层传导实施的管理体系。

的益处和重要性。同时，荷兰文化中的实干精神——他们的谚语"能做就必须做（can-do，must-do）"[1]，也使荷兰社会在集体协同之下，有序开展了大量更艰苦复杂的城市建设。

当然，在荷兰这样从国家到民众统一步调的规划体系下，很多工作也都是针对民生福祉。荷兰是最早推行福利国家政策，以及倡导分散和均衡发展理念的国家。按照这样的国家战略，资金、政策、资源等发展要素在国家中分散配置，而不能出于提升经济发展速度和效率的要求，过分集中在大城市。因此形成了大城市并无过分集中的拥挤气氛；小城镇在建设标准上也毫不马虎。从而在国家整体角度看，荷兰城市既普遍有高标准的城镇规划设计；同时，也保持高水平和创新性的局部地段。此外，荷兰城市设计领域有倡导公众参与和集体决策的传统，政府层面更是有能力统一住房、空间规划、环境等不同部门，所形成的设计成果统筹协调且务实专业。

此外，荷兰素以包容开放著称。民众由多元化的社会构成，2002年，阿姆斯特丹有 53% 人口并非出生于荷兰，而是来自昔日海外殖民地等地。这样的多元文化下更容易支持荷兰城市设计理念接受现代主义，包括近代以来影响广泛的功能城市，以及风格派（De Stijl）艺术等。

## 荷兰现代城市思想和传统：技术引领和功能城市

荷兰地区 11 世纪后随着农业的兴盛，出现了规模较大的种植城镇。1648 年挣脱了西班牙和天主教的统治后[1]，开始鼓励商业，城镇迎来真正发展。由于地势低洼，缺少用地，"圩田（Polder）"[2] 是荷兰城镇获得土地的主要方式，圩田过程中形成的运河沟渠则构成了荷兰城市形态"水网主导"的格局。而不论是运河还是沟渠，在持久性和稳定性上，都强于一般道路，这也使荷兰历史城镇在历经长期更新后，至今仍旧保持最初简洁、清晰的形态格局。

相比其他国家，荷兰城市中大量而普遍的水利工程，对城市设计提

---

① 荷兰的现代历程从 1648 年摆脱了西班牙天主教统治开始。在没有了天主教统治诸多教义限制后，商品贸易开始繁荣。阿姆斯特丹主要的城市财政也从传统的本地农作物贸易税收转向区域间运输和贸易的所得税。城市主要服务于商人在港口收储物资，并开展投机营利的活动。

② "圩田"也称"围田"，虽然该词源自中国古代农民发明的改造低洼地、向湖争田的做法，但也适用于荷兰当代填海造地的做法。

出了额外要求。这些与众不同的水利工程也与以往所有城市模式不兼容，如水渠割裂了用地完整性，使法国风格的林荫大道难以施展；营寨城的网格模式也会与运河沟渠走向相矛盾。因此，荷兰城市需要按照运河沟渠的需要，创新出新的用地布局模式。莫里斯（AEJ Morris）总结的四种荷兰城镇基本类型中（图 7.1），运河都是城镇形态的核心，形态类型的差别主要在于道路的走向和堤坝的位置；同时，运河的适当变化也对城市形态有根本影响，如图中 d 类形态（以阿姆斯特丹为例）中，运河分岔形成"Y"字形，配合了水坝和港口的布置，相对于其他顺列式布局，创造出更独特复杂的城市形态。

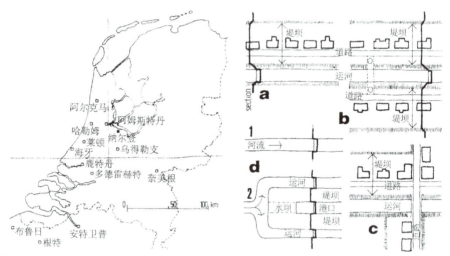

**图 7.1** 荷兰主要城市分布，右图荷兰基于圩田的四种主要住宅组织方式
（来源：[6]）

19 世纪后期，当荷兰城市需要与欧洲其他城市一样，开始逐渐走出老城的限制，向规模更大的现代大城市转型的时候，仍然摆脱不掉圩田和水利设施的影响。荷兰的现代城市发展历程也注定如塔夫里描述的，走出一条"与众不同"的道路[1]，但由于荷兰城市工作已积累了大量独到经验，这条以"功能城市"为特色的发展之路虽然独特，但也显得"有条不紊"。

荷兰 20 世纪以来的城市建设有四个阶段[12]，文化传统、艺术思潮，以及土地和住宅政策等都是推动城市发展起关键作用的因素。

阶段一：20 世纪初（1900—1920）的"系统增长时期"。城市形态格

---

① 塔夫里认为荷兰城市规划"呈现出一条单一的循序渐进路线"[7]，描述了荷兰城市规划所具自身特点并有延续性的特点。

局仍旧延循老城。典型做法是阿姆斯特丹的贝尔拉格扩建。

　　阶段二：1920 年代—1950 年代的"系统成长期"，这一阶段特点是，"既维系中心区的城市集中，又考虑外延扩张"。同时也出现了荷兰城市设计的最突出成就"功能城市"。

　　"功能城市"是荷兰对当代城市规划的最突出贡献之一。它的出现有其必然性。

　　首先，功能城市的"分区"特点中，工作和生活的截然区分历来都是荷兰文化的一部分，生活和工作两大功能的区分也是与生俱来的特点。例如，1840 年前，尽管是最繁忙的物资集散中心，阿姆斯特丹等荷兰城市也都准时在晚上十点关闭城门。一切繁忙的商贸与平静的生活氛围互不影响。

　　其次，20 世纪初荷兰社会笃信蒙德里安（Piet Cornelies Mondrian）风格派艺术，坚信无装饰的现代社会必将实现。这一艺术理念也波及"功能城市"中模块化的功能划分。

　　此外，在阿姆斯特丹能诞生"功能城市"，重要原因是荷兰政府 19 世纪末采取的土地收储和土地租赁制度后，带来了规划用地范围激增，规划设计的尺度大幅放大[1]，并需要全面涉及住宅、工业、交通等各种功能的同步建设。在当时仍然以城市资产阶级零打碎敲地建设"公司城"（Industial Village）的情况下，骤然改为这种国家层面管控、城市全域范围布局，以及各行各业精细化安排和统筹考虑的设计模式，产生的结果必然是一种"粗放式"设计结果——在用地规模成倍放大的情况下，采取的简化的、有利于工业化和集约性的设计模式。而"简化""工业化""集约"等都是现代建筑的主要特征和核心思想，但这样的城市设计模式却得到当时荷兰诸多社会住区政策、[社会民主党（Sociaal-Democratische Partij）为首]社会政党[2]和（风格派为代表的）艺术理念[3]等外部条件的支持，都共同将"功能城市"作为荷兰当代城市形态

①　1901 年《住宅法案》要求，人口在 1 万人以上，或者在过去 5 年中人口增加了 20% 以上的城镇必须编制城市"扩展规划"（Extension Plan）[4]。规划期 10 年，以确保期间的城市发展和社会住区建设。

②　1918 年，代表工人阶层的荷兰社会民主党上台，推行社会住宅，并将社会住宅投资比例提升到整个建筑业的 75%。同时通过立法对房租加以控制，要求房租不超过工人工资的 1/6，并明确"住者有其屋"作为市民基本权利。

③　风格派通过"三原色""黑白灰"等不能再简洁的形式，剔除掉个人风格，以便追求能够得到社会共享和集体主义的共性。受风格派艺术影响，荷兰建筑和城市设计领域倡导功能至上，消除装饰，简洁、节省和精确的形态。奥德和范伊斯特伦等风格派建筑师，坚信蒙德里安"功能至上"的预言应付诸实践——"未来在某种意义上艺术将在生活中消失，生活本身会吸收像新造型主义所表达的'均衡'的需求。"

模式的选择<sup>①</sup>。

阶段三：从1960年代开始后的二十多年，被称为荷兰城市建设的"计划分散期"。得益于大型水利工程带来的土地激增，国家也开始从国土视野下整体谋划城镇空间体系。其中，通过邻近阿姆斯特丹都市区的须德海（Zuider Zee）工程<sup>②</sup>，新建了多处农业居民点和郊区新城，它们在形态上都具有早期现代建筑运动的大尺度模式，是快速建设的结果（图7.2）。

图7.2　荷兰二战后初期形成的圩田农业城镇埃梅洛德（Emmeloord）
（来源：<sup>[8]</sup>）

1960年代后，西方国家现代建筑运动退潮，住区形态大多回归传统，但荷兰却比较特立独行，现代主义风格的功能城市格局、公共设施和交通系统被坚持延续下来。当然，荷兰这种有别于西方其他城市的形态模式中，城市政府拥有大量土地（例如阿姆斯特丹拥有80%的土地），城市会在交通、景观等公共设施方面配建更多用地，也会无需考虑私人土地的定界问题，更加理想化地开展规划设计布局，这些都是大家认为荷兰城市形态更加"现代感""理想化""形态完整"的原因。

阶段四：1990年代后的荷兰城市设计又再次返回城市中心，进入"紧凑型城市时期"。能源危机后，小汽车支持下的郊区发展态势被逆转，"紧凑城市"等发展理念成为欧洲城市普遍共识。荷兰在这方面走在欧

① 《住宅法案》和社会民主党1918年住房政策下，荷兰社会急需探索新的城市形态模式，以容纳这种全新的住房市场构成。而诸多荷兰建筑师和城市设计师的实践，又备受当时现代建筑运动的关注，阿姆斯特丹也被认为是早期现代住区的范例。

② 1953年的大洪水远超荷兰政府想象，超过1800人丧生。痛定思痛之下，一方面促使荷兰政府加大堤坝建设，以彻底解决水患；除了水利工程之外，失去的生命也进一步促使政府和整个社会转变发展理念清醒看待发展和公平，认为国家声誉和民众生活水平的重要性高于短期的国家发展速度，因此决定推行分散发展理念。资金、政策、资源等发展要素应该平均地在国家中分配，而不能出于发展速度的考虑，过分集中在大城市。将水利工程的新增用地纳入国家整体决策中，更多考虑公众利益，以及平衡和分散的发展理念。

洲前列，尤其是延续荷兰历来的技术传统和优势，在现代交通设计方面有大量创新——包括小汽车交通管制、拥有最高路权的自行车慢行系统，以及充分利用地下空间的步行交通设计等（图 7.3 右图）。

### 荷兰当代城市形态和景观

荷兰实用务实的思想下，十分强调水利工程等市政设施的重要性，它们相对独特的形态也在城市景观中常常占据主导地位。同时荷兰城市设计也十分擅长赋予这些功能性构筑物以美感，为城市塑造富有创意和变化的造型和景观，并充满了现代建筑运动崇尚的"工程美学"（图 7.3 左图）。

在荷兰功能城市理念下，城市中各个发展组团和社区都有明确的边界，彼此之间更有宽阔的绿地公园分隔。同时，以轻轨系统为代表的"交通"作为一种功能，又能完整地对其他不同功能和组团加以串联，使相对分散的城市布局形态下被相对强调的，既能作为城市景观中十分独特的差异化要素，同时又兼顾了城市的整体感，以及人们的出行效率。

此外，荷兰的功能分区背后，仍是多系统合作的务实作风。在城市规划编制和实施过程中，荷兰城市规划设计与交通规划相整合，规划部门与交通、水利部门也开展重组①，这些对规划设计体系优化整合的创新理念和实践，都居于世界领先地位[1]。作为这种多系统合作机制的建设成果，城市景观中有大量兼具现代形态和市政设施功能的"新型城市形态"，最典型的案例是阿姆斯特丹科学展览馆（science center nemo），就与一处车辆跨海通道出入口相结合，并以独特的市政设施功能形态示人（图 7.3）。

**图 7.3**

右图；荷兰当代人车共存街道（海牙）；左图，兼做展览馆和地下道路的阿姆斯特丹科学展览馆

---

① 近年来，荷兰规划体制的整合工作持续开展，2010 年，荷兰水管理与空间规划两大体系国家机构（含各部委与最高执行机构）又一次开展重组，推动了水利和城市空间形态设计的整合。

图 7.4　阿姆斯特丹老城

至于当代西方各国更加慎重的城市三维形态和高度管控，荷兰也相对简单。一方面，荷兰传统城市中心区形态中没有高耸的地标，即使教堂也比较朴实低调，因此也就很少需要英法两国那样的视线管控。同时，荷兰中心区也不乏成熟的现代建筑语汇，保证了城市景观的高品质，一方面，荷兰至今仍普遍沿用了最早的建构风格，通过对红砖砌筑过程中的变化，创造丰富多样的建筑立面特色。由此也影响了当代荷兰建筑现代感和创新性的特色。同时，荷兰也并不拘泥于原封不动地封存老城，而是在相对次要的位置也开展城市更新，形成品质和环境更好的社区。而在距中心区较远的周边地带，更是大胆地布置了较多现代高层建筑集群，满足城市当代发展需求。

下面会有两座荷兰城市，分别是阿姆斯特丹和海牙。按照本书惯例，选择一座内陆的首都城市，一座滨海城市。海牙尽管并不是紧邻海滨，但距离海岸线最近。此外，海牙还是荷兰旧有首都和众多国际组织所在地，并在当代城市设计实践领域颇具影响，也更值得进一步剖析研究。

## 雅典宪章和功能城市的范本：阿姆斯特丹

众所周知，阿姆斯特丹以自由人性化著称，城市形态也支持了这一城市文化的形成。从最初一座很小的运河小镇开始，阿姆斯特丹的城市布局就确保每一块用地都能有机会临近运河，并为此限制房屋的用地和各方向的尺度。每户家庭也必须为邻居考虑，以确保彼此公平。可见，这样的城市空间和形态反作用于城市文化。

而作为首都的阿姆斯特丹，也是荷兰诸多创新理念的代表和试验田。历次城市设计的编制者贝尔拉格（Hendrik Petrus Berlage）和范伊斯特伦（Cornelis van Eesteren）等都是有国际影响力的城市设计师。诸多重要的城市设计理念和设计成果在阿姆斯特丹实践形成。

范伊斯特伦对当代阿姆斯特丹的城市空间格局有重要贡献。他的"功能城市"理念，为城市的（居住功能外的）交通、工业等功能用地提供了清晰有序的布局和分区。其中老城位于城市的东北侧；范伊斯特伦规划在中心区西侧边缘分别设置了两条宽阔的交通走廊，分别用于铁路和高架的汽车道路；在中心区南侧则将两条走廊合并，形成一条兼为铁路和高架汽车道路的交通走廊（图7.6）。

二战后，阿姆斯特丹城市整体格局面临拓展需求，采取的形态模式与同为北欧的德国、丹麦（哥本哈根手指状规划）类似，新城区呈现出"多轴向"发展。每个发展轴都有轻轨等快速公共交通支持。除了延续范·伊斯特伦二战前规划确定的几个发展轴外，还通过城市更新，纳入火车南站为核心的庇基莫梅尔地区和南阿姆斯特丹地区；并继续向南拓展至史基浦机场地区；此外还有近年来建成的东码头更新项目等。

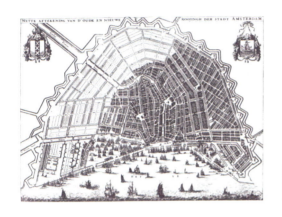

**图 7.5　阿姆斯特丹 18 世纪末的老城**

（来源：[3]）

**图 7.6　阿姆斯特丹交通图**

（2023 年摄于阿姆斯特丹泽伊达斯轻轨站）

### 1. 老城

阿姆斯特丹在城市设计史中具有重要和独特的地位。贝纳沃罗赞赏阿姆斯特丹务实传统（称其"不搞大型城市雕塑"）[3]，并能坚持自己独特的城市文化。

阿姆斯特丹是荷兰通过圩田和运河的空间模式下，发展形成的规模最大和最复杂的城市。到 18 世纪末已经达到 20 万人，是欧洲最大的城市之一。城市发展的路径和基础与以往欧洲大城市作为国家中心所享受

**图 7.7**

阿姆斯特丹老城建筑景观，上图（来源：paraview.com）

的资源倾斜不同，阿姆斯特丹此前一直不是荷兰首都或中央政府所在地，被与一般城市等同对待，也没有王室支持，全凭市场化的资本运作和全体市民的共同努力，它的成功为世人很好地展示了一座现代商业城市精心经营下的美好前景。

在商业规则下，阿姆斯特丹城市空间确立了小尺度（所有运河都不超过 50 米）、均质化和高密度等形态特点。同时，城市风貌也在各段历史时期得到较好的修葺和更新，城市既保持了传统格局，同时又不失现代审美和先进的功能支持。

### 2. 贝尔拉格规划和南侧扩建区

20 世纪初贝尔拉格①的阿姆斯特丹扩建规划在欧洲具有很大的影响

---

① 贝尔拉格说道"什么样的思想和精神足以作为基础呢？基督教死了，现在已经能感觉到在科学进步基础上新世界观的早期萌动"，[16] 显然这句 1905 年的著作中的话是受同时代哲学家尼采影响，也体现出贝尔拉格的现代意识和科技精神。

**图7.8**

上图，贝尔拉格扩建规划（来源：[9]）；中图，贝尔拉格时代的历史建筑；下图，当代"泽伊达斯（Zuidas）"区的新建高层建筑

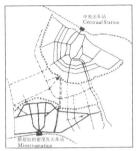

（图7.8上），采取了与阿姆斯特丹老城协调的形态尺度，以及脱离老城的"蛙跳式"发展模式。该规划被作为1924年在阿姆斯特举行的国际建协大会"城市建设"的范例，是象征当时城市设计领域的前卫形象。当然，从设计理念上看，贝尔拉格被认为沿承于西特的"回归传统城市设计"的路径，仍然是按照传统建筑学思维来从事城市设计的"过渡人

**图7.9**

左图。范伊斯特伦扩建规划；右图，范伊斯特伦风格派作品、同范·杜斯堡（Theo van Didburg）的合作以及带有构成派和简化特点的城市设计（来源：[10]）

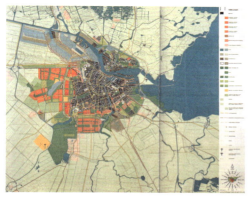

物"①，而并非真正的现代派。

　　贝尔拉格设计的扩建区大部分保留至今，现已被作为阿姆斯特丹老城南侧环境优美的传统住区。但其中老火车站地区近年已完成更新，定

---

①　理论家吉迪翁明确将贝尔拉格视为"古典城市设计"；类似地，柯林·罗在《拼贴城市》中，也对其有类似（与吉迪翁）的实践的评论。将贝尔拉格的阿姆斯特丹规划与勒诺特的凡尔赛归为一类，不仅是因为贝尔拉格从阿姆斯特丹新城规划火车站引出的"三支道"，而是"当一个人感到他在这里正处在福利社会的门槛上……（却）对僵死思想的……支持"。[13]在柯林·罗看来，贝尔拉格并没有明确这些林荫道的公共属性，是等同于18世纪爱丁堡做法（英国早期的过时做法）。的确，这些位于两条道路之间的狭长绿地，从它们的功能角度看的确很尴尬，虽然属于公共绿地，但公众只能隔着宽阔的马路和川流不息的车流远远地眺望，从来不会有机会享受身处其中的游想乐趣，在荷兰福利社会下对公众需要的考虑的确不周全。因此，一般认为贝尔拉格是一位过渡人物，身处于古典和现代城市设计领域之间。

位为"拉德芳斯模式"的中央商务区，拆除了部分贝尔拉格时代低矮建筑，新建了现代高层建筑集群，并重新命名为"泽伊达斯（Zuidas）"（图 7.8 下）。作为欧洲令业界关注的重要城市更新项目，该项目设计特色不仅是高耸的天际线，也包括较复杂的交通系统。一条东西方向的铁路、轻轨和高速公路的交通以集束方式横贯整个区域；同时，通过一条地下的步行走廊联结南北两侧的城市广场。

### 3. 范伊斯特伦"功能城市"和西侧扩建区

1920 年代末，阿姆斯特丹面临城市产业转型①。在统筹人口、产业和用地布局等，并考虑人口流动、出生率等全面问题下，范伊斯特伦与社会学者 T. 范洛赫伊曾（Theo van Lohuizen）合作完成了 1932 年阿姆斯特丹规划，规划强调了人口预测②和交通组织等关键数据的支撑。该规划被认为是建筑师首次通过与社会学者密切合作，得以实施的具有现代意义上的城市规划。此后，该规划的"功能城市"主题，以及城市设计/社会规划的合作、城市设计与道路、水利、景观等相关专业协作的路径③，成为国际建协倡导的最前沿设计理念。

范伊斯特伦是年少成名的建筑师，是荣获过罗马建筑大奖的青年才俊，并在早年曾与构成派大师范杜斯堡合作，实现了风格派艺术与建筑成功结合[10]，他也始终坚信蒙德里安的预言（蒙德里安预言人类会摆脱艺术的束缚，追求极简生活）终究会付诸实践。范伊斯特伦也擅长在团队合作的基础上完成多专业协作的综合工作，这些都支持他逐渐走向现代科学城市规划的道路④。

范伊斯特伦"功能城市"为阿姆斯特丹搭建了十分有序的城市结构。

---

① 1929 年全球经济危机，也导致荷兰经济放缓，产业开始向高新技术发展，港口和传统产业投资被压缩。对阿姆斯特丹原西区厂房港口的规划进行调整，郊区公共住宅投资也持续减少。限于政府公共资金短缺，驱使政府同意向私人开放公共领域建设。

② 范洛赫伊曾作为范伊斯特伦的合作者，负责对阿姆斯特丹扩建规划进行的人口研究，他的人口规划结论是，预计 1939 年阿姆斯特丹人口 75 万人，到 2000 年不超过 100 万人。因此范伊斯特伦规划应在扩建区容纳 25 万人，并将其安排在一系列平均约 1 万人口规模的居住区。

③ 建筑学/社会调查合作的规划编制模式：范伊斯特伦此后承认，阿姆斯特丹扩建区规划中的建筑学和社会调查合作思路，来自德国汉堡的舒马赫，及其汉堡新区规划："它们（阿姆斯特丹和汉堡）都有大致相同的优点和缺点（Herman van Bergeijk）。"[14]

④ 1950 年代末，范伊斯特伦战后与助手范洛赫伊曾到代尔夫特理工学院任教，并作为"城市设计课程委员会"成员。他们的教学更关注于技术方面，尤其将重点放在土木工程内容，包括道路、桥梁、铁路、水闸、运河、河流、复垦和码头等要素，同时也注重勘测、标准、地理、园艺、森林复耕、排水和种植等知识。[14]

**图 7.10**

下图，在斯洛特普拉斯人工湖湖畔的范伊斯特伦纪念亭；上右，功能城市中对铁路、有轨电车、汽车干道的有序分隔；左上，有风格派色块的公共建筑

**图 7.11　范伊斯特伦规划住区内的环境**

左图为两栋呈现夹角关系的住宅；右图为典型的预制集合住宅

汽车的高架快速道路形成环路，快速汽车道路和铁路都在两侧配置了宽阔的防护绿地，原来对城市生活有一定破坏影响的这些快速交通，都通过绿地进行了严密的防护，人们也不易察觉身边这些快速交通设施的存在，同时再对其进行生态化装点，反而提升了相邻住区的环境品质。这

是范伊斯特伦和雅典宪章的贡献。

范伊斯特伦自己也有类似评价[14]，他认为"功能城市"创造了崭新的新城和旧城的关系结构，区别于英国花园城市和德国社会住区模式。拒绝了生硬机械的绿带等做法（阿姆斯特丹将绿带和交通等其他功能相结合，并不机械生硬，更不强求环形或放射状的形态），坚持紧凑连续的城市结构，并自然有机地在城市住区内引入公共绿地，如斯洛特普拉斯人工湖（Sloterplas）及其周边的公园，南郊900公顷的人造森林等，为新城内二十多个平均约1万人规模的居住区提供更加高效的城市环境。

塔夫里将阿姆斯特丹扩建规划写入现代建筑史①[7]，认为其价值包括，处理好了新城和旧城关系，避免了城市盲目发展；坚持紧凑连续，同时又富有结构感的城市形态，打造清晰的城市形态和绿带、交通等结构体系等。这些评价与范伊斯特伦所述基本一致。当然，阿姆斯特丹是中等城市，人口仅有50万人，相比于伦敦巴黎，甚至法兰克福也都小得多，从这个角度看，"连续性"对于阿姆斯特丹的城市规模，并不会造成"摊大饼"的结果。

塔夫里也赞赏范伊斯特伦规划中采取的联排式多层住宅形式，没有盲从当时盛行的独立住宅和花园城市，也没有沿袭同时代社会住区中常见的围合式做法（如法兰克福）。

一般认为，"联排式多层住宅"是更为集约和社会性的选择。这也致使作者调查期间，置身范伊斯特伦风格的住区，总有似曾相识的感觉。（图7.11）这些具有预制结构的集合住宅，以及围合式住区空间组织等特点，都十分有我国早年"集体大院"的感觉，更高的人口密度也支持了临近的商业设施，相比于欧洲其他郊区更加热闹繁华。当然，如果仔细观察，这些住宅也都历经过不少更新优化，包括加建电梯，增加阳台，住区道路细化设计等工作。今天阿姆斯特丹住区的这些诸多渐进更新做法，也很值得我国老旧小区工作借鉴。

---

① 塔夫里认为1932年阿姆斯特丹规划的价值有四点。第一，阿姆斯特丹先期进行土地征收，使政府掌握和拥有土地，避免了规划实施过程中的各种障碍。第二，规划改变了20世纪以来的盲目发展，造就了崭新的新城和旧城的关系。同时又拒绝了花园城市和独立住宅区模式（它们仍旧依托于城市中心区），规划坚持城市结构的联系性，并在保持城市结构形态完整连续的同时，让二十多万人的居住区周围环绕绿带。第三，阿姆斯特丹回归大城市和"集中发展"的形态模式，是建立在城市整体尺度下较完善的现代基础设施之上的切实做法。除了交通设施外，阿姆斯特丹的斯洛特普拉斯人工湖及其周边的公园，南郊900公顷的人造森林等，也是阿姆斯特丹西区扩建规划能够联系老城，以及统一起不同新建居住区的前提基础。第四，范伊斯特伦推动了建筑师在社区规划中的积极作用。城市扩展规划需要建筑师投入并提供贡献——尤其是在居住区，及其附属设施的设计方面[7]。

### 4. 阿姆斯特丹东码头群更新区

近年来,阿姆斯特丹围绕老城核心区开展小规模更新,典型的是东码头更新项目。由北向南 3 个码头构成,分别是,KNSM 岛、伯尼奥·斯布林堡岛(Borneo-Sporenburg)、欧斯特港(Havens Oost)。其中欧斯特港建设较早,1980 年代前后开始建设;而其他两个码头则在 2000年后陆续建成。

KNSM 岛、伯尼奥·斯布林堡岛最初为港口用地,属于荷兰国家所有。在港口废弃转为居住用地后,被荷兰划拨给阿姆斯特丹城市政府,但划拨的同时也附带了配建社会住宅的要求,其余作为商品房开发。商品房部分采取了深受荷兰人欢迎的低层联排住宅;而社会住宅则采取较

**图 7.12　从东码头群看向老城**

**图 7.13　东码头群布局和俯瞰**

(来源:左图和中图[11],右图,"fotografie siebe swart",https://www.siebeswart.nl/image/l0000FlmWas0_gc0)

**图 7.14　东码头内的富有地标特色的社会住宅**

大体量形态，多层围合形态或高层形态，并将这些造型独特的建筑置于较重要的位置，获得了地标的景观效果。例如由 de Architekten Cie 设计的多层公寓建筑（图 7.14 左）。更新片区内这些标新立异的现代建筑，打破了几条平行码头的单调感，创造了较新颖的当代住区模式，并也尝试给阿姆斯特丹传统城市肌理带来一定的变化。

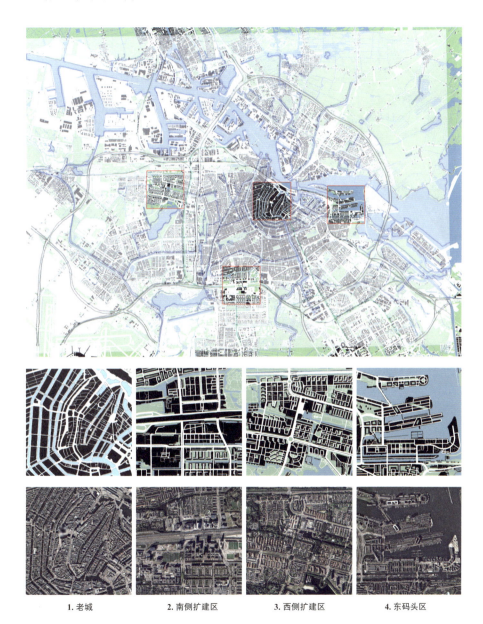

| 1. 老城 | 2. 南侧扩建区 | 3. 西侧扩建区 | 4. 东码头区 |

**图 7.15　阿姆斯特丹 4 个城市地段的模式图示**

从左向右，①老城②贝尔拉格扩建区③范伊斯特伦扩建区④东码头更新区

**图 7.16　海牙老城东侧的创新区**

## 隔离和拼贴：海牙

今天南荷兰形成了以鹿特丹和海牙为双中心的、分工更加细致的城市群。鹿特丹作为大型机场和港口；相邻仅 20 公里的海牙作为政府中心；代尔夫特是世界知名的大学城和研究中心。

海牙最早曾被认为是一座"隔离"的乡村领地[1]，当然主要指的是皇室和平民，以及历来各阶层之间的社会分隔。但在当代，尤其是 2000 年以来，海牙通过一步步的城市设计尝试，在城市形态上也出现了明显的"分隔感"——老城和新城从尺度和景观上区分得更加清晰明显。此外，老城区以运河和细密的道路空间为主；而东侧新城（更新区）则遍布了高架道路、有轨电车和重轨铁路为特色的现代空间。

**图 7.17　贝尔拉格设计的未实施的海牙扩建**

（来源：作者摄于海牙老城街头橱窗）

### 1. 海牙老城

海牙从一处普通的乡村狩猎庄园和传统贵族的世袭领地[2]，经过不断成功转型[3]，曾被作为荷兰首都。如今仍为南荷兰中心城市，以及荷兰王

---

① 海牙最初建于 13 世纪，是一处普通的乡村庄园，但由于此后被作为贵族聚集狩猎的地方而发展，并开始聚集贵族及其身边的能工巧匠以及艺术家、科学家等身份各异的人们。早期的城市形态也显得比同时期其他荷兰城镇的形态肌理更加复杂多变。

② 在 19 世纪前，欧洲城市的主要竞争对手是乡村的贵族宅邸或皇家寓所。在这些乡村地区由于有贵族和王室充裕的资金提供社会组织和工作，显示出发展活力。但显然，现代社会城市的崛起已经将大多数这类城镇类型淘汰，仅有少数成功转型。其中最著名的就是海牙。

③ 14 和 15 世纪的发展，使海牙有能力与南荷兰其他城市代尔夫特、多德雷赫特、弗拉丁根之间争夺中心城市的地位，并在 19 世纪前持续作为荷兰首都。此后尽管迁都阿姆斯特丹，但王宫、议会、首相府和中央各部仍留在这里。

宫、国际法院等国家及国际中心所在地①。

海牙城市多元割裂的特征在老城就有所体现。老城东侧以古迹和历史街区为主；而老城西侧则主要为当代更新后的社会住区。住宅风格也具有赫茨伯格等荷兰代表性现代建筑师的特点。

在这种分区传统的基础上，海牙又通过娴熟的城市设计技巧，将历史城镇和当代发展加以整合，彼此互不干扰。千年古堡和时尚高楼兼而有之；将城市生活、政府机构以及当代高新技术和高等教育等复杂功能和谐融汇，形成了今天富有活力并颇具独特吸引力的海牙城市形态（图7.18）。

也正是因为海牙城市规划设计的突出作用，人们也称海牙是荷兰

▎图7.18　海牙老城区

▎图7.19　海牙老城内两种明显的形态要素，铁路和运河

① 来源：https://multinclude.eu/2019/11/28/the-story-of-the-hague/。

"规划造就城市"的一种突出体现[①]。在这一过程中，海牙 1980 年代后的城市设计尤为突出。众多欧洲顶级建筑师及其各不相同的规划理念纷纷登场，围绕现代城市空间形态的塑造贡献了智慧。如今的海牙已经成为荷兰最具现代城市氛围和设计品质的城市。

### 2. 海牙东侧更新区

#### （1）大规模城市更新和传统城市的融合——BANK 项目和市政厅（含图书馆）

1980 年代末，海牙多项城市更新设计定稿，几个大项目开始组织

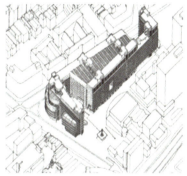

**图 7.20　最早的大规模更新实践——BANK 和市政厅（含图书馆）**

（来源：右上图, https://www.archiweb.cz/en/b/radnice-a-mestska-knihovna-den-haag-stadhuis-en-bibliotheek-den-haag; 上左图）[15]

---

① 荷兰社会将建筑学和城市设计赋予很大的使命和权力，充分发挥其塑造城市形态的作用。例如，1923 年，隶属于荷兰公共住房研究机构的一个城市规划委员会提出，应"有组织地将生活和技术加以综合""城市规划需要把控城市和国家发展的正确方向"。

建筑设计并逐步实施，其中较著名的项目有，罗伯·克里尔的"BANK（从巴比伦区到新教堂）住区"、和理查德·迈耶（Richard Meier）的"市政厅和中央图书馆"项目。

两个项目都位于旧火车站东北，是海牙老城周边最早引入的高层建筑项目。罗伯·克里尔具有深厚的建筑学修养和城市设计水准，设计中，他着重刻画城市肌理和外部空间，以及对城市景观有关键作用的城市天际线。他在高层建筑顶部的高超设计品质，不论是形态、材质和色彩等都令人赞叹（图7.16，7.20）。尤其是建筑群顶部鲜艳大胆的色彩。笔者坚信这是来自荷兰风格派艺术的创意，并完美地契合和融入荷兰城市空间、尺度、环境和文化的最深处，建筑从高处投射出鲜明的文化气息和来自蒙德里安以来的荷兰现代艺术光辉映照了整个城市。克里尔的BANK项目的建成，不仅成为欧洲建筑界的当代杰作，也给海牙确立了一个高层建筑的水准标杆，以及由其统领下的高层建筑片区——克里尔的BANK项目并不是最高的建筑，但却足够耀眼夺目，光彩照人。此后建成的建筑，在其周边都显得更加低调谦和，也更加安稳踏实地簇拥在地标建筑周边。

**图 7.21**

海牙中央创新区（CID）；（CID）范围（右下图），1988年最早建成的大都会总部大楼（来源：右上 https://media-exp1.licdn.com/dms/image/C561BAQEDMXMYKKrmxg/company-background_10000/0/1571908376371?e=2147483647&v=beta&t=sgVwCj2pRjWHCl_S1MLyQh14C8wxW-QDnPgwsNm8Uwk）；左，创新区天际线，（来源：盖蒂图片社）

　　而更擅长建筑立面表皮设计的理查德·迈耶，是另一种来自大洋彼岸的文化，给海牙悠久的城市传统带来了新意。迈耶建筑所形成的城市形态，相比于前者克里尔精彩夺目的建筑来说，有更大尺度和更简明清晰的建筑体量轮廓，是尺度上的另一种尝试。事实证明，海牙更新区对于这样的大尺度建筑也同样可以接受。

　　此后，在两栋建筑的基础上，又进一步结合新火车站周边更新，填充了荷兰中央政府、法院、国防部等高层建筑，初步构建了该片区作为城市新中心的现代风貌。

　　**（2）中央创新区：海牙新的经济中心**

　　中央创新区（Central Innovation District，CID）最早于 1988 年建成的大型建筑"大都会总部大楼（Nationale Nederlanden Haagse Poort）"（图 7.21 右上），就具有鲜明的城市形态和清晰的设计理念。该建筑最初旨在修补因乌得勒支大道拓宽而出现的城市尺度突变。建筑的设计者 Kraaijvanger. Urbis 介绍，大都会总部大楼横跨在乌得勒支大道（Utrechtsebaan）上长达 270 米的现代形态，是一种类似于"手镯

图 7.22　海牙中央创新区

（来源：https://backiee.com/wallpaper/aerial-view-of-the-hague/108501）

图 7.23　海牙创新区的现代建筑

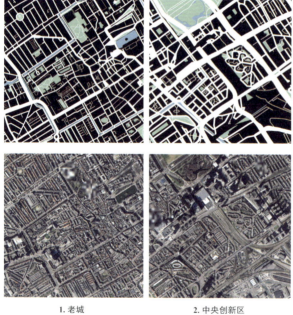

1. 老城             2. 中央创新区

**图 7.24 海牙两个片区的城市形态模式图示**

左图为老城区，右图为中央创新区

（bracelet）"的装饰，并展示出海牙城市门户的意向。

此后，中央创新区划定了海牙新中央火车站（Den Haag Centraal）、霍兰德斯波尔（Hollands Spoor）和兰瓦诺（Laan van NOI）火车站之间的区域（图 7.21 右下）。海牙依靠 CID 成功吸引了人才、资本和知识等发展资源，提升了城市的竞争力。该地区已经为近 8 万人提供了就业机会，还有 3 万名学生。能同时容纳 2.3 万住户，4.5 万人。

CID 的建成，使海牙的城市形态显得更加鲜明、现代，进一步强化了城市空间结构，城市空间沿几条道路展开，也并不影响历史城区的形态完整。做到了当代发展和传统保护的协调共生。

## 小结

荷兰表面上是国王和国家全面管控；但实质上是君主立宪制的民选政府，并具有欧洲地方政府自治特点的城市共和国传统；在民众宗教方面也是绝对的新教主导。这些 19 世纪中期确立下来的政治制度和文化特点，在当代欧洲显得独特并富有多元、自由的现代气息。

荷兰近代以来的艺术也在彰显类似的自由人性主题。伦勃朗、梵高的绘画多是以人像、风景和生活劳作作为题材和场景，并无帝王恢宏或教权威严。城市设计若也可以类比为大地景观和绘画，荷兰的城市设计师也当然有类似特点——重在考虑功能，强调对人们生活劳作场所的安排，"功能城市"是最恰当的称谓。因此，荷兰城市设计领域不愿空谈"主义"，没有主导模式；但理念到位、技术先进且实施完善。

人们对比其他欧洲大城市时，也能对照出荷兰城市的特色，质朴和务实的市民文化特征。没有强烈的轴线，也不强调纪念性，建筑材料也最青睐朴实无华却最为实用的红砖。

荷兰城市形态就如同它们无处不在的水渠，水最突出特点是"无形"。水利等公用设施技术，视水流走向为天然形成，而城市设计又尊重水利技术，最终城市形态能体现水流形态，使城市形态也随之具有"水流无形"的特点。这种"无模式""反模式"理念，也契合并使之主导了 20 世纪早期的现代建筑运动，并成为当时城市规划设计主流思想和典型范例。因此，荷兰当代文化中有尊重自然、客观和技术，漠视先验教条束缚等思想。从而引发荷兰创新出功能区分等理念，并据此发展各功能和技术的专业化，以及分工协作基础下的城市建设。

当代荷兰城市设计领域中，在坚定的现代建筑和功能城市理念下，来自荷兰近邻的德国英国等欧洲后现代理念又不断地渗透，紧凑城市、可步行城市等当代理念也因同荷兰文化契合而有广泛实践，并成为现代主义之外的另一种选择，形成了荷兰当代城市既有现代城市特色，又蕴含着欧洲风貌的双重性格的城市形态特色。在这一点上与德国这个近邻基本一致。

荷兰城市形态和设计中的实用性显得尤其富有启示。

第一个实用性是坚持老城的中心地位，同时又使荷兰当代历史城市保护，走出了不同于意大利博物馆式保护的新模式，能更大程度上包容老城的有序更新。例如海牙的老城中心区西侧内，被拆除更新的用地比重约四分之一。包括引入公共设施和社会住区等。

第二个"实用性"，是走出老城之后，就会放宽对建筑高度限制。为当代发展提供空间。前文两座荷兰城市中都是如此。

第三个是当代荷兰建筑装饰艺术也具有现代感的"实用性"特征，荷兰受到简化装饰和风格派影响——城市中大量出现鲜艳的纯色。与之对比，法国、意大利希腊等地中海国家城市，也包括德国都倡导推崇雅致的"高级灰"，城市中往往避免出现刺眼的纯色。但荷兰与之相反，例如阿姆斯特丹中心区边缘的喜力啤酒厂特有的"翠绿色"；海牙克里尔设计的高层建筑顶部使用了红黄蓝三原色；等等。这些鲜艳色彩不仅可以很好地点缀了城市景观，也能给人提供了一种特有的简洁明快，富有朝气的现代感受。

第四个实用性，通过高水平和高品质建筑的引领作用。在起到了景观轰动效果后（如海牙 BANK 项目），更多其他建筑却更加注重功能和实用，回归朴实低调。

# 第八章　城市复兴：英国城市

英国城市发展原本有不少天生劣势——相比欧洲大陆，英国作为岛国，用地紧张，进而导致在城市形态选择上受限。但英国抓住工业革命契机实现崛起。国家推行新教，淡化王权和宗教，创业者和劳动者成为城市的真正主人，城市也收获了来自底层充沛的推动力。英国上述一系列做法与文艺复兴时代意大利城市共和国近似——商人（资产阶级）主导、规则至上，务实"改良"。英国又在此基础上再进一步，精心设计了以"提智""富民"为宗旨，以促进工商业发展为目标的社会制度[①]，推动了英国的国家崛起。

伦敦的城市形态也体现出商人价值观中的务实和进取[②]。尤其是"改良"路径下对城市形态的逐步优化策略，既能包容传统遗存，也积极引入现代功能和创新形态要素，形成了兼容并蓄、富有创意和多样性的英国现代城市形态[③]。

最早的例子是 1666 年伦敦大火后重建，城市此后发展不仅很快走出困境，也进而在以往的教堂宫殿等的废墟上，兴建了更具活力的大学、科学机构、博物馆等现代城市设施[④]。

---

① 英国接受亚当·斯密关于"人是社会的共同财富——民族的财富"的观点，城市作为一个培养人、管理人的制度或机制，通过对人"提智"而使城市走上变富变强的道路[16]。

② 在启蒙时期的英国，人们不仅被允许通过商业贸易和生产制造大量牟利，即使在通过私人企业途径的海外殖民中，所获取的大部分财富都可以不必上缴。英国政府更愿意看到财富在整个社会中流通，并谋划引导民众跟随国家做进一步扩张。这样的制度设计一方面推动英国整个社会的发展；另一方面，也激发了每个英国人的进取心。

③ 除了作为枢纽城市的伦敦外，其他英国城市，也都富有特色。纽卡斯尔、曼彻斯特和伯明翰都是工业次级中心，利物浦和赫尔是港口城市。苏格兰在接受英国的行政管理后，逐渐融入了英国整体的工业体系。爱丁堡是文化中心城市，格拉斯哥则是港口和工业中心城市。

④ 工业革命后的伦敦是欧洲精英人士向往的城市。人们尤其向往英国当时宽松的宗教氛围，以及鼓励社会和民众积极进取的制度，这与欧洲其他国家仍较严格的宗教管控形成鲜明对比。因此，欧洲大陆的企业家和熟练劳动力为寻求宗教自由，逃离比利时、德国和法国等地，移民到英国伦敦。他们中有大量商人和银行家，在伦敦保存至今的 17 家商业银行中，15 家银行的创立者就来自这些早期移民。

**图 8.1　英国风格特色的画境式园林**

（来源：[1]）

在初步奠定了现代城市格局后，英国城市"改良"的目标拓展到广场、公园等公共空间①。公园引入来自中国的园林造景理念，使人们游走在公园中的体验更加生动有趣，并进一步在英国建筑学和城市设计领域催生了"画境式（Picturesque）"城市设计传统②。

相比于城市格局和公园，城市住宅区的"改良"更晚进行③。1875 年的《卫生法案（Public Health Act）》要求新建住宅采取联排布置模式，人们称其为"法规住宅（by-law house）"，所形成的城市形态也被称为"法定特色（academic character）"（图 8.2）。虽解决了城市中住宅建筑间距和日照卫生问题，但同时也带来了城市道路和建筑形态单调呆板的问题。在霍华德田园城市中以圆形作为郊区和新城的新形态，可以看作对"法定特色"的校正。

此外，在改良了居住区后，城市公共服务设施的改善工作又被重视起来。作为理论支持，格迪斯（Patrick Geddes）1915 年在《进化中的城市（Cities in Evolution）》中，论述了加大对新建公共设施投入的"城市的优生学（eugenics）"原理。认为对城市教育、市政交通等公共设施的

---

① 向公众开放的英国现代公园出现得较晚。此前虽不乏皇家公园，如圣詹姆士公园、摄政公园等，但却都采取封闭形式，并不对公众开放，并非现代意义上的公共空间。

② 在英国园林的规划设计方面。最初是模仿法国，但随着英国国力的兴盛，开始尝试创新和特色。此时，马可波罗游记在英国传播，来自遥远东方的中国江南园林艺术给英国人带来无限遐想和创新灵感。英国园林中开始出现类似于中国古典园林中的自由漫步路、水面和亭台楼阁等元素。这种吸取了中国江南园林"步移景异"趣味的英国田园式园林，也被称为"画境式"园林风格。19 世纪末，美国设计师勒姆斯塔德参观了英国公园，回国后规划设计了大量类似风格的公园，并将公园曲径通幽的小路设计方法应用于别墅居住区内。

③ 在科学城市规划出现之前，工厂出于临近劳动力和生产资料转运地的需求，通常在城市中心选址，且常常是临近港口码头。这样缺少规划和分区的城市显得十分拥挤，卫生状况很差。恩格斯在《英国工人阶级状况》主要针对曼彻斯特进行了调查研究，提到人像资本一样聚集，……"这是一个普普通通的英国工人家庭的住处，其清洁程度比任何商店和啤酒屋都要差许多倍。直到 1875 年《卫生法案》出台后才得以改观。

图 8.2　英国典型的"法规住宅"
（来源：网络）

更多投入，会对未来人们的生存和发展带来极大的回报。因此，城市规划设计中也需要对住宅、产业之外的公共设施给予重视。

## 两种并行的英国现代城市设计理念：田园走向和技术走向

英国是西方工业文明的起源和代表，也是工人和资方构成的矛盾统一体[1]。矛盾体的两端因此形成了相应的社会要素——精英和民众、保守党和工党等，英国城市文化中也因此充满两种理念的辩证共存和制衡[2]。

20 世纪后的英国城市设计，也有两条连续的、平行发展的线索：一是比较明显且广为人知：英式园林理念下的历次田园城市和新城理念，

---

① 当代英国的工人阶层是一股较突出的社会力量。相关的工会、工党也具有重要的社会影响。人们从英国较特殊的社会心理加以解释。相比于更多发展中国家人们所追求的"阶层跨越"，英国人更在乎能否稳定地扎根在自己的阶层，并能"团结"相同阶层的大多数，英国社会活跃的工会和工党即是在此背景下的结果。[10]

② 英国社会除了对工人阶层相对友好外，也能较好地满足高收入的精英阶层的发展要求。他们在英国能收获更多正面评价和关注，英国社会也相应提供与之匹配的高品质、创意感的城市环境；另一方面，精英仍旧是少数人，更多公众会对获取公平公正倾注了更多精力。也相应地，当代英国分裂的社会也各自追逐不同城市形态，英国普通民众则更关注住区环境和标准提升，这同英国 20 世纪初以来的花园城市路径十分契合。

即是人们在试图挣脱大城市拥挤环境，疏散和融入田园人居的愿望驱使下的种种城市设计努力。包括从田园城市，到大伦敦规划，再到战后新城建设；另一个线索则相对隐含晦涩且深藏，作者认为，根植于英国作为老牌工业强国的技术自豪，英国人，尤其是精英阶层［如倡导城市复兴（Urban Renaissance）理念的理查德·罗杰斯等］坚信伦敦、利物浦和曼彻斯特等大城市是发展之魂和永恒的精神阵地，导致对大城市的更新升级投入巨大，对当代新型城市形态的探索也最坚决，整个过程中将建筑的高技派风格作为在当代英国展现和诠释悠久的工业传统的一种媒介。当然，在前者（田园走向）的映衬下，这一线索并不明显，但英国的确在不同方面都坚信自己在后工业化时代仍将引领潮流，以及英国历来通过人的社会组织和教育、资本的有序集聚以及空间的再造和再生产等创新方式，相信大城市的集中发展道路仍会行得通，走得远。

**理念走向 1：田园走向**

英国文化深层中一直有田园传统，而并不仅仅存在于 20 世纪后的霍华德田园城市。法雷尔（Terry Farrell）将其归因于英国作为岛国更贴近自然；以及在长达近千年的和平发展下，人们生活方式逐渐接纳自然、热爱自然和融入自然的过程。[5]

不存在战争的威胁，长期处于和平状况下的英国城镇，即使在 19 世纪前也同意大利、法国、德国等其他欧洲国家城镇形态有显著差异。英国城镇周边没有高大的城墙和棱堡等军事要素，而是更加开敞开放，也包含有更多公共空间和林地的生活气息。

图 8.3　伦敦的郊区和公园，位于中心区边缘的荷兰公园（Holland Park）居住区；位于南岸城市边缘的布莱克希斯区（Blackheath）

（来源：[5]）

当代伦敦就是由若干这样的历史城镇集聚而成，包括巴恩斯（Barnes）、里士满（Richmond）和温布尔登（Wimbledon）等。而这些历史城镇内包含的公共园地和林地也被一并纳入伦敦，并被作为当代人们休闲场所保留下来（图8.3）。从而使英国近代城镇天然地具备一定的"田园城市"基础条件。

不同于伦敦早期对原有城镇的吸纳合并，20世纪初霍华德田园城市则是走出城市，开始继续在郊区主动新建具有田园特色的新城。例如莱斯沃斯（Letchworth）通过在新城中心位置采取了巴洛克形态，多条道路

图 8.4　阿伯克隆比在 1943 年的伦敦县规划中，关于"社会和功能分析"的彩图中，用"气泡"的图示方法，标注了伦敦的社会单元，包括的历史城镇和社区。每个单元都能包含中心绿地。

（来源：https://www.udg.org.uk/publications/articles/county-london-plan-j-h-forshaw-and-patrick-abercrombie）

图 8.5　汉普斯泰德花园郊区中的花园类型；上右，莱斯沃斯俯瞰

（来源：右上[1]，其他[4]）

设计成林荫大道形式（图 8.5 上右），唤起了人们对传统英国村庄美好环境的记忆。昂温（Raymond Unwin）1909 年设计的汉普斯泰德花园郊区也通过具有田园传统道路 [①]，体现英国特色的"画境式"景观 [②]（图 8.5）。

阿伯克隆比（Patrick Abercrombie）在 1943 年的伦敦县（London County）规划中描述为一种更加接近于田园城市理念的"中心绿地和组团"形态的结构（图 8.4）。此后大伦敦规划及其哈罗（Harlow）等新城建设，也可视为田园理念的进展。

随着战后英国走向更宏观的国土战略规划，田园理念也更多出现在英国国家政策视野中。1960 年代英国推出抑制伦敦等大城市，将资源向落后地区和乡村地区倾斜的政策（如"东南部研究计划"和苏格兰的"区域发展规划"）[20]，并通过建设新城的方式，带动落后地区发展。

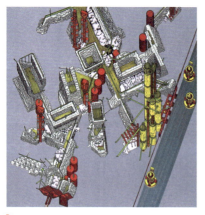 

**图 8.6　电信派的理论构建**

（来源：https://www.indesignlive.hk/happenings/m-acquires-archigram-archive）；右图：今天的伦敦高技派超高层建筑（https://www.thameslinkprogramme.co.uk/wp-content/uploads/2018/08/aerial-london-bridge.jpg）

---

① 这些早期花园城市中，建筑布局也更多吸收传统村庄分散自由的特点，避免重复当时通行的 by-law 街道模式。而有些做法仍需要一定的创新勇气。如昂温在汉普斯泰德花园郊区采用的"尽端路"有违当时的英国卫生法案。但昂温认为，"对于居民来说，特别在汽车发展的当今，尽端路对于喜爱安静住宅的居民更加具有吸引力"。昂温认为中世纪的不规则城市模式，相比于规则的几何布局更加具有人性。于是昂温写道："无疑古老的不规则街道更加有趣，在于自由的感觉、自发地生长，这是那些经过规划的、规整的城镇所没有的。"[4]

② 昂温借鉴西特的设计理念，总结了一系列的"画境式"设计规则：①一个清晰的总体组织（a clear overall organization）；②包含一系列紧凑而富有逻辑的中心（dense and legible centres）；③一些形态上不同的区域（some morphological differentiated districts）；④对城市扩展采取限制和制约的态度（a limit and barrier to the city's growth）；⑤一个轴线（an axis）；⑥一个地标（a landmark，special building，entrance etc.）；⑦更多画境风格的建筑单体（more picturesque local buildings）。[4]

而在 1980 年代英国新城政策终止后，当代英国住房问题仍旧存在，核心问题是填补公众对独立住房的需求缺口①。伦敦等大城市周边地区仍通过"企业区"（Enterprise Zone）②"潜在地区"（Opportunity veas）③ 等创新政策，致力于推动田园风格的低密度住宅区建设。

**理念走向 2：技术走向**

自 1960 年代以来，英国阿基格拉姆集团 ［（Archigram group）也称为"建筑电信集团"］，将英国自工业革命树立的"技术自信"，凝练为颇具影响的建筑和城市设计理论。

短短几年中，他们不断提出对未来城市的诸多超前设想，包括流动大都市、独立生活单元和弹出式城市等（moving metropolises, self-contained living units and pop-up cities）。尽管时常令人耳目一新，但由于太过超前和科幻感，20 世纪末之前，一直被认为仅是一种"乌托邦"理念，至多是对当代高技派建筑学创作产生了部分影响，或在"激发建筑师和设计师的灵感"方面有一定价值，绝不至于上升到具有整个国家的影响力。

但六十多年后的今天，我们再次拿出彼得·库克（Peter Cook）1964 年的"插入式城市（Plug-in City）"的图示（图 8.6 左），同时将千禧塔、瑞士再保险公司大厦（2004·俗称"小黄瓜"）、国王十字（King's

---

① 经过 20 世纪英国新城的大力建设，基本解决了住房短缺。当前英国主要住房目标是解决独立住房缺口。例如，2003 年，伦敦住房短缺 3.9 万套，但独立住房缺口达到 45 万。但该目标的解决也面临矛盾，一是英国新城政策停止，开始转向城市更新，但城市中心区建设用地不足。另一方面，城市空地中以传统工业废弃的棕地居多，英国政府也鼓励利用棕地解决住房问题。以伦敦为例，罗杰斯为首的城市工作组 1999 年报告中建议将新增住宅集中在城市（而非郊区）以及棕色地带，即工业更新地区。但不同于开发非住宅，如果在棕地中开发住宅，土壤修复等环境保护要求很高，成本高启，低密度的独立住宅形式开发难以收回成本，开发商更倾向于高密度的高层住区。伦敦已完成的棕地住宅建设中，更多的采高密度开发模式，只有濒临泰晤士河沿岸的里弗赛德建设了低层住宅。这些实际问题都造成独立住宅短缺问题难以解决。
② "企业区"，即"免于实行标准化规划控制的国土地区（即可以开展创意和创新），在企业区内的公司可以享受 10 年的税费减免等财政优惠"。1980/1981 年划定的 11 个企业区（EZs）中，有位于伦敦内城的狗岛（道克兰）、贝尔法斯特、索尔福德，也有城镇密集区外围地区的斯皮克、克莱德班克，作为工业废弃区的达德利、索尔福德、斯旺西，以及规划有服务业的工业区盖茨黑德的蒂姆瓦利。大多数企业区是一些衰败的城市地区，有大片的废弃土地。1983/1984 年又划定的 13 个企业区仍是如此。到 1986 年为止，在所有的企业区内容纳了 2800 多个公司，提供了约 6.33 万就业岗位[19]。
③ "潜在地区"，是伦敦等大城市在总体规划中，围绕周边住区分布情况及其配建的公共服务设施的短缺，拟增加新建的潜在城市中心地区。

Cross )、滑铁卢（Waterloo）火车站等当代建筑（图 8.6 右）放在一起，今天的实景和当年"电信派"图示"神似"。尤其是如果我们在头脑中将库克所绘图中空白处（伦敦历史城区）补全，这些今天伦敦实景中众多"插入式"的高科技建筑形态基本应验了"电信派"的预言。

这样看来，潜移默化之下，如同"聚沙成塔"一般，当年电信派思想深刻地影响了当代伦敦建筑师和城市设计师及其建筑实践，也激发了当今伦敦复兴的持续推进。或者说，当年阿基格拉姆集团至少是预测和揭示出英国城市设计领域共同具有的"技术走向"，抓住了英国建筑和城市设计领域最引以为傲的作为工业强国和技术驱动的高技术倾向，并通过图示将这种"集体无意识"的思想清楚地表达出来。

在当代学术领域，英国特有的思想理念也带来全新思维。与电信派理念遥相呼应的是，柯林·罗 1973 年提出的"拼贴城市"（Collage City）理念中，论证支持了不同的城市形态的相互包容，甚至允许彼此具有对比效果的多种城市形态的共存。这一理念也进一步支持了英国技术走向思潮在城市设计创新中有更大的施展空间。

此外，当代英国推行的城市复兴政策[①]，也带有一定的技术导向特征，并从伦敦扩展到整个英国各个城市。城市复兴鼓励通过"插入式"的创新城市形态，信奉增加现代技术支持下的新功能模块等做法[②]，背后思想也都有英国工业传统和技术自信的内涵。

### 英国当代城市形态和景观

英国在伦敦大火后就从城市消防的角度加强了城市主要道路宽度；同时，英国十分发达的地铁轻轨等公共交通也很早就已建成使用。因此，英国城市并没有受到现代汽车时代的过多影响，人们更习惯于公交出行，已有的城市道路也能适应汽车时代初期的通行需求，而无需建设过多汽车专用的高速公路和立交系统。从而使英国在城市形态上与欧美其他城市有显著差异。

---

① 1990 年代后期，英国政府根据社会学家分析，认为随着当下独身、离婚人口的增加，未来家庭平均人口将大幅降低，在城市总人口仍小幅增加的情况下，住房的需求缺口会更大。政府委托著名建筑师理查德·罗杰斯勋爵领衔组成"城市工作专题组"，进行针对性研究并提出对策。专题组随后提出了以中心区更新为目标的城市复兴的策略，得到英国政府采纳并在全国推行。

② 英国当代城市更新中，具有倡导模块和插入式形态设计的倾向。例如主导英国城市复兴战略的罗杰斯团队认为，通过废弃地区的棕地开发以及具有崭新城市形象的项目，将在提振城市活力的同时，也释放周围乡村地区的发展压力。[2]

相比而言，英国受后工业时代影响则更大。以衰退工业区、港口区为对象的英国城市更新力度更大，对城市形态的影响也更明显。20世纪后期开始，英国政府一系列城市设计政策的推出，则希望城市景观能不再平淡，通过城市三维形态设计，提升城市魅力，从而展示英国在当代创意、旅游等新兴行业中的领先地位。

例如，英国近年来提出了"城市复兴"的国家战略，直接面向城市核心区，进一步强调城市设计在城市更新中的作用。1999年，建筑师罗杰斯为首的"城市工作专题组"完成了《迈向城市复兴》[2]，提出"以设计为主导的城市更新"观点①，系统提出了大城市更新中开展城市设计的105项政策建议等措施和路径，直接推动了伦敦2012年奥运场地、国王十字车站等诸多有影响力的城市更新项目。

英国当代住房短缺问题较大，也是城市形态景观变化的主要内在原因之一。一般社会住宅会采取大体量高层建筑形式，结合公共服务设施较便利的社区中心周边布置。而相比于中低收入阶层的社会住宅需求，英国社会对较高收入阶层的住房改善需求的矛盾则更加突出，并更偏爱郊区田园风格的静谧社区，近郊区一般采取"by-law"住宅区形成了简单规则的郊区形态。但由于英国田园郊区历经长时间开发建设由来已久，目前几乎没有用地。只能结合城市更新，尤其在原来港口用地上建设，因此英国当代有更多低密度形态的滨水住宅区，如泰晤士河北岸的里弗赛德住区（Riverside）。

下面会有3座英国城市，分别是伦敦、利物浦、爱丁堡。利物浦和爱丁堡都是英国滨海城市，但将两者放在一起，可供更好地讨论遗产保护、地域特色等话题。

---

① 专题组认为，通过城市复兴加以应对，使英国城市（主要针对伦敦）再次成为吸引人们生活的地方。报告中附带了城市设计示意，参考了当时美国盛行的新城市主义理念，并提出了旨在推动城市复兴的105项政策建议。

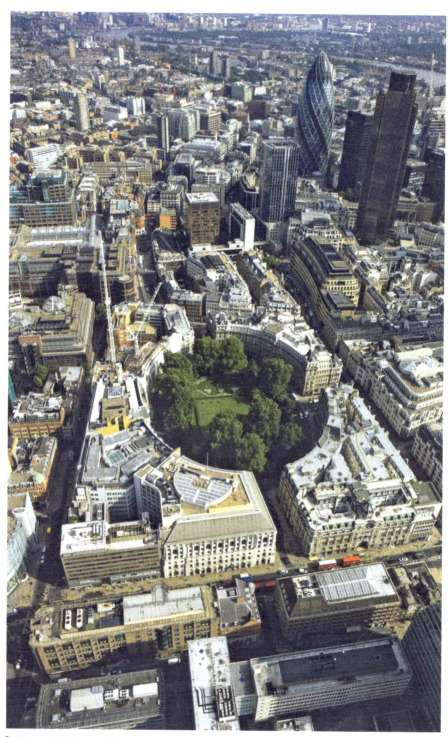

图 8.7　伦敦中心区，芬斯伯里圆形广场（ Finsburg Circus ）。

（来源：[ 3 ]）

## 创意之都的城市复兴：伦敦

现代伦敦的城市文化和主要规则秩序都始于 1666 年的灾后重建。自此伦敦也一举奠定了它们崇尚商业精神和创新发展的城市运转基调。在当时一片废墟中，面对妥善安置大量繁杂的商业业户和门类，绝对离不开密切磋商和相互妥协的商业规划。在城市形态上看，就是拒绝了某种先入为主的模式，依靠自下而上的精打细算和互利互惠来解决敲定。这样的情况下，不会有宏大的城市格局，也不见得有统一的形式或重复的主题，但绝不缺少规则和秩序、旺盛的活力和精彩的创意。人们称赞伦敦城市形态更多是具有了一种"有机生长"的自然感和生命特征，流露出超越寻常的"天生美感"①。

当代伦敦延续了这样自下而上的城市设计原则，逐渐构建了此后大伦敦的发展格局。例如伦敦很早就整合周边地区，实现了区域协同发展。其中 19 世纪伦敦联系了周边 32 个行政地区②，修建了铁路地铁③。依靠伦敦商人们的协商合作，以及共享共赢的商业法则和契约精神，形成互不妨碍、彼此成全的整体步调和共享发展。人们将伦敦城市中弯弯曲曲的铁路走向象征这里商人社会，斤斤计较和委曲求全都在其中，但深层磋商和合作共赢是最终的诉求。

1980 年代后英国进入去工业化阶段，伦敦的产业定位是"金融推动"和"自由拓展"与英国其他区域构成一种"浮士德式交易（Faustian bargain）"，即伦敦一方面有经济拓展的自由；同时也为其他地区提供巨额补贴。[15]"自由拓展"下的具体产业，会随时代发展切换，今天包括出版设计等相关"创意产业"。因此，伦敦也被称为"创意之都"。伦敦也因在英国的独特性，被称为"离心力源泉"——形容伦敦是整个英国

---

① 伦敦建筑师法瑞尔称赞伦敦城市发展充满活力并隐含秩序——将伦敦称为"一直呈现出增长的势头……还在不断增长"——有别于人工化的英国战后新城，伦敦的特色难以通过人为规划获得，只能通过有机的、自我组织的、进化的方式，其形态也如同生命体一般，有特定秩序、高度复杂并具有"天生美感"[5]。

② 伦敦的城市行政管理也不同于其他地区。今天的大伦敦地区包含了伦敦金融城（City of London，仅约 1 平方英里）与 32 个伦敦自治市（London Boroughs），共 33 个次级行政区。

③ 20 世纪初开始，伦敦依托地铁系统，郊区迅速建设。到二战爆发前的 1939 年，中等密度的郊区扩展到距离城市中心 19—23 公里外的地区，实现了郊区化的同时，也使伦敦成为依托于公共交通的城市。

摆脱循规蹈矩和约定俗套的核心创新力量。相应地，伦敦城市景观和形态也充满了创新感和多样性，对整个英国的城市设计也具有突出的"离心"效用和引领作用。

下文选择了最能展示伦敦技术倾向的两部分，铁路沿线和高层建筑形态；以及当代田园走向下的伦敦郊区扩展。

### 铁路系统主导的伦敦平面形态

1912 年基本建成的伦敦铁路（含地铁和轻轨）系统 [1]，是一套完整统一的交通骨架——一条内环状铁路线为核心，11 条不同方向的分支放射开来。铁路系统决定了伦敦平面的城市形态，从空中俯瞰下，能清晰看出这一

**图 8.8　铁路站点周边尺度更新明显**
（滑铁卢车站，来源：[3]）

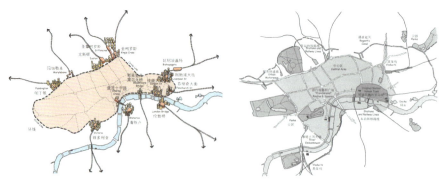

**图 8.9　铁路及其站点对伦敦城市结构的影响，来自法瑞尔的图解**
（来源：[5]）

---

①　在始于 1808 年的伦敦地上铁路系统及其沿线大量站点基础上，在 19 世纪后期又进一步开展了大规模铁路系统建设。

"内环 + 放射"的结构形态，以及系统中主要站点构成的城市结构（图 8.8）。

近年来，伦敦铁路沿线的车站成为城市复兴和更新的重点。带有钢结构玻璃顶的候车大厅，以及装饰精美的城市立面形象，构成了一种新型城市景观。其中，又由于泰晤士河南岸站点建设的后发优势，泰晤士河以南有两个最重要的节点——伦敦城桥站（London Bridge）和滑铁卢站，最终发展成为伦敦最大、最重要的火车站，而且在 1990 年代末进入欧盟高铁时代后，都成为更重要的枢纽站。

## 伦敦上空的设计——当代伦敦城市景观和高层建筑控制[6]

伦敦建筑高度的管控分为两个阶段。1999 年之前，主要参照圣保罗（St Paul's Cathedral）大教堂等重要制高点，通过视线分析控制；1999 年后，管控力度松动。超高层建筑的景观成为管控重点，伦敦开始接受一条不同于圣保罗大教堂等传统制高点主导的历史天际线，而开展以超高层建筑为对象的天际线重塑，并重点研究将逐渐增多的超高层建筑放在一起的协调感。

### 阶段 1：传统天际线

伦敦依据圣保罗大教堂 111 米高度，历来将 20 世纪以来新增高层建筑控制在 50—111 米。例如 1960—1970 年的十年间，就建设了超过 300 栋 50 米（或约 12 层）以上的一般高层建筑。但截至 2016 年，仅有 17 栋超过圣保罗教堂高度（111 米）的超高层建筑[①]。因此，伦敦的城市形态是在严控绝对高度，但却通过高密度的方式实现城市更新和增容。这样的做法，用学者海斯科特（Heathcote）的观点来说，就是伦敦的城市形态是在"安静而无人察觉地"不断演变和增长。

在城市设计和景观控制方面，伦敦坚持从实际的人的观感角度，判断城市空间的形态和设计。因此伦敦总体规划研究过程中，会出现大量在广场的视点上，对远处拟新建建筑的高度分析比较，从而确定适合的高度（图 8.10）。也正是源于这样的高层建筑控制技术，在伦敦整体俯瞰肌理中，会有极为粗糙无序的布局。这一粗糙肌理特征如果与罗马、巴黎等欧洲大陆各城放在一起，又能进一步映射英国经验主义同欧洲大陆思维哲学的差异，英国人心中并无至高的"原型"，而是追求亲眼所见的真实结论——"经验主义"思想下，各处视点的不同结论加在一起，就

---

① 　低于圣保罗大教堂 111 米的高度。详见：https://yourstudent-gemini.fandom.com/wiki/List_of_tallest_buildings_and_structures_in_London。

图 8.10 伦敦城市设计对高层建筑的分析过程，英国从实际的人的观感角度，判断城市空间的形态和设计。图为圣保罗大教堂周边项目的景观视线分析

（来源：DEGW 咨询公司）

出现了在"上帝视角（空中鸟瞰）"下无序的形态。相反，对于难以体察到的高空俯瞰肌理，不论是否完整有序，并不作为英国人的主要考察对象。尽管欧洲大陆的大部分国家都极为看重这一点，这也反映出英国文化的个性之处。

### 阶段 2：现代超高层天际线

伦敦高层建筑规划管控的改革，最初出现在 1991 年"区域规划指南 3（RPG3）"，该文件虽仍旧延续伦敦以圣保罗大教堂等为核心的高度控制传统，但在超高层建筑的引入问题上的态度有所松动，在征得遗产保护部门同意后可以获得一定的支持[①]。

1999 年罗杰斯提出"城市复兴"战略，以及通过摩天楼等城市形态要素提振城市形象的理念，加上 2000 年新任市长利文斯顿（Ken Livingstone）的中心区聚集发展观念，开始给伦敦超高层建筑提供政策土壤。按照罗杰斯和利文斯顿[②]的观点，高层建筑可以坦然地增加，也

---

[①] 该政策聚焦于圣保罗大教堂和威斯敏斯特宫在泰晤士河南岸和北岸的地标地位。1999 年又发布了"伦敦高层建筑和战略思考的补充意见"，在保留 1991 年 10 大战略意见外，联合伦敦遗产保护署担任伦敦新建高层建筑的法定顾问。2003 年，伦敦遗产保护署出台了"高层建筑指南"。

[②] 2000 年伦敦新任市长肯·利文斯顿面临两个选择，一个是限制伦敦中心区发展，将投资引入周边地区，并通过基础设施新的走向，"拟合"和引导人口的流动；另一种思路是刺激中心区经济和发展，并将所获得的收益反哺环境建设。利文斯顿选择了后者，并相信通过环境提升改善城市生活和吸引力，也是伦敦作为金融、商务、旅游和艺术中心的必要条件。在伦敦 6 个分区对利文斯顿理念的支持态度上看，仍旧是经济和财政起到关键作用。伦敦分为 6 个区，除了中心区外，还有西部、西南部、北部、东北部、东南部共六个区，其中仅有经济更好的南部两个区明确支持利文斯顿的高层开发，但中心区持有保留态度。因此，也能从近年来伦敦城市形态的变化中看到这样的态度。伦敦中心区高层建筑的增加比较谨慎，（转下页）

允许超过圣保罗大教堂，以形成伦敦作为"世界城市"的新形象，这些高层建筑的高品质和独特形态，更可以成为城市吸引力的象征。

对此，支持伦敦高层建设和整体天际线提升的市长利文斯顿，委托修编"伦敦景观管理框架（London View Mangement Framework）（2007）"，将原来的视廊明显地收窄，以放松对高层建筑的管控。同时，在超高层建筑大幅增加的预期下，加强城市设计，新的"伦敦景观管理框架[①]"下"允许新增可以接受的"大型建筑、高层建筑[②]（图 8.11）。

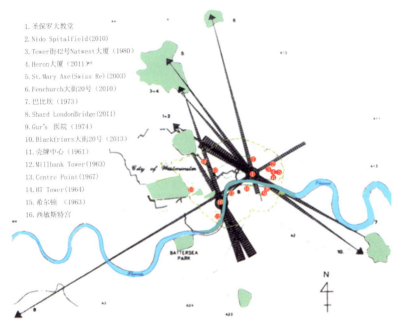

1. 圣保罗大教堂
2. Nido Spitalfield(2010)
3. Tower街42号Natwest大厦（1980）
4. Heron大厦（2011）™
5. St.Mary Axe(Swiss Re)(2003)
6. Fenchurch大街20号（2010）
7. 巴比坎（1973）
8. Shard LondonBridge(2011)
9. Gur's 医院（1974）
10. Blackfriars大街20号（2013）
11. 壳牌中心（1961）
12. Millbank Tower(1963)
13. Centre Point(1967)
14. BT Tower(1964)
15. 希尔顿（1963）
16. 西敏斯特宫

**图 8.11　伦敦 2013 年的超高层建筑分布；以及 1994 年出台的战略景观政策（Strategic views policy），缩小后的伦敦景观视廊管控**

（来源：作者根据[6]改绘）

---

（接上页）但周边地区尤其南部地区则更加激进，彭特将这种对高层建筑的差异性态度，一定程度上归咎为各个地区政府的财力情况。但学者们也认为经济和财力对城市形态的影响甚至要超过城市设计，正如约翰·彭特所言，不论怎样精心构想的高层建筑集群，一旦掺杂进来资本的驱动，再加上政府对资本的忌惮，城市设计都会不复存在[17]。

①　相较于此前十分关注圣保罗大教堂等重要地标协调性的传统城市设计来说，1994 年出台的战略景观政策（Strategic views policy）则侧重于视廊等大尺度的天际线等远眺整体性景观的控制。2002 年，利文斯顿聘请 DEGW 咨询公司依循上述思路，在修正变窄规划控制视廊的基础上，又完成了《伦敦的天际线、景观和高层建筑》研究报告。此后又将此前较宽松的高层建筑管控理念体现在"特殊规划指南"："伦敦景观管理框架"中（图 8.11）。

②　在罗杰斯的指导下，伦敦成立了"为伦敦设计（简称 DFL）"的机构，旨在提供培训和指导，推动城市和建筑设计质量。罗杰斯改变了伦敦政府以往没有城市设计部门的情况，也协调了规划和建筑两个层面，提升了城市设计的作用。

在具体论证审批过程中，目前伦敦执行"在负面评价（Negative impact Statement）和正面评价（Positive Value）之间切换"的政策。

所谓的"负面评价"是首先对每一个高层建筑申请从最挑剔的视角查找问题，研究一旦高层建筑建成，所造成的任何可能的不利影响。如果能通过"负面评价"，则该拟建高层建筑就转变为"正面评价"，即能确保引入高水平设计，积极寻求合适的形态布局和立面形象，使新建高层建筑具有创造新城市景观的潜力，是具有活力和吸引力的新元素，并使其价值最大化[6]。一般认为，1999 年前的伦敦高层建筑政策都限于"负面评价"；而近年来则更多支持"正面评价"。

## 伦敦当代城市复兴实践

在纪念"城市复兴"理念提出者罗杰斯的文章中，著名的《建筑评论（*Architectural Review*）》杂志编辑欧文·哈斯里（Owen Hatherly）总结了罗杰斯最具代表性的 5 项建筑作品，位于伦敦的有三处，除了早期劳埃德大厦（Lloyd's building）（1986）外，还有千禧穹隆（the Millennium Dome）（1999）和 Leadenhall 大厦（2014）。两者分别代表了罗杰斯对伦敦城市复兴的两条路径——文化体验和容量的提升。（https://www.architectural-review.com/essays/reputations/richard-rogers-1933）

2014 年建成的 Leadenhall 大厦，因其楔形形状而得名，高 224 米。这座建筑的设计具有锥形形态，朝向圣保罗大教堂一侧采取了退让形态，使城市景观更加畅通协调。这些独特的设计手法，正如他的公司网页上所描述的，成为"伦敦天际线的积极补充"。

**图 8.12　Leadenhall 大厦（2014）的突出景观**

（来源：https://www.designcurial.com/news/inclined-to-agree-4463095/）

**图 8.13　位于伦敦东南侧的超高层密集分布地段**

（来源：作者 Daniel Chapma, https://kids.kiddle.co/Image: London_from_a_hot_air_balloon.jpg）

　　在伦敦核心区的公共空间周边，文化和旅游支持设施是城市复兴的关键。罗杰斯设计的千禧穹隆提供了丰富生动的旅游体验；此外，千禧穹隆和不远处的泰特现代艺术馆（Tate Modern）遥相呼应，构成了当代伦敦最重要的文化设施之一，是实现城市复兴的一个重要环节。艺术馆利用原来被称为"伦敦后院"的废弃电厂建筑，在城市设计中除了能充分利用工业遗产建筑的外观形态，形成现代化的元素外，鲜明的建筑内部空间被适应性再利用，满足了现代展示需求；在外部空间，创造性地整合了千禧桥，将远处的圣保罗教堂和河对岸联结起来。

**图 8.14　千禧穹隆和周边的泰特美术馆**

（来源：https://peakvisor.com/adm/london.html）

### 当代田园郊区

在城市核心区的周边地带，城市设计旨在提供与中心区世界金融城相匹配的生活品质和服务。

伦敦总体规划（2004 版）对近郊区采取了结构化的城市设计策略。即通过界定各类中心［包括"大都市中心（Metropolitan Centre）""主要中心（Major Centre）"］，以及少量新建地区［包括"潜力地区""优先发展的工业点（Preferred Industrial Location）"］等，从而勾勒出城市形态管控的结构思路和重点地段。

以东北片区为例，从规划实施的成效看，罗姆福德（Romford）等各类中心地区并无明显更新建设，反而是几处"潜力地区"建设力度更大[①]。其中又尤其以新建城镇中心伊尔福德（Ilford）较为典型。

伊尔福德（Ilford）位于伦敦中心区外的东北片区近郊区（伦敦 4 个近郊区之一，还包括西片区、西南片区、东北片区、东南片区）。伊尔福德依托于伊丽莎白地铁线，是伦敦受到欢迎的近郊社区之一。新城更新规划中，新城中心的"内聚化"模式，类似于第二代新城坎德诺尔德新城中心。目的十分明确，面对新增的 6000 户人口，需要提升城镇服务功能和服务水平。

**图 8.15　伊尔福德俯瞰**

（来源：https://www.singerviellesales.com/uploads/2017/3/ilford-3670_1200X675.jpg）

---

① 伦敦"东北片区"的 6 处潜力地区中，城市边缘（city fringe）和金丝雀码头是建成区，以环境完善为主。另外两处濒临泰晤士河的皇家码头（Royal Docks）和里弗赛德住区（Riverside）主要规划建设住宅，其中皇家码头建设多层公寓，而滨河区则通过联排住宅，解决伦敦短缺的独立住房需求。其他两处斯特拉福德（Stratford）和伊尔福德（Ilford）作为公共服务中心。

　　伊尔福德中心区的城市设计理念是"聚焦购物中心的多样化服务（Diversifying uses and focusing retail）"，依托地铁站点，布置了大型仓储式购物中心，以及包含 42 层的超高层公寓建筑，主要容纳社会住宅。

　　在城市设计中，采取了"城市综合体"的模式，提取了交通、公共设施、生活配套和环境等多方面要素，通过城市设计将诸多要素整合起来，使各种要素之间统筹安排而互不干扰，但又能同步提升服务水平。

**图 8.16　伦敦 5 个片区和城市形态模式图示**

从左到右，上排，1. 老城　2. 老城西侧　3. 高层区　4. 道克兰滨水区　5. 东北区的伊尔福德（Ilford）

**图 8.17 利物浦滨水区俯瞰**

（来源：[7]）

## 港口城市的复兴与失去的世界文化遗产：利物浦

英国各个城市都具有差异化的城市文化和鲜明的景观风格。其中利物浦[①]曾经是英国极具特色的工业城市和港运枢纽，城市文化也因近代工业文明和英国最引以为傲的当代流行文化而著称。利物浦列入保护建筑名录的历史建筑有 2500 处，仅次于伦敦。

二战后利物浦港口和航运业萎缩，造成城市经济的严重衰退。自 1980 年代就开始推进城市更新，但在 1988 年完成阿尔伯特船坞（Albert Dock）更新后，又因城市经济不振而中断。直到 1999 年才受惠于英国城市复兴政策重启。

而城市复兴政策中引入高层建筑等城市设计策略，无疑为城市更新提供了城市开发利益和经济运作空间。但与利物浦重启城市更新的同时，

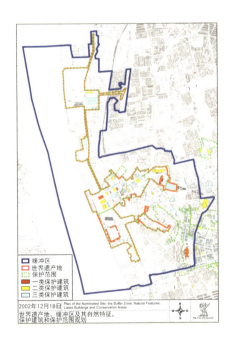

**图 8.18　利物浦滨水区世界遗产保护范围**
（来源：[8]）

---

① 联合国遗产中心将利物浦的世界文化遗产命名为"利物浦—海上商业城（Liverpool—Maritime Mercantile City）"，包括利物浦的历史中心和码头区的六个区域——阿尔伯特船坞、皮尔希德、威廉·布朗街等。对其普遍价值描述为："见证了 18 世纪和 19 世纪世界主要贸易中心的发展。"同时，利物浦也被作为现代码头技术、运输系统和港口管理发展的先驱。

利物浦也向联合国申报世界文化遗产，并很快于 2004 年获批。世界遗产批准文件中，特别强调了对港口区更新"加以控制，与周边环境保持和谐"的要求。联合国遗产中心（UNESCO World Heritage Centre，世界文化遗产审批管理机构）感到潜在的开发威胁，制定了更严格（相比于那不勒斯等）保护区和缓冲区，两者（保护区和缓冲区）紧密相邻，互相嵌套，几乎没有建设现代大型建筑的余地。因此很大程度上，世界遗产与利物浦城市复兴两个愿景很难两全其美。

而此后的利物浦滨水区更新仍旧如期开展，并采取了"非遗产"的策略，选择了常规化的现代开发模式。其中包含了 2018 年建设的埃弗顿足球场新主场，以及多栋高层建筑等。这一做法同美国旧金山传教团湾（Mission Bay）的大通中心（Chase Center）勇士篮球队主场、辛辛那提的滨水区两处球馆等做法如出一辙。但对于一处世界文化遗产，显然普遍通行的做法并不适合。

最终，在利物浦不顾联合国遗产中心将其列为"濒危名录"等多次警告后，最终于 2021 年福州会议上被除名。文化保护败给了商业开发——正如英国代表在福州会议上的辩词所说，"利物浦经济发展需要与遗产保护相协调。但从实际情况看，地方经济长期萧条，政府为创造就业做出了很大努力"[9]，言下之意，利物浦仍旧将经济、就业等发展需求放在遗产保护前面。

城市遗产保护与大规模城市更新时常会是一对天生矛盾，而是否能

**图 8.19 利物浦滨水区——海上商业城**

（来源：[7]）

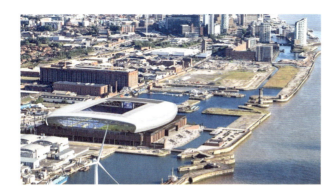

图 8.20　"利物浦水岸"
（Liverpool Waters）中的
埃弗顿新球场项目

（来源：网络）

图 8.21　利物浦滨水区城市形态模式图示

妥善地加以平衡兼顾，其中城市形态是很直观明确的评判依据。如果处理不当，遗产城镇的传统形态模式，会与更新后的现代模式在尺度和风貌上有一目了然的差异。尤其是若将遗产城镇更新"复兴"成为炫目新潮的现代经济引擎，却同时仍将其作为世界遗产承担公众教育责任，自然就落入两难境地。

**图 8.22 爱丁堡俯瞰**

（来源：https://traveldigg.com/edinburgh-castle-the-story-of-a-magnificent-and-historic-castle）

## "北方雅典"的"保守手术"：爱丁堡

爱丁堡位于英国北部边缘地区，由于历史原因，虽是苏格兰首府，但仍在发展机会和国家重视程度方面不及英格兰地区。此外，苏格兰民众由于历史上所受到的压迫屈辱，对英格兰持有一定的抵触态度和认同分歧[10]。也可以想象，爱丁堡的城市设计理念同伦敦迥然不同，想必不仅仅是地域特色差异，苏格兰人思想深处中对自身文化的认同①，也很需

---

① 1970 年代后，随着全球"地区民族主义"兴起，苏格兰文化的自我认同进一步抬头，并通过增加议会席位等措施，争取发展条件。爱丁堡—格拉斯哥城市带通过新兴的电子信息业作为支柱产业，更是超越伦敦作为英国首位的创新城市群。爱丁堡自身也发展为覆盖 264 平方公里土地，以及拥有 46.5 万人口的大城市。

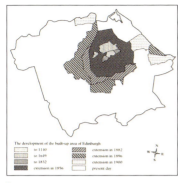

**图 8.23　爱丁堡的城市范围演变**

（来源：[11]）；沿老城和新城之间的王子街看向城堡方向（来源：https://ewh.org.uk/wp-content/uploads/2017/11/PRINCES-STREET-1-e1520256566387.jpg）

要这样的（同伦敦）形态反差。

爱丁堡有"北方雅典（Athens of the North）"的美誉。老城和新城（Old and New Towns of Edinburg，两者构成了爱丁堡中心区）被作为联合国文化遗产。

爱丁堡最吸引人的是它的地形——丘陵、山脊山谷、海岸相间。北面的福斯湾（Firth of Forth）和南面的彭特兰山（Pentland Hills），城堡山、亚瑟王座、卡尔顿山（Castle Hill，Arthur's Seat，Calton Hill）等创造了一个地形起伏有序的三维城市。

在爱丁堡中心区，是"教堂＋高街（high street，英国文化中通常又被作为了城市的主要商业街）"的城市主轴统领下的结构。其中的寓意也是十分明显——商业资本和宗教信仰在英国人心中具有相同的崇高地位，人们需要获得成功，不论是思想上，还是物质上。

从爱丁堡也能看到与伦敦类似的两个思想取向——田园的和高技术。只是爱丁堡的田园城市的特点更加明显一些。自 18 世纪新城（the New Towns）建设以来，延续与巴斯城类似的低层低密度策略。同时，爱丁堡也是现代城市规划先驱格迪斯的故乡和主要实践城市，他的"山谷断面（Valley Section）""保守手术（Conservative Surgery）"理念分别对爱丁堡城市扩展和旧城更新起到了重要和持续的影响。

### （1）爱丁堡依循格迪斯"保守手术"理念的城市更新[12]

著名的帕特里克·格迪斯（Patrick Geddes）1884 年在他 30 岁时来到爱丁堡。他出于医生的经历，认为城市也应被视为一种生命肌体。针对城市陈旧破败的问题，应先对其全面细致诊治，再拿出科学对策，并

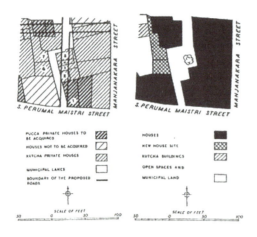

图 8.24　格迪斯在印度马杜赖做的"保守手术"理念下的城市设计

（来源: https://www.recivilization.net/UrbanDesignPrimer/165conservativesurgery.php）

采取使肌体损失最小的手术方案，实现恢复健康；而不是像截肢一般地大拆大建。这一理念被后来的城市规划行业称为"先诊治，再规划"的基本原则。

格迪斯在爱丁堡践行了他"保守手术"的规划理念[1]。他 1892 年在爱丁堡中心区购买了一座观察塔[2]，建设了社会学实验室。通过长期从高塔俯瞰观察爱丁堡社会运转，尤其是那些被认为破败不堪的贫民窟。基于长时间观察，格迪斯发现，城市中有 76 处小型闲置空地，每处约 500 平方米（总计约 4 公顷），若围绕它们开展城市设计，可以使原来杂乱无章的住宅区在引入小型公共空间后，重新变得开敞有序。此外，一定的功能置换调整也势在必行。例如将酿酒厂等大型工厂外迁到更适合它们的郊区，并将工厂外迁后空置的大型厂房，用以接纳更多小型工厂。而小型工厂被腾空后可以大多拆除，从而解决了住宅和小型工厂的混杂问题，拆除小型厂房后的用地可以作为公共空间和生态绿地。经过这样的腾挪转换，最终将改善社区环境，但当然不能一蹴而就，而是需要整体谋划和长期实施。

---

① 格迪斯与爱丁堡居民合作，将他清理的一些空间改造成社区花园。格迪斯认为花园不仅是一种审美，也是氧气和生命的源泉，正如他著名的话，"我们靠树叶生活"。当时他还买下了 Riddle's Court，把它变成了一个自治的学生宿舍。格迪斯结合自己的实践，将其并非简单拆除，而是通过诊断和最小干预的城市更新策略。

② 格迪斯在爱丁堡设立了瞭望塔，研究城市更新问题。此后被爱丁堡官方认可，命名为"地区研究中心"。1911 年，帕特里克·格迪斯在爱丁堡皇家苏格兰学院（Royal Scottish Academy In Edinburgh）举办了《城市和城镇规划展汇刊》（Transactions of Cities and Town Planning Exhibition）。展览中，格迪斯给他长期观察"诊断"，划出了一系列需要更新的用地，其中 10-12 块用地在展览之前已经被更新完成，展览中提到的用地中至今仍有少数存在并通过保守手术策略开展持续的更新。（https://www.recivilization.net/UrbanDesignPrimer/165conservativesurgery.php）

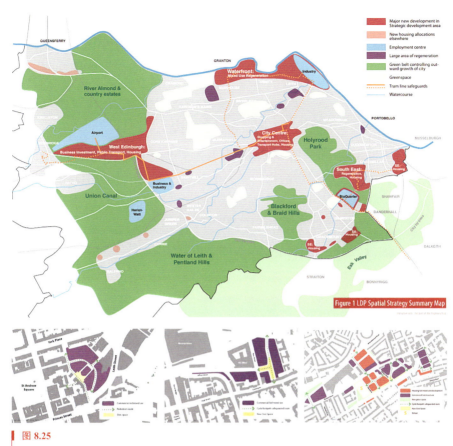

**图 8.25**

爱丁堡 1999 年的城市空间战略及其绿带（右图，来源：[13]）；北部滨水区（来源：[14]）

　　格迪斯认为①，上面的每一处空地单独看来微不足道，但如果开展统一行动，持续多年，城市面貌将会得到巨大改观。他从自己居住的詹姆斯科特住区（James Court）开始行动，号召邻居与他一道，动手拆除少量最差房屋，增加庭院并引入教育设施等新功能。到 1911 年，在格迪斯的主导下，爱丁堡已形成了十多处类似的社区，他提出的 76 个地块中也大多数陆续实施完成。

　　在城市公共空间层面，图 8.24 案例虽为格迪斯在印度马杜赖（Madurai）的实践，但也能说明格迪斯"保守手术"理念。1914 年至

---

　　① 格迪斯在爱丁堡被誉为爱丁堡最重要的城市居民之一，以及苏格兰现代文化的代表人物。他的重要价值不仅是一系列城市理论，他倡导的行动实践态度和国际视野也尤为被人称道。格迪斯 1915 年的名言"全球化思考，本地化行动"（"Think globally，act locally"）。他也践行了这一目标，他的规划实践遍布世界各地，包括印度、以色列特拉维夫等。在爱丁堡的实践显然是将其现代主义（全球化）和城市更新（本土思考）完美结合起来。

1922年，格迪斯借鉴了他在爱丁堡的经历在印度开展实践。左图是简单粗暴的更新规划；而格迪斯的方案则是通过仔细关注细节，以更少的拆迁和建设实现更新目标。（https://www.recivilization.net/UrbanDesignPrimer/165conservativesurgery.php）

### （2）当代爱丁堡现代城市拓展和形态结构[14]

从爱丁堡1999年规划中看出，随着爱丁堡城市规模扩展，城市设计需要构建更大尺度的城市结构。规划中有三个不同尺度的中心体系，分别是：1个城市级中心区、8个城镇级中心，以及61个社区中心。对各类中心的布局形态，也专门提供了设计导则。

爱丁堡当代城市发展是在较严格的遗产保护理念下进行的。一系列

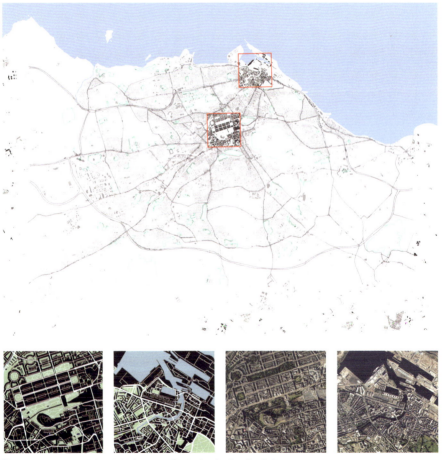

**图8.26 爱丁堡城市形态模式图示** ① 老城和新城 ② 滨水区。

新建项目受到了 ICOMOS[①] 的考察监督。联合国世界遗产中心也曾正式致函，要求避免破坏世界遗产价值。爱丁堡则也进一步加强了规划管控，给城市发展进一步附加了更缓慢的建设周期要求。上述 1999 年版规划仍在执行[②]，这意味着二十多年来的城市整体形态能在缓慢的演进中保持稳定可控。

2017 年，爱丁堡明确指出"实现经济活力与遗产保护之间的平衡对于这两方面是至关重要的"。其提出的首要行动是对街道和公共空间的提升和支持老建筑修缮。规划制止了与世界遗产不协调的新建筑，并将为遗产区内的新建设提供有助于整体协调的引导。

## 小结

英国的历史内核是工业革命传统；思想核心是商业规则和发展活力；而社会进步方式则是"改良"推动。不同于法国大刀阔斧的变革，英国习惯于频繁多样的逐步改善治理和持续推进。而这一过程中离不开大量创意和不拘一格的实践和变通。

现代英国历来以科技创新立国，伦敦更是被认为是"创意之都"，而在城市形态和设计方面，也不拘于传统和通行范式，创新和创意体现得尤为明显。

近年来英国各地大量出现的高层建筑和滨水标志性大体量建筑，都是商业发展的需要，通过高品质的城市形象，以谋取商业公信度和感召力，同时也容纳了如今英国普遍的产业转型下大量商业办公需求。

当下英国处于后工业时代背景下的城市转型过程中。普遍开展的城市复兴不免同传统城市风貌有"对比""不和谐"，城市设计承担调和两者的重任。但城市设计也并不能"包治百病"，随着利物浦因滨水区开发设计不当，被联合国遗产组织除名世界文化遗产称号。英国当代城市设计也走到了十字路口。

城市复兴虽说是适用于整个英格兰地区的普遍国家战略；但主要源

① ICOMOS，国际古迹遗址理事会，是联合国遗产中心的专业咨询机构，协助遗产中心审定、管理古迹遗址类世界文化遗产。
② 爱丁堡现行总体规划编制完成于 2011 年，此后经过 2013、2014 年两次修改后，2016 年完成审批。规划有效期至 2026 年，但截至 2023 年相当多更新用地并没有完成，新的规划也并未着手开展。

自伦敦，诸多政策的制定也针对伦敦的特殊情况。但在全国推广过程中，其他城市文化与伦敦的显著差异，往往会变成城市复兴政策的障碍。要知道，今天的伦敦与其他英国城市具有越来越多的差异，并且英国政府也允许和鼓励伦敦进行自治，以及设定与众不同的发展目标[15]。

而作为失去世界文化遗产桂冠的利物浦而言，只是自己发展的选择，项目决策历经复杂的公众参与和细致的评估。反而印证了英国经验主义思想下，不拘泥于传统束缚，也敢于通过观察做出自己的判断选择。城市政府和社会公众在如今英国商业社会文化的引领下，更是敢作敢当。或许这一点集中反映出本书概括的英国城市文化的"两面性"——田园和技术，及其深层的民众和精英，代表工人群体过往的城市遗产，同商人资本急需的现代风貌和技术景观之间的矛盾。

同时，当代英国后工业化时代的转型发展十分坚决。英国主要城市的大部分滨水工业用地已被拆除殆尽，新型现代模式的城市形态必将会逐渐确立。伦敦和利物浦作为大城市也会先行探索，而利物浦滨水区遗产范围内的大规模更新，不仅是一个普通的设计实践，而更是被作为整个英国类似工业时代用地更新的重要导向和范例，当然在当代商业和资本的主导下，以及英国城市复兴等深层文化背景下，利物浦滨水区作为世界文化遗产的命运也就不可避免。

同为世界遗产城市的爱丁堡则给出了另一种答案：微更新的策略。但却并不能简单解释为仅仅是当代策略的不同选择——爱丁堡至少在两方面完全不同于利物浦。第一，在伦敦成功推行的城市复兴战略，被扩展为整个英格兰地区的统一战略，同为英格兰文化圈的利物浦也受到影响，不免要复制伦敦经验。而爱丁堡则属于苏格兰地区，是英国不同于英格兰的另一个"亚文化圈"，"城市复兴"战略和伦敦影响要弱得多。因此，爱丁堡能得以选择与城市复兴战略有所差异的策略；第二点，如果追溯历史，爱丁堡从19世纪末就由格迪斯开展"保守手术"实验开始，这种谨慎更新策略已经持续百余年，更像是一种城市自愿的和必然的选择，而非是世界文化遗产的强制要求。可以说，爱丁堡不论是从大的文化圈，还是城市内部的文化传统，都倾向于支持差异化发展策略。从这个角度上说，也证明了城市长期和内在的文化，是造就了城市的外在形态和气质更关键的因素，而非仅仅是当代某项城市设计所致。

# 第九章 理想和创新：美国城市

美国是多元文化的大熔炉。从最早的美洲印第安人，到此后陆续殖民而来的西班牙裔美国人、英裔洋基人（Yankee），以及非裔美国人，华人等。其中又由于英国和西班牙文化在早期历史中的主导地位，这两种文化对美国城市建设理念影响最大，并分别主导了东、西海岸。除了多元文化的传承外，来自世界各地的人们均将此定义为有别于其他文化传统的"新大陆"，这个"新"字也从根本上鼓励人们追逐创新，探索最新生活方式，并由此塑造新的城市形态。

早期东海岸城市均有英国殖民特色。《美国城市形态：代表性历史》[1]中对此描述为，"定居点的安防稳定后，贸易地位提升，使商业和要塞结合，两者的街道也整合为一体。（英国殖民）公司集体用皇家拨款购得了城镇周边方圆数英里的土地。堡垒旁的阅兵场随着时间的推移，这个空间成为了公共市场（Public Market）的所在地"。除了这一简单的"要塞（Fortress）"和"市场"的城市结构外，早期城市中分布了若干社区，分属不同各教派并分隔布置，自己教派之外的人们不允许居住，非洲裔奴隶更是被排斥在围墙外。在社区内部的中心则是教堂。尽管美洲殖民早期的十七世纪被冠以"启蒙运动和科学革命开端"，但身处于当

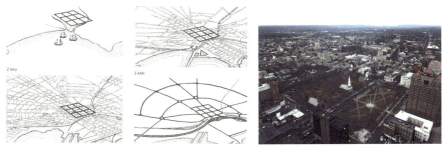

**图 9.1** 典型的新英格兰地区城市，耶鲁大学所在的纽黑文，及其中心的广场

（来源：左、中图[2]，右图，作者）

时的普通人仍然主要通过参与宗教活动，才能窥见世界风云的一角。而此后，随着城市运转趋于稳定，英国殖民者即开始建设大学，一般在距离城镇的不远处。纽黑文是典型的早期新英格兰地区城镇（图9.1）。城市中心广场周边容纳了诸多社区，以及著名的耶鲁大学。

美国中西部地区则主要源于西班牙美洲殖民文化①，在近300年的西班牙美洲殖民历史②中，城市多是从西班牙传教团（Mission）③驻地发展而成，并兼做自给自足的农业城镇④。城市最初的建设依据国王关于形态的命令⑤，参照最初的殖民样板城镇圣菲［（Santa Fe de Granada）位于今天西班牙南部］（图9.2），因此都具有类似的网格形态格局⑥。此后又通过"西印度群岛法"（Laws of Indies），不仅将这一模式固化，同时又进一步约束了网格内部的广场、道路等形态要素的尺度和布局⑦。同时，由于西班牙开展殖民的主要教派方济各教派主张修士应该周游世界，四处传教，

---

① 对外殖民是西班牙16世纪开始的本土快速城市化的必然结果。西班牙的城市化要早于欧洲北部地区100年，而同时美洲大陆的发现恰好提供了人口对外疏解的机会。

② 1492年，在收复格拉纳达后，西班牙完成了国土收复，同年10月12日凌晨，意大利人哥伦布在西班牙王室的支持下发现新大陆，并建立首个西班牙殖民点。西班牙整个殖民过程漫长缓慢。到18世纪末结束殖民建设，前后长达300多年。

③ 在每一个西班牙美洲殖民地内部，一般包含三种功能，第一是要塞，具有防御工事的军事基地，由常驻的带家属和辎重的士兵驻守；第二是印第安人村庄，受到宗教教化的当地人会与殖民者一同参与生产，并开展商贸流通，通常基于现状印第安村庄建设；第三是传教团，是改变一个人信仰的宗教基地，主要针对当地人。理论上这三部分基于不同目的，并采取不同形态的布局；但实际建设过程中，却经常出现两种以上功能的交叠。例如在最晚建成的旧金山，由传教团和印第安人村庄相结合构成，并按统一的城镇进行规划设计，规划师瓦莱乔[3]记述，"我接受了规划一座新城镇的任务，首先画出一个大广场，东侧修建了一座将作为小教堂的小建筑，西侧修建了一座兵营，然后按照法律规定，预先划定出街道和住宅用地"。

④ 西班牙美洲传教团的成员都享有分配土地的福利，因而并没有购置土地的需求，导致城市中土地的交易基本不存在。

⑤ 按照国王指令，西班牙殖民城镇都遵循了统一的规划原则。1513年，费迪南德五世指示"一开始要让城市的地块规则化，一旦建成城镇，就会显得非常有秩序，应该明确广场周边街坊的功能，包括教堂的位置，以及街道的顺序，这样一来，在新建立的那些地方，良好的秩序就可以从头建立，保持它们的有序状态，也不需要花费太多成本，否则秩序永远建立不起来"。1521年，查理斯五世发布城市规划实践法典时，将上述四项加以扩展。棋盘式网格也被法定化[3]。

⑥ 1502年，塞维利亚人尼古拉斯·德万多斯重返圣多明各，任伊斯帕尼奥拉岛总督。德万多斯被认为是对西班牙美洲殖民城市设计的关键人物。德万多斯曾经在围攻格拉纳达前，参与了军事堡垒城市圣菲（图9.2）仅仅80天短暂而紧凑的城市建设，这一经历和建城经验，在他担任总督后，使圣菲成为此后诸多殖民城市的规划建设典范和"原型"[3]。

⑦ 1526年，经过2年准备，塞维利亚的殖民管理委员会构想了美洲城镇规划原型，并以文字规则的形式纳入《西印度群岛法》中。法令共有148条，被认为是第一次针对城镇社区的设计和开发的广泛综合的导则[3]。

图 9.2　军事堡垒城市圣菲（位于西班牙）仅仅 80 天的城市建设，而圣菲的城市形态正是此后西班牙殖民城市的原型
（来源：[3]）

并倡导俭朴生活。因此，早期的城市十分简单，规模也很小。本质上属于社区性质，而非城市。

新墨西哥州城市圣达菲（Santa Fe）是典型西班牙殖民城市，是新西班牙（西班牙殖民时期的称谓）首府和早期殖民核心。此后，又作为近代美洲铁路的重要节点，在美国西部发展中起到了重要作用①。

当代的圣达菲完整留存了西班牙殖民时代的城市格局特色。现代发展也与传统风貌相协调②，并在当代发展中展现出多元文化的独特魅力。例如圣达菲因其远离纽约、芝加哥等主流文化，能吸引更倡导个性和创新的人士。当代人们进而又追随早年迁居来此的女画家乔治亚·奥·吉弗（Georgia O'keefee）③ 和当代复杂科学家约翰·霍兰（John H. Holland）④ 的足迹，使圣达菲成为"画家村"和人工智能科学家的聚集地。人们被这些在各行业尊奉的"天才"所吸引，并愿意与他们共享一座城市，前来感受他们对城市空间的独特选择和审美。

---

① 圣达菲铁路于 1859 年 2 月开通，于 1873 年通达堪萨斯州，1876 年又向北延伸到科罗拉多州，并进一步连接到芝加哥，成为美国东西部之间的联系纽带。

② 当代圣达菲对城市建筑风格要求十分严格。在主要的历史街区以外，有单独的法令控制整体的"城镇风貌"，还有《公路走廊》法令管理沿主干道的建筑。另外，《地形管理和悬崖法令》分别管理斜坡、小山顶和岩石平地上的所有建筑。圣达菲的新建建筑规定了两个风格，古代圣达菲风格和近代圣达菲风格，前者比较古朴厚重；后者形态可以高一些、更现代一些，对于平屋顶和橡（露出来的横梁）的结构没有要求。

③ 圣达菲东部有画家村聚集区，乔治亚·奥·吉弗（1887—1986）从东海岸迁居到圣达菲，迸发出突出的创造力，成为美国最著名的女画家。

④ 著名的人工智能和复杂科学的最高殿堂——圣达菲研究所，及其代表人物约翰·霍兰的存在，又感召到全球的计算机精英定期来此举行盛大的学术会议，显示出圣达菲悠久历史文化下巨大的当代吸引力。

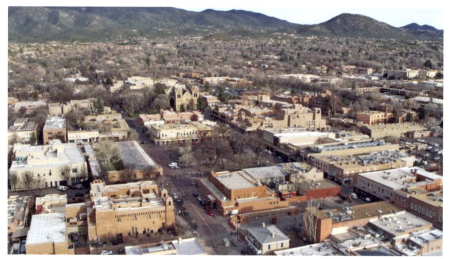

图 9.3    今天美国新墨西哥州圣达菲中心的西班牙广场

（来源：网络）

# 美国现代城市设计思想：理想主义和商业驱动

作为新大陆的一片"处女地"，美国城市设计历来具有理想主义。清教徒在离开英国前往新大陆之前，较多因坚持自己不同的宗教选择而遭受一定的迫害，而一旦面对一片新大陆，内心埋藏已久的理想会迫不及待地加以实践；另一方面，主流的英国移民文化影响下，人们也共享着商业社会的价值观。理想主义和商业的双重驱动下，使美国城市较之英国而言，会更规则有序（英国因更多商业驱动而相对杂乱）；同时也具有更清晰的形式感（因美国理想主义）。

这里剖析美国从殖民时代的网格城市，到城市美化运动（City Beautiful Movement），再到现代城市设计（Urban Design）兴起，一直到当代新城市主义（New Urbanism）的探索；能显示出美国当代城市设计中的理想主义和商业驱动的两种主要思想既持续缠绕，又适时切换的实用主义文化。

### 网格模式的美国城市

从 1803 年第一片美国西部土地的人口达到法定"设州"标准，创立了俄亥俄州开始；到此后美国拓荒者向西跨过阿巴拉契亚山（the

Appalachian Mountains）和密西西比河 [①]，直到 1848 年最后的加州并入美国 [②]，其间伴随着美国主要国土的构建完成，网格模式作为典型美国城市形态得以确立。

拓荒者所到的城镇都是遵循美国"公共土地测绘系统（Public Land Survey System）"[③]，以及 1785 年"土地法令（Land Ordinance，1785）"。前者是十分理想主义地将整个美国国土用标准网格均分；而后者则十分实用地规定了城镇建设的诸多要求，并渗透了用于公共利益、商业开发，甚至土地投机的可能性。

"土地法令"，将每个次级单元（1 平方英里）整体出售给定居者或土地投机者 [④]。每个城镇的第 16 号单元用地为公共学校保留，很多今天的学校仍然位于他们城镇的第 16 号单元。早期联邦政府保留第 8、11、26、29 号单元用地用于偿还当时独立战争的退伍军人。

因此，在"土地法令"的统一约束下，美国常见城市规模相近，城

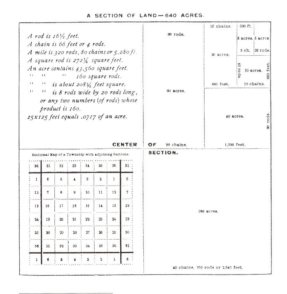

图 9.4　土地法令图示

（来源：[2]）

---

① 1803 年，第一片西部土地的人口达到法定"设州"标准，创立了俄亥俄州。此后美国西部开发开启，到 1830 年，阿巴拉契亚山和密西西比河之间的广阔地域上的人口已达全国总人口的四分之一 [20]。

② 1848 年 2 月，美墨战争结束，签署《瓜达卢佩条约（Treaty of Guadalupe）》，原墨西哥的加利福尼亚成为美国国土。两年后加州被纳入美国，成为美国第 31 个州。

③ "公共土地测绘系统"，将美国西部土地划分为 6 英里（9.656 公里）见方的"城镇"单元，"城镇"又进一步被细分为 36 个 1 平方英里（2.59 平方公里）的用地单元。

④ 土地法令推出之初，规定必须整块出售一平方英里的用地，以免剩下无人要的零碎地块。这种规定使个人无力购买。于是，一些人合资组成公司，大批购买再进行土地投机，将购得的土地划分成小块卖给一般移民。

市中心区一般均为 1 英里见方规模，原因在于，这片中心区用地最早就来自法令的"次级单元"。而中心区内部的用地划分和布局，不同城市也是大致类似的模式。

### 公园建设和城市美化运动

公园建设和城市美化运动是美国 20 世纪初前后两股较明确的城市设计理念。

各种新技术推动纽约等大城市不断向高层、高密度发展，而公园等城市公共空间成为人们在住房之外必不可少的城市环境需求。不同于英国的"零星散点"分布，美国人更欢迎理想化、大手笔的形式。弗雷德里克·劳·奥姆斯塔德（Fredrick Law Olmsted）是这种大尺度公园的开创者，他的设计实践中主要由两类截然不同的形态模式构成，一种是直线型的纽约中央公园模式；另一种则是自然曲线形态的城市公园系统。

1856 年奥姆斯塔德和沃克斯（Calvert Vaux）合作完成了直线型的中央公园（Central Park）设计。这样如同刀切斧凿般的直线形态，虽然不是他的原创（华盛顿中轴线空间与其类似），但在纽约这样的商业社会下，如此慷慨地建设大型公园还是第一次。同时，中央公园也为其他缺少标志性和特色的普通美国城市树立了范式，此后的旧金山金门公园（Golden gate Park）、芝加哥滨湖公园群等都异曲同工。

波士顿景观系统是另外一种曲线形态，是由群体化的一系列城市公园、自然林地、山林湖泊等自然空间的连续组合。最初也由奥姆斯特德设计，他规划了波士顿长达 6 英里的带形环状自然公园体系，同时也整合了交通规划、生态系统修复、房地产开发和休闲娱乐设施建设等内容。人们诗意地称其为波士顿的"翡翠项链"（Emerald Necklace）。

在 20 世纪初前后景观设计师还有乔治·凯斯勒（George Kessler）。他也擅长城市景观系统设计。例如他常年担任堪萨斯城景观设计师，不同于奥姆斯塔德的一次性的大手笔，凯斯勒推崇长期积累、层层递进的城市景观建设方式，他从 1893 年开始，历经 1909、1910、1915 年四次规划设计，堪萨斯城的城市景观系统也在一次次的改进中得以完善。正由于堪萨斯城的成功实践，凯斯勒获得了美国中部地区的广泛声誉，并得以继续承担了辛辛那提、圣路易斯、丹佛、达拉斯等城市的景观设计实践。

这些美国早期公园建设中，普遍关注于自然和生态，并将其作为城市赖以存在发展的基础，自然理念也逐渐深入到整个美国规划界，形成了当代美国城市文化的一部分。

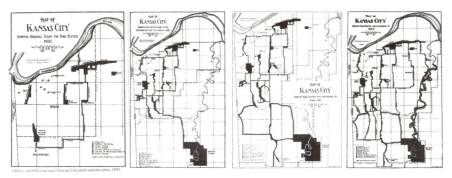

**图 9.5　凯斯勒四次堪萨斯城景观规划 1893—1915 年**

（图片来源：http://www.georgekessler.org/）

**图 9.6　纽约中央公园**

（来源：网络）

城市美化运动是美国 20 世纪初的主要城市设计理念[4][5]。

在当时世界城市设计领域中，豪斯曼改造所引领的城市美化运动在持续了半个世纪后，已经开始在欧洲落伍，在巴黎也没有市场。但这股风气却意外地刮到了大洋彼岸的美国并大行其道，且在持续发展后成为美国城市文化的一种特色。

美国城市美化运动成功的背后，是迎合了美国经济崛起后的商业品位。在美国，"城市美化运动"的称谓一直带有"美观高贵""富裕繁荣"等绅士化的概念，配以富丽堂皇的大厦和绿树成荫的大道和公园等，以及价格高昂的商业消费建筑等。

而芝加哥正是这段商业崛起中的"幸运儿"——整个 19 世纪美国诸多交通设施的建成，都大致向芝加哥聚焦，最终确立了芝加哥美国贸易中心的地位①。因此，芝加哥也就在这段城市美化运动中表现得最为充分。

---

① 美国 19 世纪一系列的国土范围的交通提升，都是在为奠定芝加哥在整个国家中物资枢纽地位提供条件——联结纽约和五大湖的运河建成，使东海岸的海轮可以绕过五大湖（转下页）

　　但美国城市美化运动也并不完全是欧洲和巴黎的翻版拷贝，而是加入了众多美国文化和创新要素。这些美国城市好似披着欧洲新款"外衣"，内部则是更加年轻健康的仪态——配置了新建的立体交通体系、铁路地铁综合换成系统等复杂线网①，公园、铁路、城市有机结合，是能发挥突出的商业竞争力的崭新城市②。芝加哥被视为美国 20 世纪初"进步

**图 9.7　芝加哥城市美化运动城市设计完成之初，湖滨和河道**
（来源:[5]）

**图 9.8　马里兰州的绿带城**
（来源:[7]）

----

（接上页）内的峭壁瀑布，顺利抵达美国城市中部，甚至进而衔接贯穿了国家中部的密西比河。使芝加哥在 19 世纪早期成为比肩纽约的中心城市。芝加哥此后又因铁路的建成，成为整个美国的中心。[4]

①　伯纳姆芝加哥规划强调城市交通运输系统。规划前，尽管芝加哥铁路线路和运营公司为数众多，但彼此各自为战，需要创立一个统一的、能使芝加哥在交通运输在效率和成本上实现优化的交通运输体系。作为规划师，伯纳姆在梳理铁路运输线路时，认为铁路也应该像公园和林荫道一样进行精心设计、公园、铁路、城市应该有机结合，突出商业竞争力。为此，伯纳姆在滨湖地区设计了铁路枢纽，人们可以在公园环境中自由地在各种线网间换乘。

②　美国在当时古典优雅的巴黎美术学院建筑风格基础上，将类似理念推广到城市规划和设计方面，强调城市秩序、高贵和协调，规则、几何、古典和唯美主义，尤其强调把这种城市的规整化和形象作为改善城市物质环境和提高社会秩序及道德水平的主要途径。因此，美国 20 世纪初的城市美化运动的诸多理念也被整体纳入到当时盛行的"进步主义"潮流中。

**图 9.9 雷德伯恩的中心绿地提供了安全、优美的公共空间**

（来源：左图，作者；右图，[2]）

义"（Progressivism）文化的重要成就之一。不仅如此，放眼世界，这时的芝加哥已经成为可与旧世界首都相提并论的新贵，而且更年轻并富有朝气。可以说，城市美化运动本质上是美国选择的推行自己城市现代化的独特方式，是自己与西方文化的接轨合并，并主动注入自己文化活力的一种独特策略。

### 郊区住区和汽车城市

1920 年代美国汽车时代下郊区化浪潮来临，城市设计也随之转向。首先是对现代住区模式的探索。克拉伦斯·佩里（Clarence Perry）1923 年提出"邻里单位——家庭生活社区的布局构想"（The Neighborhood Unit-a Scheme for Arrangement for the Family-life Community）①。目的是找到一种内聚和自给自足的，不必穿越城市道路的设计单元，同时又可供若干单元"组合"扩展的住区模式。此后，邻里单位理念被美国社会广泛接受，并渗透到规划设计之外的社区划分、功能配置等方面[6]。

第二，美国郊区化实际建设中，在公、私不同投资主体的实践比较后，欧洲常见的政府主导的开发公共模式宣告失败，最终确立了雷德伯恩（Radburn，New Jersey）为代表的美国私人开发模式②。此后直至二战

---

① 佩里的邻里单位于 1923 年提出，此后 1929 年发表了更加著名的邻里单位图示。

② 美国 1920 年代推行郊区化过程中，分别尝试了多种类型的郊区住区开发模式。包括私人投资的雷德伯恩，以及公共投资的绿带城等。雷德伯恩住区是佩里邻里单位的实践应用。位于新泽西州，距离纽约曼哈顿哈德逊河西岸不足 10 英里。最初规划用地 2 平方英里，人口 2.5 万人。雷德伯恩火车站紧邻社区南侧，为其提供了便捷的长距离公交。居住区借鉴了英国花园城市思想，采取超级街坊和集中大草坪，周边设有公寓，以及"人车分行"的交通系统，使人们可以十分方便地从自家前院，通过中心绿地安全愉悦地抵达小学或另一端的公共商业区。此后，罗斯福将郊区住区建设列为"新政"，以应对 1929 年的经济大衰退，建成了马里兰州绿带城（Greenbelt Town）等项目。绿带城 885 户居民，将居住、商业、绿地进行合理混合布局。由于此时美国高速公路尚未贯通，也并没有得以成功推广。上述公私两种模式比较后，雷德伯恩的私人模式更胜一筹。

图9.10　1930年代，舞台布景专家诺曼·贝尔·格迪斯（Norman Bel Geddes）名为汽车大都市（Futurama），由通用汽车公司赞助的展品

（来源：[8]）

后，大量私人郊区住区开发，与美国遍布全国的高速公路网络建设结合，共同将美国汽车城市建设推向高潮。

在这一过程中，莱特（Frank Lloyd Wright）的"广亩城市（Broadacre City）"、亨利·德利福斯（Henry Dreyfuss）的"民主城市（Democracity）"[1]、刘易斯·芒福德（Lewis Mumford）的高度分散的布局模式[2]等贯穿其中，丰富了美国汽车导向下城市设计的理念内涵。

**城市更新和当代城市设计的产生和发展**

二战后，美国推行由国家拨款的城市更新计划。从最早的纽约斯图维桑镇和彼得库珀村（Stuyvesant Town and Peter Cooper Village）社区开

---

① 1939年纽约世博会上，亨利·德利福斯的《民主城市》的巨大城市模型，设想100年后的2039年，一个1.1万平方英里，150万人的城市。城市中心是工作的场所。在周边的大都市区的70个郊区城镇中，还有250万人需每日往返中心城市从事商业、教育、社交和文化等活动。城镇之间分布着长达30英里的绿带，用于农业和休闲。支持"民主城"持续发展的干道是现代高速公路。图9.10中的模型与德利福斯理念类似。
② 刘易斯·芒福德受霍华德田园城市和格迪斯的区域思想影响，认为相对于一个高度密集的大城市，美国更应该选择一个高度分散的布局模式。

始，开启了历时 20 年（1949—1968）的全国性、"运动式"、粗放式的美国中心区改造和社会住宅建设热潮。其间大量历史遗产消失（图 9.11），同时新建的高层社会住宅并不实用，饱受批评。如今不少这类项目已经被整体拆除，如芝加哥"罗伯特·泰勒之家（Robert R. Taylor Homes）"

▍**图 9.11　城市更新导致美国大量历史城区被拆除——圣路易斯**

（来源：[9]）

▍**图 9.12　左图，纽约斯图维桑镇和彼得库珀村社区（来源：作者）；右图，圣路易斯的早期社会住宅"普鲁蒂·艾戈"被拆除后的空地**

（来 源：https://www.archdaily.com/870685/ad-classics-pruitt-igoe-housing-project-minoru-yamasaki-st-louis-usa-modernism；左下：作者）

和圣路易斯"普鲁蒂·艾戈（Pruitt-Igoe）"（图 9.12）。

美国城市更新的失败，使社会各界对此进行了深刻反思。其中洛克菲勒基金会认识到当时对城市研究的匮乏，支持凯文·林奇（Kevin Lynch），简·雅各布斯（Jane Jacobs）等人开展了最初的城市研究，开启了科学认识城市的先河[①]。[23]

学术领域，1956 年在哈佛大学设计研究生院（Harvard Graduate School of Design）院长塞特的组织下，以及林奇、埃德蒙·培根（Edmund Bacon）等有理论和实践经验的建筑师参与下，召开了美国城市设计会议，并在此后持续 20 多年（1956—1983）的过程中，城市设计作为一项有别于建筑学和城市规划的专业领域被更明确地确立下来。

在上述早期探索基础上，美国当代城市设计又进一步形成了与城市规划、法规法令紧密结合、相互渗透的城市设计实践体系。相关成就包括，1971 年旧金山城市设计规划（the urban design plan for the comprhesive plan of San Franciseo，1971）被纳入城市总体规划，成为首部具有法律效力的现代城市设计；旧金山 1984 年将城市中的 250 处历史建筑纳入地标管理名录，同时推行开发权转移（Transfer of Development Right）的规划策略等。如今，城市设计已经成为美国主要城市必不可少的规划管控内容，并与城市总体规划、区划等规划技术紧密结合，渗透到城市形态管控的各个环节。

1990 年代后，在城市设计基础上衍生出美国当代城市规划领域中主流的新城市主义。该理念倡导紧缩的城市形态，鼓励土地混合使用、公交和步行优先、集约发展等综合目标。新城市主义理念和城市设计的介入，改变美国传统上粗放的城市布局，塑造了更加精细化和人性化的城市形态。

## 美国当代城市形态和景观

美国城市受到较明确的土地规划法规约束，历来在大尺度上具有较

---

① 2006 年，彼得·劳伦斯（Peter Laurence）通过洛克菲勒基金会（Rockefeller Foundation）的解密文件获知，1950 年代初，洛克菲勒基金会看到了美国城市更新带来的灾难性破坏，认为根源在于"对二十世纪城市缺乏深刻认识"，认为在建筑师、规划师、景观建筑师群体中缺少对城市的理解。为此，基金会开始支持城市设计研究，其中包括了林奇的城市意象（1960）、简·雅各布斯的美国大城市的死与生（1961），以及埃德蒙·培根和克里斯托弗·亚历山大的研究。[23]

好的整体感。此后又在奥姆斯塔德等景观规划师对城市绿地景观系统化的梳理下，进一步勾勒了城市整体形态格局。

在中心区的微观形态上，美国普遍采用"单中心"形态模式。城市中心区集中布置，具有鲜明高耸的景观形象，代表性的城市有波士顿、旧金山和辛辛那提等。这一城市形态的审美最初源于早期移民心目中具有一定宗教意味的"山巅之城（City upon a Hill）①"理念[24]，而当代城市设计学者凯文·林奇认为，城市中心区的凸显性是城市获得"可识别性（Imageability）"，以及带来"安全感"（避免迷路等慌张体验）的重要来源。

美国城市的道路和空间系统以网格为特色，延续了早期土地法案的影响。同时，在二战后又进一步叠加了高速公路网络，以及立交和大型购物中心等汽车城市的元素和特征。

美国城市相比于欧洲其他西方城市，前现代时期的城市遗存少得多，在吸收高速公路等现代汽车城市要素时，障碍也更少。但随着当代后工业时代的到来，美国汽车城市中的种种弊端也被放大和批判，其中中心区的设计水平低下，以及郊区的无序蔓延是主要问题。当代城市设计和新城市主义也都是主要针对上述问题，将城市景观的优化提升作为主要目标。

下面会有四座美国城市，分别是华盛顿、纽约、旧金山和辛辛那提。华盛顿是首都，纽约是最著名的美国城市。但两者却都不具有城市形态上的代表性——华盛顿出于首都建设的需要，采取了美国极为少见的法国式壮丽风格（the Grand Manner）；而后者也因"纽约是世界的，而不是美国的"的说法，很多方面并不因循美国惯例，而是通过大量创新，或吸纳各种商业发展的需要。而另外两座城市辛辛那提和旧金山则是典型的美国单中心城市。其中辛辛那提是中小城市的代表，能广泛代表美国，尤其是西部的堪萨斯城、丹佛等城市形态；而旧金山则更是被认为是坚持美国单中心城市形态的少数大城市之一。

---

① 1630 年英格兰清教徒领袖约翰·温斯洛普（John Winthrop）在临近波士顿的航船上，借用《马太福音·登山宝训》中"山巅之城"的表述，向人们描绘了新大陆城市理想。并随后在波士顿的三座山丘上建设了最早的美国清教徒城市，践行了"山巅之城"的理念。受此影响，在早期，殖民时期，人们更倾向于选择山丘和高地建设城市和住区。[21][24] 在现代社会中，则更多通过中心区高耸的形态加以呼应。

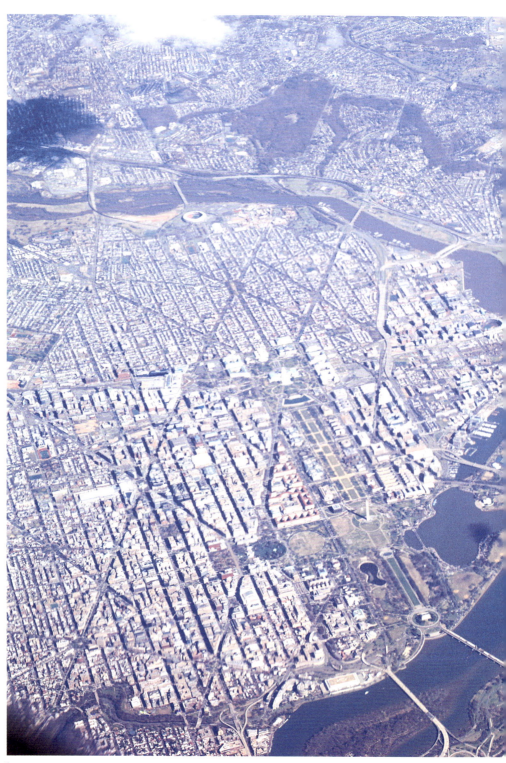

图 9.13　从民航飞机上看的华盛顿，作者摄于 2019 年 3 月

## 壮丽风格：华盛顿

"伟大的时代、伟大的国家、需要伟大的城市同国家匹配"，这是杰斐逊（Thomas Jefferson）对新首都华盛顿的愿景。同时，他也认为只有天才的创举才能与之匹配。当时 37 岁（1791 年时）的朗方（Pierre Charles L'Enfant）曾在法国皇家绘画与雕塑学院学习，此时距他从法国移民美国也只过了 14 年。一般来说，朗方能顺利完成华盛顿规划离不开三个条件[3]：

第一，朗方的法国家庭背景；第二，对 18 世纪后期以来欧洲城市规划的借鉴；第三，杰斐逊的支持，包括其相关城市建设建议，以及收集的 12 座欧洲城市资料。[①]

在当时英国乔治亚时期（Georgian Era，英王乔治亚 1714—1811 年在位）盛行的艺术审美，也支持朗方的规划风格。对这一时代的城市形态特征的描述是："表现为贵族风格的城市形态，整个城市从整体上体现

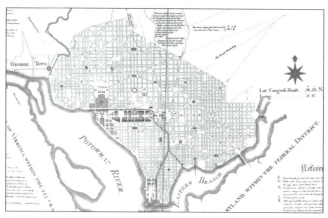

**图 9.14　杰斐逊草图和朗方规划**

（来源:[7]）

---

① 杰斐逊利用自己作为美国第一任国务卿的身份，收集了他出访的 12 座欧洲城市资料供朗方参考，包括巴黎、卡尔斯鲁厄、米兰、阿姆斯特丹、斯特拉斯堡、波尔多、都灵等，包括他在旅行中记录了相关的笔记，并都寄给了朗方。这让人相信对华盛顿首都规划最终方案的主要构思，杰克逊也应该有具体的意见。在朗方规划实施过程中，杰克逊也给了了朗方最大的支持，在朗方作为首都规划师的 11 个月中，多次同委员会成员、承包人产生矛盾和摩擦，也都因杰斐逊的支持才得以顺利完成。

了形态符号学原理，如圆形的广场、放射形道路系统，城市形态体现不同地区的等级"。华盛顿规划也受到了独立前殖民宗主国英国的这些流行理念的影响。

朗方在构思设计华盛顿时的思路是，最初并不考虑道路系统的走向，而是优先谋划最重要的纪念物、自然山体等高地之间的关系。重要建筑和纪念物通常也位于自然的高地，国会山、白宫作为主次轴线的高地起点。将广场、水池等公共空间选址在比较低的位置；在确定了纪念物、公共空间的位置后，再通过若干林荫大道将这些公共空间和纪念物打通，形成基本的景观体系。最后再布置道路网格等一般形态要素。

华盛顿中心区城市设计也经历了多轮优化。1901 年完成了重要的"麦克米兰规划"。作为规划师的参议员 J. 麦克米兰（James McMillan）提出重新设计华盛顿核心区的提议，以纪念城市的百年历史。他建议将核心区中居住等功能外迁，统一置换为行政办公等公共设施，并强化各类设施之间的联系。

朗方和麦克米兰两版规划共同被视为今天华盛顿城市规划的基础，是华盛顿的宝贵城市财富。1912 年成立的华盛顿首都规划委员会（NCPC）也一直运转至今，委员会的核心职能是落实朗方规划和麦克米兰规划理念，使城市的建设能在一个统一的思想指导下有序进行。

华盛顿的城市形态格局虽然精美，但却很容易受到后续新增不协调的高层建筑破坏。因此，华盛顿相比于纽约和芝加哥更加重视对建筑高度的控制。

早在 1899 年就吸取以往开罗酒店（the Cairo a partment building，14层）的教训，出台了华盛顿《建筑高度法案》（Height of Building Act），控制整个华盛顿地区公共建筑高度不高于 34 米；居住建筑不超过 27 米。1910 年，国会将建筑高度法修改，建筑控制高度提高为 40 米，并同时满足道路两侧建筑高度不超过道路宽度加 6 米。即如果道路宽度是当时常见的 20 米，两侧的建筑控制高度即为 26 米。1910 年的规定沿用至今，华盛顿城市形态的整体感也得以保持。

华盛顿是典型的法国巴洛克风格城市，城市设计的核心和灵魂是创造一种夸张和极端的视觉体验。国会山和林肯纪念堂等标志性建筑尺度高耸夸张，在主要城市广场等位置观察，华盛顿的诸多标志性建筑尺度甚至同其附属空间有某种不协调的超尺度；轴线上的建筑界面和细部线条笔直并延伸到视觉尽端；滨水空间由于位于两条大河的交汇处而显得尺度更加宽广。同时，华盛顿将漫长复杂的滨水岸线，如同自然山林般茂盛的树林，以及随处可见的广场草坪等自然元素引入，弱化了大量直线构成的城市结构，人们身处于滨水的华盛顿纪念碑南侧的滨水区，周边所见都是自然景色，全然不知相邻的纪念碑东侧就是由大体量行政建筑构成的城市中轴线。这些壮阔尺度，以及人置身其中所带来的震撼感受，都是法国巴洛克城市的精华，正是科斯托夫的用词"壮丽风格"最为贴切。

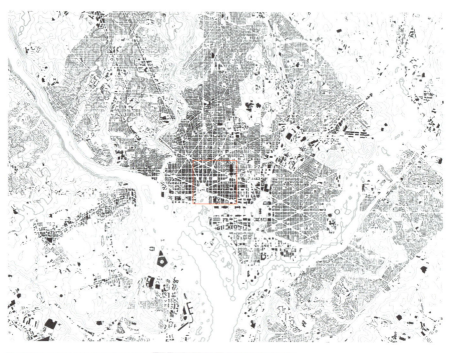

图 9.15　华盛顿城市形态模式图示

▍图 9.16 辛辛那提滨水区，摄于 2019 年

## 典型网格：辛辛那提

俄亥俄州辛辛那提是较为典型形态的美国中等规模城市[①]，20世纪以来美国历次城市设计理念也都在其城市形态上留下了较清晰的印记。

辛辛那提最早是19世纪初土地法案背景下的"土地投机模式（Land Speculator's Model）"的典型[②]，中心区遵循土地法令，按照 400×400 英尺（122米见方）布置街廓和道路，形成标准网格。詹姆斯·万斯（James E. Vance）称其为"美国标准模板的最有力证据"，也可谓是美国独特文化下所展露出的特殊城市形态。

在此后的城市美化运动时代，规划师凯斯勒帮助辛辛那提构建了完整的形态结构和大尺度景观系统[③]。凯斯勒充分强调城市地形对城市形态

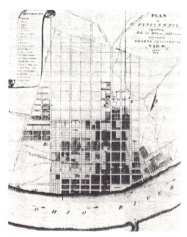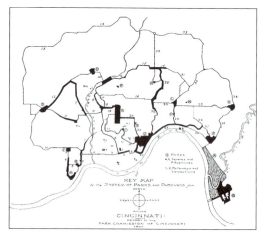

**图 9.17**

辛辛那提19世纪的西部开发地图　　　　　凯斯勒20世纪初的景观结构

来源：左图[10] 右图图片来源：凯斯勒亿会网站，www.georgekessler.org

---

① 辛辛那提被冠以"莱茵河畔"的城市，具有典型的德国情调。同时也荟萃了各个时代的典型建筑风格，包括艺术装饰派、现代主义等风格等。同时各种风格又在一种强调精湛工艺和建筑细部的氛围下，十分协调地统一起来。

② 在辛辛那提的网格形态中，通往河滨的南北向街道作为主要的空间走向，宽度在60—66英尺之间（19.3—21.3米），东西向街道相对次要，在40—60英尺之间（13—19.3米）。早期城市十分密实，缺少公共空间。显示出作为投机者和商业资本力量在早期城市形态中的主导作用。

③ 美国德裔著名景观设计师乔治·凯斯勒1907年完成了著名的辛辛那提规划（The 1907 Kessler Plan）。凯斯勒是德国移民，也是受到系统德国景观教育的设计师。

**图 9.18**

辛辛那提滨水区城市设计（上右，中图，来源：[ 12 ]）; 建成实景（下图，来源: 作者, 2019 年 ）

图 9.19　辛辛那提中心区天际线，从城市东侧看，德国传统住区（Over-the-Rhine，中左）、中心区的二层天桥系统（中右）、当代公交设施（下左），滨水区空间（下右）

（来源：作者 2019 年）

结构的重要性 ①，一方面凯斯勒将辛辛那提的自然河道湿地等自然区域统一划为公园，并梳理形成较完整的景观形态体系；同时，还统一将辛辛那提的陡峭用地都作为山包公园保留下来，这种做法则被认为是凯斯勒

① 凯斯勒解释了他依托自然环境的景观设计理念，"城市需要在用地范围内进行重要的功能提升。很幸运，辛辛那提（因为起伏的地形等原因）有相当多自然状态的土地用来做这件事。"

作为德国背景设计师的特色①，给城市形态带来充满自然体验的整体感受。在实施过程中也科学合理地解决了 8 处缺少公园的社区的遗留问题，使所有 17 处社区都拥有自己的城市公园。

二战后，美国兴建州际高速公路网络过程中，凯斯勒构建的城市结构又一次发挥作用——凯斯勒为辛辛那提中心区周边预留的公共空间，为高速公路提供了开阔的用地。尽管（占用景观绿地建设高速公路）不一定符合凯斯勒的规划意图。

因此，人们评论认为，美国汽车时代的交通体系可以追溯到景观系统规划时代，或者说，两者是一个连续的美国城市形态的塑造过程，彼此间目标和主题有区别，但却在"生态化""功能性"这些现代追求上一致和连续。

当代辛辛那提的中心区更新也具有典型性，设计思路是重点弥补现代高速公路对城市空间的割裂，通过新建大型公园和城市步行系统，提升中心区品质。1997 年建设的辛辛那提"空中步道（Skywalk）"，设置一条二层室内廊道，串联起商业、旅馆、会议等各类功能。整个步道体系是一个不规则的"O"形，环路做到了尽可能地连续，少量间断的位置都是历史建筑和公共广场。如从海特摄政酒店（Hyatt Regency）到千禧酒店（Millennium hotel）东侧的步道。2000 年后，辛辛那提市滨水区更新，形成了更大规模的滨水公共空间，并加强滨水区与北侧中心区的步行联系。

---

① 凯斯勒传记专著的作者科特·卡尔伯森（Kurt Culbertson）认为，凯斯勒无疑在柏林菩提树下大街找到了灵感。他的景观思想显然是德国式的，但却十分了解美国的实际。类似的山地地形手法是地形起伏的德国城市的惯例，德国背景的凯斯勒熟练地运用着景观规划手法，深得辛辛那提众多德国移民的喜爱。[11]

图 9.20　纽约从飞机上俯瞰，摄于 2019 年

## 多维立体城市：纽约

纽约及其曼哈顿区[1]是当代高层高密度城市形态模式的代表。同时作为极为狭窄的半岛，曼哈顿地区需要想方设法通过高密度获得发展空间，高层建筑的不断更新和增高也就成为纽约最主要的城市设计策略[2]（图9.21）。

相应地，纽约高层建筑的规划管控技术，也随着建筑高度的增长不断改进优化。美国第一个区划就产生于纽约，其中包含对高层建筑的管控，并旨在保障城市中光照与空气流通。这项区划也最终催生了一种"高层建筑顶部退缩"的方法（图9.22）；同时也进一步推动了美国利用装饰艺术实现了大量精致优美的高层建筑景观[3]。

在纽约二十世纪中期开始的一段失败的城市更新[4]后，面对大规模低水准社会住区和"超级街坊"[5]如同"伤疤"一般对纽约传统城市肌理的侵蚀（图9.23上部），1990年代后，纽约城市设计开始转变为一种全新姿态。尝试增加更生态化的公共空间，以及精致尺度和优雅造型的高层建筑。在城市形态上，一方面重视新增城市设计与历史城区的协调感；另一方面，也进一步强调了纽约作为世界性中心城市所需的高水准设计品质和城市魅力。

巴特利公园（Battery Park City）的城市设计跨越了三十多年（1967—

---

[1]　1664年，英国人从荷兰人手中购买纽约，从而将英国城镇特点带到城市中。纽约共有曼哈顿区、皇后区、布鲁克林区、布朗克斯区和斯塔滕岛五个行政区。曼哈顿区是纽约5个行政区中人口最密集的区。

[2]　1850年代后期的诸多发明，例如电梯、钢结构都支持了高层建筑发展。相应地，纽约的高层建筑从1859年应运而生，第五大道的酒店是第一栋带电梯的电梯高层建筑。1868年真正用电力驱动的电梯在百老汇大街的"老平等大厦（the old Equitable）"使用，建筑高度130英尺。此后，纽约建筑高度突飞猛进，到19世纪最后一年，最高的帕克街大楼（Park Row Building）高度达到382英尺。

[3]　20世纪早期沙利文提出了芝加哥论坛报新模式，标志着美国装饰艺术派战胜了包豪斯、风格派和纯粹主义等风格，并将艺术装饰派的精致装饰发展到了极致。

[4]　大都会人寿游说纽约立法机构，允许其将原来受到严格监管的资金投资于旧城更新为主的房地产开发。1947年，大都会人寿的第一个项目——斯代文森特镇——彼得·库珀村（Stuyvesant Town-Peter Cooper Village）建成，但景观不佳（图9.23），成为此后简·雅各布斯等人抨击这类城市更新模式的代表性对象。

[5]　超级街坊（Super-Block），指将若干个地街坊作为一个居住小区的做法，改变了美国原来惯常的网格街坊系统。由于超级街坊特别适合美国在拆除贫民窟后的新规划，在1940年代后被广泛接受。

**图 9.21　1929—1931 年期间编制的纽约及周边地区区域规划中，城市中心至郊区的四种商务区的形态模型**

（图片来源：哥伦比亚大学公开课件，http://www.columbia.edu/itc/architecture/wright/6769_2002/images/week8/week8.html）

**图 9.22　纽约中曼哈顿的城市形态**

（来源：Joan Busquets[13]）

1999）。最终的方案依据将曼哈顿传统方格网街道特点①，采取了"延伸"，"生长"的设计构思——用地内的街道走向顺承了周边现状道路，将滨水空间向城市公众开放。既在肌理格局上做到形态协调，又能使人们从历史城区轻松漫步抵达滨海公园。

　　在世贸中心重建设计中，2003 年，里布斯金德（Daniel Libeskind）方案竞赛获胜。当其他参加竞赛的建筑师争论应该赋予怎样的建筑体

---

① 1803 年，纽约市长德威特·克林顿（De Witt Clinton）颁布了十条法令，推行规则的城市形态网格，旨在更好地进行房地产开发和管理。

图 9.23　纽约规划部门制作的城市
设计展示模型。其中下东区的滨水
地带被城市更新形成的住区所全部
填充，最左上角是库珀村

（来 源: http://www.buildourownnewyork.
com/panorama.html）

图 9.24

左图, 纽约世界中心重建过程的里布斯金德方案（来源:[22]）; 右图, 世贸中心重建后实景（来源: 作者）

量, 高层还是多层时, 里布斯金德则是将"容量"问题忽略, 突出"记
忆""创伤"的主题①, 回归城市空间主旨, 将高层建筑用地压缩, 保留了

_____

① 里布斯金德的原话: "被杀害的无辜者人数众多, 这不再是一个完全商业化的遗址。无论是
一座摩天大楼、一座低层建筑群, 还是一个在现场开发的公园, 真正的问题是关于记忆,
这段记忆的未来是最重要的。"此外, 继在犹太人纪念馆成功诠释的"创伤"主（转下页）

原世贸中心的地基深坑，突出了"没有建筑的废墟公园""记忆的奠基"主题。建成后，人们站在遗址公园边缘，向下眺望世贸中心被毁后留下的遗址公园，深不见底，如同凝视深渊，很容易震撼到在场每个人的思绪。而相比之下，高高在上的高层建筑形态则显得不再是重点。

哈德逊铁路大院项目（Hudson Yards）是纽约 21 世纪后的城市设计。原为位于铁路西侧的一片长期废弃的大型货运站场，但紧邻纽约商务中心曼哈顿中城。由于美国的铁路、港口等市政设施用地的产权属于全体公众，城市政府难以轻易决定对其拆除，往往需要经过漫长的投票审议过程。而历经多年的论证和建设，新的城市设计体现了现代玻璃集群形态和丰富多样的立体公共空间，具有视觉冲击力。

负责城市设计的美国 KPF 公司，通过"L"形的生态绿轴为核心，组织了 12 栋高层建筑，以及包括地铁层、高线公园层、高层建筑顶层等十余种不同标高的公共空间类型，建筑形态充满创新性，营造出"未来立体城市"的体验感。

总之，纽约当代城市形态可以基本概括为高层建筑的立体城市，当代又进一步发展为高层建筑/公共空间双重立体交叠的复杂形态模式——商业社会和当代建造技术的发展，使城市不断向高空发展，公共空间也更多地置于屋顶、室内中庭和地下等多个层面，形态也更加多样丰富。

---

（接上页）题，[22] 里布斯金德此次抓住"记忆"的命题，将方案，命名为"记忆的奠基（Memory Foundation）"，并使用一处巨大的"空虚"基地作为标志——"这是永久的损失。这种空虚将继续存在，任何建筑都无法抹去"。

图 9.26　哈德逊铁路大院开发项目

（来源：[13]）

　　另一方面，纽约的城市形态是商业经济繁荣的象征，争奇斗艳的摩天楼也必不可少。但纽约规划设计部门既要顺应商业发展支持多样化的建筑设计；也要对其进行必要的干涉约束（利用区划技术和城市设计），以关注公众利益——两方面要确保平衡，不可偏颇。因此，城市设计也需要极为慎重，而一旦"平衡"被打破，城市形态就面临失调危险。如二战前后的社会住宅泛滥，而近年来则更多是隐含着"自由过头"的威胁——逐渐出现了形态失调的形态。最典型的是被称为"最细建筑"的施坦威大厦（Steinway Tower 高宽比例 24∶1）（图 9.25），出现的原因则是这些建筑都合法合规，并不违背任何纽约区划（Zoning）和城市设计管控条例规定，显然人们在评论这些建筑时，会认为是区划失效和规划部门的失职，并进一步讨论纽约城市设计的改革方向。

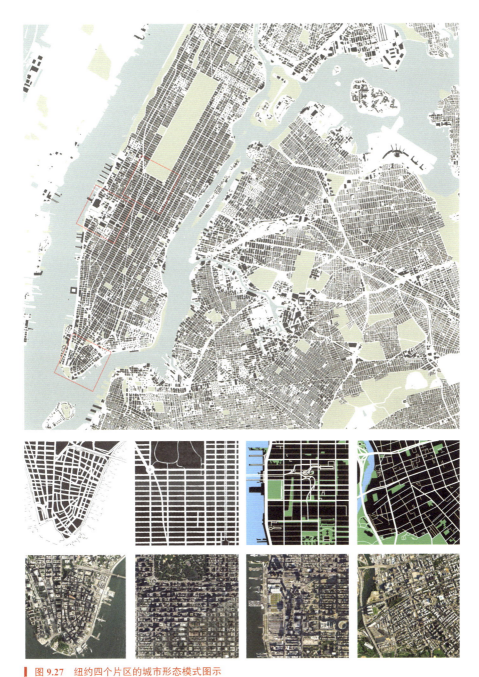

图 9.27　纽约四个片区的城市形态模式图示

从左到右，①下曼哈顿②中曼哈顿③哈德逊铁路大院④法拉盛（纽约唐人街）

图 9.28　旧金山俯瞰，从双峰（Twin Peaks）位置，摄于 2019 年

## 永恒品质：旧金山

旧金山是当代美国主要的"后现代城市"之一——相比于美国东海岸的早期发展，旧金山以及加州其他城市为代表的西海岸，在二战后迎来了发展热潮，并被冠以"阳光地带（Sun Belt）"，与传统的东部"铁锈地带（Rust Belt）"形成对比。

作为美国人口密度最高的城市之一，旧金山繁华密集的中心区凸显出美国特有的中间高，四周低的单中心城市形态。绝大多数高层建筑集中在仅占 3% 的中心区内，被誉为美国最具有人性尺度和可识别性的优美城市之一[15]。

旧金山也是美国最早、最成功推行城市设计的城市，其中 1971 年旧金山城市规划设计①，及其提出了保护"永恒价值（timeless Qualities）"的"城市整体格局（Urban Pattern）"，以及塑造"各具特色的城市局部"，保护旧金山精致的小尺度配合山体岸线的怡人景观特色等城市设计原则[17]，在塑造旧金山城市形态特色上成效卓越。

### 典型片区

#### 1. 中心区

旧金山中心区（Urban Central area）以市场街为轴线，北侧为商贸区（Downtown）[包含金融区（Financial District）、唐人街、电报山（Telegraph Hill）、北滩（North Beach）等局部地区]，南侧为工业区。两者均为网格形态，仅差别在尺度，工业区尺度稍大。

#### 2. 网格郊区——日落区

日落区（Sunset district）紧邻金门公园（Golden Gate Park），是 19 世纪末规划的郊区住区，也是 20 世纪初以来，旧金山郊区化的最初地段。具有典型的美国郊区网格住区特征。

#### 3. 自由形态郊区——山地住区

旧金山山地住区的开发建设晚于日落区，随着 1918 年双峰隧道的开通而开启。自由形态适应了陡峭的山地，尽管在开发之初并没有被旧金山规划部门所鼓励，但最早的住户和开发商自愿承担曲线形态道路的开

---

① 1971 年旧金山城市设计规划的四个内容：城市格局、保护、主要新发展和邻里环境。

发费用（同样情况下，直线道路建设费用由政府承担），并在建成后受到公众欢迎而得以在旧金山山地地段推广。

### 4. 滨水更新区——传教团湾

面对后工业化时代旧金山滨水区衰落，自 1980 年代开始了城市更新。但直到 2018 年才完成了第一个大规模片区——传教团湾。用地内建

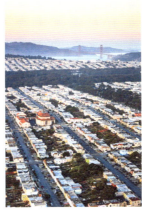

**图 9.29　旧金山 4 个典型片区，上左，中心区，上右，日落区**

（来源：TOBY HARRIMAN）中图，山地住区；下图，传教团湾

设了加州大学旧金山分校的儿童医院、多处国际领先的生物制药公司总部，以及 NBA 球队金州勇士队（Golden State Warriors）的主场球馆，形成了富有活力的现代滨水区。

### 当代城市形态重塑

2000 年后，旧金山开始了新的一轮中心区规划，多个片区相继开展更新重建。城市设计将各片区整合，并考虑整体形态协调。

设计沿用了 1971 年旧金山城市设计的"永恒价值"的"城市整体格局"理念，在保持旧金山城市形态的"山丘形（Hill Form）[①] 传统"，形成以中心区为中心，电报山和林孔山（Rincon Hill）为两翼"一主两次"三个高潮。

**图 9.30**

旧金山规划部门将林孔山规划整合到了 1971 年城市设计确定的城市格局中（上图，来源：[19]）；2019 年旧金山中心区天际线，沿海湾大桥滨海方向（东）（中图，下图，来源：作者）

---

① 山丘形，这一理念也是 1971 年城市设计规划（目标 2.2）的重点思想。

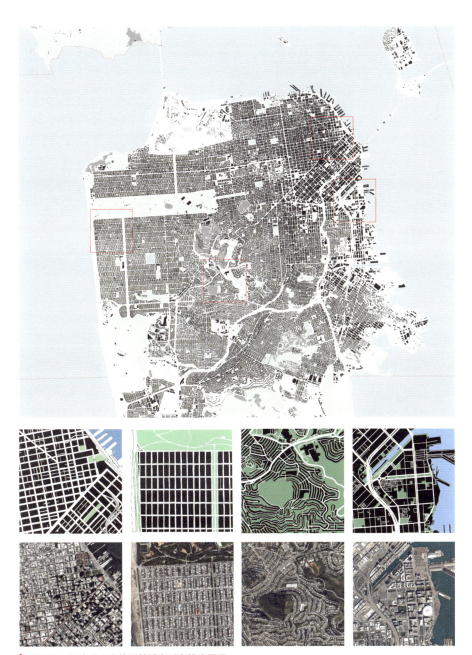

**图 9.31** 旧金山 4 个片区的城市形态模式图示

从左到右，①中心区②日落区③山地住区④传教团滨水区

同时，规划重新定义了旧金山中心区城市形态，以应对城市天际线进行整体提升。城市尺度的整体放大，体现了当今城市发展的客观需求，一方面，旧金山已经不再限于传统的半岛地域，而是需要放眼整个湾区，包括从东湾看过来的整体景观形态。即视距的增加需要配合建筑高度的提升；同时，传统上旧金山中心区高度以 50—100 英尺（约 15—30 米）为高度上的梯度变化进行控制，所形成的阶梯形天际线，在远距离观察已经显得过于平坦和平淡，缺少生动变化。因此，新的天际线将希尔思弗斯塔（Salesforce Tower）作为整个中心区的制高点，高度提升到 1000 英尺，最顶部构件高度为 1200 英尺，确定了希尔思弗斯塔作为整个旧金山中心区新的轮廓线最高点"皇冠"[19]，再通过对周边用地高度的梯度化管控，塑造了旧金山当代崭新的滨海景观形象。

## 小结

从整体上说，由于美国文化更年轻，也缺少更多城市文化积淀，因此在城市形态和城市空间的品质上，要逊于欧洲其他文化国家。

但美国城市形态也具有鲜明特色。除了在整体上更年轻、具现代感外，由于清教徒的特殊宗教传统，对社会有更多的理想化成分，也就造成了城市形态中也相应有更明显的"模式化"现象。

单中心城市形态是美国最初的城市理想和最鲜明的特色，并在通过高层建筑塑造三维立体城市方面成就突出。其中原因，首先是美国早期移民秉持的"山巅之城"理想，浓缩了来自圣经的描述和优美的欧洲地中海古代山城意象。城市高耸突出的中心区，与低矮开敞的郊区住区，构成了主要的美国城市功能和形态。这样理想化的单中心城市形态，曾经是美国城市的标配。同时，这种单中心形态也不难实现。相对来说，美国都是新城市，基本没有欧洲城市中常见的老城，更没有历史上城墙的形态痕迹，因此美国城市可以创造与欧洲城市截然不同的形态，以突出高耸的中心区契合"山巅之城"的理想，同时配合了艺术装饰风格高层建筑，给人提供了高度识别性的城市环境和精致独特的城市品质。而在此后的汽车时代，存在这样一个显眼独特的中心区，对于汽车驾驶者来说，则又对方向的识别有很大作用。

美国深厚的农业传统，也塑造了更加松散蔓延的城乡结构。乡村而不是城市，在华盛顿和杰斐逊等这些建国元勋看来，更加重要，并贴近美国现代城乡关系的主旨。美国 20 世纪后的郊区化、汽车城市，以及当代新城市主义都是一脉相承地受到乡村吸引。

20 世纪后期的消费时代来临，美国传统上纯粹的汽车社会受到冲击，美国上述较理想化的城市形态模式面临挑战。当代美国城市中心区出现"白人飞离（White Fly）"并普遍被商业资本抛弃后，中心区缺少更新复兴的机会，在底特律等"铁锈区"城市，中心区空心化使"山巅之城"徒有其名。纽约、洛杉矶以及更多中等城市也都走向城市蔓延和无序发展。

人们反思美国城市发展糟糕状态的背后，城市设计难辞其咎。美国城市设计的主要问题是过多依赖私人资本，并缺少政府从城市整体层面的统筹管控；也缺少德国、法国等欧洲国家那样集中力量办大事的国家视角下的城市公共建设支持。例如在当代美国城市设计领域十分推崇的"公交导向型"发展背景下，却很少有美国城市建有较完善的地铁轻轨系统，能达到柏林的公交水平的美国城市更是绝无仅有且相差甚远。

因此，在当代美国城市发展背景下，越发走向"无模式"和"无形态"的方向，在吸引私人投资的条件下，充满了随机性和无序性。同时，在当代美国城市设计普遍尝试向混合化、高密度的创新城市形态，从而获得对私人投资更突出的吸引力，但有时会走入另一个极端，在创新和商业两个方向上都可能背离了艺术和建筑学的美感，前者例如纽约高宽比 24∶1 的纤细大厦；后者则是更加普遍，如随处可见仓储式超市。当这些在美国社会中都似乎难以避免时，那些早期美国城市设计中的理想主义精神就越发成为一种奢求。

# 第三部分

## 汇总和比较

"西方文化"常被作为一个整体看待——各国彼此拥有近似的宗教文化、发达的当代经济社会特征，使它们能鲜明地区别于世界其他地区。在建筑学和城市设计学科内部，西方也通常代表了更多近代主流理念和创新技术，并常被树立为行业标杆和趋势，在当代全球化浪潮下受到更广泛的关注和研究。

　　同时，西方文化同世界其他文化的另一个区别，则是它更多的差异化和多样性。若我们深入西方文化内部，各流脉、各国各地区之间的文化差异远超彼此共性。千差万别的城市形态就是鲜明的证明之一。

　　本书在文化"流脉"概念基础上，又增加了建筑和城市设计领域的两个常用概念"模式"和"理念"——三者彼此缠绕，这种研究架构也契合文化内因和外因的规律——各"流脉"自身的历史文化特色及其代表性"理念"是根本和内因；而各不相同的城市形态"模式"则是外在表现。

　　本书最后一部分四章的目标是"汇总""比较"，分别以上述三个概念为主题。尽管此前章节内容也不乏比较，但本章将8个文化流脉放在一起，一是从西方整体视野出发，引入集中统一的比较"标尺"后，形成更多发现和观点；二是依循三个主题"流脉""理念""模式"展开，汇总形成书籍带有一定结论性质的内容。

# 第十章 "流脉"比较
## ——西方城市形态的共性和流脉间的差异性

　　较之于"国家"，本书选择的"流脉"一词，重在"流"字——涵盖了文化萌发发展时的上游之源，后续"传播""演进"之流；以及"脉"字所包的文化流经之处的地理和风土、人文思想、历史过程、宗教信仰等，包括此后的当代科技等的综合交互作用等含义。从本书前文诸多案例可见，最终，这一系列文化信息会附加在建筑和城市上，而城市形态又反过来成为诸多"流脉"文化特色的载体和证明。

　　如第一章"概念"中所述，"国家文化差异随着尺度的缩小而丰富"，在最大尺度的"国家（流脉）"和最小尺度的建筑等"艺术品"之间，本书选择居于中间尺度的城市及其形态作为研究对象——既能通过城市形态的物质特征，较好地说明和展现各国家和流脉的文化特色，又能依托于2—4座代表城市，使其相对集中和典型，避免（建筑和艺术等更小尺度下的）大量重复繁琐，或偶然孤立和缺少说服力。

　　本章所要做的，则是将8个文化流脉放在一起加以比较。一方面，要出于构建"西方"整体视野下，面对尺度扩大（从个别国家到西方整体）带来的"抽象性"，促使研究从关注建筑和城市艺术，向社会、思想和制度等方面拓展延伸；另一方面，也需要对上述问题开展相关"比较"研究，探讨西方文化的共性和个性等问题。

　　关于西方文化研究中，"源与流""承与变"是用来阐述共性和差异性的常见视角。即从最初共性为主的"同源""传承"；到此后差异性逐渐增大下的"创新""流变"。共性与文化之源对应；而各文化分支和分岔，各国、各文化流脉在历史上看似偶发的重大事件，却对各国文化和民族性格的塑造构成深远影响。而这些影响又传递到城市形态，导致各国民族个性与彼此城市形态的"差异性"高度关联。

　　相应地，这里"流脉"的比较侧重于以下两点，①西方文化及其各流脉的"源与流"——西方文化的共性，以及因思想、宗教、政治（包

括城市管理）等导致的种种差异；②上述"承与变"与民族精神和城市
形态"差异性"的关系等。

## 西方文化流脉"共性"下的城市形态

在文化研究领域，西方文化的"共性"已经有较普遍的共识①[1][2]。
学界普遍将来自古希腊罗马的"理性"作为最初的文化之源。并在此基
础上，衍生出西方文明有四大外在特征——①"政治社会上"宪政和民
主②"经济上"以私有财产为基础的市场经济、高水平的生产效率和高
质量的生活水平③发达的科学和技术④"文化上"体现个性和自由的文
学艺术、自由的生活方式和娱乐方式。

依循上述四方面，对照城市形态看，相应的西方城市形态"共性"
也较为明确，并都有相对应的城市形态理念和模式。第一，崇尚希腊民
主的西方政治社会，与希腊罗马时期盛行的小规模营寨城息息相关；第
二，私有财产的经济制度，又支持了公私分明的"市镇设计"传统；第
三，崇尚科学技术是现代西方城市的突出特征，西方社会的近代崛起紧

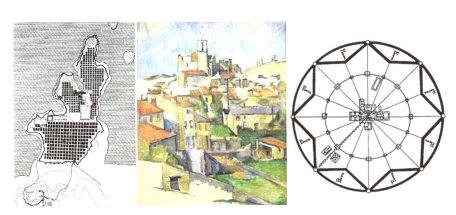

**图 10.1**

几种西方历史城镇意象，从左到右，希波丹姆斯模式，中世纪山城，文艺复兴理想城市（来源：中图，作者拍摄于纽
约大都会艺术博物馆；其他[14]）

---

① 例如菲利普·尼摩的《什么是西方》指出，五个关键基本要素或称"五大奇迹"构筑成当今
的西方，它们是：（1）希腊民主制、科学和学校；（2）古罗马法律、私有财产观念、人的个
性和个人主义；（3）圣经的伦理学和末世学革命；（4）中世纪教皇革命的人性、理性将雅
典、罗马和耶路撒冷三要素融合；（5）启蒙运动的自由民主改革[1]。张浩军和钱雪松则进
一步纳入当代科技和艺术娱乐等，形成了本书正文提到的4个特征[2]。

随工业革命，而城市的成就则是这一发展链条上的关键环节；与第三点一样，第四点也是现代社会的城市特征，多元化的文化艺术渗透到西方城市中，带来了更多样的城市形态特点。

### a）思想传统下的"小而美"城镇审美

信奉理性主义的西方人，对于他们长久生活的城市及其形态有很固化的认识，或者说笃信存在城市形态的"原型"。他们至少有两种对西方城市形态"原型"很坚定的看法，①小规模、人性尺度的城市规模；以及②教堂等公共设施统领下的市镇设计景观（图10.1）。

这样的城市形态信念同古希腊罗马的民主制有关，正如柏拉图将城市规模确定为广场上的集会人数，从而彰显民主和每个人的社会参与权。相应的希波丹姆斯模式、营寨城、文艺复兴理想城市等都有类似规模。而此后中世纪进入教权时代，倡导的山城形态则是在此前小规模城镇基础上，又增加了宗教含义，包括圣经的"山巅之城"教义，以及"三维"景观要求——起伏的地形下，教堂对城镇空间群体的统领……这两样可认为是西方城市的形态"原型"。但在不同文化流脉历史积淀和演进下，又会显现出不同的具体形态模式。

我们从近代著名绘画中也能看到上述城镇形态的"原型"。如收藏在纽约大都会艺术博物馆的高更作品《加尔达纳（Gardanne）》，体现了画家从普罗旺斯（Aux-en-Province）家中窗外所见的圣维克多山（Mont Sainte-Victoire）景色，是西方人熟悉的著名中世纪山城形象，也是真实西方小城镇形态的典型缩影。

而在文艺复兴后，理想城市又可以认为是此前原型的新的时代映射。城墙对小规模用地的限定；中心高耸的教堂作为空间的统领等。近代以来及至当下，类似城镇形态传统则是以中心区设计、花园城市、新城市主义等理念传承下来。

### b）公私领域下牢固的"市镇设计"传统

西方城市设计中一直有将公共设施置于优先地位，并习惯于将公共设施自成一体地构成城市形态的"骨架"结构——这些市政厅、医院、学校，以及车站和广场等，都是体现"城市服务于公众"的公共属性；并需要对它们进行更精细的设计，甚至通过有些夸张的景观效果，获得必要的强调；而对其他营利性私人领域（主要是社区和住宅）则简单处理。

这一理念被用"市镇设计（Civic Design）"一词概括。"市镇"，英文为"Civic"，具有公共机构的含义，在当代城市设计学科 1950 年代末出现前，"市镇设计"一直是西方文化对城市景观设计工作的称谓，包含了"只有城市中的公共设施才值得更加精心的设计，并应构建景观整体性"的意思。在这种以公共设施为核心的市镇设计理念影响下，传统地中海城市成为审美的典范。包括强调步行尺度，有一个或多个精致的公共设施中心，多以低调整体的城市肌理为背景，从而衬托凸显出更加精致优美的公共设施等。而这些公共设施之间作为联系骨架的道路、广场等空间也被更加精心地设计建造出来。

### c）现代社会以来城市形态中的"科技引领"

民主政治和社会秩序来自古代，而西方城市中的科技则是现代特征。例如现代城市规划将 19 世纪出现的雨污分流等地下工程的科技创新作为划时代的标志。但也从此开始，地下空间也成了诸多城市新技术的专属场所。现代城市科技和设计似乎有意识地避开城市形态，刻意将城市风貌的延续性等问题作为历来的重要目标。因此，在四个西方文化流脉特征中，对城市形态来说，当代科技发展的速度、前所未有的创新幅度等，却在历经多年演进之下的西方城市形态中，有时会显得难以被包容消化——以高速公路为典型特征的城市形态至今仍是困扰城市设计者的难题，也是被民众普遍诟病的城市顽疾。这样的背景下，在这四种西方特征中，当代城市形态中"科技引领"是最不明显的一种特征。

不仅如此，上述汽车时代的诸多城市科技成就，并没有成为人们承认的理想城市模式，反而受到普遍争议；另一方面，也正如当今已广泛接受的科学分为自然科学和人文科学，建筑学和城市设计所蕴含的人文思想理念，承担解释社会变迁、预测未来发展职责，被越来越多地划归人文科学和艺术领域，从而在当代受到更多历史文化社会等领域研究进展的支持，城市设计的进步也更多凝结了人文科学的创新发展。例如人们更多倡导从公众参与视角下的城市管理，及其带来的民主建设进步等。而相反，自然科技发展支持下的现代城市更新，与城市中的历史文化和传统审美却时常处于矛盾之中，也十分仰仗人文科学和智慧加以辩证平衡。

### d）多元文化下的城市社会秩序的设计

西方尊重"多元化"，将其作为优化社会秩序的一项重要原则，并被认为是自宗教改革以来西方现代社会的根本特征。

"多元文化"在西方城市形态和设计中，充分体现在欧美20世纪末以来面向中低收入者的社会住宅建设理念中。"需求的差异化"——通过提供多样化高密度的住宅形态，改变低层独栋住宅的单一市场，以改善普通民众福祉，从而在城市形态和景观方面，形成了多需求口径和多样化的特点。

当代西方多元化的社会秩序，不仅限于住宅形态，更多当代学者关注到包括绝大多数的公共设施都在以创新和多样化的形态出现。学者们更愿意将这些城市形态的多样性与社会的分层分化结合起来讨论，并试图洞悉两者的关系。如米歇尔·福柯（Michel Foucaulf）的"空间形态—社会形态"思想、列斐伏尔（Henri Lefebvre）《空间的生产》[7]中关于"空间是社会的产物"的观点等。

西方国家奉行的市场经济下，一切物质和精神产品都被打上价格标贴——城市形态的多样性也都在价格上构成层级和档次，并适用于不同的社会收入者。西方发达资本主义国家城市中，这样"一切有价"的结果，造成了社会的分化，为不同阶层、种族、信仰和收入人群构建了不同的领域。在20世纪西方国家普遍消除了贫民窟之后，当代西方公众更加关注城市社会问题。高收入者所引发的城市社会问题，以及这些高收入者享有的"特殊性"和潜在危害。他们更多通过会员制和俱乐部等机制，愈发倾向于更加隔绝和隐秘的领域，极端情况下会滋生美国爱泼斯坦（Jeffrey Epstein）事件的恶果，问题的根源仍旧是西方社会多元和分层下，及其赋予富豪和权贵过多特权所衍生出的弊端。因此，在看待西方"多元文化"时，除了赞赏其尊重社会中人们的差异化需求外，还应看到"多元化"需要与"法治化"，以及必要的公众监督相配合，并需要着力避免"自由化"。

总之，西方文化中的"共性"，不论是民主政治、公共设施建设和社会秩序等，都同历史传统紧密相关，而"科技引领"因更多联系现代成就，对西方城市形态影响存在局限性，尤其对具有历史传统的中心区的影响仍存在争议。

## 西方文化流脉比较下的城市形态

城市学者梁鹤年[3]将西方现代社会以来的文化差异性，归结为"第二组西方文化基因"——"人"和"个人"①，"人"体现了"人的基本需求"是基本的和共同的；而"个人"则意味着"相对于集体和社会的差异化需求"。但正如人的性格差异，脾气各有不同，在当时民族主义兴起和国家逐渐出现过程中，在较明显的文化差异性作用下，不同流脉产生。

从时代发展看，西方文化的"古代"与"共性"相对应——古代西方文化呈现出的主要是同化过程，如宗教对人的思想和物质环境（包括城市形态）起到了同化作用；而"现代"则更多异化多元，以及彼此间的"差异性"。启蒙运动作为两者的转折时刻，人们的存在意识觉醒，带来个性释放，以及欧洲工业革命以来各国在哲学和社会思想的精彩纷呈，形成了今天欧美文化较稳定固化的深层分歧。诸多思想中，最初是宗教，进而是社会秩序，以及此后更多的城市政治和城市管理等方面的差异，带来各不相同的西方现代化进程和丰富多彩的城市形态。

### 1. 早期宗教和社会差异的影响

西方城市形态并不仅是当代话题，我们讨论的大部分城市在中世纪都已存在了，最迟在20世纪初前后都已建成。本书22座城市中，最晚的沃尔夫斯堡也在1930年代就已建成。换句话说，在西方城市形态视角上的"现代"，并不仅限于历史维度的现代和常见的20世纪，尤其应研究决定西方现代城市格局奠定的19世纪，以及启蒙发轫的更早时期。要理解现代城市，需要连带上诸多西方城市经历几百年风雨，它们的形态无不是承载了如此诸多的历史本源和变迁差异。

文艺复兴末期欧洲宗教社会分化矛盾，在深层上决定了各国的民族精神，并持续影响了各国的现代走向。包括当时教权、领主和民众的不同关系，对立或者和谐，以及彼此间处理矛盾的不同方式。[4]

意大利城市作为文艺复兴的起源地，以及深厚城市共和国传统，却只有昙花一现。原因在于，意大利是山体海岸环绕的内向区域，外部入侵几率小，社会发展平稳连续也自主独立。但缺点也很明显，城市规模受限；而体现在城市文化上，独立内向的环境下也容易导致教权过大；此外，意大利城市分散密集，封建领主领地很多，也导致城市崛起过程中摩擦不断，矛盾重重。城市与城市，城市与以往封建领主之间，城市内部各教区和局部社区之间，都有无数的冲突和血腥斗争，以及像罗密

---

① 城市学者梁鹤年认为，西方文化最初之"源"，总结为"真（理性）"与"唯一（信仰）"希腊理性和基督信仰的结合。同时，梁鹤年将此作为"第一组西方文化基因"，与"第二组西方文化基因"——"人"和"个人"加以区别。

欧朱丽叶那样的家族世仇；内部矛盾导致城市无法产生民权领袖，难以得到长足发展，而类似于佛罗伦萨的美第奇家族这样成功的情况则仅是个例。

欧洲北部同意大利则完全相反。北欧的贵族之间或相距很远，或相安无事，或结成联盟，他们的属民自然也难有敌对关系，发展到后来，城市中商业联盟组成的城市平民组织，一旦他们领袖的势力超过了封建领主和贵族，就会形成具有民权民主的公社社会，以及此后的城市共和国，如南荷兰和比利时。

北欧城市的威胁主要来自外敌入侵，因地形平坦开放，时常遭受攻击。但人们将其与意大利作比较认为，北欧受到的外敌侵入如同外伤，时间过后就会痊愈，而意大利城市内部矛盾则是城市的癌症，是内部文化的制约力量。它们所导致的城市衰退是不可恢复的，城市一旦有一点活力，新的内部矛盾就又会反复出现。因此，即使罗马教皇在16—17世纪对罗马的城市美化，也不能带来城市的真正复兴。

城市和社会是否团结，对近代欧洲城市发展具有决定意义。法国和西班牙社会尽管在现代社会早期都笼罩在王权的威严下，民众的个人发展也受限，但民族意识和人民的团结，使整个社会总能激发出强大的战斗力和发展动力，整个国家方面也会体现出强大的力量。

美洲大陆的发现及以后的工业革命，预示着西方势力的又一次重组和社会重构。整个过程中掺杂了宗教、经济等复杂因素，加上现代社会制度设计的固化，西方文明内部各流脉之间尤其凸显出差异性的一面。例如工业革命后的英国、法国和西班牙都依循了相似的发展路径：圈地—生产和流通—殖民。但三国彼此之间社会运转的出发点和核心思想十分不同，法国仍旧信赖农业，当时的国务大臣萨利（Puke of Sully）认为，"可耕地和牧场是法国的两大宝藏，就像（西班牙所探寻的）秘鲁的矿产和珍宝一样——法国依靠农业支持国家，十分稳定靠谱；而西班牙尽管拥有大片殖民国土，但却很少能寻到宝藏，看似广袤的土地也极容易失去……"[4]这当然是身为新教徒的法国部长站在国家经济发展的世俗视角；但若出于西班牙天主教文化利益则会得到另一种相反结论，其他西方文化流脉的差异当然尽是如此。

而进入现代社会，地中海地区之外的西方国家，如美国、英国、德国则更加平稳安定，认为宗教虽必不可少，是社会秩序的一部分，但都不应干涉城市管理。英国等北欧国家更是很早就同罗马梵蒂冈天主教断绝联系，将新教作为自己的国教，并将神职人员归于政府管理。德国和荷兰则是天主教和新教共存。而天主教则主导了法国、意大利和西班牙等地中海国家。法国和意大利教会和政府更是无时无刻不纠缠在一起，因此两者本质上都不是完全的世俗国家，这里的宗教精神也会波及很多领域，宗教的支持下能在政治上树立的个人威望（戴高乐、墨索里尼和佛朗哥），思想、文学、艺术上也都渗透了明显的宗教影响力。造成的结果，是政治上的不稳定和多变，会随着政治人物的突发情况出现巨大的态度转向。这些国家的城市形态也当然会受到政治影响。

## 2. 现代政治制度设计下的城市形态"差异性"

国家的政治制度设计，会对城市形态的"差异性"有明显的影响，这里仅从集权和放权视角，简要讨论。一般说来，集权和放权通常对应不同的城市形态，即浑然一体的城市风貌往往会出自集权的城市制度；而富有个性和多样感的城市形态则更多来自放权制度下的创意促成。

集权管理下，城市形态会有更多约束控制，公共空间和地标建筑能体现出统领性和高品质；最突出的表现形式是"整体感"，不论是希腊城市雅典和塞萨洛尼基，还是柏林。这样的"整体感"一方面是城市设计自身就带有一定的"自上而下"的整体管控视角，形态的"整体感"也是其倡导的重要目标，另一方面，具有更加集中权力的城市政府，会倾向于为城市提供更加整体全面的功能解决方案，例如荷兰的功能城市，柏林更整体化的轻轨系统，及其支持下的各 TOD 站点的城市设计等。而放权制度之下，现代风貌和超前新潮的景观则有更多发挥空间，如英、美城市是当代城市设计创新的主流。

地中海国家一般有较集权的城市管理制度，但不同国家之间仍有一定的差异。

意大利作为地中海国家，有较集权的城市管理制度，但也并无单调刻板的社会氛围。原因在于，意大利通常政党多样但力量分散单薄，彼此政治理念多有分歧，难以对受到教权统一控制下的国家产生更大影响；工会和商会也因为从属于不同党派，也显得很不统一不团结，导致工人的呼声微弱。这与英国、德国等北欧国家，以及大洋彼岸的美国情况截然不同。

法国是另一个有集权管理传统的地中海国家，国家时常会出于有利于巴黎的目的，将资源向巴黎倾斜，小城市发展更多受限，并会造成不同法国城市之间较明显的风貌景观差异。例如，法国从最早在大革命期间，剥夺了巴黎周边拉德芳斯等城市的管理权，此后 20 世纪后期的副中心建设也更多从巴黎的角度考虑。此外，法国当代城市管理中更多习惯于建立多个城市联合体替代城市管理权力，国家会对联合体形式职权设计，也是另一种形式的权力集中。

其中希腊则是较特殊的地中海国家，它不仅是国家集权管理城市规划政策，同时由于历史和地理的特殊性，社会文化更加接近于其紧邻的东欧巴尔干地区。希腊特有的中央政府和地方政府关系对立，造成城市建设领域上管控严，政策实施环节链条长，也因此最终产生了对城市形态较低效的管控效果，而且城市形态整体感有余，但欠缺一些多样性和活力。

地中海地区之外的北欧、英、美等国则不同程度上体现出围绕"放权"安排各种城市制度。

英国至少是在20世纪末之前，都并没有赋予作为首都的伦敦过多特权（与巴黎相反，是一种放权）。不仅如此，伦敦还有意识地在伦敦之外建设了利物浦、曼彻斯特等专业化工业城市，在这些城市中。伦敦又是放权意图比较明显的一座。同时，在这些城市内部，由于地方政府和基层组织，尤其是工会和工党在传达民意方面起到了重要作用。当代英国城市规划中，自下而上的公众参与被认为是主要和突出的创新。

德国有一定的特殊性。德国实行"议会制"，同时也是"联邦制"。这两个特点与实行中央放权和地方自治的美国一样，但由于德国深受历史上容克政治传统影响，较重视国家管控，因此德国也在制度设计上，赋予国家相对多一些的权力。一方面是德国通过一套精细的制度设计，使"议会制"保持了较长的任期和稳定性，便于推行连贯持续的发展政策；另一方面德国的联邦制主要是贯彻国家政策，并有政策加以保障，这与美国各州主要以制定自己政策为主的较纯粹的联邦制不同。但这样不纯粹的联邦制下，也造成了贯彻国家政策还是执行各州理念的矛盾；或者说是遵从国家集权抑或是各州放权之间的矛盾。这样的看似兼顾两全的制度设计下，德国城市往往在执行联邦政策时，部分州动作迟缓拖沓，甚至有消极怠工的现象。相比之下，美国比德国在城市管理上更加放权。

同属于德意志文化圈的荷兰，较之语言和文化的相似性，荷兰则在城市管理方面与德国有更多差异。可以认为是从国家层面的放权，与地方城市政府层面的集权相结合。国家层面的放权，体现在荷兰自19世纪初开始就坚持由商业资产阶级掌控，制约国王权力，赋予城市政府更大的权力并允许不同城市选择不同的发展路径。而在城市政府层面的集权，则体现在城市政府高度收储城市土地，以及开展功能城市等整体管控上。此外荷兰这种较特殊的政府制度，也在当代城市设计中有更多创新尝试。

如荷兰在城市遗产保护方面被认为走出意大利博物馆保护模式，形成了更倡导遗产利用的荷兰模式等。

最后，美国则是比较彻底的放权，大多数城市设计和城市建设由地方政府，甚至商业开发机构化为地方政府组织开展。同时，这样的类似于企业化的运作模式中，出于对效率的考虑，城市形态中出现重复化、模式化的城市形态现象的几率更大。

### 3. 自由市场和福利社会的经济制度下城市形态"差异性"

经济制度下，自由市场和福利社会是一对对立的制度。

当今西方国家的社会经济制度，一定程度上仍受前现代社会思想影响。例如欧洲人传统上普遍认为，社会应该照顾境况最差的人，这正是现代社会之前面对诸多生存挑战时人们"抱团取暖"的写照。

当代，在"应优先鼓励强者还是扶助弱者"的问题上，分歧出现。美国是唯一的、鲜明的自由主义经济，倡导"小政府，大市场"崇尚"强者文化"。认为所有人都有机会，是否利用机会取决于个人，即"竞争性个人主义"（Competitive Individualism）。[5]

而欧洲各国则是差异化态度。2006年的民意调查表明，除了领先的美国人外（71%美国人认为自由市场是最好的），紧随其后的是英国，66%，德国65%，法国只有36%，这一调查统计中没有其他欧洲地中海国家，法国可以认为是地中海国家的代表和缩影——支持保守的福利社会并反对自由市场。

因此，西方国家和民众对待经济制度的态度可以分为三类，地中海拉丁欧洲四国是一类，国家和民众倒向福利国家；北部欧洲三国，这些国家的民众主要支持自由市场；而政府则是支持福利国家，不论是持续性支持（如德国政府，自俾斯麦以来都蔑视自由市场的民主制主张），或间隔性地支持（如英国，工党任期）。第三类则是美国的全部支持自由市场。

自由市场和福利社会的经济制度，在城市形态上会有鲜明的差异。自由市场下，城市形态多样繁荣，富有热热闹闹的现代感；但发展不均衡，区域之间贫富差距、形态差异也很大。典型的美国——纽约、拉斯维加斯的纸醉金迷，过度繁荣，而欠发达的中西部地区也不在少数；而福利社会的经济制度下，则受到社会住宅的数量和形态差异，有更简朴，通常是现代建筑运动倡导的简洁、最少装饰的城市风貌；如前文介绍的马赛、罗马等城市的郊区社会住区，相似性较高的现代形态。

**4. 城市公共开发和管理下的城市形态"差异性"**

西方国家中，不同形式的政府公共开发（相对于私人开发，包括国家、城市政府等不同层面）会对城市形态有更大影响。政府在城市建设的投入程度，也会影响城市形态。这类建设带有庄重有序的形象，但却不免会显得单一刻板；而私人投资项目则更加丰富多样，但更需要城市设计管控，使它们彼此协调有序。

国家层面的城市开发主要针对各类公共服务设施和市政设施，带有公益性质和非营利性，包括交通、能源等。由于国家掌控着计价、补贴等调控手段，尽管西方国家中这类设施和企业不时在"国有化""私有化"之间切换，国有和私有的比重统计也时常变动；但铁路、港口、交通、能源电力等各类市政设施，本质上保持不同程度的国有性质。市场乐观、有利可图时，将公司开展"私有化"，国家隐身而让位于经济发展；而当经济下滑亏损严重，政府又会对企业经营状况进行"兜底"，开展"国有化"。当然这一过程中也都贯穿着提价、注资等政策行为。例如近年来的俄乌战争就导致德国、法国的天然气行业经营困难，国家顺势对该类型的能源公司开展"国有化"；而同时，远离战火的英国则相反，则因水电市场乐观，将水电公司开展"私有化"。

在首都建设、新城、副中心等其他大规模公共设施建设方面，西方社会在国家层面负责组织管理。如法国拉德芳斯区副中心。英国则是由于没有赋予城市政府的开发权，国家也会直接在新城，企业区等大规模项目中行使开发权。

因此，西方城市的铁路、公交、各类能源电力等城市市政设施系统，以及新城、副中心等重要地段，都作为公共领域受到更大的重视，均一定程度上开展政府主导下的开发建设。同时，这些设施所具有的大规模和大尺度，也对城市形态设计具有统领性。

西方国家在国家层面开发规模数量上比较，法国、英国、德国等西欧国家较多，这些国家城市中的铁路、公共交通等设施的形态更明显；而美国则主要是私人投资。希腊尽管国家拥有很大的开发权力，却因缺少地方政府的信任和配合，国家开发也较少。

除各种国家参与的开发外，在欧洲，地方性城市政府也会在上述公共设施和中心区之外的城市一般地段开发方面有所作为，而不是由私人负责。例如当城市处于大规模扩展，或转型发展时期，都面临开发量激增的情况下，就需要一个有力度、负责任的地方性质的城市政府主导。

典型的例子是二战后欧洲新城建设，北欧、西欧国家这方面优势明显。体现在城市形态上，则是粗放式、体系化并具有完整感的城市形态格局。目前，西班牙马德里的大规模郊区新城也是由城市政府主导。而在政府开发的高潮期过去后，西方国家城市开发主体一般会转为私人投资。例如 1980 年代后，英国撒切尔政府一方面消减了政府对城市的拨款，同时也禁止城市自发通过提高税收，作为城市建设的收支。到了 1990 年代，西欧的大部分城镇的市政服务设施都或多或少地引入私人投资和运营。

此外，英国和法国在公共事务私有化方面走在前面，常通过 BOT 等模式鼓励私人投资进入公共事务领域。德国则主要采取半公共机构，以及政府和私人合资的方式等，例如德国普遍采取的展览会形式的公私合作城市更新。

**表 1　将上述因素放在一起，各文化流脉的比较**

|  | 宗教社会 | 政治制度 | 经济制度 | 城市更新特色 |
|---|---|---|---|---|
| 希腊 | 东正教 | 集权 | 福利社会 | 法规一般规定 |
| 意大利 | 天主教 | 集权 | 福利社会 | 城市规划、风景规划 |
| 法国 | 天主教 | 集权 | 福利社会 | 多种分区法令、特殊区 |
| 西班牙 | 天主教 | 集权 | 福利社会 | 特定更新项目 |
| 德国 | 天主教和新教 | 中性 | 混合 | 展览会制度 |
| 荷兰 | 天主教和新教 | 偏向放权 | 混合 | 功能城市下的分区管理 |
| 英国 | 新教 | 偏向放权 | 混合切换 | 潜力区、企业区等多种特殊区 |
| 美国 | 新教 | 放权 | 自由市场 | 区划和特殊区 |

最后，在真实的城市运行机制下，上述各种因素彼此作用和影响，难以分割。例如在政治上的集权或放权，往往也与政府在经济上所推行的自由或福利制度有对应关系等；而社会的宗教倾向，更是与政治制度和经济类型等多种因素有直接关系。当然，这些也相应体现出政治与经济的高度相关性；以及宗教作为意识形态对社会其他方面具有更强的影响力等人文社会学规律。

# 第十一章 "模式"汇总

关于"模式"的讨论包含两章，第 11—12 章。本章（第十一章）的主题是"汇总"——将 22 座城市 71 个片区放在一起，展示西方城市形态全貌并加以梳理和分类。下一章（第十二章）的主题是"比较"——重在分析，揭示共性，并展示差异。

本书提到的 22 座城市都独一无二，各有鲜明的个性和特色，它们能初步构建西方城市形态的全景。当我们尝试讨论这些各具特色的城市中的形态规律，这里要先交待本章内容的几个前提。正如各座城市都独一无二，显然要承认城市形态中的差异性是绝对的和客观的。诸多自然和历史文化传统都会影响城市形态，带来差异性；而各种因素综合作用下，历经漫长历史时期演进，城市之间整体上的"差异性"是全方位和深刻的。

但是否这些城市在形态上就没有规律可循呢？显然不。社会科学工作的主要任务就是从这些繁杂的表面现象中识别规律。至少有两个维度。第一是借鉴社会科学惯常的"从现象看本质"的策略，通过从地理、社会文化等方面揭示其中的内在和深层规律；第二，表面上复杂多样的城市形态，如果将观察视角放在局部地段，相似性和重复性会大大增加。因此，这里侧重讨论城市局部之间的模式化规律。同时，本书的"模式"方法（主要借鉴了阿兰·雅各布斯方法），尽管都基于实证，并大部分带有作者的实地体验和实景调查，具有一定的可信性；但也由于"模式"方法侧重主要的结构性要素（道路、绿地和水系等），对其他城市要素加以忽略，因此也不可避免有一定的学术视角和概括性，也需要读者带有一定的抽象思维看待下文内容；同时，如果读者有兴趣也可以结合前文第 2—9 章案例内容进一步对照阅读。

## 城市形态模式的成因

在对（22 座西方城市的）71 个片区地段加以汇总、归类和梳理之前，先对诸多形态模式的成因进行简要讨论。

城市形态的成因虽极为复杂，影响因素也来自很多方面，但若仅依循"模式"研究视角，及其关注城市格局结构等问题的思路，则主要有以下几个主要成因。

### ① 自然和地理因素对城市形态模式的影响

地理地形对城市形态的影响是关键因素，尤其是滨海和山地两个因素。从整个西方视野看有三种整体地理特征，一是更多位于山地滨海地区的希腊、意大利等，第二是多处于内陆的德国，以及第三类介于两者之间的法国和西班牙。不同地理类型对城市形态结果有直接影响。即使是同为滨海岸线城市，也会因位于更多变的岩石海岸地区，或平坦的滩涂岸线，城市形态会有显著差异。

具体到各种地理要素，首要的、影响力最大的自然因素是岸线。威尼斯由岸线勾勒而成，而那不勒斯和马赛的岸线也是曲折多变。这些富有特色的岸线形态勾勒出城市的一部分边界线，本身就是城市形态最显著的特征之一。

河流对城市形态影响作用类似于海岸线，但由于其观感体验不如海岸线空间开阔，因此也在对城市形态影响力方面弱一些。

第三个自然和地理因素是用地地形的起伏。

尽管此外还有植被林地、水体湿地等地表状况差异等因素，但上述三个地理因素构成了自然地理对城市形态影响最主要的三个方面。

城市的最初选址带有一定的自然地理方面的相似性，而这种相似性也会进而在城市形态上产生相似的模式。

### ② 文化传统原因

悠久的历史积淀，及其所形成的难以撼动的文化基础，是影响城市形态的另一个因素。不仅从国家和文化流脉整体看如此——法国的大革命传统、德国的浪漫主义传统，荷兰和英国的技术理性，美国的多元文化；即使针对同一文化流脉下的不同城市，也会因文化历史传统的原因，造就不同的城市形态和模式。

以意大利的罗马和米兰为例，由于文化传统的强弱，造成了区别。米兰的历史文化积淀要弱于罗马，因而米兰对古城城墙的拆除做法、对高层建筑的包容态度就能彰显出更明确的现代思维。相比之下，罗马更强的历史文化影响力下，会相应对城墙保留，对现代高层建筑的排斥等，诸多不同的选择累积起来，两座城市的形态差异就很明显了。

### ③ 城市化过程差异

城市化过程的早晚和先后，也影响城市形态。

城市化进程主要伴随着城市住区的大规模建设。因此，西方城市化过程比较落后的国家，如西班牙当代城市扩展主要伴随着大型郊区住区的建设。城市周边会不断出现大型住区的形态模式。（图 11.1）

城市化过程开展较早的国家里，城市建设的重点不再是住宅建设，而主要面对提升城市形象和吸引力方面，以及不断调整的产业用地。这些城市的变化则主要集中在中心区，尤其是不断提升的天际线，或显著变化的滨水区等。

### ④ 管控单位的尺度等规划因素

不同城市之间显著差别的规划管理政策，显然是影响城市形态的一个重要的人为因素。

当代西方各国通过城市规划和各自设计法令，实现了从国家，到地方等不同层面的城市形态管控。一些国家更是由国家着手编制全国层面的有关规划设计，并经过各级政府层层传导到地方政府。这种管控模式代表了一定的国家意志，所形成的城市形态的秩序感更强；但同时，国家内不同城市之间的差异性也就相应缩小。如荷兰、英国。而另一些国

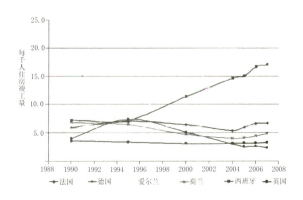

图 11.1 部分欧洲国家 1989—2007 年每千人住房竣工量

（来源：[5]）

家则由城市和地方政府，甚至私人建设企业承担城市设计，因此也会有相对多一些的城市形态类型，典型的是美国。

此外，在同一城市内部，当代西方城市中也会通过人为地划分区域，区分不同的管控力度和方式，从而造成了不同的城市形态模式。例如英国的"企业区"，法国的"协商开发区"等，都是在伦敦或巴黎较传统低矮的中心区周边，划定了一片可以形成高耸形态的地段，引导城市形成了差异化的城市形态模式。

## 城市单元的基本模式

表面上复杂多样的城市形态，如果将观察视角放在局部地段，相似性和重复性会大大增加。阿兰·雅各布斯的方法较为常用，即框定 1 平方英里见方的城市局部，对道路、绿地、水系等主要形态要素加以强调的一种城市形态图示方法。

**图 11.2**
"前现代"城市模式，由左向右，卫城模式（雅典）；营寨城模式（佛罗伦萨）；种植城镇模式（柏林）
（来源：中图、右图[12]）

前面 22 座城市中，共计研究了 71 个上述 1 平方英里的标准地段。出于比较和汇总的需要，首先，这里需要将其简要归类。

总体的思路是分为两个步骤，首先从历史阶段划分为古代、近代、现代和当代四大类；再在每个历史阶段中，进一步区分文化流脉影响下的形态模式。

按照古代、近代、现代和当代的分类，是一直以来的学术传统。例如与凯文·林奇的"作为神圣纪念中心的城市""作为生活机器的城市""作为有机体的城市"三种类型即对应了不同时代。本书的现代模式和当代模式，与林奇的第二、三种模式基本对应。在此基础上，又将第一类进一步拆分为古代和近代两类，以更好地契合前文内容，以及本书相对重视中心区和城市形态模式演进的观点。

**（1）古代：卫城模式，营寨城模式，种植城镇模式**

"古代"，即文艺复兴时期之前的古希腊、古罗马和中世纪时期。本书虽然因"现代"主题而并无这段历史内容，但西方主要城市却尽是从这段历史走出，并普遍留有当时的旧址和遗存。卫城模式、营寨城模式和种植城镇模式三种模式，它们共同特点是小规模小尺度，及其丰富形态细节。

（卫城模式）位于城镇最高处的"卫城"是突出特征。最早见于迈锡尼古城，此后的希腊城市都是类似形态模式。古希腊城镇依托高耸的卫城山丘，沿山丘较平缓一侧山麓而建，街道形态自由，城市空间细密。此后，希腊化时期广为传播的希波丹姆斯模式，仍在高处建有卫城，但街道改为规则网格布置，公共设施的尺度也变得突出。同时，城市空间氛围更庄重，也不再是早前的轻松自由。在当代，地中海地区，除了雅典和塞萨洛尼基等大城市外，郊外和乡村山丘高处仍留存了大量卫城模式的古城。

（营寨城模式）古罗马时期创建的"营寨城（Katoichiai 或 castratown）"延续希腊化时期的希波丹姆斯模式的规则城市肌理，但城镇选址转向平坦开阔的地段，并取消卫城。在当代的欧洲很多城镇仍保持了"营寨城"模式。

（种植城镇模式）中世纪的北欧则聚集了规模更大、形态更完整的城

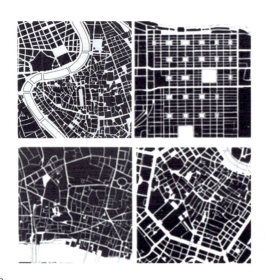

图 11.3

近代模式，上左，巴黎；上右，萨凡纳；下左，伦敦；下右，维也纳（来源：[12]）

镇。它们是种植城镇，或在此基础上发展起来的商贸交通型城镇，在中世纪晚期和文艺复兴时期又进一步增加了棱堡等附属设施，强化了集中式的城镇形态。

三种模式之间具有一定的演进关系。（图 11.6）

卫城模式是西方城市的最本源，营寨城模式衍生自卫城模式。希波丹姆斯模式是两者之间的过渡——营寨城突出了以往卫城模式中位于山脚处的城市部分，而将山顶高处的卫城和城堡部分忽略（而反之，若去除了山脚处的城市部分，仅留存卫城，则演变为中世纪城堡）。即使仍有很多中世纪城市沿用卫城模式，但随着此后城市商贸功能增加和规模增大，城堡功能逐渐取消或割裂，也演化为营寨城模式。

种植城镇模式是营寨城的扩大和发展。中世纪晚期位于平坦地区的种植城镇，则没有条件借助山体掩护形成城堡，只能依靠增加规模、加强城墙高度厚度，以及复杂的转折和棱堡等设计增强防御功能，形成了第三种模式。

### （2）近代：壮丽放射模式，殖民网格模式，更新重建模式，旧城扩建模式

近代以来，城市形态进一步淡化了战争防御职能，强化了商业功能，包括商人对秩序和公共空间的需求等。各国各流脉也通过各自独特的城市形态模式彰显个性，迎合商业发展氛围。这里也依循前文内容，梳理形成了各国的壮丽放射模式、殖民新建模式、更新重建模式、旧城扩建模式（图 11.3）。

（法国和意大利的壮丽放射模式）最早是罗马教皇西克斯图斯五世首创，此后进一步由法国国王倡导。在凡尔赛郊区形成，并在巴黎豪斯曼改造过程中引入大城市。此后又成为米兰、华盛顿等大城市的城市形态模式，并在 20 世纪初前后美国城市设计中大放异彩。

（西班牙和英国的殖民网格模式）殖民网格模式延续地中海希腊罗马时期营寨城网格传统，主要在美洲，西班牙和英国在殖民网格上达成了共识，典型的包括英国殖民地萨凡纳（Savannah.）、西班牙殖民地圣达菲等。不同之处仅在于，西班牙殖民城市是单中心模式；而英国殖民城镇（如萨凡纳）则采取多中心模式，街道空间、街坊尺度也稍大。此后，"殖民网格模式"在美国加以"本土化"——通过"土地法令"，在西部拓荒过程中大量推广。

（英国的更新重建模式）始于伦敦 1666 年重建——通过少量主要道

路的拓宽取直，使城市形态特点兼有传统城市的细密路网，同时也初具现代城市轮廓和空间。相比巴黎壮丽放射模式，英国做法更加传统有机。受此影响，此后格迪斯反对"外科手术式"的城市更新模式，形成了爱丁堡的"保守疗法"等做法，也深刻影响当代英国城市更新。

（欧洲典型的旧城扩建模式）"旧城扩建模式"是主要针对营寨城和种植城镇，是拆除城墙后的扩展模式。古代营寨城模式发展到19世纪后，普遍的结果是通过拆除城墙，建设环城林荫大道。最早的案例是维也纳，因此也被称为"维也纳环城圈层扩建模式"。这类今天看来十分可惜的拆除城墙做法，却是遍布欧洲的惯例，从地中海的都灵、佛罗伦萨，到巴黎、柏林、米兰等。

同时，各国的扩建区也都加入各自文化的特点。如在地中海国家中，法国会在扩建区强调林荫大道的鲜明特征，如马赛扩建区的普拉多大道和柏丽大道；意大利罗马扩建区延续了放射形态道路系统；西班牙巴塞罗那和马德里也都有标准网格的扩建区。

**（3）现代：城市美化运动模式，超级街坊模式，自由模式，功能城市模式**

一般认为，西方城市自19世纪后期开始，至20世纪初基本完成了主要城市建设。20世纪中期后，现代城市模式的核心是"大尺度"以及汽车功能。无论如何，都需要在城市形态模式上，通过某一环节和方式的扩展，满足尺度剧增所带来的容量问题。

因此，二战后的城市建设主要侧重于城市更新和郊区建设。当时通

**图 11.4　现代城模式（20 世纪初—二战结束初期）**

上左，芝加哥（城市美化运动模式）；上右，超级街坊模式（洛杉矶住区）；下左，自由模式（旧金山），下右，阿姆斯特丹（功能城市模式）

常面临三个主要问题，一是大型城市公园和公共绿地；二是联系城市不同区域的主要干道系统；此外还有铁路和轻轨系统与建成区的衔接等问题。柏林、伦敦都是如此。但美国工业发展晚，反而跳过了铁路，直接进入汽车城市。面对上面几个新的发展问题，也驱使各国创新出来了以下几种主要模式。（图 11.4）

（城市美化运动模式）最初产生于法国大城市改建，但此后成为米兰、华盛顿等大城市的城市形态模式，并在 20 世纪初前美国城市设计中大放异彩。

（超级街坊模式）"超级街坊"，英文"super-block"，是当代城市形态中，具有多重含义的概念。至少有以下三种。

① 放大版城市网格街坊——尺度扩大的普通网格，如旧金山和巴塞罗那扩建区。而这类超级网格的尺度也不能无限扩大，巴塞罗那已经是极限，否则将丧失城市步行的舒适感。

② 郊区新建超级街坊—— 一种是按照邻里单位模式建设的大尺度封闭社区，例如雷德伯恩。另一种是在郊区新建的大型公共建筑，由于公共建筑的大规模体量，需要占用更大用地或多个街坊，如米兰会展中心，美国的各种球场球馆也是如此。

③ 城市更新的超级街坊——超级网格模式会通过城市更新形成，通过合并以往的"小网格"从而形成超级网格，多是容纳大型公共建筑。例如旧金山轮渡中心、圣迭戈的霍顿中心等。

（自由模式）"自由模式"是当代城市形态中，具有多重含义的概念。也至少有以下三种。一般来说，自由模式都是或多或少包含了"无政府"因素，是带有当地居民自发形成等"自下而上"的一种形态选择，往往最初是得不到政府支持的模式。

① 无政府模式——希腊无规划城市模式。

② 山地住区模式——旧金山郊区住区为典型。

③ 北美住区模式——绿带城等郊区社区为典型。外部道路围合而成的大尺度街坊，内部尽端路和环路形态。

（功能城市模式）功能城市最早由范伊斯特伦在阿姆斯特丹实现，并推广到国际现代建协（CIAM）而获得了世界声誉。阿姆斯特丹的中心区、居住区、工业区之间，做到"分区""分形（区分形态）""分流（独立组织交通）"等有序组织。

功能城市是突破了任何先入为主的"形态"，包含了工业城市围绕城市交通、水利等关键问题形成的用地布局。同时也构成了一个包容性概念，没有固定的形态，而是随着功能、文化等差异而不同。

功能城市甚至也可以被认为是"无形城市"，可以进一步包含诸多现代城镇类型，如边缘城市、卫星城、山地城市、滨水城市等。

### （4）当代：基本模式的更新和重写

西方城市形态中的模式创新在 20 世纪中叶基本告一段落。20 世纪末以来，主要通过城市更新获得新的发展动力。相关城市更新下的形态模式又可以分为几种类型，第一是城市中心区的更新；第二是港口铁路工业类用地更新；第三是郊区住区建设。

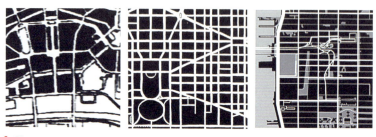

图 11.5
基本模式下的衍生，不同基本模式的变形（左，阿姆斯特丹扩建区），组合（中，华盛顿）和重复（右，纽约中城区）

此外，当代基于上述基本模式也进一步衍生出新模式，通过组合、重复、变形等方式。（图 11.5）

（通过变形）例如在德国文化下，西特的"变形网格"模式最为典型。再如美国网格城市形态模式主导下，不同比例尺度的网格不断出现，从最初接近正方形，到此后长方形等。

（通过组合）近代城市中，两种以上模式相互组合而成的新的城市形态模式，往往是一种文化吸收其他文化的体现。例如华盛顿模式就是典型的美国网格模式的基础上，吸收了当时主流的法国壮丽放射模式。在当代，也有沃尔夫斯堡的花园城市模式，在引入了美国汽车城市的道路系统模式后形成的新形态等。

（通过重复）如美国城市中，依靠不同比例和尺度的网格模式，重复采用后覆盖了全部城市用地的做法。

概括下来，四个阶段各有主题和特点。

第一阶段（古代）该阶段的主题是"个性"，是民族性格在城市形态上的初步展现。但由于尺度近似，彼此间共性大于个性。

第二阶段（近代）该阶段的主题是"网格"，不论是法国的林荫大道，还是英国的公园运动，都贯穿了网格的基调，是对基本现代城市秩序的构建和确立。

第三阶段（现代）该阶段的主题是"自由"，为适应更多样化的城市功能，更复杂的地形，加上人们思想上的开放和不羁，形成了各国各不相同的形态特色。

第四阶段（当代）是"模块"和"重写"。一方面，城市中传统产业用地面临功能重组，城市形态的秩序需要重构；另一方面，在城市外拓用地中，开始出现反传统（无中心性）、无特色、模式化的形态，迎合了大规模和快速化建设的需求，尤其是最具发展活力的美国，以及欧洲城市化水平较低的地中海地区的西班牙、希腊等。

总之，放眼西方城市形态的整个发展进程，正如林奇总结的规律——经历了从神圣纪念中心，到生活机器，再到有机体的过程。

西方文化下，城市作为"首善之都"，是人们心目中神圣和永恒的存在。它们为理性和智慧而建，为未来而建。而当代。城市以往的"神性"被明显淡化，同时也被注入各种尘世间生产生活等新含义后，出现了更多样化的形态。城市形态的模式化现象也相应受到挑战。其中，城市的商贸流通职能越发突出，以至于有些动摇和背离了此前的信仰，人们更多看到城市被作为"商品"而非以往的"作品"，城市所表现出来的形态也随之从"艺术"，变为"功能"和"产品"，并随之有更多样的形态和相对含混的模式。这都可以归为林奇所提到的从神圣纪念中心到生活机器的转变。

而当代城市设计学科的出现和发展，面对前所未有的城市人口集聚、功能填充和形态更新等需求，承担了向"城市有机体（林奇的第三种模式）"阶段演进的探索。作为一个有机体，当代城市形态显然在具备了更强大的学习进化能力后更具创新性，届时城市形态模式也将被进一次重写。

## 基本模式的谱系

通过"时间维度""空间维度"两方面，将各种城市形态模式加以汇总，形成谱系。

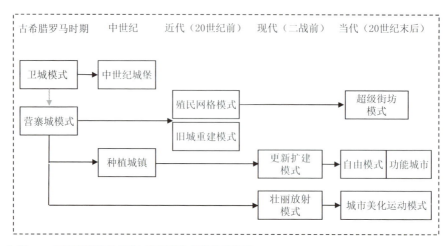

古希腊罗马时期　　中世纪　　　近代（20世纪前）　　现代（二战前）　　当代（20世纪末后）

**图 11.6　不同时期的城市形态模式类型，及其传承关系**

　　"时间维度"，主要按照一定的历史时间顺序和传承关系绘制（图11.6）。从中看出，各种模式除了有一定的衍生承续关系外，也能凸显出几种具有"承前启后"关键作用的类型，存在承续、进化和"变异"的关键类型，包括：①卫城模式是最初起源；②营寨城模式是关键类型，首创了规则网格，奠定了此后西方崇尚秩序和开放的城市文化；③殖民网格和壮丽放射模式影响深远；④英国旧城重建模式，是另一种关键模式，它来自商人和市场因素的主导，而非国王的喜好，因此该模式包含了一定的自由创新理念。也正因为英国旧城重建模式的无所羁绊，被此后更多愿意自由发展的文化接纳模仿。对以后的城市更新，以及20世纪后的功能城市和自由模式等创新模式的出现也有启示作用。

　　"空间维度"则补充了不同文化流脉的各种城市形态模式绘图和三维实景（图11.7—11.8）。旨在为读者提供另一种更直观的比较和总览视野，展示西方城市形态丰富的多样性。

前现代原型模式

扩建模式（20世纪前）

新城模式（20世纪初-二战结束初期）

城市更新模式（20世纪末以来）

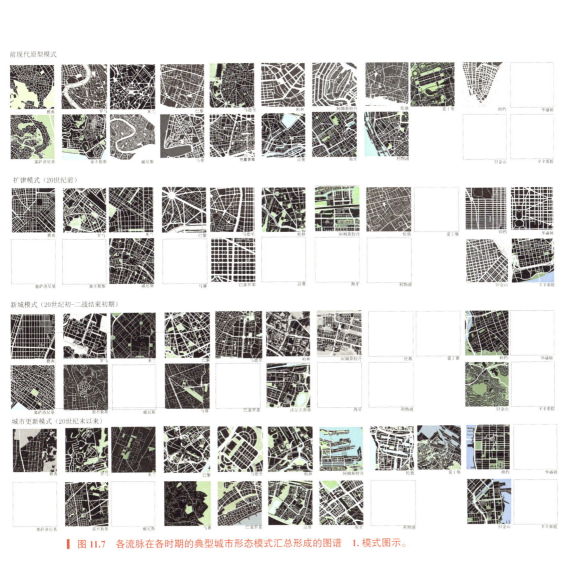

图 11.7　各流脉在各时期的典型城市形态模式汇总形成的图谱　1. 模式图示。

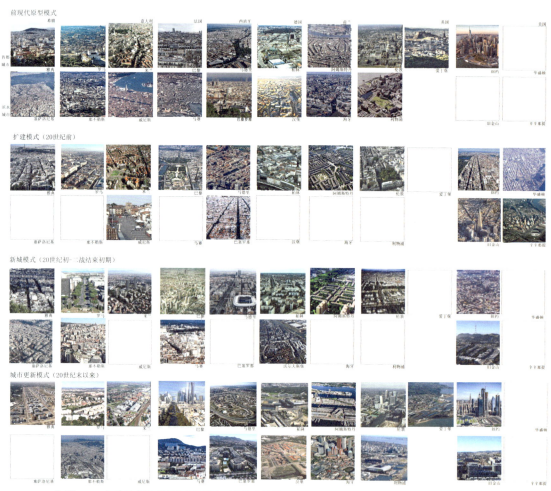

图 11.8 各流脉在各时期的典型城市形态模式的景观图谱 2. 三维实景。

# 第十二章 "模式"的比较

城市形态具有重复性的"模式"特点，主要源于不同城市采取的类似城市建设理念和方式的结果，同时，城市形态中的这种相似性和模式化，也能跨越不同文化流脉，实现文化交流。

相应地，建筑学和城市设计等学术领域也会通过抽象化和图示化的"模式"分析方法，旨在展示城市形态这种相似性（或共性）和重复性（详见第一章）。"模式"图示，除了能清晰地表达道路、绿地、水系等城市形态关键信息，并对其尺度、密度和布局等有令人一目了然的展示外，模式化图示更大的作用还体现在多座城市之间的比较上，能揭示多座城市间的相似性和差异性，梳理构建各城市间的类型和特色；或者反之，也能自下而上比较各城市所属流脉的文化特色等。这些都体现了本次基于建筑学的图示分析方法，在开展城市文化研究时的优势和特色。

因此，在西方文化整体视野下，不论是跨文化间城市形态的"相似性"或"共性"研究，还是各国、各文化流脉城市形态差异性的"模式化"展示，都可以在城市形态模式图示中找到一定的证明，并进一步支撑历史、文化、社会等相关话题讨论，包括在城市形态模式"相似性""差异化"下，各文化间内在价值观、审美和管理制度等的比较；讨论不同模式之间的差异和对比，为进一步探讨文化之间和文化内部思想的差异和多样性提供城市形态佐证。

下面也循此"共性""差异性"思路，初步总结出西方城市形态模式的"两个共性""三方面差异性"。

两个"共性"（第 1 节）——"单中心结构""层积式"；

三方面"差异性"（第 2—4 节）——"分区和组合""中心区""郊区住区"。

下文中的"共性"内容相对简略，讨论"单中心结构""层积式"两个特征；而对"差异性"则适当展开——包括"整体和局部"："分区和组合"的整体问题；以及"中心区""郊区住区"两个局部视角。其中，考虑到中心区的复杂性，尤其是中心区三维形态对城市设计的关键意义，对"中心区"分别讨论平面格局和三维形态两方面问题。

## 1. 西方整体城市形态的共性

我们尝试将前文研究的 22 座城市拼凑成较粗略的西方城市形态全貌，尝试提取它们共同有别于世界其他地区的主要特征（图 11.7—11.8），初步看出有 2 点：①单中心的整体形态结构；②围绕历史核心区的"层积式"发展态势。

第一，当代西方大城市均为"单中心的整体形态结构"。

西方文化下，各个城市普遍将历史中心作为居于统领地位的形态核心。人们心目中，"城市、城镇和都市是中心，是首善之区，是思想与发明的摇篮"（列斐伏尔语）[7]。城市及其中心区在备受尊崇下，其景观形态往往统领了整个城市。

同时，各座西方大城市在面对当代中心区保护和发展的两难问题上，又采取了各不相同的策略，并因此构建了不同的形态模式。

例如，①有威尼斯、阿姆斯特丹等采取"谨慎保存模式"，不论是威尼斯将主岛作为博物馆式的保护，还是阿姆斯特丹历次圈层化的谨慎扩展，它们更贴近于严守原有风貌的较纯粹的遗产保护模式；②西班牙的马德里和巴塞罗那则是"毗邻扩展模式"，在紧邻老城的一侧形成"扩建区"，构成彼此支撑的协调整体；③英国和美国较常见选择"更新重建"，在保持历史中心整体格局和肌理的前提下，更新局部建筑，提升城市高度和容量。而不论哪一种模式，西方城市形态都将传统中心置于核心地位，作为现代大城市的景观形态的统领。即使是纽约，城市中心的曼哈顿岛历经长期更新建设，显现出摩天楼的现代风貌，但仍旧留存了传统的街道格局和大量历史建筑遗产，同时从纽约城市整体看，曼哈顿是当之无愧的城市中心。

第二，围绕历史核心区的"层积式（Historic Layers）"形态，是西方文化中普遍有"统一中存变化"的思想体现。

当代城镇遗产中"历史层积"的概念，认为所有的城市都是一个渐进的层积过程的产物，每个层次都代表着城市的不同时代的城市文化、经济实力，以及适应自然环境的方式，展现了当时的创新能力和技术成就。层积是人类社会与环境在历史上相互作用而积累的不同结果；保持城市形态的层积特征也意味着彰显出城市更悠久丰富的历史和文化，并能在历史保护和当代发展上取得平衡的高超城市设计技巧。"层积性"能够得以保持，本身就是一种无上的城市荣耀。说明了这里的人们以及他们的先民智慧、优雅的栖居艺术和长远眼光。

## 2. 西方当代城市整体格局及其局部模式的"组合"

当代西方城市都是由若干具有层积性的、彼此协调的城市地段组合而成。

一方面，西方城市形态的不同地段模式组合，具有一定的规律，例如通常都包含三类圈层式分布的片区类型（图 12.1），① 19 世纪前形成的城市中心，具有"前现代"形态模式；② 20 世纪前形成的城市中心边缘，具有近代（扩建）模式；③ 20 世纪形成的城市近郊区，具有各种新城形态模式。

另一方面，在这三类基本功能基础上，当代城市中又根据自身的定位和发展需求，还有多种多样的分区和组合，我们姑且称之为"3+N"的组合。"3"代表上面所说的"三类圈层式分布的片区类型"；"N"，则包括高科技工业区、主题公园、滨水区等。有学者就曾通过图示，解析了这一现象，且越是当代发达地区城市，城市形态模式的组合现象就越复杂多样（图 12.1）。

不同类型的城市，由于历史文化、区位和功能的差异，在城市模式组合方面也会有所区别。本书也由此也构成了①遗产城市组合模式；②地中海组合模式；

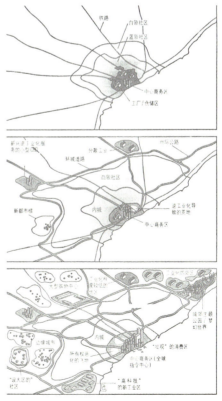

**图 12.1 城市形态及其局部单元的图示**

（来源：[13]）

③内陆大城市组合模式；④功能城市组合模式；⑤三维形态城市的组合模式；⑥汽车城市组合模式等组合类型。

### （1）遗产城市组合模式

#### ① 卫城组合模式

地中海地区的希腊两座城市属于此类。城市中包含了卫城模式、壮丽放射模式。

#### ② 博物馆组合模式

包括威尼斯、爱丁堡、华盛顿等，都是仅有 2—3 种模式，一种是中心区的遗产模式，以及郊区的住区模式，以及港口谨慎的适应性和渐进性更新模式。

遗产城市组合模式中，每一种模式都需要严控城市尺度，而不允许开展大规模的更新；反之则会打破已有的模式组合均衡，产生不协调（如利物浦）。

### （2）地中海组合模式

地中海组合模式是卫城模式的变化。差异在于，卫城模式中，卫城多位于高耸的山巅，也会因卫城周边缺少平坦用地而限制相邻城市扩展。希腊之外的地中海历史城镇则多会避免以卫城为中心，而选择另一处相邻更平缓用地，作为此后更大规模城市的中心。同时，由于用地的增加，地中海组合模式也包容了更多样的模式类型，往往由四个片区构成，基于中世纪城镇的中心区 + 近代扩建区模式 + 临近卫城模式组团 + 现代山城模式组团。代表城市有那不勒斯、马赛和巴塞罗那等。

### （3）内陆大城市组合模式

"内陆大城市"，意味着用地更加开阔，并因此有更复杂的"多样性"，包括巴黎、米兰、柏林等。具体特点包括：①平面肌理上的多样性；②三维上的多样性；③功能组合上的多样性等。其中，柏林等依托北欧种植城镇发展而成的内陆大城市，老城规模更大，也更容易兼容大尺度的现代城市设计，是城市形态更为丰富的一种城市类型。

### （4）功能城市组合模式

"功能城市"，是现代城市的一种类型，指城市设计主要从功能出发考虑，而将形态的塑造放在次要位置。

功能城市中，通常城市市政设施的形态具有更高主导性和形态控制力，包括道路、水利设施等。而功能城市的模式组合，也更多依循各种功能分区的功能特点而定，并无固定的组合范式。

**（5）三维形态城市的组合模式**

通过大规模高层建筑集群塑造鲜明的城市整体天际线做法，在西方城市中并不普遍。更多是将高层建筑集群作为"点缀"，以彰显一定的现代风貌特色。例如，尽管柏林、阿姆斯特丹也有少量高层建筑，但数量稀少也基本上可以被忽略不计。而成片布局，形成较突出的高层建筑集群的城市，则需要创造一些特定条件，包括下面几类。

①以单独设置的中心区为形态统领的城市。美国城市为主，如旧金山和辛辛那提。一般为两种模式组合，CBD+郊区模式。②高层建筑集群作为老城相邻的中心区扩展；这类以欧洲城市居多，代表城市是海牙和阿姆斯特丹，包含三种模式组合，老城+CBD+郊区模式。与第一类美国城市的区别在于，欧洲城市会将老城和高层建筑集群（CBD）区分布置。③多中心城市，以美国纽约为代表的超大城市，具有清晰可辨的多中心（副中心）格局。

**（6）汽车城市组合模式**

美国当代盛行"汽车城市"模式，在奥勒姆斯塔德等人的"公园体系""无镇区公路（townless highway）"等理念影响下，以及现代规划管理等技术创新的支持下，体现出共同的特点——组团格局，秩序性和清晰的形态特征。在欧洲也有沃尔夫斯堡等城市属于这一类型。

总之，城市形态模式组合尽管有多种类型，但也存在一定的规律，如组合类型随着城市规模而增加，大城市具有更加复杂的组合类型；而相反，若从更具有遗产城市特征出发，则需要减少组合模式类型。另外，内陆大城市组合模式包容更多模式组合，也有更多当代城市设计对这种"多样性"加以支持。美国、英国、荷兰等更崇尚创新的文化下，也会有别于欧洲理性主义传统国家，会出现更多三维城市。

当然，城市之间的历史、社会等情况千差万别，理应采取不同功能构成、规划布局等形态模式组合。而这里所列举的仅仅是相当粗略的梳理统计。不仅如此，本书选择城市案例时就隐含城市形态及其模式组合的"多样化"意图。换句话说，当代城市形态的组合模式必然是十分纷

1. 遗产城市组合模式（雅典）

2. 地中海城市组合模式（马赛）

3. 内陆大城市组合模式（巴黎）

4. 功能城市组合模式（阿姆斯特丹）

5. 三维城市组合模式（旧金山）

6. 汽车城市组合模式（沃尔夫斯堡）

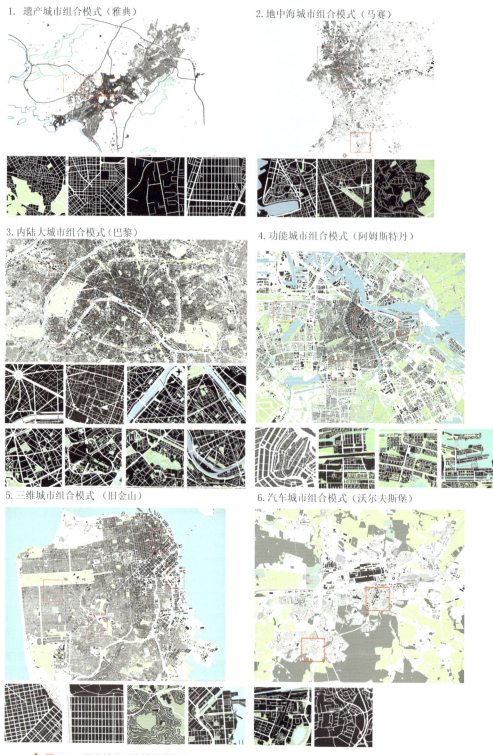

**图 12.2　西方城市形态模式的组合**

繁多样，难以详尽。但作者这里所初步归纳的 6 种组合模式类型，基本可以解释书中提及的 22 座城市的相关问题。这种"模式"和"组合"的思路是梳理构建西方城市形态的资料库的一种较好的尝试。当然，这里也仅是窥见了西方文化很小的一部分，或许能抛砖引玉、期待未来。

## 3. "中心区"的二维结构模式比较

将 8 个文化流脉的典型城市中心区 [①] 放在一起（图 12.3），差异明显。从 4 个方面讨论中心区的形态结构。①街道间距②肌理构成③空间

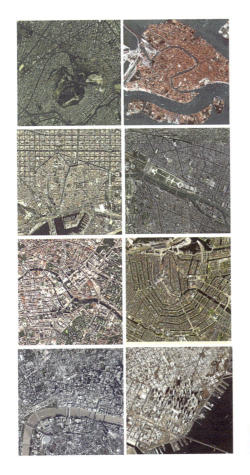

图 12.3 二维平面上的"凸显性"比较

（来源：根据 overview.com 改绘）

---

① 各文化流脉的典型城市：综合考虑历史传统、典型性和现代影响力，从每个流脉中选择一座代表城市。其中希腊的雅典、法国巴黎、西班牙巴塞罗那、荷兰阿姆斯特丹、德国柏林、美国旧金山、英国伦敦。

秩序④形态结构。

### （1）街道间距：大尺度和小尺度的街坊结构

如威尼斯、阿姆斯特丹网格十分细密；而旧金山相比之下就十分宽大。网格更加细密的城市显然提供了更低矮宜人的沿街建筑，映衬之下的店家招牌和霓虹灯也更加醒目感人，人们更加容易沉浸其中。同时，细密网格也有更密集的道路交叉口，排斥当代汽车交通并提供更多行人驻足停留的机会，此时路口丰富有趣的各种城市造型也就越发让人放慢脚步，放松心情并欣赏城市美景。尺度显然与历史相关，却能直接影响城市中人们生活感受和商贸方式。

同时，历史越是悠久的城市，网格尺度越小；而历史短，尤其是19世纪后建设的城市，则有更宽大的网格尺度——它的优点是，人们可供选择的交通工具逐渐增多，出行能力和活动范围也都相应增大。当然，即使这些现代城市中最大的尺度也是以排斥汽车尺度为底线，高架道路和立交桥则更是行人的障碍。

### （2）肌理构成：简单结构和复杂结构

尽管各座城市均有较完整统一的城市肌理。但相对而言，巴塞罗那、柏林、伦敦和旧金山等几座城市有更复杂的肌理混合。

肌理形态的复杂感，主要源于现代城市建设的影响。其中巴塞罗那通过在老城一侧布置扩建区，而旧金山则通过现代风格高层建筑，突出了肌理对比；伦敦和柏林则有更复杂的变化，柏林因柏林墙的隔离以及近年来的修补造成；伦敦则出于一套独特的景观控制原则，以及倡导高层建筑的城市复兴战略驱使。

### （3）空间秩序：自然轴和人工轴

城市中心区内的"空间秩序"通常有两种情况，自然轴和人工轴。（表12.1）。

第一种是利用河流等自然要素。巴黎、威尼斯、柏林和阿姆斯特丹都是河流作为主要轴线。

另一种则主要由人工规划建设而成，通过将城市中诸多公共设施构成了城市形态中另一种秩序，并贴近西方"市镇设计"传统——这些公共设施能否形成具有完整形态和"结构感"体系，则是评价城市形态"秩序"和城市设计水准的重要标准。例如，巴塞罗那则塞尔达斜向大道；爱丁堡通往城堡山的高街（High Street）等。

而一般城市中也常有自然和人工两种秩序的叠合。例如以自然轴为主的巴黎和威尼斯，都没有过多依赖河流，而是另外构建了公共空间系统——巴黎北岸的卢浮宫—凯旋门的空间主轴，控制联结了周边的空间体系。威尼斯则是通过一系列教堂广场，形成了公共空间体系。而以人工秩序为主的旧金山也结合了自然要素，将作为人工规划的一条市场街，联结城市中心区和郊区的双峰山体，构成兼有自然和人工要素的城市空间秩序。

### （4）形态结构：显结构和隐结构

在部分城市片区内部，除了上述能看到的形态秩序，还有隐含和看不到的结构。如巴黎的右岸和左岸；东柏林和西柏林等。

表 12.1　8 种文化流脉的代表城市的空间秩序类型

| | 空间秩序类型 | 代表城市 | 典型要素 |
|---|---|---|---|
| 模式 1 | 传统的巴洛克结构 | 雅典 | 皮尔瑞奥斯街，斯塔迪奥街，阿提纳斯街 |
| | | 塞萨洛尼基 | 海岸线 |
| 模式 2 | 与自然结构的重合的主轴 | 阿姆斯特丹 | 阿姆斯特尔河，IJ 湾 |
| | | 海牙 | 城墙位置、运河 |
| 模式 3 | 自然和巴洛克组合结构 | 柏林 | 施普雷河，菩提树下大街 |
| | | 汉堡 | 城墙位置、运河 |
| 模式 4 | 与交通结构的重合的主轴 | 旧金山 | 市场街 |
| | | 巴塞罗那 | 对角线大道，隆达滨海路 |
| 模式 5 | 规则网格结构 | 爱丁堡 | 高街，王子街，乔治街，女王街 |
| 模式 6 | 无规则体系化"点轴结构" | 巴黎 | 香榭丽舍大道，伏尔泰大道，马利舍贝斯大道等 |
| | | 威尼斯 | 圣马可广场，罗马广场，圣保罗广场，圣卢卡斯广场 |

## 4."中心区"的三维景观比较

城市中心区的三维形态，是塑造可识别、可意象性，提升城市审美品位的关键。

西方城市设计传统都乐于刻意彰显城市中心区对城市形态的统领特征，一般将中心区塑造为具有鲜明的"唯一性"和"控制力"的形态特点。

图 12.4 中，城市中心区在三维景观中普遍具有明显的核心地位，但塑造的策略方式却各不相同。

### （1）由二维景观传递形成的三维"凸显性"

阿姆斯特丹中心区因运河的清晰结构，不仅形成了二维尺度上的鲜明形态和超大尺度，即使在高空俯瞰也具有较高的辨识度。柏林也具有类似特点。这一类型的城市俯瞰景观的"凸显性"，是由宏大完整的二维景观传递形成的。

### （2）历史城区的三维"凸显性"

诸多欧洲古代名城，多具有清晰的城市形态，制高点上的优美天际线统领整个城市，并富有艺术感染力。最典型的是雅典、爱丁堡。雅典位于城市中心高岗处的卫城，优美的帕提农神庙是整个希腊精神的崇高灵魂；爱丁堡是类似的"北方雅典"，老城对天际线的作用异曲同工。

而巴黎位于平坦地段，则一方面利用城市中仅有的山丘（蒙马特高地），创造凸显性；同时也通过卢浮宫、凯旋门等体系化节点拉结组合，并由埃菲尔铁塔等现代建筑点缀获得。

### （3）现代城区的三维"凸显性"

现代城区借助当代建筑技术，能更有条件塑造三维凸显性。如美国城市中心区普遍以摩天楼为主，中心区也十分明显；其中更有因商业竞争所导致的夸张做法。

而欧洲则在"第二代"中心区（或副中心）建设中，如巴黎拉德芳斯区和伦敦金丝雀码头，与美国城市中心区形态不相上下。

各国中心区三维景观各具特色。彼此差异的背后，除了长期的文化传统之外，当代景观管控做法作用的明显——最终的三维景观是两者（传统文化和当代管控）结合的产物。8 个国家在这方面有所差异，分别是：

雅典通过建筑规范和高度控制进行严格管控，不存在超过限高而影响整体景观的情况。

意大利采取城市形态学理念下的"肌理分区"，威尼斯主岛作为一个形态片区，罗马则根据不同历史阶段，划分不同城市形态肌理。

英国伦敦和法国巴黎同样采取纺锤体控制，但覆盖密度差异很大，巴黎能做到景观控制点众多，纺锤体基本全覆盖。而相比之下，伦敦的

**图 12.4 三维天际线上的"凸显性"**

（来源：除雅典巴塞罗那和旧金山外，为作者根据网络资料改绘）

景观控制点较单一，只有圣保罗大教堂等少量节点。因此，可以在城市东侧大规模布置高层和超高层建筑。

西班牙传统上的高度控制会有统一规定，依据与街道宽度的比例关系。但 1980 年代后，管控放松。鼓励通过富有新意的城市设计，增加了局部形态变化。

德国、荷兰和美国的历史城区在品质上弱于欧洲其他国家，因此也在城市历史中心周边的三维形态方面相对宽松。荷兰更是崇尚朴素和务实的市民文化，没有强烈的轴线，也不强调纪念性，城市形态更加倾向现代感。美国则相对强调中心区的识别性，也更鼓励引入现代形态。

## 5. "郊区住区" 模式比较

西方城市的郊区形态普遍低调简单。

郊区住区简单形态的原因，除了城市设计上遵循市镇设计传统，及其强调郊区对中心区的衬托外，还在于，西方传统上历来将"工作和生活"作为辩证的两方面，倡导工作时间高强度工作，以及工作之余平静地进行高质量休息。因此，在城市形态方面，比较明显的"中心区／郊区、工作／居住"差异是历来传统。

下文仅从"尺度""色彩"两方面，简要比较 8 种文化流脉的代表城市居住社区形态。

### （1）尺度和密度

西方较类似的城市住宅形态下，住区的"尺度"就成为彼此差异性的主要标准。同时，住区"尺度"也在实际体验中代表了社区中个人生活空间的大小，以及室外活动的"自由度"。

8 个西方文化流脉中，雅典体现出战后居民自发重建的多样性，以及无规划状态下的高密度；威尼斯保持中世纪低密度肌理；巴黎是 19 世纪肌理；巴塞罗那是塞尔达规划之后按照现代生活功能要求的街坊住区；柏林社会住宅的"威廉环"；荷兰贝尔拉格规划下的社会住宅，具有更低密度和高度；英国花园郊区；旧金山日落区的湾区住宅（图 12.6）。

上述案例可以分为三种尺度，威尼斯、雅典是传统小尺度；巴黎、巴塞罗那、柏林是"传统／现代的转换形态"，即在街区内仍旧延续传统小尺度，但周边道路系统是现代大尺度格局；伦敦、阿姆斯特丹和旧金

1: 葡萄牙　　9: 德国（中部）　　17: 挪威
2: 西班牙　　10: 德国（半木构架）　18: 冰岛
3: 意大利（罗马）　11: 南斯拉夫　　19: 奥地利（洛可可风格）
4: 意大利（威尼斯）　12: 美国（维多利亚风格）20: 奥地利（哥特彩绘）
5: 荷兰（南部）　13: 美国（殖民帕什的伦敦风格）21: 瑞士（施泰茵）
6: 荷兰（北部）　14: 比利时　　22: 瑞士（阁户风格）
7: 法国（巴黎）　15: 匈牙利
8: 法国（斯特拉斯堡）16: 丹麦

**图 12.5　欧洲各国民居形态比较**

（来源: 作者根据加州大学戴维斯分校谢尔德图书馆图片排版改绘）

山则是现代大尺度，接近当代花园住区。

　　各国住区的尺度和密度，与各国各城市的"民居"形态传统相关。例如在 20 世纪前欧洲主要国家城市住宅类型组合中（图 12.5），西班牙 19 世纪高层住宅（图中 2）适应了塞尔达规划后的扩建区格局；英国较简洁现代的城市住宅（图中 3）支持了花园郊区的现代形态组合，阿姆

**图 12.6　中心区周边的居住社区肌理的"尺度和密度""色彩"比较。上排: 雅典、威尼斯、巴黎、巴塞罗那；下排: 柏林、阿姆斯特丹、伦敦、旧金山**

（来源: 根据 overview.com 改绘）

斯特丹（图中6）的山墙立面也塑造了"锯齿形"临街景观和规则的空间界面。

### （2）住区的色彩

"色彩"上看，8种文化流脉的住区差异明显。黄色——雅典（平屋顶下的现代更新肌理）；红色——威尼斯（传统的红屋顶）；白色——巴黎（豪斯曼改造时期的金属屋顶模式，带有明亮的反光）；彩色——巴塞罗那和柏林；双色（红色和绿色）——伦敦（褐灰色屋顶和绿化）；绿色——阿姆斯特丹和旧金山的小尺度郊区花园住区。无不是体现出每个代表性城市中，承载差异化生活情趣、文化传统和审美取向。

# 第十三章 "理念"比较：现代城市设计的历史观、文化特征、演进、实践和趋势

"理念"是客观事物产生发展的内在源泉。

城市设计的"理念"与城市形态的"模式"是"表与里""内因和外显"的关系。

凯文·林奇就曾提到"每一个城市模式（model）都大体对应着一个特定的城市理念（theory）"；"城市模式背后的理念则是价值观，是这些价值观塑造着城市"。

但"理念"与"模式"比较起来，又截然不同。城市形态的"模式"相对有限。尽管面向大千世界，但总可以归结为有限的模式类型。同时，各种模式下的诸多城市，可以历经多年的持续演进，并能一贯地遵循这一模式的诸多特点。

而相比之下，城市设计"理念"来自人们头脑中的所思所想——并不一定需要耗费真金白银地建设，可以仅存在于案头书籍中，也就具有无尽的可能性。因此，我们在此对如此繁杂的城市设计理念，试图另辟蹊径——面对诸多西方城市理念，通过引入一定的中国传统思维重新加以梳理，尤其侧重审视各种文化流脉及其城市形态模式的比较和归类问题。

中西传统审美都倡导"和谐"，但两者的审美法则是不同的。西方是"寓多于一"，强调多样统一；中国是"执两用中"，强调的不是"多"而是"两"，即强调事物和思想的两端、两极和两面。在两端之间的"执两用中"是中国人看待和调和不同思想理念的基础和方法论。尤其看重对处于两种对立两极之间的诸多思想的评判，以及"中"的选取——善于权衡拿捏对立面之间的正确之点，最佳定位，在天平两端的刻度及其赋予的不同性质[9]。

依循"执两用中"的中国美学思想，仅需将它们"最极端"的特点提取出来，而所有理念都可以被归为两个极端之间。因此，按照这种

"执两用中"的理念，本书针对众多西方城市设计理念，概括了 4 对特点——"历史观：理念的传统性和现代性""文化特征：理念的西方性和地域性""演进：理念的历时性和共时性""实践：城市设计理念的愿景和实施"，并在最后讨论了"城市设计理念的当下和趋势"。

## 历史观：理念的传统性和现代性

古今诸多城市设计理念的初衷，不外乎两方面，一是引入新的思维使城市变得更现代，二是更好地维系传统，存续以往的优秀品质。在实践上也分别对应了保护型城市设计和开发型城市设计。但尽管如此，若将两者截然分开也很困难，真正需要一味保护而忽略发展和当前需求的遗产城市并不多见；而完全现代且无需借鉴前人经验和智慧的理念也绝无仅有。事实上，城市设计理念的传统性和现代性不可分离。仅仅可以说某些更偏向于传统，或是更具现代特征。

这里想要举例讨论的仅仅是怎样在传统理念中引入现代思维；以及如何在现代城市设计理念中携带传统思想。显然这一点较之将传统和现代分割开来更有现实意义。

作为传统城市设计理念的代表，遗产城镇的保护理念的演变历程就是从最初的强调保护，逐渐发展到当代的保护和发展并重的理念。

自 18—19 世纪起，欧洲萌发了"保存主义"（Preservationism）思想。20 世纪初，该思想成为欧洲文化遗产保护主流，并构建了"保存主义"范式——提倡通过政府强制干预来保持文化遗产的原貌。但此后问题丛生，如遗产功能变迁后的城市结构紊乱，原住民流失；再如"画地为牢"的保护区范围之外，被强力更新后两者风貌极不协调等。1960 年代后，多数欧洲国家认识到，这种所谓的"保护"并没有真正地保护历史城市，需要将遗产价值的范围扩大到周围环境。进而转变为"妥协"的保护主义，即不仅仅应对建筑进行保护，也包括其周围环境——更提倡保护整个历史遗产区域而非单个建筑物。同时，随着保护范围的扩大，管控的刚度变得温和，即"文化遗产保护开始向（更宏观的）社会发展需要作出一定妥协"。此外，扩大的遗产保护范围涵盖了更多私产性质的历史建筑，政府也从直接保护者和干预者，转变成了监管者和协调者，城镇遗产保护也出现了更多学术声音和多样化策略。

在当代，学术界在遗产城镇保护领域中纳入城市形态研究理念方法。

如联合国遗产中心在《维也纳备忘录（Vienna Memorandum）》中形成了"历史性城镇景观"（HUL）概念，强调历史城镇整体保护下的景观形态；班德林与吴瑞梵进一步将"类型—形态学"作为历史城镇管理的四个支柱，同时认可城市形态学对遗产城镇保护，尤其对小规模的古城保护有重要作用。[15]

类似地，在保护理念的另一端，起源于 20 世纪初的现代城市设计理念也经历了类似的过程。在经过了在汽车城市基础上一味追求革命性和现代性后，到了 1970 年代，最早受到能源危机和环境危机影响；到 1990 年代后，人类又凭借信息技术和互联网的兴起，大踏步走向后工业化时代，并转向地域性、可持续发展等主题。在城市设计理念中，更多的是提倡公交、步行化的"反现代"理念成为主导等。显然，当代城市设计理念的传统性和现代性的结合受到更广泛的关注。

意大利为代表的西方国家历来重视城镇传统保护，但近年来也越来越多地接纳了当代新材料、现代建筑形态甚至新型肌理的街区，前文中罗马城市形态中能接受的"被打断"的拼贴形态；另一方面，在当代新区的开发型城市设计中，也普遍在将历史信息古为今用作为塑造特色的有效策略——不论在欧洲新城镇项目，或美国新城市主义项目中，都会通过在新建城市设计工作中，引入传统局部元素，起到提升整体品质和景观效果的目的，实现城市形态在传统性和现代性上的平衡。

## 文化特征：西方性和地域性

对于西方城市设计理念，"西方性"是基本文化特征。但"西方"概念显然又是由各国各文化流脉的诸多"地域性"汇集而成。

### 西方性：当代城市设计理念的西方文化特点

通常认为，西方共享着"民主政治""市场经济""自由主义文化""科技进步"4 种基本特点。即使在 20 世纪后和现代社会中，普遍关于西方价值观的标准体系"坍塌"的讨论不断①[6]，但也仅仅是一些挑

---

① 当代西方文化领域广泛讨论"西方的没落"主题。除了斯宾格勒 1918 年的同名专著外，在建筑学领域，柯林·罗在《拼贴城市》（1978）中提到，各文化流脉中各自的城市乌托邦在 1940 年代后期已经消失，西方价值观的标准体系也随之坍塌，文化进入混乱时期。

战，作为主流的西方传统仍旧具有坚实的基础。作为其中的组成部分，现代城市形态和设计理念扮演着重要作用，支持西方文化的承续，主要表现出以下四部分特征。

首先，当代西方城市设计是重要的城市公共事务。城市设计及其后续的建设实施，涉及众多社会群体并动用超额资金。因此，在西方社会，尽管城市设计始终保持了艺术和设计属性，但已越来越多地与城市规划、法令法规等结合，具备了更多政府职能特点，以及进一步融入当代公众参与等社会事务。因此，不同文化流脉和国家的城市设计理念也深受各自政治制度的影响，并渗透了大量国家战略和地方经济社会发展目标内容。

第二，当代西方城市设计承担着社会秩序重构下的空间重组和重新生产。"空间的生产"（列斐伏尔）[7]是20世纪空间政治学概念，指资产阶级将城市空间作为生产资料，并将城市研究纳入政治经济学视野后的一系列新观点。城市空间及其物质形态的经济属性一直存在，只是20世纪表现得更加明显。尤其是这一时期城市形态中出现的有别于以往的超常发展，及其异化形态，这些也成为当代城市形态研究的主要对象，相关的城市设计理念也多有针对。

第三，当代西方城市设计是一场文化间的军备竞赛。东西方之间，西方社会与其他地区之间，城市设计的竞赛一直持续。今天的大城市也无不是竞争之下的优胜者。而当代的城市竞争则上升到国家高度，成为各自国家文化建设的重要组成部分。如英国在全英格兰地区推行的城市复兴战略，以及伦敦对标巴塞罗那和阿姆斯特丹的赶超目标等。此外，当代欧洲传统城市中越来越多的高层建筑，尤其以明星建筑师扎哈等人在诸多欧洲城市中设计的奇特形态，则是城市设计参与这种文化竞争的具体表现和充分诠释。

第四，当代西方城市设计既是一场关于城市未来的论战和实践；也是一场永不停止的城市更新手术。城市设计理念汇集了众多对未来城市的前瞻思考，并在当代国际化背景下彼此碰撞凝聚在各项城市设计实践中。同时，20世纪前后以来，西方主要城市的城市化进程放缓，乃至当代的"逆城市化"的背景下，这些前瞻思想更多聚焦于城市更新，且在西方思维下的"外科手术（西医）"方式——凭借技术进步和技术植入更替重构的城市更新策略。也因此，西方文化中不乏关于各类"手术"的城市设计理念。除了颇具争议的豪斯曼模式外，此后的意大利城市形态学中"可指导（城市更新手术）操作的历史（Operitive history）"、格迪斯的"保守手术"等。

## 地域性：城市特色的留存和创造

各种文化流脉存在广泛的差异，城市设计的理念和实施也都需要结合具体国情，如果再加上经济、社会、文化等其他要素，城市设计的国际性成分就更少。或者从另一侧面说，能够带有国际影响力的城市设计理念只能是很少数理论。因此，相比于"西方性"，城市的"地域性"才是更实际的视角。

"地域性"显然会随着尺度的缩小而逐渐凸显。对于整个西方社会，一个国家就已经体现出一定的"地域性"。但从国家，再到单一城市，乃至社区和村庄，地域性又会进一步逐渐放大。

真正的乡土，未受到现代社会和工业化的侵染，毫无疑问具有最高的"地域性"，它的形态也是独一无二的。当代学术界所讨论的有关地域性的理念，主要是刻意在全球化和现代性的夹缝中寻求一点点空间，避免被其完全吞噬。

而今天人们所讨论的绝大多数"地域性"中，其实都包含了现代社会的种种因素，而非纯粹的乡土。相反，当代的地域性一般涵盖了尺度很大空间范围，如荷兰国土设计思想下形成了兰斯塔德等区域性大都市模式等；再如联合国遗产中心在近年来在世界文化遗产遴选中也彰显了更宏大尺度的地域性。较典型的是 2014 年入选的中哈吉三国范围的"古丝绸之路东段"。

总之，城市形态及其设计理念的"西方性"不仅是外在塑形和城市景观的需要，也是西方社会和各文化流脉之间建立彼此认同和价值观的基础，尤其在当代国际化和全球化进程，迎接更密切的国际合作要求下。

地域性则是城市个性和特色的来源，是各个西方城市参与国际竞争的筹码，也是不至于迷失自我和走向平庸的基础。从这个角度讲，城市设计理念的"西方性"是大的潮流，无需刻意迎合就因身处于欧洲一体化、地中海联盟等各种国际组织及其影响下的生产生活的标准化，带来大量的一致行动和建成环境的相似性；而相比之下，每个城市需要深入挖掘和守护的正是"地域性"，当代建筑学领域不断兴起的"在地设计"等思潮，凸显出对"地域性"的高度关注的原因也正是如此。

# 演进:"历时性"和"共时性"

当代西方城市形态,与其他文化因素最大和最显著的区别,就是"共时性"(Synchronism)[①]——千百年前的城市与当代城市就并置在人们眼前。你能否从城市形态上读出其中流淌着的漫长岁月?这就关乎到"历时性"(Diachrony)的问题。显然好的城市形态完全可以做到,好的城市设计理念也会对"历时性"或形态演进等密切关注并提供技术支持。

因此,就绝对有这样的必要,将历史上的城市设计理念放在一起,讨论其中作为经典思想构成的理念"共时性",以及理念演进视角的"历时性"部分。

## 1. 城市设计理念的"共时性"

首先,经典城市设计理念永恒特点,造就了"共时性"。

如前节所述,城市及其形态模式客观、稳定持久,经典类型很少。它们无不是承载了各自文化的深厚积淀,昂贵珍稀,且城市及其形态作为社会公共财富,以及涉及各方利益等不允许轻易改变。因此,从这个角度说,由于经典"理念"造就典型城市形态——即典型城市形态的背后有经典的、不容辩驳的城市设计思想所支撑得以持久流存。也因此,城市形态模式的共时性是绝对的。例如各类古城至今仍普遍作为当代城市文化中心的事实;再如在今天人们热论"韧性城市"[(Resilient city)2023年旧金山亚太经合组织主题]时,仍旧将历史遗产城市作为典范——它们历经了千百年变迁、战争,包括浩劫和重建,仍旧坚韧并彰显着最初的形态风貌,这些都是经典的城市形态模式及其凝结的城市设计理念具有"共时性"的最好证明。

此外,城市设计理念的经典,会作为城市的"深层精神"而持久存在——古代的卫城精神,近代的米兰费拉锐特大医院开放空间,爱丁堡的保守手术,都贴近于舒尔茨(Christian Norbarg-Schulz)所说的"场所

---

[①] 共时性和历时性:瑞士语言学家费尔迪南·德·索绪尔(Ferdinand de Saussure)在《普通语言学教程》中首次提出"共时规律"和"历时规律"的概念。广泛应用于语言学、建筑学、文学、艺术设计等领域。这一概念,在描述事物发展过程的纵向时间序列与横向空间关系中被广泛运用。在建筑学、历史地理学、考古学、遗产保护等涉及"时间"和"空间"两个层面的领域。

精神"（Genius Loci，或 Sense of Place）——一种精神内核笼罩整座城市，贯穿多个时代，而城市形态和模式都是容纳这种内在精神的容器，城市也正因这些根本的特点才显得气质不凡。

再进一步说，理念的"共时性"也与人性相关，都与人的内心记忆和需求不可分割。古今每一代人都离不开这种深层精神，也不能舍弃过去的记忆载体，使城市形态作为最重要的历史见证，也相应具有了跨越千百年的"共时性"。

第二，"共时性"的意义和价值也时常在经典城市设计理论中被提及和强调。

例如阿尔多·罗西认为城市中如果能较完整留存各种有代表性历史建筑类型，就能将城市塑造为一种"可以量度时间的仪器"。虽然从数量上看，这些历史建筑并不多，但可以唤醒人们联想，使昔日城市形态得以被人们在脑海中想象和重塑。历史城市的这一特质是如此美妙，恰如文学名著，及其对读者学养气质和想象力培养益处。同时，这种"共时性"不仅具有怀古情感，罗西认为，历史城市的这种类型学"仪器"特点，本身就表达了他自身携带的"年代数码"，不仅代表了城市的过往，还能在比较之下评判当下城市的价值和水平，更能预见未来。

当然这一功能仍旧可以类比于文化名著的意义。因此，想必经典的永恒流传，其价值正在于此。它们令人虽身处当下，但可以神游往昔时光，与古人置身同一片屋檐和街巷。至于未来，能否也给我们的孩子们留有这样的体验和感受，就全靠当代人们的选择，尤其是对待和保护历史城市上，能否割舍掉一些我们自己这一代对发展和物质上的欲望和贪婪，这也需要城市的管理者和决策者的理念和智慧——当然，还要多多保留一些"共时性"理念。

## 2. 城市设计理念的"历时性"

而相对于"共时性"，城市设计思想理念及其演进的"历时性"则是相对的，演进缓慢，并依赖一定的偶然性，才会有支持创新性城市形态模式的新理念出现，也要凭借昔日帝王的喜好、天才的灵感闪光，或不可逆转的技术进步等。但尽管罕见，但历经长期的时代发展，点点滴滴的汇集也能一直向前，形成具有历时性的理念演进。

首先，整体"理念"因时代迭代而凸显，但并不随时代跨越演进。

城市设计理念的发展历程和历史，主要记载着强盛国家的城市设计思想。同时，每个国家在历史上各领风骚，有分属于它们的时代，以及它们经典的代表城市和理念，用砖石和建筑书写了它们各自的城市设计选择和人居环境智慧。包括，西班牙塞维利亚、荷兰阿姆斯特丹老城、英国巴斯城（City of Bath）、法国豪斯曼巴黎改造；德国西特城市设计风格、美国纽约曼哈顿下城和中城、旧金山城市设计等。

但上述各国代表性城市设计理念却泾渭分明，彼此难以交融，更缺少理论迭代演进的机会。其中原因，恰如人们在评论20世纪后半叶强势崛起的美国时所说，"一旦拯救了世界，就听不进去其他人的话了"，二战之后的美国很少再去借鉴欧洲的城市设计经验了。美国只是当代例子，此前英国法国德国也都是如此，每个强国都经历过由弱到强的成长过程，这个过程中都在不断吸收文化养分；一旦成为最强者，它们要做的都是输出文化。

而只有在文化流脉内部，城市设计思想才会围绕民族性和地域性形成持久的演进；或是在殖民活动等多文化碰撞的环境下产生演进。

其次，理念在特定"流脉"内演进为主，跨"流脉"演进为辅。

如果进入特定"流脉"内部，则会显得更加精彩纷呈，并体现出随文化演进的态势。通过本书前文对8个文化流脉22座代表城市的研究，更多城市设计思想者浮现出来，每一次城市的更新和建设都离不开他们的思想和智慧。在某一文化流脉内部，也能呈现出更多关联性的思想演进脉络，并更有条件构建体系化思想。

另一方面，城市设计理念又随着文化之间的交融碰撞而演进。例如美国在二战之前正是城市设计思想最为丰富活跃的时期。从法国的城市美化运动，到英国的郊区住区等，设计思想的核心都离不开开放性地吸收欧洲传统，并又形成了应对当代不同时期发展问题的针对性理念。


## 实践：城市设计理念的愿景和实施

在当代城市设计实践中，离不开对城市形态的愿景和实施两部分。两者只有紧密配合，才能有序实施城市设计。

在现代城市设计出现前，传统的欧洲城市中，这些对城市形态的愿景和信念被归为集体无意识的城市精神。

而现代城市设计中，"愿景"更倾向于摆脱传统束缚，通常是以未来"畅想"等形式出现，并往往有抽象和概念化等"务虚"特点。例如田园城市及其三个磁石理念。但这些抽象和概念化的"理念"却具有重要意义。它们是城市形态演进的源泉和动力，是历史上试图对已有城市形态加以存续或创新的信念。也恰恰是理念的抽象和概念化表达方式，使其能包容不同具体区位和选择，适用于时代当下和未来……

而在当代，对城市形态的"愿景"和审美又有了更高层次的定位。乃至于被进一步归为国家发展两条主线中的"软件（精神、思想、历史传统、价值观念、信仰习俗）"一类[10]，是精神和深层的。而反之，处于物质和表层的"硬件"，则是支持上述理念实施的各种城市设计政策、策略。两者也共同促使城市形态被作为国家形象和竞争力的重要要素之一。

城市设计愿景和实施互为依托，缺一不可。

一方面，城市设计愿景和理念需要周密详细的实施过程支持。没有实施过程的城市设计愿景只存在于乌托邦的幻想，并不能归为真正的城市设计理念。既便是中世纪留存下来的古城，具有浑然天成的风貌，使很多人误认为这是完全基于人们对城市形态的理想信念自发建成；而科斯托夫就曾通过揭示了锡耶纳坎波广场就是仰仗着每一处用地的设计管控，才得以形成，而并非全凭市民的自觉。

另一方面，仅有实施过程而没有城市设计愿景的实例也很难找到。即使被认为相当失败的城市设计，它们最初的理念愿景也是清晰明确的。美国二战后失败的城市更新实践，都是以让城市摆脱枯萎病而重新繁荣，支持它们的深处思想包括社会达尔文主义、进步主义等美国20世纪思想。而这些失败案例更加引人深思之处，并非事情的愿景和初衷，显然实施过程中问题更多。这也导致当代城市设计理论界中关于反对"蓝图论"倡导"过程论"等理念的形成，并尤其重视城市设计实施方面的工作。其中不乏当代城市设计师引入第四维的时间维度、拉长城市设计实施的时间周期，利用长时间的付出提升设计和建设品质同时，增加评估和反馈程序，协调愿景和实施的关系。

## 城市设计理念的当下和趋势

我们最后讨论城市设计理念的当下和趋势。

在21世纪即将走完了1/4的今天，时下的最响亮的城市设计理念是人工智能和大数据影响下的城市设计。新的时代和新的问题，使各行各业都在面临着的普遍的变革，正如新能源影响着汽车业；互联网经济重塑着整个零售商业等。

城市设计学者们也会历数行业理念的代际更迭，崭新一代理论以数字化和大数据为特征。

尽管如此，这里还是希望暂时放下这些科技信息，而仍继续沿用此前的人文视角。而关于"未来"的话题并非仅限于当代，而一直是人们永恒的话题。例如1920年代，意大利未来主义思潮就曾完整系统地阐述了随着现代建筑运动倡导的建筑工业化和"汽车"等新事物的出现，未来城市的前景。

我们要回答"未来""趋势"，又可以分解为下面几个问题——这些西方城市未来的文化和社会会怎样？西方城市的整体规模和形态会怎样变迁？西方城市的内部功能和布局是否有新的变化？人们将来行走在这些西方城市内，景观和体验会出现怎样的新感觉？

事实上，上述几个问题贯穿了本书前文的8个流脉及其主要城市，看过这些西方城市当下的普遍状况，也就能初步支持我们对未来做一点简单的设想。

首先，西方城市未来的文化和社会会怎样？会有怎样的城市设计理念和趋势？

人们对未来的西方城市设计理念中"文化"方面有相对统一明确的认识，即未来西方城市有一个"文化混合共存的未来"[2]。当下和未来，"文化的混合"具有必然性——"自由主义西方文化"下，竞争的结果并非如同战争一般分出个胜负，更多的应该是达成均衡，并在各自凸显弘扬优势的前提下彼此共存。柯林·罗习惯于从毕加索等艺术家创作（如自行车座椅和车把组合的公牛头）中提示城市设计的未来，未来拼贴化的城市设计，会出现大量多文化并存的城市地段，设计者对各种文化的熟知程度，应该如同毕加索对不同型号自行车零件的了解一般。

可以预见，西方学者将更加关注城市文化的多元性，以及对传统文化和珍品遗存的保护，作为未来西方大城市的最大价值之一。同时通过对文化进行浓缩凝聚、储存保管、消化选择后的继承展示是城市的重要功能之一。这涉及城市形态、建筑，以及同文化有关的大多数事务，包括文化展览的引入，对公共机构和文化社团的建立，对文化人的培训选拔等，诸多行业也会合作融合。

传统城镇保护会更加关注于原真性的遗产，包括对其筛选、宣介等系统化工作，也就需要针对传统城镇的城市设计关注于此。

由于传统和现代城市设计理念的双向演进规律——大城市是现代城市模式的聚集地；而小城市则是传统城市形态模式的守望者。因此，传统和文化理念是从小城市流向大城市；而现代理念则相反，从大城市向小城市流动。例如小城镇和乡村会有更好的可步行性，更精致的空间；类似的设计思维，将大城市进一步分解为局部地段，吸收小城市做法，从而丰富大城市形态的多样性和文化品质。

第二个问题，"城市整体规模和形态"会怎样变迁？

这一问题主要涉及未来西方在城市管理的前景，欧洲和美国差异明显，也进而影响到城市的未来。

欧洲城市，尤其是发达国家（如本书涉及的有英、法、德、意、荷）城市整体规模和形态趋于稳定。而城市化水平较低，具有发展空间的西班牙和希腊，会在整体规模和形态方面有变化。

至于西欧发达国家较稳定的城市整体形态，阿尔多·罗西对此有讨论。他认为，（西欧）城市外部形态边界应该是完整的，同时内部市镇结构也是均衡稳定的。而一旦调整城市外部边界，稳定即被打破，内部结构随之开始更新重组，直至更新完成，达到新的平衡和形态稳定。在欧洲，很多历史城镇早已如罗西所言，有确定的边界，城市的边界的扩展需要经过复杂的政治决策程序。因此，在当代欧洲，除了历史特殊和城市化水平较低的西班牙和希腊外，其他国家都基本停止了新城等城市扩建，城市形态完全可控。

同时，由于欧洲城市建设量十分有限，每个新增项目都会经过公众的积极参与和热烈讨论，权衡多方面利弊，从而时常形成否决意见（如柏林的政府建设被否决）；也会出现受到公众支持的反专业结论（如利物浦港口扩建），但不论如何，都代表了未来欧洲普遍谨慎性、多语境、包容性的城市设计思维。

而西班牙和希腊目前较低的城市化水平下，城市规模仍然会有显著的扩展（如马德里）。同时也随着城市规模的扩展，城市公共设施所构成的中心区体系也会进一步发展，直到达到形态优美和布局均衡的目标。

但如果问美国学者未来的城市扩展需要历时多久？芒福德的答案是，永不停歇。在一个既是更加商业化和市场化的社会，又是移民国家里，城市经济主要出于盈利（而芒福德认为，相比之下欧洲城市理论上更多倡导应来自人的需求）为目的，以及一种"永无止境、无限扩大、牺牲自然和环境的无底洞现象[8]"。当今南加州洛杉矶大都市区能很好地证明芒福德的这种看法，体现为漫无边界的低密度扩张的城市范围。芒福德的建议是从规划上加以调控，尽管在当时不被接受，但今天的美国已经出现了相应的做法——美国当下主流的城市设计理念即为增长管理及其影响下的新城市主义理念。尽管不同城市管控方式不同、力度不一，且多数城市仍在低效增长，但采取增长管理等举措的城市（如波特兰等）被认为一定程度上得以改观。

对比欧洲和美国，对于城市扩展理念上的明显差异，仍然显示出欧洲社会对城市形态及其结构更加重视，并积极主动地开展管控引导；而美国则更多迎合市场需要。即使开展增长管理等举措，也主要体现为被动应对和对无序增长的一种遏制，而并非出于形态塑造和城市景观品质目标。而出于两种不同视角下的城市设计理念，彼此差异更加容易理解。欧洲城市对于类似城市扩展会有十分强调形态的城市设计；而美国增长管理则主要是城市规划层面的二维工作，较少涉及形态问题。而事实上，欧洲和美国在城市形态的其他诸多明显差异，也都可以从政府管控和商业运行的对比上找到原因。但这些也都是短期内难以改变的。

第三，西方城市的内部功能和布局是否有新的变化？

城市的内部功能的重置和社会的重组等因素导致的空间重构将持续。当代西方城市中变化最显著的是原来港口和铁路的更新区；同时，社会格局的变迁也更多受到关注。

始于1960年代的欧美工业港口地区更新，随着米兰比科卡区的建成（2010），第一轮工业和港口地区更新的热潮告一段落。这些重要的城市设计项目不仅造就了当代最有活力的城市新区；也形成了现代城市设计这一新事物的开发建设模式。不论走到哪一座欧美城市，都会经过类似的地段，以住宅为主，科研、教育和娱乐等功能为辅。代表性为汉堡哈芬新城、阿姆斯特丹港口区、旧金山传教团湾等。这些项目在经济和社会效益方面，整体上是成功的。由于它们超强的影响力，这些案例也构成了当代城市设计的主要理念，并显得有些模式化和程式化，甚至逐渐走向僵化固化，从而带来了一些新问题。

第一个问题，就是当代西方工业港口区"模式化"的重复性下，个性和特色也在悄然泯灭，利物浦滨水区因更新模式不当甚至失去了世界遗产称号。近年来那不勒斯更加谨慎细致的做法从一个侧面体现了西方以往的大规模粗放式更新模式已开始减少，未来的工业港口区更新会不断有更多精细化和针对城市特点的多种更新模式出现。

另一个问题，一些被更新后的工业港口看似获得了商业上的成功，但却产生了所谓的"士绅化"（Gentrification）问题——当地民众并没有享受到城市更新的利益，反而因这里高昂的消费水平被排斥在外。从而进一步引发了社会争议。

港口工业区的这类社会评价问题，只是西方当代城市普遍产业变迁导致社会矛盾的缩影。随着当代西方城市物质空间形态的变迁，内部的社会格局也不断演变。最典型的是中心区和工业区，两者曾经都是工业时代（1970年代前）繁荣的地段，当时工人群体作为中高收入者，能在工业区维持较高的生活水平，并能在临近的城市中心进行日常消费。但当代后工业时代下，这里很多成为低收入者住区和贫民窟，而西方城市在当代城市更新过程中，错误和教训很多，但一直难以根本解决——由于一旦触及西方社会深处矛盾，便会引发巨大争议，只能人为放缓或搁置。因此，当代西方城市设计理论也因此将关注焦点转变到这些社会问题的解决上，并引发公众参与、倡导式规划等热点问题。

第四，未来城市的空间环境和建筑风貌会怎样？或者，人们将来行走在这些西方城市内，景观和体验会出现怎样的新感觉？

西方城市的整体空间环境最早在二战前就已经初步固化。此前各国的空间环境建设方式不同但目标一致，英国、荷兰、德国等欧洲国家都通过政府大量购买土地，系统建设公共设施构建城市景观结构；美国则清楚地区分公私领域边界，并通过波士顿"翡翠项链"所创建的公园环境体系方式打造。

面对成熟传统的城市景观，当代城市也急需引入新意。公园化、明星化和技术化是较主要的趋势。

"公园化"最早体现为绿地和公园。令人眼花缭乱的绿地形态是最常见的当代景观营造策略。随着城市人口密度的提升，绿地空间的拓展呼声很大。目前西方城市集中在有限的几种做法上，一是"退路还绿"，这是对二战后的大规模现代城市建设的还账，重点拆除高架道路，新增绿地。如波士顿的"大挖掘"，马赛滨水区拆除高架道路，形成滨水公共空间等；另一种是结合城市功能用地重置、港口铁路、传统工业区更新等机会实现绿化空间的增加，如伦敦滨水区和奥运片区等。

随着城市用地的日渐枯竭，上述新增公园绿地的空间也十分有限，一旦有此类项目建成，必然是通过很有创新性的理念，或很特殊的形态，带来城市新增公共空间的标志性。如西雅图奥林匹克雕塑公园。公园跨越了四个街区，将铁路、城市快速道路覆盖在下面。将这种公共空间设计，赋予了城市地标的定位。

除了城市公共空间外，更加显眼的地标性高层建筑也代表了城市的积极转变——暗示城市功能的变化和新生，以及新的城市活力注入。成功的高层建筑地标不仅能彰显城市独特的文化底蕴和品位，也能带动周边更大范围片区的复兴和活力，最典型的是克里尔的海牙项目。在克里尔之后，女建筑师扎哈在米兰获得类似的成功，更多城市邀请她担任中心区更新的地标设计，马赛、米兰、沃尔夫斯堡等，将这一知名建筑师、城市地标和城市复兴的捆绑联动逻辑进一步凸显出来。

上述明星建筑师最早在个别城市中取得成功后，得到了更多城市的邀请——当代城市形态日益走向"明星化"。城市形态成为大众"媒体"的一部分，人们在城市和标志性建筑前的留影，在互联网时代被人们通过社交媒体广泛传播，口碑相传之下各种个性突出的新奇建筑成为"网红"地标，进而成为城市新的象征。扎哈等的建筑大师之所以能成为"明星"，在于他们独特而原创的建筑作品和他们独到的城市设计理念；但也有建筑师希望反其道而行之，通过怪诞的形态和增加曝光度将自己包装为网红建筑师。因此也就导致当代信息爆炸时代的公众困扰，带来"流量化""快餐化"下名不符实的城市和建筑景观。

此外，当代城市设计的"技术化"趋势也较明显。城市继续通过大规模人群聚集，及其高效率高运量公共交通获得发展。这些都在技术上为城市设计理念提出了更高的要求——大型化、立体化等趋势，以及城市公共设施向大型公共交通枢纽、公园等地段聚集和整合的现象。其中，美国较简单地将上述大型公共设施与郊区化结合；但欧洲城市则更多依托城市中心布局，也会相应展现出更复杂的城市形态。如结合巴黎拉德芳斯等副中心地段，注入现代和后现代设计手法，支撑欧洲社会中人们对城市中心所应有的设计品质的期待等。

# 后　记

城市形态是历经悠远历史，并承载了民族文化灵魂的遗产。优美的城市形态已经被普遍作为城市"基础设施"的一部分，是城市竞争力的重要组成部分，从而也催生了近年来对"城市形态"研究和城市设计工作的热潮。

本文以西方主要 8 个国家作为对象，一方面尝试给读者展示较全面的西方整体文化视野；同时也试图精选代表城市案例，及其当代最具典型性的城市地段，作者也曾走到其中，亲身探访体验，在书中记载了自己对各国城市形态的真实感受。

书中也尝试将 8 种西方文化流脉放在一起开展初步比较。可以看出，有些城市形态特征来自自然地理渊源，是各种文化流脉所处的自然山川、河流和土地的附属物，是固有的——持久不变，如德国的森林小镇，意大利的山地城堡，法国的农业庄园；也有些是来自历史，体现出文化年轮的"远与近"，如地中海商业文明——波罗的海农/商文明——英国工业文明——美国现代科技文明；也有社会制度的差异，集权（希腊、德国、西班牙），分权（美国、荷兰、意大利），兼而有之（法国，英国），及其给社会方方面面带来的影响。当然，上述模式并非一成不变的固化，仅仅是我们"遥望"历史和概览异国文化过程中，试图获得的总体印象，而在当代视角及其全球化浪潮下，城市形态的创新不会停息。

当然，书中内容还很简略和感性，仅仅是粗线条地勾画了 8 种西方文化流脉下的城市形态发展和演进，围绕各流脉文化的过去、今天，及其形态特点等；希望能写出当代西方城市形态和城市设计的全貌和特色，讨论城市形态好在哪里，通过怎样的城市设计努力而获得……这些内容或许也可以为我们当下城市设计工作提供思路。

罗西认为城市的转型时刻，需要对城市公共设施所构成城市结构展开重构。而我国当下着力避免千城一面，如今恰逢众多面临发展转型的愿景下，西方城市形态研究对我国当前城市设计有较独特的意义，诸多城市形态案例研究也会具有一定的借鉴价值。

最后，我此次研究得到了周围同事朋友等人的无私帮助。尤其是2018—2019年度以调查西方城市设计文献成果和美国城市形态为主要目的的访学过程中，感谢我工作单位青岛理工大学和建筑与城乡规划学院诸多同事的帮助，从支持和外派我访学，到后续的人文社科处同事的申报帮助——感谢所有支持我的同事、朋友和学生们。有幸得到国家社科基金后期资助项目支持，荣誉之至，催我成长。感谢基金工作过程中历次评审专家的中肯和高水平意见建议。感谢殷亚平编辑对书稿的专业细致的建议。

作　者

2024 年 12 月终稿完成于青岛

# 附　　录

# 参考文献

**绪　论**

［1］［意］L.贝纳沃罗.世界城市史［M］.薛钟灵等译.北京：科学出版社，2000.

［2］Jordan, T. B. The European Culture area: A Systematic Geography ( 2nd ed. )［M］.New York: Harper & Row, 1988.

［3］［英］彼得·弗兰科潘.丝绸之路：一部全新的世界史［M］.邵旭东，孙芳译.杭州.浙江大学出版社，2016.

**第一章　流脉.模式.理念**

［1］Fellmann, J. D., Bjeland, M., Getis, A., Getis, J. Human Geography—Landscapes of Human Activities (Eleventh edition)［M］.New York. McGraw Hill, 2010.

［2］(Editor) Larry Kummer, L. Stratfor Explains how China's Belt and Roads Initiative might Reshape Europe［R］. 2017. https://fabiusmaximus.com/2017/05/18/stratfor-looks-at-belt-and-road-initiative-of-china.

［3］Sauer, C. O. The Morphology of Landscape［M］.University of California Publications in Geography, 1925.

［4］［意］弗朗切斯科·班德林（Francesco Bandarin），［荷］吴瑞梵（Ron Van Oers）.城市时代的遗产管理——历史性城镇景观及其方法［M］.裴洁婷译，上海：同济大学出版社，2017.

［5］西奥多拉·玛莎里斯，李骐芳，回到希腊：古希腊与现代设计［J］.装饰，2014.

［6］张坚.西方现代美术史［M］.上海：上海人民美术出版社，2014.

［7］［英］菲利普·巴格比.文化与历史［M］.夏克，李天纲，陈江岚译，上海：上海人民美术出版社，2018.

［8］Moudon, A. V. Urban Morphology as an Emerging Interdisciplinary

Field［J］. Urban Morphology, 1997, 1:3—10.

［9］谷凯. 城市形态的理论与方法——探索全面与理性的研究框架［J］. 城市规划，2001（12）：36—42.

［10］Marzot, N. The Study of Urban Form in Italy［J］. Urban Morphology, 2002.

［11］Gauthier, P., Gilliland, J. Mapping Urban Morphology: a Classification Scheme for Interpreting Contributions to the Study of Urban Form, Urban Morphology, 2006, 10 (1), 41—50.

［12］Darin, M. The Study of Urban Form in France［J］. Urban Morphology, 1998. (http://www.urbanform.org/online_unlimited/um199802_63—76.pdf)

［13］Ibarz, J. V. The Study of Urban Form in Spain［J］. Urban Morphology. 1998. (http://www.urbanform.org/online_unlimited/um199801_35—44.pdf)

［14］Busquets, J., Yang, D., Keller, M. Urban Grids—Hand book for Regular City Design［M］.ORO Editions, 2020.

［15］Hofmeister, B. The Study of Urban Form in Germany［J］. Urban Morphology, 2004. (http://www.urbanform.org/online_unlimited/pdf2004/200481_3-12.pdf)

［16］Marzot, N., Cavallo, R., Komossa, S. The Study of Urban Form in the Netherlands［J］. Urban Morphology, 2016. (http://www.urbanform.org/online_public/2016_1.shtml)

［17］Conzen, M. P. The Study of Urban Form in the United States［J］. Urban Morphology, 2001.

［18］［美］尼科斯·A.萨林加罗斯. 城市结构原理［M］.阳建强，程佳佳，刘凌，郑国译.北京：中国建筑工业出版社，2011.

［19］［美］阿兰·雅各布斯. 伟大的街道［M］.王又佳，金秋野译.中国建筑工业出版社，2009.

［20］［美］迈克尔·索斯沃斯，伊万·本-约瑟夫著.李凌虹译.街道与城镇的形成［M］.北京：中国建筑工业出版社，2006.

［21］［法］Serge Salet. 城市与形态［M］.陆阳，张艳译.北京：中国建筑工业出版社，2012.

［22］［美］斯皮罗·科斯托夫. 城市的形成——历史进程中的城市模式和城市意义［M］.单皓译.北京：中国建筑工业出版社，2005.

［23］［英］D.肯特.建筑心理学入门［M］.谢立新译.北京：中国建筑工业出版社，1988.

［24］［澳］劳拉·简·史密斯.遗产利用［M］.苏小燕，张朝枝译.北京：科学出版社，2020.

［25］［美］彼得·埃森曼，江嘉玮，钱晨.再思理论：建筑学，请抵抗!［J］.时代建筑，2018，（03）：46—51. DOI: 10.13717/j.cnki.ta.2018.03.010.

［26］Marshall, S. Urban Pattern Specification. London: SOLUTIONS project (Sustainability of Land Use and Transport In Outer NeighbourhoodS), 2005.

［27］Sharifi, A. From Garden City to Eco-urbanism: The Quest for Sustainable Neighborhood Development［J］. Sustainable Cities and Society, Volume 20, January 2016, Pages 1—16. https://doi.org/10.1016/j.scs.2015.09.002.

［28］王建国.城市设计［M］.北京：中国建筑工业出版社，2009.

［29］C.亚历山大等著.建筑模式语言［M］.王昕度，周序鸣译，北京：知识产权出版社，2002.

## 第二章　希腊

［1］Jordan, T. B. The European culture area: A systematic geography (2nd ed.)［M］.New York: Harper & Row, 1988.

［2］［希腊］娜希亚·雅克瓦基.欧洲由希腊走来［M］.刘瑞洪译.广东省出版集团花城出版社，广州：2012.3.原著出版于2006年.

［3］［美］斯皮罗·科斯托夫.城市的形成——历史进程中的城市模式和城市意义［M］.单皓译.中国建筑工业出版社，2005.

［4］［美］依迪丝·汉密尔顿.希腊精神［M］.葛海滨译.北京：华夏出版社，2018.

［5］单超.雅典卫城——从希腊半岛城邦的圣地成为国际遗产保护的榜样［J］.世界建筑，2020.

［6］殷成志，杨东峰.希腊的规划体系和城市文化遗产管理［J］.国际城市规划，2017.

［7］Bastea, E. The Creation of Modern Athens: Planning the Myth［M］. Cambridge, New York & Melbourne: CUP, 2000.

［8］Loukopoulos, D., Kosmaki, L. Athens 1833—1979: the Dynamics of Urban Growth［D］. Massachusetts: Massachusetts Institute of Technology, 1980.

［9］Doxiadis, C. A. Anthropopolis—City for Human Settlement［M］. New York. W. W. Norton & Company. INC. 1974.

［10］Doxiadis, C. A. Urban Renewal and the Future of the American City［M］.Chicago, Illinois. Public Administration Service, 1966.

［11］宫聪，卢峰.从道萨迪亚斯到皮吉奥尼斯：空间谐分理论与实践研究［J］.建筑学报，2021.

［12］［意］L. 贝纳沃罗.世界城市史［M］.薛钟灵等译.北京：科学出版社，2000.

［13］丁汀.从雅典城镇化进程浅谈城镇规划中归属感的营造［C］// 中国城市规划学会.城乡治理与规划改革——2014 中国城市规划年会论文集（06 城市设计与详细规划）.筑博设计股份有限公司，2014.

［14］Magouliotis, N. Learning from "Panosikoma": Atelier 66's Additions to Ordinary Houses［J］. Architectural Histories. 2018.

［15］Doxiadis, C. A. ASPRA SPITIA a New "Greek" City［EB/OL］.［2022-3-30］. https://www.doxiadis.org/Downloads/aspra_spitia.pdf.

［16］吴静，文跃光.雅典・奥运・Faliron 港湾规划［J］.建筑创作，2002.

［17］Hastaoglou-MARTINIDIS, V. Preservation of Urban Heritage and Tourism in Thessaloniki［J］. Rivista di Scienze del Turismo. 2010.

［18］［美］乔・纳斯尔，［法］梅赛德斯・沃莱.城市规划：引入观念还是输出观念？——本地意愿与外来观念的交锋［M］.徐哲文译.北京：中国建筑工业出版社，2020.

［19］Fellmann, J. D., Bjeland, M., Getis, A., Getis, J. Human Geography—Landscapes of Human Activities (Eleventh edition)［M］.New York. McGraw Hill, 2010.

## 第三章　意大利

［1］［法］丹纳著.艺术哲学［M］.傅雷译.合肥：安徽文艺出版社.1991.

［2］［美］刘易斯・芒福德.城市发展史 ——起源、演变和前景［M］.宋俊岭译.中国建筑工业出版社，2005.

［3］［意］尼科洛・马基雅维里.君主论［M］.潘汉典译.北京：商

务印书馆，1985.

［4］［古希腊］柏拉图.理想国［M］.郭斌和，张竹明译.北京：商务印书馆，1986.

［5］［古罗马］维特鲁威著.建筑十书［M］.高履泰译.北京：知识产权出版社，2013.

［6］［美］斯皮罗·科斯托夫.城市的形成——历史进程中的城市模式和城市意义［M］.单皓译.中国建筑工业出版社，2005.

［7］李军.双重在场：达·芬奇的绳结装饰与米兰斯福尔扎城堡木板厅壁画再研究［J］.美术大观，2022.

［8］［美］埃德蒙·N.培根.城市设计［M］.黄富厢，朱琪译.北京：中国建筑工业出版社，2003.

［9］Moughtin, C. Urban Design-Street and Square (Third Edition)［M］. Oxford: Architectural Press, 2003.

［10］［美］安德鲁斯.杜安伊.新城市艺术与城市规划元素［M］.隋荷，孙志刚译.大连：大连理工大学出版社，2008.

［11］［意］曼弗雷多·塔夫里，弗朗切斯科.达尔科.现代建筑［M］.刘先觉等译.北京：中国建筑工业出版社，2000.

［12］齐珂理、吴庆洲.昨天之明天——意大利城市保护与发展50年［M］.北京：中国建筑工业出版社，2016.

［13］Cataldi, G. Designing in Stages-Theory and Design in the Typological Concept of the Italian School of Saverio Muratori［M］//Attilio Petruccioli. Typological Process and Design Theory. Cambridge, MIT: AKPIA, 1998.

［14］Marzot, N. The Study of Urban Form in Italy. Urban Morphology, 2002.

［15］Cataldi, G., Maffei, G., Vaccaro, P. Saverio Muratori and the Italian School of Planning Typology［J］. Urban Morphology, 2002, 6(1): 3—14.

［16］胡昊，胡恒.威尼斯工作——阿尔多·罗西与维多里欧·格里高蒂的城市研究［J］.建筑师，2014.

［17］Marzot, N., Cavallo, R., Komossa, S. The Study of Urban Form in the Netherlands［J］. Urban Morphology, 2016.

［18］西村幸夫.城市风景规划（欧美景观控制方法与实务）［M］.张松译.上海：上海科学技术出版社，2005.

［19］KOSTOF, S. The Drafting of a Master Plan for Roma Capitale: An Exordium［J］. Journal of the Society of Architectural Historians, 1976.

［20］李梦然.1978 年"被打断的罗马"（Roma Interrotta）设计展研究［D］.华南理工大学，2018.

［21］柯林·罗著.拼贴城市［M］.童明译.北京：中国建筑工业出版社，2003.

［22］Sapia, M., Torella, R. Special Guide for Curious Tourists Napoli［M］. Electa Napoli. Napoli, 2010.

［23］UNESCO WHC. Historic Centre of Naples［EB/OL］.［2022-3-30］. http://whc.unesco.org/en/list/726.

［24］［意］L. 贝纳沃罗.世界城市史［M］.薛钟灵等译.北京：科学出版社，2000.

［25］那不勒斯和（NaplEST）.［EB/OL］.［2022-3-30］https://www.naplest.it/old/2011/10/20/piano-di-recupero-della-ex-manifattura-tabacchi/index.htm.

［26］Burle, J. Marseille et Naples: Patrimoine et Politiques Urbaines en Centre Ville［J］. Mediterranee, 2001.

［27］Gygax, F. The Morphological Basis of Urban Design: Experiments in Giudecca, Venice［J］. Urban Morphology, 2007.

［28］(editor) De Fabianis, V. M. Milan, In Flight over the City and Lombardy［M］. Vercelli. White Star Publishers. 2007.

［29］韩林飞，M. 麦瑞吉主编.北京·米兰——当代城市的异质空间［M］.北京：中国电力出版社，2008.

［30］Busquets, J., Yang, D., Keller, M. Urban Grids—Hand book for Regular City Design［M］. ORO Editions, 2020.

［31］［美］杰西卡·迈尔.罗马三千年——地图上的城市史［M］.熊宸译.北京：九州出版社，2023.

［32］谢舒逸.从历史中心到历史城市：类型学与形态学主导的意大利当代城市规划实践［J］.建筑师，2021.

［33］Tafuri, M. Ludvico Quaronie lo Sviluppo Dellárchìtettura Moderna in Italia［M］. Millano: 1964.

## 第四章 法国

［1］［美］迈克尔·罗斯金.国家的常识——政权·地理·文化［M］.夏维勇，杨勇译，北京：世界图书出版公司北京公司，2013.

［2］［美］斯皮罗·科斯托夫.城市的形成——历史进程中的城市模

式和城市意义［M］. 单皓译. 中国建筑工业出版社，2005.

［3］［意］L. 贝纳沃罗. 世界城市史［M］. 薛钟灵等译. 北京：科学出版社，2000.

［4］沈玉麟. 外国城市建设史［M］. 北京：中国建筑工业出版社，1989.

［5］邵甬. 法国建筑·城市·景观遗产保护与价值重现［M］. 上海：同济大学出版社，2010.

［6］加埃唐·皮康，安德烈·马尔罗传［M］. 张群，刘成富译. 上海：上海人民出版社，2009.

［7］张松. 历史城市保护学导论（第二版）［M］. 上海：同济大学出版社，2008.

［8］［意］曼弗雷多·塔夫里，弗朗切斯科. 达尔科. 现代建筑［M］. 刘先觉等译. 北京：中国建筑工业出版社，2000.

［9］Panerai, P. Urban forms—The Death and Life of the Urban Block［M］. Oxford: Architecture Press, 2004.

［10］Willy, B. Le Corbusier. Zurich: Les Editions D'Architecture Artemis Zurich, 1969.

［11］Cohen, J-L., Eleb, M. Casablanca—Colonial Myths and Architectural Ventures［M］. New York: The Monacelli Press, 2002.

［12］朱渊. 现世的乌托邦——"十次小组"城市建筑理论［M］. 东南大学出版社，2012.

［13］米歇尔·米绍，张杰，邹欢主编. 法国城市规划 40 年［M］. 北京：社会科学文献出版社，2007.

［14］刘科. 塞纳河：转变的空间［D］. 同济大学，2009.

［15］周俭，张仁仁. 传承城市特征，营造生活品质——法国巴黎的 2 个城市设计案例分析［J］. 上海城市规划，2015.

［16］Cupers, k. Designing Social Life: The Urbanism of the "Grands Ensembles"［J］. Positions. 2010. (https://www.researchgate.net/publication/261739578_Designing_Social_Life_The_Urbanism_of_the_Grands_Ensembles/download)

［17］Cameron, R. Above Paris［M］. Ingram Pub Services, 1984.

［18］邵甬. 大城市中心历史街区的保护与价值重现——以巴黎马莱保护区为例［J］. 北京规划建设，2013.

［19］Noizet, H. Fabrique Urbaine: a New Concept in Urban History and

Morphology〔J〕. Urban Morphology, 2009.

〔20〕Burle, J. Marseille et Naples: Patrimoine et Politiques Urbaines en Centre Ville〔J〕. Mediterranee, 2001.

〔21〕Maleas, I. Social Housing in a Suburban Context: A Bearer of Peri-urban Diversity?〔J〕. Urbani Izziv, 2018.

〔22〕沈湘璐. 部分南欧国家城市更新研究〔D〕. 天津大学，2017.

〔23〕〔法〕让·让热. 勒·柯布西耶书信集〔M〕. 牛燕芳译. 中国建筑工业出版社，2008.

〔24〕曾刚，王琛. 巴黎地区的发展与规划〔J〕. 国外城市规划，2004.

## 第五章　西班牙

〔1〕Fellmann, J. D., Bjeland, M., Getis, A., Getis, J. Human Geography—Landscapes of Human Activities (Eleventh edition)〔M〕. New York. McGraw Hill, 2010.

〔2〕〔美〕斯皮罗·科斯托夫. 城市的形成——历史进程中的城市模式和城市意义〔M〕. 单皓译. 北京：中国建筑工业出版社，2005.

〔3〕A. E. J. 莫里斯. 城市形态史：工业革命以前〔M〕. 成一农，王雪梅，王耀，田萌译. 北京：商务印书馆. 2011.

〔4〕UNESCO WHC. Historic Centre of Cordoba〔EB/OL〕.〔2022-3-30〕. http://whc.unesco.org/en/list/313.

〔5〕Acedo, A. C. Andalucia in focus〔M〕. Edilux. 2000.

〔6〕Ibarz, J. V. The Study of Urban Form in Spain〔J〕. Urban Morphology. 1998 (http://www.urbanform.org/online_unlimited/um199801_35—44.pdf)

〔7〕〔美〕迈克尔·罗斯金. 国家的常识——政权·地理·文化〔M〕. 夏维勇，杨勇译，北京：世界图书出版公司北京公司，2013.

〔8〕Le Jeune, J-F. Madrid versus Barcelona: two Visions for the Modern City and Block(1929—1936)〔J〕. Athens Journal of Architecture, 2015.

〔9〕Rodriguez-Tarduchy, M. J. Forma Y Ciudad〔M〕. Paco Gomez, 2008.

〔10〕Aparicio, A., Arias, F. Rebuilding the Planning System. The Transition Towards Professional Antagonism in the Uphill Battle of Madrid Nuevo Norte〔J〕. Conference: AESOP Annual Congress 2019. (https://www.researchgate.net/publication/344629251)

〔11〕Magrinyà, F., Marzà, F. Cerdà 150—A. Os Mod—Ernidad〔M〕. New York. ACTOR, 2009.

［12］［西班牙］胡安·布斯盖兹.巴塞罗那：一座紧凑城市的城市演变［M］.高建航，陈秀名，李立译.中国建筑工业出版社，2016.

［13］Manuel, G. Barcelona modern architecture guide: 1860—2012［M］. Barcelona: ACTAR-D, 2013.

［14］比森特·瓜里亚尔特.从城市规划到城市人居［J］.城市环境设计，2015.

［15］Busquets, J., Yang, D., Keller, M. Urban Grids—Hand book for Regular City Design［M］. ORO Editions, 2020.

［16］蒋正良.何塞普·路易斯·塞特的国际建筑组织活动和城市理念［J］.国际城市规划，2020，35（05）：133—144. DOI:10.19830/j.upi.2018.270.

［17］胡安·布斯盖茨，吴焕.巴塞罗那的城市项目计划：从城市片段实施巴塞罗那都市区规划［J］.建筑师，2019.

［18］Thadani, D. A., Krier, L. Andres Duany. The Language of Towns & Cities: A Visual Dictionary［M］. Rizzoli, 2010.

［19］［日］松永安光.城市设计新潮流［M］.周静敏，石鼎译.北京：中国建筑工业出版社，2012.

［20］Director by Hortor, L. European Union Prize for Contemporary Architecture+Mies van der Rohe Award 2006.［M］. Barcelona. Fundacio Mies van der Rohe and ACTAR, 2006.

## 第六章　德国

［1］［美］迈克尔·罗斯金.国家的常识——政权·地理·文化［M］.夏维勇，杨勇译，北京：世界图书出版公司北京公司，2013.

［2］［美］斯皮罗·科斯托夫.城市的形成——历史进程中的城市模式和城市意义［M］.单皓译.中国建筑工业出版社，2005.

［3］［挪威］乔斯坦·贾德.苏菲的世界［M］.萧宝森译.北京：作家出版社，1996.

［4］陈志华.外国建筑史（十九世纪末叶以前）［M］.北京：中国建筑工业出版社，1979.

［5］A. E. J. 莫里斯.城市形态史：工业革命以前［M］.成一农，王雪梅，王耀，田萌译.北京：商务印书馆.2011.

［6］［德］哈罗德·波登沙茨.柏林城市设计——一座欧洲城市的简史［M］.易鑫，徐肖薇译.中国建筑工业出版社，2016.

［7］Jordan, T. B. The European Culture area: A Systematic Geography (2nd ed.)［M］. New York: Harper & Row, 1988.

［8］王芳.导师：李振宇，彼得·海尔勒."谨慎的城市更新"柏林国际建筑展（IBA，1984—1987）旧区住宅更新研究［D］.同济大学，2008.

［9］Von Matthias-Gretzschel, H. So Sch. n ist Hamburg［M］. Hamburger Nachdrunk. 2004.

［10］［德］迪特马尔·赖因博恩.19 世纪与 20 世纪的城市规划［M］.虞龙发译.中国建筑工业出版社，2009.

［11］Schubert, D. Fritz Schumacher—Neglected German Town Planner and Urban Reformer in Hamburg and Cologne［J］. Planning Perspectives. 2020. (https://doi.org/10.1080/02665433.2020.1757497).

［12］UNESCO WHC. Speicherstadt and Kontorhaus District with Chilehaus［EB/OL］.［2022-3-30］. http://whc.unesco.org/en/list/1467.

［13］Dudek-Klimiuk, J., Warzecha, B. Intelligent Urban Planning and Ecological Urbanscape-Solutions for Sustainable Urban Development. Case Study of Wolfsburg［J］. Sustainability. 2021. (https://www.researchgate.net/publication/351196251_Intelligent_Urban_Planning_and_Ecological_Urbanscape-Solutions_for_Sustainable_Urban_Development_Case_Study_of_Wolfsburg)

［14］Panerai, P. Urban forms—The Death and Life of the Urban Block［M］. Oxford: Architecture Press, 2004.

［15］［德］格哈德·库德斯.城市结构和城市造型设计［M］.秦洛峰，蔡永洁，魏薇译.北京：中国建筑工业出版社，2007.

［16］［意］阿尔多·罗西.城市建筑学［M］.黄世钧译.北京：中国建筑工业出版社，2006. Routledge, 2004.

［17］［美］斯皮罗·科斯托夫.城市的组合——历史进程中的城市形态要素［M］.邓东译.中国建筑工业出版社，2008.

## 第七章　荷兰

［1］彼得·霍尔著.更好的城市——寻找欧洲失落的城市生活艺术［M］.袁媛译.南京：江苏凤凰教育出版社，2015.

［2］张健雄.列国志：荷兰［M］.北京：社会科学文献出版社，2003.

［3］［意］L.贝纳沃罗.世界城市史［M］.薛钟灵等译.北京：科学

出版社，2000.

［4］于立.控制型规划和指导型规划及未来规划体系的发展趋势——以荷兰与英国为例［J］.国际城市规划，2011，26（05）：56—65.

［5］褚冬竹.荷兰的密码：建筑师视野下的城市与设计［M］.北京：中国建筑工业出版社，2012.

［6］A. E. J. 莫里斯.城市形态史：工业革命以前［M］.成一农，王雪梅，王耀，田萌译.北京：商务印书馆 .2011.

［7］［意］曼弗雷多・塔夫里 / 弗朗切斯科・达尔科.现代建筑［M］.刘先觉等译.中国建筑工业出版社，2000.

［8］Jordan, T. B. The European Culture area: A Systematic Geography (2nd ed.)［M］. New York: Harper & Row, 1988.

［9］Panerai, P. Urban forms—The Death and Life of the Urban Block［M］. Oxford: Architecture Press, 2004.

［10］Somer, k. The Functional City-CIAM and the Legacy of Van Eesteren, (1928—1960)［M］. NAi Publishers. 2007.

［11］Busquets, J., Yang, D., Keller, M. Urban Grids—Hand book for Regular City Design［M］. ORO Editions, 2020.

［12］［日］松永安光.城市设计新潮流［M］.周静敏，石鼎译.北京：中国建筑工业出版社，2012.

［13］柯林・罗.拼贴城市［M］.童明译.北京：中国建筑工业出版社，2003.

［14］Van Bergeijk, H. Van Lohuizen and Van Eesteren—Partners in Planning and Education at TH Delft［M］. Delft. TUDelft, 2015.

［15］［卢］罗伯・克里尔编著.城镇空间——传统城市主义的当代诠释［M］.金秋野，王又佳译.中国建筑工业出版社，2007.

［16］吴焕加.现代西方建筑的故事［M］.天津：百花文艺出版社 .2005

## 第八章　英国

［1］［美］斯皮罗・科斯托夫.城市的组合——历史进程中的城市形态要素［M］.邓东译.中国建筑工业出版社，2008.

［2］Regan, S. Towards an Urban Renaissance: The Final Report of the Urban Task Force［J］. Political Quarterly. 2002. https://doi.org/10.1111/1467-923X.00285.

［3］Brindle, S. Shot from Above—Aerial Aspect of London［M］. English Heritage. 2007.

［4］Panerai, P. Urban forms—The Death and Life of the Urban Block［M］. Oxford: Architecture Press, 2004.

［5］［英］特里·法雷尔. 伦敦城市构型形成与发展（第二版）［M］. 杨至德，杨军，魏彤春译. 武汉：华中科技大学出版社，2015.

［6］Nicolaou, L. Viewing Tall Buildings in London［J］. Urban Design. Urban Design Group. Quarterly Spring. 2004.

［7］［英］戴维·泰勒，特里·达文波特. 利物浦——城市中心区的更新［M］. 韦飚译. 中国建筑工业出版社，2016.

［8］UNESCO WHC. Liverpool-Maritime Mercantile City［EB/OL］.［2022-3-30］. http://whc.unesco.org/en/list/1150.

［9］尚晋. 由利物浦从《世界遗产名录》中除名看遗产城市的可持续发展［J］. 自然与文化遗产研究，2022.

［10］［美］迈克尔·罗斯金著. 国家的常识——政权. 地理. 文化［M］. 夏维勇，杨勇译. 北京：世界图书出版公司北京公司，2013.

［11］Text by Macdonald, M. With photographs by Frankl, E. Edinburgh［M］. Cambridge England. the Pevensey Press, 1985.

［12］［英］帕特里克·格迪斯. 进化中的城市——城市规划与城市研究导论［M］. 李浩，吴骏莲，叶冬青，马克尼译. 北京：中国建筑工业出版社，2012.

［13］McCarty, E. G. Green Belt Planning in Edinburgh and Baltimore: A Cross-site Competition［D］. A thesis presented to the faculty of the College of Arts and Sciences of Ohio University, 2007.

［14］The City of Edinburgh Council. Edinburgh Local Development Plan［R］. Edinburgh, 2016.

［15］［英］彼得·霍尔. 更好的城市——寻找欧洲失落的城市生活艺术［M］. 袁媛译. 南京：江苏凤凰教育出版社，2015.

［16］［美］詹姆斯·E. 万斯. 延伸的城市——西方文明中的城市形态学［M］. 凌霓，潘荣译. 中国建筑工业出版社，2007.

［17］［英］约翰·彭特. 城市设计及英国城市复兴［M］. 李晨光，徐苗，杨震，孙璐译. 武汉：华中科技大学出版社，2016.

［18］［美］斯皮罗·科斯托夫. 城市的形成——历史进程中的城市模式和城市意义［M］. 单皓译. 中国建筑工业出版社，2005.

［19］［英］彼得·霍尔.城市和区域规划［M］.陈熳莎，李浩，邹德慈译.北京：中国建筑工业出版社，2008.

［20］沈玉麟.外国城市建设史［M］.北京：中国建筑工业出版社，1989.

## 第九章 美国

［1］Warner, S. B. American Urban Form: A Representative History (Urban and Industrial Environments)［M］. Cambridge. The MIT Press, 2013.

［2］［美］安德鲁斯·杜安伊.新城市艺术与城市规划元素［M］.隋荷，孙志刚译.大连：大连理工大学出版社，2008.

［3］A. E. J. 莫里斯.城市形态史：工业革命以前［M］.成一农，王雪梅，王耀，田萌译.北京：商务印书馆.2011.

［4］［美］丹尼尔·H. 伯纳姆，爱德华·H. 本内特.芝加哥规划［M］.王红扬译.南京：译林出版社，2017.

［5］Mayer, H. M., Wade, R. C. Chicago—Growth of a Metropolis［M］. Chicago and London. The university of Chicago Press, 1969.

［6］［美］迈克尔·索斯沃斯，伊万·本-约瑟夫.街道与城镇的形成［M］.李凌虹译.中国建筑工业出版社，2006.

［7］［美］斯皮罗·科斯托夫.城市的形成——历史进程中的城市模式和城市意义［M］.单皓译.中国建筑工业出版社，2005.

［8］Editied by Wallock, l. New York, Culture capital of the world 1940—1965, New York, Rizzoli, 1988.

［9］City plan commission, City of SAINT LOUIS. A Plan for Downtown ST. LOUIS［R］, 1960.

［10］［美］詹姆斯·E. 万斯.延伸的城市——西方文明中的城市形态学［M］.凌霓，潘荣译.中国建筑工业出版社，2007.

［11］Wilson, W. H. The City Beautiful Movement In Kansas City［M］. Kansas City, Missouri: The Lowell Press, Inc, 1964.

［12］美国城市设计协会编.城市设计技术与方法［M］.杨俊宴译.华中科技大学出版社，2016.

［13］Busquets, J., Yang, D., Keller, M. Urban Grids—Hand book for Regular City Design［M］. ORO Editions, 2020.

［14］［美］戴维·古德菲尔德主编.美国城市史百科全书［M］.陈恒，李文硕，曹升生译.上海：上海三联书店，2018.

［15］肯尼斯·哈尔彭.美国九个城市中心区的规划设计［M］.上海市城市规划设计院科研情报室译.上海：上海市城市规划设计院科研情报室，1982.

［16］Isenberg, A. Designing San Francisco-Art, Land, and Urban Renewal in the City by the Bay［M］. Princeton and Oxford. Princeton University Press, 2017.

［17］San Francisco (Calif.). Dept. of City Planning. The Urban Design Plan for the Comprehensive Plan of San Francisco［R］. San Francisco: Department of City Planning, 1971.

［18］San Francisco (Calif.). Dept. of City Planning. (Interim Control) Amendments to the City Planning Code to Implement the Downtown Plan—As Adopted by the City Planning Commission［R］. San Francisco: Department of City Planning. November 29, 1984.

［19］San Francisco (Calif.). Dept. of City Planning. Transit Center District Plan A Sub-Area Plan of the Downtown Plan［R］. San Francisco: Department of City Planning, 2012.

［20］王旭.美国城市发展模式——从城市化到大都市区化［M］.北京：清华大学出版社，2006.

［21］侯深.无墙之城——美国历史上的城市与自然［M］.成都：四川人民出版社，2022.

［22］Max Protetch. A New World Trade Center［M］. ReganBooks. 2002.

［23］Laurence, P. L. The Death and Life of Urban Design: Jane Jacobs, The Rockfeller Foundation and the New Research in Urbanism, 1955—1965［J］. Urban Design. 2006.

［24］［美］Krissof, L. 美国城市史［M］.北京：电子工业出版社，2016.

### 第三部分 汇总和比较

［1］［法］菲利普·尼摩.什么是西方［M］.闫雪梅译.南宁：广西师范大学出版社，2009.

［2］张浩军，钱雪松.西方文明通论［M］.北京：中国人民大学出版社，2023.

［3］［加拿大］梁鹤年.西方文明的文化基因［M］.北京：生活·读书·新知三联书店，2014.

［4］［美］詹姆斯·E.万斯.延伸的城市——西方文明中的城市形态学［M］.凌霓，潘荣译.中国建筑工业出版社，2007.

［5］彼得·克拉克.欧洲城镇史400—2000年［M］.宋一然，郑昱，李陶，戴梦译.宋俊岭校.北京：商务印书馆，2015.

［6］柯林·罗.拼贴城市［M］.童明译.北京：中国建筑工业出版社，2003.

［7］［法］亨利·列斐伏尔.空间的生产［M］.刘怀玉译.北京：商务印书馆，2021.

［8］［美］刘易斯·芒福德.城市发展史——起源、演变和前景［M］.宋俊岭译.中国建筑工业出版社，2005.

［9］王祖龙.中和之美的人文底蕴及其现代意义［J］.三峡大学学报（人文社会科学版），2002（04）：78—82+85.

［10］资中筠.20世纪的美国（修订版）［M］.北京：商务印书馆，2018.

［11］［美］迈克尔·罗斯金.国家的常识——政权·地理·文化［M］.夏维勇，杨勇译，北京：世界图书出版公司北京公司，2013.

［12］［美］阿兰·雅各布斯.伟大的街道［M］.王又佳，金秋野译.中国建筑工业出版社，2009.

［13］［英］Matthew Carmona 等.城市设计的维度［M］.冯江，袁粤，傅娟，张红虎译.南京：江苏科学技术出版社，2005.

［14］［美］斯皮罗·科斯托夫.城市的形成——历史进程中的城市模式和城市意义［M］.单皓译.中国建筑工业出版社，2005.

［15］［意］弗朗切斯科·班德林（Francesco Bandarin），［荷］吴瑞梵（Ron Van Oers）.城市时代的遗产管理——历史性城镇景观及其方法［M］.裴洁婷译，上海：同济大学出版社，2017.

# 英汉对译

A

阿尔多·罗西，**Aldo Rossi**，1931—1997，意大利当代建筑理论家，城市形态学者。

阿瓦尼原则，**The Ahwahnee Principles**，1991 年第一届新城市主义者大会确定的一系列新城市主义设计原则。

阿尔瓦罗·西扎，**Ivaro Siza**，葡萄牙建筑师，普林茨克奖得主。

阿尔贝特·盖斯纳，**Albert Gessner**，德国规划师，参与 1910 年大柏林城市设计竞赛。

阿姆斯特丹运河，**Amstelkanaal**。

奥古斯特·佩雷，**Auguste Perret**，法国建筑师。

奥多尔·费希尔，**Theodor Fischer**（1862—1938），德国规划师。

艾奇逊和托皮卡铁路，**Atchison & Topeka**。科罗拉多和堪萨斯州链接铁路。

埃科沙，**Michel Écochard**，法国现代主义建筑师，规划师，战后完成卡萨布兰卡规划。

埃伯尼泽·霍华德，**Ebenezer Howard**（1850—1928），20 世纪初前后英国著名社会活动家，城市学家，英国"田园城市"运动创始人。

埃莱夫塞里奥斯·韦尼泽洛斯，**Eleftherios Venizelos**，政治家，塞萨洛尼基城市领导者。

安尼克，**Alnwick**，临近英国纽卡斯尔的历史城镇，康泽恩曾最早进行了城市形态学分析，成为该领域的经典案例。

昂温，**Raymond Unwin**（1863—1940），早期是霍华德田园城市的追随者，后期成为英国推广现代城市规划思路理念的重要政府官员和技术权威。

奥格尔索普，**James Oglethorpe**（1696—1785），萨凡纳的规划者，英国军人，英属美洲佐治亚殖民地的主要创始人，作为一名社会改革者，他希望将美洲给英国中并不富有，但有才华有价值的人提供发展空间。

418

奥里奥罗·弗雷佐蒂，**Oriolo Frezzotti**，意大利规划师，承担了拉蒂纳的规划设计。

### B

巴克玛，**Jaap Bakema**（1914—1981），荷兰建筑师，TEAM10 小组成员，国际建协主席。

巴黎美术学院构图特征，**Beaux Arts composition**。

白人飞离，**White fly**，美国当代大城市中心区内中产阶级向郊区迁移，导致中心区空心化的现象。

班布里奇·邦廷，**Bainbridge Bunting**，历史学家。

包赞巴克，**Christian de Portzamparc**，克里斯蒂安·德·包赞巴克，法国现代主义建筑师。

贝尔拉格，**Hendrik Petrus Berlage**（1856—1934），荷兰建筑师，现代城市设计的重要创立者。

本内霍夫，**Binnenhof**，位于荷兰海牙的古老城堡，现为荷兰议会所在地。

比科卡项目，**Bicocca**，位于意大利米兰的重要城市设计项目，原址为倍耐力工厂。

彼得·科勒尔，**Peter Koller**，德国规划师。

波尔斯广场和莎黑蒂医院山，**Place de la Bourse & the hill of the Hospital de la Charité**，马赛中心区地名。

伯肯黑德公园，**Birkenhead**，1843 年最早出现现代城市公园，位于利物浦。

布洛涅·比兰科特市，**Boulogne-Billancourt**，巴黎近郊城镇，原雷诺汽车厂所在地。

布拉诺岛，**Burano**，位于威尼斯潟湖内，有居民 3000 人。

布鲁诺·陶特，**Bruno Taut**（1880—1938 年），德国建筑师。

### C

城市形态国际专家研讨会，**International Seminar on Urban Form**，简称 "ISUF"，1990 年代后形成的国际城市形态研究组织，每年召开会议。

城镇规划分析，**Town planning analysis**，康泽恩学派的城市形态分析方法，是当代历史城镇管理的重要方法之一。

采石场中部住区，**Carrières Centrales**，位于卡萨布兰卡，是法国建筑师埃科沙推行网格形态城市设计的第一次尝试。

## D

道克兰港口区轻轨，Docklands Light Railway，伦敦地铁线。

道路路权宽度，right-of-way，美国规划管理概念。

蒂姆瓦利，Team Valley，1980 年代英国设置的服务于工业区的综合服务区，位于盖茨黑德市。

地区民族主义，Regional nationalism，政治学术语，本书尤其指苏格兰、加泰罗尼亚等历史上被占领、被征服的地区。当代，地方民族主义会借助历史性仇恨，提出独立自治的诉求。其他地区还有，法国科西嘉地区、西班牙巴斯克地区和加拿大魁北克地区。

段义孚，Yi-Fu Tuan（1930—2022），华裔地理学家，第二代当代文化景观学者。

## E

恩斯特·梅，Ernst May（1886—1970），德国 20 世纪初期规划师，法兰克福规划负责人，对此后苏联规划思想有影响。

厄内斯特·艾伯纳（Ernest Hébrard）（1875—1933），法国建筑师，规划师，设计了塞萨洛尼基 1918 年规划。

## F

法兰斯泰尔，Phalanstère，指法国空想社会主义者傅里叶"法朗吉（一种工农结合的社会基层组织）"中的建筑群，由其追随者戈丁建成。

法国城市战略规划，plan directeur d'urbanisme。

法国保护与价值重现规划，plan de sauvegarde et de mise en valeur，PSMV。

法瑞尔，Terry Farrell，英国著名建筑师，伦敦更新和城市复兴的主要参与者。

法规住宅，by-law house，英国为适应 1875 年《卫生法案》，大量出现的联排布置住宅。

费利佩·冈萨雷斯，Felipe Gonzalez，西班牙前首相（1982—1996），西班牙工人社会党第一书记（1974—1997）。

费尔法克斯县，Fairfax county，位于弗吉尼亚州，包含雷斯顿新城。

费尔南德·布拉代尔，Fernand Braudel（1902—1985），法国年鉴学派历史学家。

**范伊斯特伦，Van Eesteren**（1897—1988），荷兰建筑师，1930 年代阿姆斯特丹规划的编织者和领导者，国际建协主席。

**范·洛胡森，Van Lohuizen**（1890—1956），荷兰人口和社会学家，范伊斯特伦阿姆斯特丹功能城市规划的合作者。

**翡翠项链绿带，Emerald Necklace in Boston**，波士顿的环形景观公园系统。

**芬斯伯里圆形花园，Finsbury Circus Gardens**，位于伦敦。

**弗里茨·舒马赫，Fritz Schuhmacher**（1869—1947），20 世纪早期汉堡规划师，官员。

**弗雷德里克·劳·奥勒姆斯塔德，Frederick Law Olmsted**（1822—1903），美国景观规划先驱。

**福斯特城，Foster City**，位于旧金山湾区的新城。

## G

**戛涅，Tony Garnier**，法国建筑师，工业城市提出者。

**盖茨黑德，Gateshead**，位于英格兰东北部的城市，隶属于泰恩-威尔郡。

**戈丁，Jean-Baptiste André Godin**，法国实业家，空想社会主义者傅里叶的追随者。在法国北部的吉斯（Guise）建设了法兰斯泰尔。

**格里高蒂，Vittorio Gregotti**，1927—2020，意大利当代建筑理论家，城市形态学者。

**公共土地测绘系统，Public Land SurveySystem**。

**古迹省公约，the Comisiones Provinciales de Monumentos**，1837 年西班牙古迹遗产清查保护文件。

**古杜纳，Guidonia**，罗马以南填海造地建成的新城。

## H

**汉萨同盟，Hanseatic League**，德意志北部城市之间形成的商业、政治联盟。13 世纪逐渐形成，14 世纪达到兴盛，加盟城市最多达到 160 个，1669 年解体。

**汉斯·林楚，Hans Reichow**，德国规划师。

**赫卡泰戈斯，Hecataeus**，古希腊前 4 世纪历史学家。

**赫克特·吉马特，Hector Guimard**（1867—1942），法国设计师，曾经为巴黎地铁做过设计。

**赫尔曼·扬森，Herman Jansen**（1869—1945），德国规划师，曾参加过大柏林城市设计竞赛和马德里规划。

**黑森林区，Schwarzwald**，位于德国中部。

**后物质主义，Postmaterialism**，在 1960 年代后西方发达国家年轻人中盛行的思想。因为远离战争和绝望，以及物质消费的繁荣，开始不关心政治、战争、历史，而是只关心自己的思想。

**胡安·布斯克兹，Joan Busquets**，西班牙当代最活跃的城市形态学者之一，原哈佛大学设计研究生院院长。

**画境式，picturesque**，英国城市设计理念，强调风景如画的景观设计和富有动感变化的景观切换。被昂温应用于花园城市设计中。

**霍夫曼，Luwig Hoffman**，柏林建筑师，19 世纪初雅典规划的设计者。

## J

**吉迪翁，Sigfried Giedion**（1888—1968），瑞士建筑理论家、国际建协骨干和秘书长。

**加拉索法，意大利文 N. 431（Galasso）Conversione in legge con modificazioni N. 431（Galasso）Conversione in legge con modificazioni.**1985 年 8 月 8 日第 431 号法律将第 312 号法令修订为法律，该法令涉及保护特定环境利益区域的紧急条款。因法规发起者环境遗产部副部长加拉索得名。

**加缪工艺，Camus process**，1946 年法国实现了将预制组件的“干式装配”的现场装配工艺。

**伽列里乌斯宫殿，Galerius Complex**，位于希腊塞萨洛尼基的古迹。

**教皇西克斯图斯五世，Pope Sixtus V or Xystus V**，与他的规划师方塔纳（Fontana）完成了文艺复兴时期的罗马改造。

**尽端路，cul-de-sac**（来自法语），在昂温花园城市和美国郊区住区中大量出现，旨在限制车辆，形成安静私密环境。

**景观形态学，Landscape Morphology**。

**《居住》杂志，Die Wohnung**，德意志制造联盟 1920 年代创办的现代建筑杂志。

## K

**卡尔·索尔，Carl O. Sauer**，20 世纪初“文化地理学奠基者”。

**卡洛·斯卡帕，Carlo Scarpa**（1906—1978），意大利建筑师和理论家，威尼斯建筑学院教授和学术权威。

**卡纳雷吉欧区，Cannaregio**，威尼斯东岛北侧的一个行政区。

**卡迪利斯，Georges Candilis**，图卢兹的米拉新城设计者，十次小组成员。

卡迪里斯、若西克和伍兹事务所，**Candilis，Josic，Woods**，事务所设计了图卢兹勒·米拉新城。

卡米洛·西特，**Camillo Sitte**（1843—1903），奥地利人，20 世纪初最著名的德语文化的城市设计师。

卡达夫超现实主义理念，**The surrealist theorem of the Cadavre Exquis**，1925 年由超现实主义者伊夫·坦古等人创立，是当代绘画表现形式的一种。

卡斯特罗，**Carlos Maria de Castro**，马德里 1860 年规划的规划师。

坎波·迪·马特，**Campo di Marte**，威尼斯朱代卡岛的城市更新用地。

坎伯雷希委员会，**Camporesi Commission**，1870 年提出了罗马扩建设想。

康泽恩，**M.R.G. Conzen**（1907—2000），"康泽恩学派（Conzenian）"的创立者。

夸里尼，**Ludovico Quaroni**（1911—1987），意大利 20 世纪最著名的建筑师和城市设计师之一。

考文特花园，**Covent Garden**，位于伦敦，建于 17 世纪最早的城市花园。

克里斯托弗·韦恩，**Christopher Wren**（1632—1723），英国皇家学会会长，天文学家和著名建筑师。

克雷斯皮·达达，**Crespi d'Adda**，意大利 20 世纪后的工业和商业城镇。

克劳德·尼古拉斯·勒杜，**Claude Nicolas Ledoux**（1736—1806），法国建筑师。

克罗兹堡，**Kreuzberg**，柏林地名。

斯坦克伯格区，**SteimkerBerg**，沃尔夫斯堡近郊居住区。

## L

拉乌尔·布兰查德，**Raoul Blanchard**（1877—1965），法国地理学家。所著的《城市生活中的欧洲地理方法》影响了西班牙学界。

拉蒂纳，**Latina**，罗马以南填海造地建成的新城。

莱顿和古达，**Leiden and Gouda**，两座荷兰历史城镇。

莱茵联邦，**the Confederation of the Rhine**，18 世纪德国仍是由普鲁士和奥地利为主的 300 座邦国构成的松散地区，称为"莱茵联邦"。

莱茵河口大都市管理局，**Rijnmond Metropolitan Authority**，鹿特丹联合周边 23 个社区，进行统一管理。

朗方，**Pierre Charles L'Enfant**（1754—1825），法裔美国人，美国首都华盛顿设计者。

朗格多克平原，**plain of languedoc**，位于法国南部。

**勒杜克，Eugène-Emmanuel Viollet-le-Duc**（1814—1879），法国建筑师和作家，他修复了法国许多著名的中世纪地标建筑，包括巴黎圣母院和圣米歇尔山城等，也包括大量其他在法国大革命期间受损或废弃的建筑。

**历史性城市景观，HUL，historical urban landscape**，国际上，当代以《维也纳备忘录》和《瓦莱塔原则》等为代表的公约性文件均强调历史城区整体保护，提出了"历史性城市景观（HUL）"概念；明确了一般历史地区也具有遗产性质，并兼有承载人们的生活印记、容纳社会发展和时代进步的使命。

**里昂·克里尔，Leon Krier**，卢森堡建筑师，欧洲新城镇主义思潮创立者之一。

**莉娜·博·巴尔迪，Lina Bo Bardi**（1914—1992），米兰出生的意大利裔巴西女建筑师，师从米兰建筑师吉奥.庞蒂 Gio Ponti，担任过 *Domus* 的副主编。

**列奥纳多·贝纳沃罗，Leonardo Benevolo**，意大利城市历史学家。

**绿带城，Greenbelt Town**，美国 1930 年代建设的大规模社会住宅区之一。绿带城位于马里兰州，临近华盛顿以东 12 英里。

**罗纳河谷和索恩河谷走廊，Saone-Rhone corridor**。

**T.K. 洛胡森，T.K.Lohuisen**，范伊斯特伦助手，经济学家，统计学家。

**伦敦证券交易大厦，Stock Exchange Tower**。

**伦敦港口区开发公司，London Docklands Development Corpora-tions，LDDC**。

**罗伯特·莫斯，Robert Moses**（1888—1981），纽约大都会区政府部门首脑。他支持高速公路而非公共交通，塑造了纽约汽车时代形态，以及长岛的现代郊区。

**罗马城（法兰克福），Römerstadt**，恩斯特·梅 1920 年代规划设计的法兰克福住区。

### M

**马尔罗法，Malraux Act**，1962 年颁布。该法的主要目标为保护与利用历史遗产。

**马恩拉瓦莱，Marne la Vallée**，也称"马恩河谷新城"，巴黎新城。

**马拉尼翁，Gregorio Marañón**（1887—1960），20 世纪初西班牙诗人。

**马西亚规划，Plan Maciá**，塞特和柯布西耶合作的巴塞罗那规划。马西亚是 1920 年代巴塞罗那市长，现代建筑支持者。

**马塔，Arturo Soriay Mata**，西班牙工程师，线形城市的提出者。

**马扎博岛，Mazzorbo**，威尼斯泄湖小岛。

马塞纳大面粉厂用地，**Massena-Grands Moulins Site**，巴黎当代城市更新项目，位于左岸。

玛丽·德·美第奇，**Marie de Médicis**（法语）(1573—1642)，法国国王亨利四世的王后，路易十三的母亲，意大利美第奇家族成员。

梅林广场，**Mehringplatz**，柏林地名。

门迪扎巴尔法令，**Mendizabal**，西班牙旧法令，旨在保持宗教设施与城市政府等世俗领域的彼此独立。1836 年被废止，此后大部分宗教设施被移交给城市政府或私人。

蒙帕纳斯大厦，**Tour Montparnasse**，1973 年建成的蒙帕纳斯大楼是巴黎市最高的一幢办公摩天大楼，高 209 米。然而由于位于历史街区蒙帕纳斯街区而饱受争议。

蒙帕纳斯车站，**Gare de Paris-Montparnasse**（法语），巴黎北部的大型火车站，1973 建成。

米拉新城，**the Mirail**，位于图卢兹，卡迪利斯团队设计。

米柳金，**N. A. Miliutin**，前苏联建筑师。

米琼，**Michon**，城市研究者。

密斯凡德罗，**Mies van der Rohe**，德国现代主义建筑师。

穆瑟斯尤斯，**Hermann Muthesius**（1861—1927），德国建筑师，引入英国画境式建筑艺术。

## N

尼古拉·里维特，**Nicolas Rivette**，画家。他和建筑师詹姆斯·斯图尔特对雅典的古代遗迹分布进行了系统整理，称雅典是"一座活的历史城市，一座保存了大量文物古迹的城市"。

尼古拉·马尔佐，**Nicola Marzot**，意大利当代城市形态学理论家。

诺曼·贝尔·格迪斯，**Norman Bel Geddes**，美国工业设计师和舞台布景大师，将未来的城市形态愿景作为一个大型化的舞台布景。

## O

欧斯敦，**Euston station**，伦敦火车站。

欧内斯托·内森·罗杰斯，**Ernesto Nathan Rogers**（1909—1969），国际建协副主席，第二代意大利现代建筑师的代表。

欧内斯特·埃布拉尔，**Ernest Hebrard**，法国人规划师，曾编制 1918 年塞萨洛尼基规划。

## P

**帕洛阿尔塔，Palo Alto，**旧金山湾区的郊区城镇。

**庞蒂，Gio Ponti**（1891—1979），意大利建筑师、工业设计师、家具设计师、艺术家、教育家、作家、发行人。1928年创立了建筑设计杂志 Domus。

**佩恩，William Penn**（1644—1718），英国房地产商人，宾夕法尼亚英属殖民地的创始人，费城设计者。

**皮亚森蒂尼，Marcello Piacentini**（1881—1960），意大利20世纪初著名建筑师和城市设计师。

**庇基莫梅尔，Bijlmermeer，**临近阿姆斯特丹的现代主义居住区。

**普韦布洛，Peoble，**美国印第安族群保留地。

**普鲁蒂·艾戈，Pruitt-Igo，**1950年代美国城市更新政策下的典型现代住区，位于美国中部城市圣路易斯，曾是雅马萨奇的获奖作品。但却因完全不适应实际需要而在1972年被拆毁。

## Q

**乔治·柯林斯，George R. Collins**（1917—1993），美国城市历史学家，西特的研究者。

**乔治娅·奥·吉弗，Georgia O'keefee**（1887—1986），美国20世纪初叶成名的杰出女画家。

**乔瓦尼·阿斯滕戈，Giovanni Astengo**（1915—1990），1955—1958年编制的阿西西规划。

**契诺·祖奇，Cino Zucchi，**当代米兰知名建筑师。

**切萨皮克湾，Chesapeake，**早期英国北美殖民的南方中心地区，主要为非官方的民间公司的商业运作。

## R

**人居，human habitat，**当代国际建筑环境主题。

**人车共存，woonerf**（原为荷兰语），在阿姆斯特丹南郊的阿姆斯特温社区规划中，开创性地采取人车共存的设计，改变了现代住区历来的人车分行传统，极大地启发了当代住区设计。

**荣汉斯地区，Junghans，**威尼斯朱代卡岛的城市更新用地。

## S

**萨蒙纳，Giuseppe Samona，**意大利当代建筑理论家，城市形态学者。

萨利，Due de Sully，法国国务大臣，与亚当·斯密同时代。

三支道，trivium，典型的巴洛克城市形态和设计手法。

赛尔吉-蓬图瓦兹，Cergy-Pontoise，巴黎新城。

塞尔达，Ildefons Cerdà（1815—1876），巴塞罗那扩建规划的规划师。

塞孔迪诺·祖亚佐·乌加尔多，Secundino Zuazo Ugalde（1887—1971），西班牙 20 世纪初重要建筑师。

塞萨尔·贝鲁托，Cesare Beruto（1835—1915）1884 年米兰总体规划编织者。

珊索维诺，Jacopo Sansovino，意大利文艺复兴时期建筑师。

圣朱利亚诺沙岸，Barene di San Giuliano，位于威尼斯岛的大陆对岸，是河流入海口。该用地曾于项目 1959 年和 1980 年代两次组织城市设计竞赛。

圣潘卡斯，St Pancras station，伦敦火车站。

斯特拉福战略咨询公司，Stratfor，是一家美国地缘政治情报平台，并于 1996 年在得克萨斯州奥斯汀成立，由公司董事长乔治·弗里德曼创立。

圣吉米尼亚诺，San Gimignano，意大利历史城镇，世界文化遗产。

斯图维桑镇和彼得库珀村社区，Stuyvesant Town-Peter Cooper Village，美国纽约早期城市更新社区。

斯卡雷拉·特雷维森地区，Scalera trevisan，威尼斯朱代卡岛的城市更新用地。

斯潘唐纳区，Spandauner Viertel，位于柏林老城南部。

斯特拉劳尔近郊，Stralauer Vorstadt，位于柏林老城南部。

斯塔肯花园郊区，Staaken Garden Suburb，柏林现代住区。

索布鲁赫·胡顿，Sauerbruch Hutton，德国建筑师，设计了梅斯特雷地区的 M9 项目。

## T

塔夫里，Manfredo Tafuri（1935—1994），当代意大利城市设计理论权威学者。

滕珀尔霍夫空地，Tempelhofer Feld，柏林地名。

太平洋西北地区，Pacific Northwest，主要包括美国俄勒冈州和华盛顿州。

土地法令，1785 Land Ordinance。

托雷斯·巴尔德斯，Leopoldo Torres Balbas（1888—1960），西班牙城市形态学者，以西班牙裔穆斯林城镇形式和布局的研究著称。

托马斯·赫钦斯，Thomas Hutchins，公共土地测绘系统负责人。

托马斯·海顿·莫森，Thomas Hayton Mawson，英国规划师，曾参与编制

1918 年塞萨洛尼基规划。

**托切洛岛链群，Torcello**，位于威尼斯潟湖内。

## U

## W

**维克多·霍塔，Victor Horta**（1861—1947），比利时新艺术派的杰出建筑师。

**维森特兰·佩雷斯，Vicente Lampérez**（1861—1923），马德里建筑学院教授。他的思想同约翰·罗斯金的思想与维奥莱特·勒杜克在建筑方面的思想非常相似。

**威廉环**，德语，**der Wilhelminsche Gurtel**，柏林威廉二世时期的环形城市更新地区。

**威廉·莫里斯，William Morris**（1834—1896），英国设计师、诗人、早期社会主义活动家，新艺术运动代表。

**威尼斯的历史中心，Centro Storico**，专指威尼斯东西两座主岛和朱代卡岛，共三座岛屿所构成的历史核心区域。

**魏森霍夫住宅展，Weissenhof Siedlung**，斯图加特 20 世纪初实验性现代住宅区。

**韦斯特豪森；Westhausen**，恩斯特·梅 1920 年代规划设计的法兰克福住区。

**温克尔曼 Johann Joachin Winckelmann**（1717—1768）：德国艺术理论家。将此前以意大利为代表的人文主义修正为希腊新人文主义。

**沃克斯豪尔桥，Vauxhall bridge**，联结伦敦泰晤士河两岸的主要桥梁。

**沃克斯，Calbert Vaux**（1824—1895），美国建筑师，弗雷德里克·劳·奥勒姆斯塔德的合作者。

## X

**西奥多拉·玛莎里斯，Theodora Mantzaris**，希腊设计师，曾参与了雅典 2004 年奥运会的设计。

**西印度群岛法，Laws of the Indies**，16 世纪西班牙腓力二世颁布的一套法律，主要是用在殖民地管理规划。

**希尔勃赛默，ludwig Hilbersimer**（1885—1967），德国城市的规划师，1928

年时于包豪斯学院成立了城市规划系。

**小桑迦洛，Giuliano da Sangallo**，意大利文艺复兴时期建筑师。

**新希腊主义 Neo-hellenism**：费弗《古典研究史》中新术语"德国的新希腊主义"，表示欧洲 18 世纪的强大思潮，完成了始于意大利人文主义的全部，同时确立了人文主义拉丁传统的分水岭，从此往后，一个崭新的人文主义及一个真正意义上的新希腊主义，迈开了它的发展步伐。

**新世纪风气，Noucentisme**，西班牙 1920 年代的艺术思潮。

**新艺术运动，Art Nouveau**，流行于 19 世纪末和 20 世纪初的一种建筑、美术及实用艺术的风格。

**C.P. 希尔**，城市研究者。

**须德海，zuid ZEE**，荷兰海湾，1940 年代的填海造地形成大量新增用地。

## Y

**雅各布·斯蓬，Jacques Spon**，1674 年一篇《关于雅典城的现状》在法国里昂出版，被认为是造访希腊第一人。

**尤金·伊纳尔，Eugène Hénard**，豪斯曼之后的城市美化运动风格的规划师。

**约翰·罗斯金，John Ruskin**（1819—1900），英国美术理论家、教育家，是最早提出现代设计思想的人物之一。

**约翰·纳什，John Nash，**（1752—1835），英国建筑师，摄政时期伦敦的主要设计者。

**约瑟夫·施图本，Joseph Stubben**（1828—1905），德国 19 世纪建筑师和城市设计权威，主导了科隆 1886 年规划，并提出了有广泛影响城市设计的原则和模式。

## Z

**詹卡洛·德·卡罗，Giancarlo De Carlo**（1919—2005），意大利建筑师。

**詹姆斯·斯图尔特，James Stewart**，建筑师，他和画家尼古拉·里维特对雅典的古代遗迹分布进行了系统整理，称雅典是"一座活的历史城市，一座保存了大量文物古迹的城市"。

**詹姆斯·霍布莱希特，James Hobrecht**（1825—1902），普鲁士城市规划师，负责柏林的第一个远景发展计划，即 1862 年的霍布莱希特计划。作为城市规划官员，他从 1885 年开始组织引入城市排水系统。

**朱代卡岛，Giudecca**，紧邻威尼斯两座主岛南侧的带形岛屿，属于威尼斯历史城区。

**朱比利地铁线，Jubilee tubeline**，伦敦地铁线。

# 大事年表

1492 年，意大利人哥伦布代表西班牙发现新大陆。☆摩尔人最后的城市格拉纳达失陷，从此彻底退出西班牙。☆西班牙颁布犹太人驱逐令，超过 18 万犹太人和新教徒离开了西班牙。

1493 年，哥伦布率领 1200 人，返回美洲，建设了西班牙殖民定居点伊莎贝拉。

1496 年，西班牙殖民者开始建设第一座殖民城市圣多明各。

16 世纪初，法国卢瓦尔河谷的香堡和舍农索堡相继建成。

16 世纪，法国弗兰西斯一世国王统治时期（1515—1547），欧洲兴起了东欧雷旺达旅行记录，欧洲开始关注希腊地区的文化，游记作者包括让·谢诺（Jean Chesneau）、雅克·加索（Jacques Gassot）、安托万·热弗鲁瓦（Antoine Geuffroy）等。

1513 年，西班牙探险队越过巴拿马，将美洲太平洋地区纳入殖民版图。

1514 年，爱丁堡开始修建弗乐顿城墙，形成爱丁堡最初的老城。

1516 年，安东尼奥·达桑加罗和巴乔·达尼奥罗设计的佛罗伦萨安农齐阿广场建成。在文艺复兴的思想序列中形成了由几栋设计上相互联系、彼此协调的建筑形成统一空间的理念，这称为"后继者的原则"。

1517 年，马丁·路德宗教改革。

1521 年，西班牙查理斯五世发布城市规划实践法典。

1524 年，在西班牙本土的塞维利亚成立了管理美洲建设的西印度委员会，统一管理美洲地区的殖民活动。

1526 年，经过 2 年准备，塞维利亚的殖民管理委员会构想了美洲城镇规划原型，并在此后纳入了《西印度群岛法》。

1530 年，罗马创建了典型的巴洛克"三支道"城市道路形态——班齐三支道（Banchi trivium）和波波洛广场三支道（Popolo trivium）。

1535 年，米兰最后的斯福尔金达公爵去世，随后米兰被西班牙攻陷，费拉锐特的理想城市搁置。

1536 年，米开朗基罗设计罗马市政广场。☆英国与罗马教廷决裂。

1565 年，美国城市圣奥古斯丁建成。

1572 年，荷兰反抗西班牙的大起义开始。

1573 年，西班牙出台《西印度群岛法》，明确了殖民地城市规划的各项规定。

1581 年，荷兰北部七省脱离汉萨同盟，成立共和国。

1584 年，圣马可广场内最后一栋建筑新市政厅的建成，从九世纪开始历时 700 多年，圣马可广场完成。

1585 年，罗马教皇西克斯图斯五世和规划师方塔那设计罗马城市空间整体系统设计。

1593 年，意大利文艺复兴理想城市帕尔曼·诺伐开始建设。

1594 年，法国国王亨利四世皈依天主教。

1598 年，新墨西哥首府圣达菲开始建设。

1600 年，君士坦丁堡成为欧洲最大的城市，人口超过 25 万。

1605 年，巴黎法兰西广场和皇家广场开工修建。

1607 年，英国最早的美洲殖民城市弗吉尼亚詹姆斯敦建立。

1610 年，亨利四世被暗杀，此时巴黎人口已经距他就位时增加了一倍，达到 50 万人。

1620 年，5 月 8 日抵达美洲，英国开始基于新英格兰地区开展殖民活动。

1624 年，荷兰人建立新阿姆斯特丹（此后的纽约）。

1630 年，英国人开始修建波士顿港口。

1637 年，荷兰郁金香投机泡沫破裂，经济崩溃。

1640 年，英国建立君主立宪政治制度，并以此为标志，开始了工业革命。

1648 年，柏林成为普鲁士首都。☆荷兰摆脱西班牙及其天主教思想的统治，开始基于新教推动城市和商业发展。签署《威斯特伐利亚和约》，结束三十年战争。构建欧洲的"威斯特伐利亚体系"，该体系直到 1815 年被维也纳体系取代。

1664 年，荷兰将新阿姆斯特丹卖给英国，改名纽约。

1666 年，伦敦因大火重建，研究讨论韦恩的重建方案。

1674 年，法国人雅各布·斯蓬的《关于雅典城的现状》在里昂出版，书中表达了对帕提农神庙的赞美。从此雅典城内的古代遗迹为人们所知，对雅典城市更加重视。

1675 年，巴黎出现咖啡馆现象，自由思想活跃。

1680 年，英格兰城镇金斯敦扩建了更加精密的城堡和壕沟，形成同法国、意大利类似的城堡形态。

1681 年，佩恩公布费城规划。

1682 年，在英国殖民者的支持下，佩恩完成了费城规划并进行了土地出让。☆路易十四将王宫迁往凡尔赛。

1693 年，西西里山城阿沃拉（Avola）在遭到地震破坏后的重建过程中，采取了斯卡莫齐的网格形态理想城市形态。

1700 年，阿姆斯特丹人口增长到 15 万人。

1707 年，苏格兰与英格兰合并。

1715 年，凡尔赛宫最终建成。

1727 年，老约翰·伍德开始设计疗养度假城市巴斯，1781 年完成。

1732 年，萨凡纳开始建设。

1751 年，建筑师詹姆斯·斯图尔特和画家尼古拉·里维特对雅典的古代遗迹分布进行了系统整理。

1753 年，詹姆斯·斯图尔特和尼古拉·里维特历时三年，形成了多卷本的巨著《雅典的古代遗址》，展示了希腊的文化魅力。

1763 年，英法两国结束了欧洲土地上英法战争（1754—1763），两国同时进入发展阶段。

1766 年，爱丁堡新城规划竞赛，22 岁的建筑师詹姆斯·克雷格获胜。新城与同时代的巴斯城有十分近似的形态。

1767 年，小约翰伍德设计新月形建筑，巴斯的整体城市布局形态最终形成。

1769 年，西班牙殖民者开始建设旧金山。☆詹姆斯·瓦特取得蒸汽机专利。

1775 年，建筑师克劳德·尼古拉斯·勒杜设计工业城镇——贝桑皇家盐场，是工业建筑的第一个重大成就，通过合理、分层地组织工作，并随后建造了一座理想的城市。

1776 年，美国独立宣言问世。☆亚当·斯密出版《国富论》。☆第一座绿化公园——伦敦贝德福德广场开始建造，尽管仍然没有开放，但已形成自由的景观形态。

1785 年，美国出台土地法令，美国西部开发随之进入高潮。

1789 年，法国大革命，巴黎人口 50 万。☆伦敦人口达到 100 万。

1790 年，美国确定华盛顿为新首都。

1791 年，朗方命为华盛顿首都规划师。

1792 年，柏林在河岸西侧扩建。☆巴黎胜利广场内的雕像在法国革命期间被毁。

1803 年，美国西部拓荒开始，第一片西部土地的人口达到法定标准，创立了俄亥俄州。☆纽约新市长德威特·克林顿颁布了十条法令，确立规则城市形态网格，旨在更好地进行房地产开发和管理。

1808 年，伦敦开始建设的铁路系统。

1809 年，纳什规划建设摄政大街。

1810 年，巴斯最终建成。

1811 年，纽约州授权规划专家给整个曼哈顿半岛规划了网格道路系统，拓宽了发展空间。

1814 年，史蒂芬逊发明机车，实现蒸汽发动机车的铁路运输，此后30 年铁路网络建设快速发展。1815 年，拿破仑兵败滑铁卢（比利时小镇），巴黎城市建设的诸多设想被搁置。☆维也纳会议，推翻威斯特法伦体系，形成了维也纳体系，即"确立了俄、奥、普、英四国支配欧洲的国际政治秩序"。该体系直到一战结束后被凡尔赛—华盛顿体系取代。维也纳体系，德意志各邦国接受统一管理。

1817 年，连接哈德逊河和伊利湖的运河于开工，1824 年建成，全长363 公里。运河刺激了纽约和芝加哥两个美国中心城市发展。

1819 年，美国总统詹姆斯·门罗向国家战争部门提出了建立海岸防御网络的计划。

1821 年，加勒比地区的新西班牙独立。此后加强了与美国的贸易联系。☆密苏里州第一支贸易远征队抵达圣达菲，两者的贸易联系进一步加强。☆希土战争爆发。

1824 年，隶属于撒丁岛王国的尼斯沿着海岸线修建了旅游功能的"英格尔大道"（后为英国长廊），吸引英国人冬季来此度假。

1825 年，英国企业主欧文带领几百人，在美国印第安纳州建设了空想社会主义实践项目"新协和村"。普鲁士国王出台免费义务教育|制度。

1828 年，建筑师何塞·孔特雷拉斯及其子孙三代，经过长期的修缮和重建，恢复了阿罕布拉宫。1829 年，希腊独立战争结束，次年希腊正式独立，实行君主制。罗伯特·摩西主持的"纽约区域规划"完成。规划中频繁地使用高速公路的概念，并在二战前基本建成。同时也使纽约高速公路同当时的美国全国州级高速公路网络顺畅衔接。

1830 年，法国开始占领阿尔及利亚。

1831 年，纽约建立了第一条铁路，从市中心通往北侧的哈勒姆。

1832 年，尼斯建立城市规划机构，推出一系列城市规划方案和建筑要求。

1833 年，希腊开始编制出台新版雅典首都规划。☆西班牙根据地理学家对城市体系研究成果，开始推行行政区划，同时规划铁路建设。

1835 年，美国新奥尔良出现了世界上最早的电车系统，标志着美国机械工业社会背景下的街车时代来临。

1836 年，西班牙 Mendizabal 法令废除，大部分城乡教会财产产权变更为公共或私人财产，历史城镇被作为公共财富而加强规划。

1837 年，西班牙参照法国历史古迹委员会的模式，出台了《古迹省公约》。

1840 年，美墨战争结束，战胜国美国将加利福尼亚州并入美国。

1843 年，英国利物浦伯肯黑德公园建成，对市民开放，是世界第一座现代公园。

1844 年，英国铁路总里程达到 2200 英里。☆纽约晚邮报编辑威廉·卡伦·布莱恩特发起一场争取公园的运动，促成了以后的中央公园拟建设。

1845 年，恩格斯出版了《工人阶级在英国的状况》，在全面揭示工人不良的城市环境的同时，也提示人们需要从街道层面、生活细节方面审视城市的观点。

1848 年，英国议会通过《公共健康法》。☆在 1846 年美国对新墨西哥进行军事影响后，该年的《瓜达卢佩—希达尔戈条约》开始进一步推行英国（盎格鲁）影响。

1849 年，旧金山发现金矿，引发"淘金热"。

1850 年，新闻记者威廉·布莱恩特在《纽约邮报》上发起"公园建设运动"。

1851 年，巴黎豪斯曼改造。☆英国伦敦水晶宫主办第一届世界博览会，即万国工业博览会。

1852 年，奥的斯（Elisha Graves Ous）建了第一台（安全）电梯。☆美国首次通过排华法案，限制华人入境。

1853 年，公司城萨泰尔建成。☆路易·拿破仑任命奥斯曼为巴黎长官。☆纽约世博会的水晶宫（Cystal Palace）内展示了电梯等现代城市建筑技术。

1856 年，弗雷德里克·奥姆斯塔德获得了纽约中央公园的设计权，开始了美国第一个城市公园的建造。

1857 年，弗雷德里克·奥姆斯塔德纽约中央公园完工。

1859 年，法国企业家戈丁，按照傅里叶法兰斯泰尔空想社会主义理念，开始建设工人居住区。☆新艺术运动的代表作——英国威廉莫里斯"红屋"建成。☆大量华人劳工建设的美国洲际铁路开工，从太平洋沿岸的萨克拉门托一路向东修建。☆维也纳扩建规划，形成了后人所称的"维也纳环（Wiener Ringstrasse）"，也影响了以后柏林、米兰的扩建模式。☆达尔文出版《物种起源》。

1860 年，赛尔达完成了巴塞罗那扩建规划，巴塞罗那的城市法案通过了塞尔达规划；马德里的卡斯特罗规划；意大利开始启动庞贝古城考古。巴黎近郊并入市区，市区规模扩大。

1861 年，统一的意大利王国成立。☆马赛效仿巴黎豪斯曼改建，开始建设贯穿城市中心的共和国大道。

1862 年，柏林完成霍布莱希特规划，形成"威廉环"，巴黎豪斯曼改造风格。

1865 年塞尔达作为总督的技术指导和代表，支持规划实施。

1867 年，塞尔达出版《城市化通用理论基础》。

1868 年，奥姆斯塔德完成了伊利诺伊滨河居住区建设，开创了自由式景观化的住区模式。☆纽约出现真正用电力驱动的电梯，用在百老汇大街的"老平等大厦"（the old Equitable），建筑高度 130 英尺。

1870 年，英国出台免费义务教育的教育法案。☆意大利王国攻占罗马。

1871 年，德国设计建造斯特拉斯堡。☆俾斯麦领导下的德国第二帝国成立，众多德意志邦国统一，柏林成为德国首都。☆罗马代替佛罗伦萨，被作为统一后的意大利新首都。

1873 年，美国洲际铁路修抵堪萨斯州。☆《罗马城市总体规划与扩建》。

1874 年，塞尔达巴塞罗那规划建成。

1875 年，英国为解决城市布局的卫生问题，出台了《卫生法案》。住宅建筑联排布置，人们称其为"法规住宅"（by-law house）。

1876 年，意大利政府组织考古专家对 130 年前发现的地下城市庞贝进行挖掘。☆美国洲际铁路在抵达堪萨斯州后，经科罗拉多州，进一步抵达芝加哥，确立芝加哥物资枢纽地位。

1878 年，巴黎举办世界博览会。

1880 年，德国俾斯麦当政，同时开始推行工人保险和福利制度。

1881 年，俄国百万犹太人开始了历时 33 年（至 1914 年）的横渡大西洋的移民潮。

1882 年，西班牙工程师索里亚发表了带形城市构想。

1884 年，格迪斯在 30 岁时来到爱丁堡，并开始了对其"保守手术"理念的探索。

1889 年，卡米洛·西特出版《城市建设艺术》，被认为是现代城市设计理念的开端。☆巴黎又一次举办世博会。同时，埃菲尔铁塔在小仲马、左拉等大文豪的反对声中建成，给巴黎城市美化运动起到"画龙点睛"作用。☆米兰出台贝鲁托规划，拆除城墙，新增了两条圈层式的林荫道。

1893 年，波士顿成立都市公园委员会，延续了奥勒姆斯特德的生态公园规划，开始构建围绕城市周边的环状都市公园系统。☆凯斯勒开始编制堪萨斯城景观系统规划。☆芝加哥举办哥伦比亚世博会，城市美化运动兴起。

1894 年，伊纳尔在世巴黎界博览会兴建开放而华丽的新林荫道和景观轴线，大道跨越塞纳河，形成次轴构建了更丰富的巴黎景观体系。

1897 年，德国达姆施塔特艺术家新城建成。

1898 年，霍华德出版《明日，一条通向真正改革的和平道路》，提出田园城市理论。

1901 年，法国建筑师戛涅提出工业城市，将方案成果提交给罗马学院。☆美国圣路易斯举办世博会，☆德国开始推行福利制度，建立为柏林售货员、商人和药店老板中小业主提供服务的地方医疗保险公司，即 1914 年更名的"大众地方医疗保险公司"，该保险公司持续举行城市居民状况展览，并不断代表公众批判柏林的住房质量。☆荷兰出台《住宅法》，要求城市人口在 1 万人以上，或者在过去 5 年中人口增加了 20% 以上的城镇，必须编制城市"扩展规划"（Extension Plan）。

1902 年，美国百老汇第一座剧院开业。☆美国无限期延长排华法案。☆巴拿马运河开工。

1903 年，德国建筑师奥多尔·费希尔完成斯图加特扩建规划。☆昂温完成第一个田园城市莱斯沃斯规划。

1904 年，英国地理学家麦金德出版《历史的地理枢纽》，提出"世界岛"和作为世界岛的心脏地区的"历史的地理枢纽"概念。☆第一座花园郊区莱斯沃斯开工。

1905 年，福特发明 T 型车，小汽车进入快速增长期。☆贝尔拉格出版著作《建筑风格随想》，开始系统阐述现代建筑的"空间观"。☆法国完成对阿尔及利亚的全面占领和掌控，进入全面殖民时代。

1906 年，昂温设计了汉普斯泰德花园郊区。

1907 年，英、法、俄三国协约形成。

1908 年，大柏林规划设计竞赛，及其随后的城市设计展览。☆德国建成三座新城：德累斯顿附近的西特风格新城——海勒劳（Hellerau，1908）、慕尼黑—佩尔拉赫（Munich-Perlach），柏林的斯塔肯花园郊区（Staaken Garden Suburb），☆伯纳姆负责编制芝加哥规划。

1909 年，美国第一届全国城市规划会议举行，同时城市美化运动结束，美国规划行业开始关注郊区居住区和住房建设。☆尤金·伊纳尔又一次完成豪斯曼改造风格巴黎城市扩建总体规划（"改建规划"），但没有实施，标志着法国城市规划风格面临转向，城市美化运动告一段落。☆汉普斯泰德花园郊区建设完成。☆昂温借鉴西特的理念，总结了一系列的"画境式"（picturesque）设计规则；☆英国颁布了第一部城市规划立法《住宅与城市规划诸法》（Housing，Town Planning，etc，Act），授予地方政府对已开发或即将开发的地区预先编制规划方案的职权。☆希腊通过与土耳其的战争实现国土扩大，国际地位提升。

1910 年，德国推行创新性福利住房政策。☆德国举办大柏林规划设计竞赛展览。☆希腊自由党人在军人支持下上台，修改宪法，进行一系列政治、经济、军事改革，并与塞尔维亚、罗马尼亚、保加利亚等国建立了巴尔干同盟。并通过战争扩大领土，克里特、马其顿以及大部分色雷斯和爱琴海的诸岛屿，相继并入希腊版图。

1911 年，皮亚森蒂尼设计贝加莫城市广场，开启了意大利现代建筑和城市设计的探索。☆帕特里克·格迪斯在爱丁堡皇家苏格兰学院举办了《城市和城镇规划展汇刊》。

1912 年，法国颁布支持城镇低租金住宅建设的法令。☆德国建筑师布鲁诺·陶特设计了柏林法尔肯贝格住区，开创了现代住区布局形态。☆第一次巴尔干战争，塞萨洛尼基被纳入希腊国土。

1913 年，法国颁布《历史建筑保护法》。

1914 年，德国第一个田园城市马迦建成。

1915 年，盖迪斯提出"山谷断面"图示，揭示了地理坡度和高程与城乡功能布局的逻辑关系。他同时提出了"全球化思考，本地化行动"的著名理念。

1916 年，贝尔拉格完成阿姆斯特丹扩建规划。☆纽约出台第一个区划法规。☆美国考古学家阿道夫・班德列和埃德加・休伊特以及团队促成了对戈维莫的宫殿进行保护和修复，开启和推动了美国对新墨西哥州印第安村落普韦布洛和西班牙建筑的保护。☆皮亚森蒂尼在一份罗马规划的备忘录中，请求对古代的城镇中心予以完全的保护。

1917 年，风格派画家杜斯堡与几位荷兰先锋艺术家共同创办《风格》杂志。杜斯堡作为该杂志的创刊人、主持者和撰稿人。☆塞萨洛尼基大火，并在随后的重建中采取了法国人厄内斯特・艾伯纳的西方规划模式。

1918 年，德国成立魏玛共和国，代替第二帝国，并推行工人福利住宅。☆法国政府出台鼓励非营利组织进入社会住宅的建设工作的制度。☆代表工人阶层的荷兰社会民主党上台，推行社会住宅，最终使社会住宅总投资占整个建筑业的 75%。☆塞萨洛尼基 1918 年规划。☆德国学者斯宾格勒出版《西方的没落》。

1919 年，舒马赫编制了"大汉堡区域规划 1919—1931 年"，规划的核心思想具有最早的现代思维——居民点的选址和规划均依据港口和产业的布局，以及就业量协调确定。

1920 年，由于小汽车迅速发展，美国传统的铁路，有轨电车等交通工具逐渐走向衰落。☆ 1920 年至 1921 年，美国劳工部发起一场"拥有你自己的住房"（Own Your own Home）运动，大力推进了美国郊区住区建设热潮。

1921 年，英国第三座花园郊区韦林新城实施。☆在贝尔拉格规划框架下，建筑师德科勒克完成了在阿姆斯特丹 Hembrugstraat 地区的建筑设计实践，关键性地实现了贝尔拉格规划意图。

1922 年，沙利文提出了芝加哥论坛报。☆柯布西耶出版《明日的城市》。☆德国开始编制一系列卫星城和新城和新型住区规划。☆舒马赫进一步提取了汉堡"鸵鸟扇"发展图示，更加深刻地影响了此后至今的汉堡城市空间拓展。☆恩斯特・梅编制完成法兰克福规划。☆古埃及法老王图坦卡门被挖掘，引发一波热衷古代和异国文化的潮流，高层建筑的装饰艺术达到顶峰——克莱斯勒大厦等。

1923 年，奥斯曼帝国灭亡。☆荷兰风格派旗手范杜斯堡和建筑师范伊斯特伦合作的住宅设计作品在巴黎展览，风格派美术艺术与建筑成功结合。☆魏玛共和国推行"工人福利"政策，建设工人住区。☆克拉伦斯·佩里提出"邻里单位—家庭生活社区的布局构想"构思。

1924年，在阿姆斯特举行的国际建协大会。会议中将贝尔拉格的阿姆斯特丹扩建作为城市设计和"城市建设"的范例。

1925年，欧洲国家纳粹政治组织活跃，墨索里尼上台，希特勒出版《我的奋斗》。☆美国汽车业进入快速发展，克莱斯勒公司成立。☆德国大规模推行社会住宅，其中斯图加特每年建设1000套，同年密斯凡德罗组织魏森霍夫住宅展；布鲁诺·陶特和马丁·瓦格纳设计的布里茨马蹄铁形居住区。

1926年，德国完成了全部卫星城和新城规划和新型住区的规划。☆法兰克福社会住宅建设进入快速阶段，至1928年完成建设8000套住宅。

1927年，斯图加特魏森霍夫居住区建设完成，德意志制造联盟同年举办住宅展览。☆西班牙现代建筑师成立了加泰罗尼亚现代建筑学组织（GATCPAC）。

1928年，第一届国际建协瑞士会议召开，会议形成了《拉萨拉兹宣言》。☆亨利·赖特、克拉伦斯·斯特恩，开始规划雷德伯恩居住区，开创"人车分行"的郊区模式。☆巴黎建成了26万套中低价格的社会住宅。☆杜斯堡为斯特拉斯堡的奥比特咖啡馆所作的室内设计，对其基本要素理念的最有纪念性的阐述，并且取得了很大的成功。☆皮亚森蒂尼设计了布雷西亚的圣玛利亚广场，通过设计小高层形态大厦，与对侧多层形态建筑组合，形成同历史教堂协调的新型城市设计。☆庞蒂在米兰创办的《Domus》杂志。

1929年，第二届国际建协大会在法兰克福举行，并围绕恩斯特·梅的社会住区展开讨论。☆始于美国的世界经济危机爆发。☆荷兰因经济不佳导致政府对低收入住宅投资减少，相关房租政策也基本取消，重回保守主义。☆范伊斯特伦进入阿姆斯特丹城市开发部，担任首席规划师，开始与社会学者T.K.洛胡森合作现代城市规划。

1930年，第三届国际建协大会在布鲁塞尔举行。☆美国成立联邦住房委员会，下设两处融资担保机构：房利美和房地美，以刺激郊区化和住房开发。☆意大利将罗马南侧滨海地区彭甸沼泽地整治，进而逐渐建成一系列的城市、城镇、乡村地区。☆法国推出"景观地"（site）制度，旨在保护具有"审美、科学、历史、神话和风景价值的地区"。☆心理学家弗洛伊德发表《文明及其缺憾》，辩证看待人类文明——承认文明是人类进步的标尺，但也对人性有压抑。

1931 年，纽约帝国大厦竣工。☆《关于历史性纪念物修复的雅典宪章》出台。

1932 年，荷兰制定大规模的围海、填海规划。☆范伊斯特伦完成阿姆斯特丹规划，系统提出"功能城市"理念。☆位于罗马南侧彭甸地区的拉蒂纳新城开始建设。

1933 年，国际建协大会第 4 次会议通过了关于城市规划理论和方法的纲领性文件——《城市规划大纲》，后来被称作《雅典宪章》。☆柯布西耶出版专著《阳光城》，同时提出伏瓦森规划方案。☆西班牙建筑师塞孔迪诺·祖亚佐·乌加尔多和德国赫尔曼·扬森合作完成马德里规划。☆美国成立田纳西河流域管理局（TVA），划定面积 4.2 万平方英里，涵盖 7 个州的生态控制系统，开展区域规划管控。☆德国地理学家沃尔特·克里斯塔勒提出"六边形"城市系统理论。

1934 年，塞特同柯布西耶共同编制的巴塞罗那马西亚规划，得到城市议会通过。☆美国住房法案（the Housing Act）出台，鼓励了政府为公众修建住房。

1935 年，赖特提出"广亩城市"。☆柯布西耶发表"光辉城市"。☆柯布西耶访问纽约，并为纽约设计了城市更新草图，为纽约摩天大楼建设推波助澜。纽约位于下东区的第一栋社会住宅建成。

1936 年，西班牙爆发内战（1936—1939）。☆意大利规划建设航空工业小镇古杜纳。

1937 年，伦敦委托巴罗爵士团队进行伦敦大城市人口密集问题的研究。☆美国建成马里兰州绿带城，包含 885 户住宅。☆第五届国际建协大会在巴黎举行。

1938 年，希特勒下令建设沃尔夫斯堡新城，作为大众汽车厂的工人服务新城。☆刘易斯·芒福德出版《城市发展史》。

1939 年，美国同时在纽约和太平洋沿岸的旧金山①举行博览会，分别是纽约世博会和金门博览会。展览的筹划者和主题都带有鲜明的现代主义特色。通用汽车公司赞助的"汽车城市"展览——包含 Futurama 汽

---

① 旧金山金门博览会的现代主义特点：柯布西耶理念的信徒沃尔特·道文·蒂格（Walter Dorwin Teague），在 1939 年金门博览会召开时已经是美国设计界的名人，题为"1999 年的旧金山"在金门博览会的分会场——"美国钢铁展览会（U.S. Steel's exhibit）"中展出。蒂格提出的方案展示出柯布西耶风格的放射性态城市，公园中的十字形高塔；一根轴线汇集了所有交通设施，码头集中在一个栈桥上，机场和跑道也位于轴线尽端位置。

车大都市。☆意大利出台《自然美景保护法》，划定针对 13 个保护区。☆柯布西耶提出"光辉城市"。☆西班牙进入佛朗哥统治时期。

1940 年，纽约洛克菲勒中心建成，首次成功推行片区商业综合开发。☆荷兰乌尔克城外 10 公里处的南部堤坝关闭，大规模填海展览和规划指导下，工程开启。

1941 年，珍珠港事件，各方全面参与战争。

1942 年，伦敦警察特里普提出交通"划区"理论，对当代中心区交通组织具有深远影响。☆皮亚森蒂尼主持规划建设罗马人民宫，集中体现了意大利现代建筑和城市设计风格。☆荷兰通过三个泵站进行第二次须德海围海造地，为北荷兰阿姆斯特丹地区新增加了 185 平方英里的土堆，可容纳超过 5 万人。☆纽约布鲁克林区完成帕克切斯特住区的城市更新，是美国第一个政府支持的公共住房工程，被认为是美国此后城市更新运动的开端。☆塞特的著作《我们的城市能幸存吗？》出版，塞特首次用英文向美国介绍了雅典宪章和 CIAM 的各种城市理念。

1943 年，法国出台旨在保护历史纪念物周边 500 米景观的控制管理规定。☆塞特、吉迪翁和莱热合作发表短文《纪念性 9 点》，文中强调应反对现代主义城市的无特色，并应通过加强纪念性建筑的形象，构建更清晰明确的城市结构和秩序。

1944 年，希腊爆发内战，导致间接成为南欧唯一的马歇尔计划国家。☆魏森霍夫住区半数毁于盟军空袭，21 栋住宅中仅存 11 栋。☆柯布西耶创作圣迪耶方案，塞特创作巴西汽车城方案，都是当代城市设计经典。

1945 年，二战结束，柏林分为东、西柏林。☆阿伯克隆比主持编制的大伦敦规划完成。☆希腊重建部负责人道萨亚迪斯主导了雅典重建规划。☆奥古斯特·佩雷开始编制法国勒阿佛尔的重建规划。

1946 年，埃科沙被任命为摩洛哥城市规划负责人，开始编制卡萨布兰卡规划。☆比达戈尔负责马德里的规划事务。当年完成比达戈尔规划。规划通过一套严密的"等级体系"，构建了一整套马德里城市规划体系，并进一步影响了战后西班牙城市规划体系。☆列斐伏尔在巴黎出版《日常生活批判》，提出当代普遍"异化"观点（包括城市空间）。

1947 年，美国提出马歇尔计划，对被战争破坏的西欧各国进行经济援助、协助重建的计划。☆丹麦哥本哈根完成城市总体规划，提出手指状城市结构形态。☆哈罗新城规划完成，英国出台《城乡规划法》，法规中明确了两种城市规划类型，一种是由国家批准的，反映城市建设技术发展政策的结构规划，另一种是由地方编制指导建设的城市规划。☆塞特当选国际建协主席，第二代建筑师接棒早期现代建筑运动。美国斯代文森特镇—彼得·库珀村住区建成，长岛莱维敦开工建设，它们分别代表了低品质城市更新和郊区蔓延的典型。

1948年，西班牙重新加入现代建筑运动组织国际现代建协，开始引入功能城市理念。

1949年，马赛公寓竣工建成。☆英国第一的新城哈罗开工，1966年建成。☆美国推出《住宅法》，推行城市更新政策，政策为拆除中心区"贫民窟"提供财政补贴。☆埃德蒙·培根任费城城市规划委员会主任。在他21年的任期内，他通过对社会山、宾州中心和市场街东部三个项目，在费城推行系统全面的城市设计，被认为是现代城市设计早期的成功范例。

1950年，埃科沙在卡萨布兰卡规划中提出"以解决数量和规模为重点的人居理念。德国1950年颁布的联邦德国第一部住房建设法，规定新建住房的层数为4层。

1951年，法国外长舒曼提出"欧洲煤钢联营计划"（即"舒曼计划"），建议法、德、意、比、荷、卢6国消除煤、焦炭、钢、生铁等的贸易壁垒，促进了城市区域发展。

1952年，位于纽约曼哈顿中城区东侧的联合国总部竣工。☆米切尔·埃科沙规划的卡萨布兰卡规划于1952年获得批准。

1953年，当年的大洪水导致荷兰政府大堤坝建设，彻底解决水患。☆格罗皮乌斯领衔团队完成波士顿"后湾（Back Bay）中心区更新设计"。

1953年，比达戈尔此后5年内出台了13项法令，形成了马德里法规支持体系，"等级体系"。

1954年，洛克菲勒基金会人文部关于批准林奇、凯皮斯（Kepes）和MIT研究项目立项批准文件中，提到了对城市设计的重视。

1955年，法国推出21个大区制度。☆雅典通过的新建筑法规减少了日照、通风和视野的最小距离，提高城市密度。☆乔瓦尼（Giovanni Astengo）为期三年（1955—1958）编制的意人利阿西西规划为历史中心区制定了以"保护和复原"为目标的规划。

1956年，巴西首都巴西利亚开工建设。☆英国第二代新城坎伯诺尔德开工建设。☆巴克玛就任国际建协主席，年轻一代和十次小组掌控组织。☆美国《州级高速公路法案》出台，使环形高速公路走向重塑美国城市中心区。☆在国际建协主席，哈佛大学设计研究院院长塞特的召集下，美国第一届城市设计大会召开。☆哈佛大学开设城市设计研究生课程，从学术领域构建了城市设计研究领域。☆马尔科姆·麦克莱恩发明集装箱运输线，带来海运业变革。

1957年，美籍法国地理学家戈德曼，提出大城市连绵带概念，描述从波士顿到华盛顿大城市，沿着海岸线，高密度分布的现象。

1958年，巴黎地区规划出台，规划中提出了巴黎地区以多中心分散式城市结构为主的发展理念。☆法国中央政府成立拉德芳斯区域开发公司（EPAD）。☆瑞典斯德哥尔摩新城魏林比开工建设，1958年著名的兰斯塔德绿心都市区的概念写入荷兰政府文件。☆国际建协解体，现代建筑运动受挫。☆米兰高层地标建筑维拉斯卡大厦（Velasca Tower）建成，被称为"战后意大利建筑代表和集大成者"。

1959年，巴黎编制以城市更新为导向的"战略规划（Plan Directeur d'Urbanisme）"。☆威尼斯沙岸项目设计竞赛举办，穆拉托里类型形态学被认可。☆凯文·林奇出版名著《城市意象》。

1960年，法国开始建设高速铁路（TGF）。☆法国战后新城勒阿佛尔建成。☆1960年联邦德国第一部联邦建筑法（BBauG）出台，支持了郊区更大规模、更高建筑高度和密度的居住区形态；☆以彼得·库克为核心成立英国电讯派学术组织开始陆续提出全新的城市理念。☆《城市意象》出版。☆美国建筑师保罗·索拉里开始在亚利桑那州自费规划建设生态城市阿科桑蒂。☆米兰高层地标建筑皮瑞丽大厦建成，奈尔维的结构技术支持下，展示了高层建筑精美的技术美学。

1961年，道萨亚迪斯完成希腊新城阿斯普拉斯皮亚（Aspra Spitia）规划。☆卡迪利斯完成图卢兹的勒·米拉新城规划。荷兰通过的《古迹法》，法规第四章对"受保护的城市和乡村景观"的单独说明中，认为建筑群和城镇景观具有与古迹等历史遗存等同的价值，需认真保护，并应有将"保护"与"发展"相统一的全局思想。☆简·雅各布斯发表《美国大城市的死与生》。☆纽约出台新版《区划法令》，新法令推行"基准容积率"制度；鼓励开放空间建设，同时也提升了历史建筑力度。☆贝聿铭完成波士顿综合城市设计。☆简·雅各布斯出版《美国大城市的死与生》。☆波士顿昆西广场改造，开启历史建筑适应性更新新范式。

1962年，《法国历史街区保护法》出台，即著名的"马尔罗法"。☆阿尔及利亚脱离法国统治，独立。☆美国郊区新城雷斯顿完成规划，第二年开工建设。☆波士顿依据贝聿铭城市设计，完成了市政厅和广场设计。☆蕾切尔·卡森发表《寂静的春天》，环境问题开始受到关注。☆塞萨洛尼基中心区陆续挖掘出重要的考古发现。

1963年，法国设立八个平衡性大都市。☆意大利制定了阿西西景观规划，规划将位于山岗的历史中心区与建成区车站周边的开发区分隔开来。☆美国哥伦比亚新城开工。☆城市设计师培根组织完成费城中心区规划。

1964年，英国同时出台了东南部研究计划和苏格兰区域发展规划。☆第二代英国新城朗科恩完成规划。☆英国电讯派的罗恩·赫伦提出《行走的城市（walking city）》，彼得·库克提出"插入式城市"，为英国城市形态的创新提供极大的空间和可能性。☆勒阿佛尔完成战后重建，系统建成城市规划设计成果。鹿特丹设置"莱茵河口大都市管理局"，汇集23个社区，进行统一管理。

1965年，巴黎地区战略规划完成。规划进一步提出"保护旧市区、重建副中心、发展新城镇、爱护自然村"的方针。明确了五座新城的位置。☆美国自1965年成立住房与城市发展部（HUD）。

1966年，哈罗新城建成。☆荷兰《第二次国家空间规划》报告编制完成，代表了荷兰的国家层面的城镇化政策的开始。为应对城市郊区蔓延的现象，报告中提出了"集簇分散"（bundled deconcentration，或集中化分散发展）战略。☆阿尔多罗西出版《城市建筑学》。

1967年，英国出台新的区域发展规划——东南部战略。☆英国第三代新城米尔顿凯恩斯规划完成。☆荷兰须德海填海造地区域的大型新城阿尔梅勒启动。☆美国哥伦比亚新城开工。☆在蒙特利尔世界博览会上，莫什·萨夫迪设计了"栖居地"住区，展示了新型居住区形态。

1968年，美国城市更新政策终止。☆美国推出了新城开发法，政策导向开始从旧城转为新城。☆雅典出台395/68号建筑法令，将规划最大建筑密度比从20%提升到40%，建筑控制最大限制高度也有所提升。☆巴塞罗那议会组织编制城市总体规划，分歧过大导致规划工作并未有完整的成果，但认为传统规划需要转型。☆荷兰庇基莫梅尔社区建成，居民开始入住。☆英国修订《城乡规划法》，将开发规划体系分为强调战略引导的结构规划，以及侧重控制实施的地方规划。☆著名的环境保护组织罗马俱乐部成立，该组织以关注地球自然资源极限而闻名。☆1968年德国的"五月风暴"的学生和工人运动。☆英国电讯派彼得·库克在"插入式城市"（1964）之后，进一步提出了"即时城市"（instant city），创造了即时性全媒体化公共空间，为当代大量露天音乐节等会展活动提供了创意思路。

1969 年，费城在培根的指导下进行了城市设计。☆纽约受到简雅各布斯社区参与式规划影响，城市议会否决包含高速公路和超大型项目的规划。☆纽约划定林肯广场特别区，第一次开创了特殊区的城市设计技术。☆纽约州拉马波镇为应对增长带来的城市基础设施容量不足问题，出台增长管理政策，被认为是美国第一座增长管理城镇。☆"汉堡轴线发展规划方案"出台，提交给汉堡市议会，规划仍然延续"鸵鸟扇"图示，甚至极为接近舒马赫的最初构想。☆道萨亚迪斯提出的雅典发展构想。☆麦克哈格出版《设计结合自然》，提出将规划设计和生态科学结合在一起的新理念。☆道萨亚迪斯的雅典规划被接受并实施。

1970 年，英国实行的地方政府改革，部分小城镇的教育和规划职能上交国家。☆巴黎蓬皮杜中心竞赛中选择罗杰斯和皮亚诺的"高技派"先锋建筑。巴黎开始建设郊区新城。☆法国学者列斐伏尔发表了《城市革命》，该著作和此后的《马克思主义思想与城市》两本城市著作，开始把城市问题纳入马克思主义视角，进而从马克思主义的视角出发去理解当代城市问题。☆德国慕尼黑召开了第 16 届德国城市代表大会，提出的"拯救我们的城市"的口号，反映了当时人们对于城市问题迫切性的整体认识。☆《加州环境质量法（CEQA）》出台，在该法令支持下，一批北加州城镇相继推行增长管理。

1971 年，巴塞罗那城市议会组织编制的《巴塞罗那 2000》文件出台，规划提出了对城市进行整体更新改造的建议，认为道路、广场等公共空间的改造是主要手段。☆德国颁布第一部城市更新法律《城市建设资助法》，标志着国家层面系统性城市更新制度的建立。☆ 1971 年"旧金山城市设计规划"确定了城市格局及其诸多原则，统一了城市形态的认识。☆联合国教科文组织发起的"人与生物圈"（MAB）计划中，正式提出了"生态城市"概念。

1972 年，联合国环境规划署成立，环境问题成为世界共同问题。☆斯德哥尔摩举行联合国人类环境讨论会，通过了《联合国人类环境会议宣言》，简称《人类环境宣言》。☆联合国教科文组织通过了《保护世界文化和自然遗产公约》，简称《世界遗产公约》。☆波特兰完成城市中心区规划，开始了具有新城市主义理念特点的波特兰中心城区复兴建设。☆圣路易斯的现代住区普鲁蒂·艾戈被拆除，被认为是现代主义建筑运动的终结，以及后现代主义的开始。☆伊塔洛·卡尔维诺出版《看不见的城市》，引发城市设计领域突破传统范式，大大激发了城市设计者的想象力。☆罗马俱乐部的报告《增长的极限》发表。

1973年，巴黎蒙帕纳斯车站高层建筑建成，破坏巴黎中心城区景观，引发激烈争论。☆全球石油危机。☆夸里尼设计摩加迪沙大学，完成意大利城市设计现代经典形态。☆美国建筑师学会将城市设计确定为建筑实务的一项专业分支。☆纽约制定了"综合使用区划法"制度，强调片区管理理念。☆美国俄勒冈州开始实施"增长边界"（UGB）制度。

1974年，列斐伏尔名著《空间的生产》出版，书中强调空间是社会的产物的重要论点。☆凯文林奇和唐纳德·艾普亚德合作加州圣迭戈城市设计。☆乔纳森·巴奈特出版《作为公共政策的城市设计》。

1975年，西班牙结束了佛朗哥统治，国王胡安·卡洛斯成为国家元首——国王，发起和支持了将西班牙由军事独裁制度转变为民主制。☆欧洲议会发起了欧洲建筑遗产年的活动，通过了《建筑遗产欧洲宪章》。

1976年，英国全面停止新城建设。☆第一次人类居住会议在加拿大温哥华召开，即"人居一"，通过了《温哥华人居宣言》，人类居住与环境问题受到各国重视，从而促使此后联合国人居机构的成立。☆巴塞罗那和周边城镇共同编制了大都市区总体规划，规划主题是"从城市'规划'到城市'重建'"。规划通过政府收购城市房屋和废弃的工业，最终完成的城市重建愿景。

1977年，第32届联大通过了第162号决议，决定成立联合国人类住区委员会。☆巴黎新版土地占用规划和"城市规划整治指导纲要"将"重视现存城市结构、形态、肌理"作为最重要的课题，并将城市"风景"作为最重要的要素。☆国际建协（UIA）在秘鲁首都利马召开国际建协会议。形成"马丘比丘宪章"。以雅典宪章为出发点进行了讨论，提出了包含有若干要求和宣言的成果。☆亚历山大出版《建筑模式语言》。

1978年，英国出台"内城法"。新法规中放宽了对城市中心区内私人住房建设的限制。☆道萨亚迪斯的雅典规划建议得到城市接受。☆柏林城市议会提出"西柏林中心区更新建设"法案，推进缩小区域差距和城市更新。☆库哈斯和OMA完成海牙本内霍夫城市设计，尽管没有建成，但为历史城市的当代更新提出了有益策略。☆联合国人居中心成立，它是联合国系统内负责协调人居发展活动的领导机构。☆"打断的罗马"，探索新的城市扩建模式。☆柯林·罗出版《拼贴城市》。

1979年，英国出台"企业区"政策。☆美国纽约曼哈顿地区的巴特里公园城项目完成规划设计。☆波特兰出台城市发展边界政策，严格控制城市蔓延，倡导城市中心高密度发展。☆雅典配合2000年雅典奥运会，推出旨在改善城市环境，降低建筑密度的规划和法令。☆德卡洛在威尼斯泄湖小岛马扎博岛采取"参与式建筑学"理念，开始设计住宅建筑群。☆包赞巴克建成巴黎欧风路 209 户住宅，首次使用了"开放式街坊"的设计理念和手法。☆道萨亚迪斯给雅典提到的建议又再次强调城市形态格局和城乡协调关系。

1980 年，英国划定的 11 个"企业区（EZs）"，推进城市中衰退工业区的重建。

1981 年，凯文·林奇出版《城市形态》，提出"作为神圣纪念中心的城市""作为生活机器的城市""作为有机体的城市"三种城市模型。

1982 年，拉德芳斯"新凯旋门"定稿，给整个拉德芳斯区带来了新形象和整体感。☆佛罗里达滨海城建成，是美国新城市主义最著名的项目。

1983 年，联合国环境与发展委员会成立。☆巴塞罗那议会决定申奥，并通过城市更新规划完成奥运设施，提升环境艺术水平。☆英国继此前的 11 个工业区后，又进一步划定了 13 个企业区。

1984 年，德国在柏林举办国际建筑展，主题为"作为居住地的内城和拯救衰退的城市"。☆旧金山对城市中的 250 处历史建筑纳入地标管理名录。法国推出"混合经济公司"（Societes d'Economie Mixte）政策，鼓励地方政府行使灵活积极的城市建设政策。

1985 年，英国金丝雀码头开始规划设计。☆佛罗里达等多州出台《增长管理法》，增长管理也随之成为美国当代城市规划和管理的普遍共识。☆意大利出台《加拉索法》，要求在所有大区推行全覆盖的"风景规划"。☆西扎设计威尼斯朱代卡岛社会住宅项目。☆米兰比科卡项目启动。项目位于原倍耐力工厂旧址，格里高蒂采取了"长时段"理念，通过拉长建设周期，使项目融入城市发展。☆佛罗里达州等多州出台《增长管理法》，增长管理也随之成为美国当代城市规划和管理的普遍共识。巴塞罗那申奥成功。☆塞萨洛尼基新版总体规划出台，将"突出城市历史风貌和改善城市中心"作为主要规划目标。

1986 年，伦敦期劳埃德大厦建成，引入"高技派"新型高层建筑形态。欧洲城市组织（Euro cities）成立于 1986 年，创始成员是以下 6 个大城市（伯明翰、里昂、米兰、巴塞罗那、法兰克福、鹿特丹）。☆贝纳沃罗出版《世界城市史》。

1987 年，世界环境与发展委员会发布关于人类未来的报告《我们共同的未来》，定义了"可持续发展"，"不损害未来一代人需求的前提下，满足当前一代人的需求"。

1988年，罗伯·克里尔设计了海牙高层居住区，欧洲新城镇主义设计师登场。☆马里兰州的新城市主义社区肯特兰镇（Kentlands，MD）建成。

1989年，巴黎出台"现状容积率"政策，杜绝了以后的城市建筑增容和开发性风貌破坏。☆在威尼斯朱利亚诺沙岸环境整治国际竞赛中，波士顿的意大利裔美国建筑师安东尼奥·迪曼布罗获胜，引入自然主义环境。☆柏林墙开放，次年全部拆除。☆西班牙裔法国城市理论家曼纽尔·卡斯泰尔出版《信息化城市》，描述了网络和信息化影响下的城市社会环境。☆大卫·哈维出版《后现代性状态》。

1990年，两德统一，柏林开始了随后5年的大规模城市建设。☆柏林波茨坦广场城市设计招标；☆库哈斯完成海牙的"城市地下空间项目"设计，为城市空间提供了新思路。

1991年，巴黎中心区申遗成功。☆在加州优胜美地召开的新城市主义大会，确定了包括历史建筑保护等一揽子社区建设原则，即"阿瓦尼原则"。☆法兰克福完成"绿带土地使用规划"。☆科斯托夫出版《城市的形成》。☆荷兰出台第四版国家空间战略。

1992年，巴塞罗那举办奥运会。☆塞维利亚举办世界博览会。☆法兰克福绿带有限责任公司（Grüngürtel Frankfurt GmbH）成立，全面负责绿带项目的实施与管理。

1993年，法国在世界关贸总协定的乌拉圭回合谈判中率先提出了"文化例外"原则，强调文化产品的特殊属性，反对将其列入一般性服务贸易范畴，并主张通过国家层面介入，以支持民族文化的创造和生产，保护本国文化独立性。☆法国将历史街区性质的"建筑、城市和风景地遗产保护区"划归地方政府管理。☆美国绿色建筑协会（USGBC）成立，随之出台了LEED评价体系，包含"生态城市"指标要求。

1994年，开罗召开了联合国国际人口与发展会议，将稳定世界人口增长作为优先事项。其中，由于此时世界人口50%居住在城市，因此城市人口是重中之重。☆西雅图出台综合规划，主题为"建设可持续发展的西雅图"，规划提出了著名的"城市村庄"战略。☆著名历史学家列奥纳多·贝纳沃罗提出威尼斯规划研究成果，当代威尼斯发展依托贝纳沃罗研究，形成了实施性的城市总体规划。☆荷兰阿尔梅勒新城中心由库哈斯的大都会设计公司设计完成。☆伦敦出台的战略景观政策（Strategic views policy）则侧重于大尺度☆的天际线等远眺整体性景观的控制。☆

巴黎完成土地利用规划,纺锤体景观控制区基本全部覆盖。

1995年,库哈斯的"城市地下空间项目"和理查德迈耶的"市政厅和中央图书馆"项目建成,海牙城市更新加速。☆美国环境保护署首次推出了"精明增长计划"(Smart Growth program)。☆《巴塞罗那进程》出台,促成了马赛等主要地中海城市的定位提升,以及得到国家和社会各界的普遍重视。

1996年,第二届联合国人类住区会议(人居二)在土耳其伊斯坦布尔召开。人居二也被称为"城市和城镇峰会",会议将"人人有适当住房"和"在不断变化的世界中建设可行的人类住区并实现全面城市化"作为两大主题。☆柏林出台"内城规划纲要"。纲要规定了在历史城区进行批判性重建的理念,并通过此后的内城整体城市设计,将"批判性重建"理念下的具体做法落实到每一栋建筑。☆《巴塞罗那宣言》,该宣言是1980年代以来欧洲对地中海政策演变的结果,更具体地说,柏林墙倒塌后,其目标更像是为地中海国家制定一项欧洲政策,法国形成"城市自由区"(Zones Franches Utbaines),鼓励地方政府行使灵活积极的城市建设政策。

1997年,英国首相布莱尔上台。开始推行"第三条道路"——主张在维护经济自由的同时,把平等和社会正义当做与自由同等重要的原则。体现在城市形态上,伦敦重点发展包括创意产业等服务业。☆《波特兰地区2040空间布局规划》出台,规划明确提出"紧凑发展和精明增长"愿景。☆欧洲议会将塞萨洛尼基等城市确定为"欧洲文化之都"。

1998年,贝纳沃罗1994年的威尼斯研究成果形成城市总体规划。

1999年,理查德罗杰斯勋爵领衔的城市工作专题组,完成了《迈向城市复兴》研究报告,为后城市化时代提出"城市复兴"的著名观点。☆巴黎市、州和自治港协作编制《巴黎塞纳河两岸城市和景观要求》,并在几乎整个区域内最终禁止汽车通行,这有助于保护其真实性和完整性。☆荷兰空间规划中再次提出"平衡的走廊"(Corridors in balance)概念,将走廊式发展模式作为未来荷兰空间规划的主要概念。☆伦敦千禧穹隆建成,滨水区城市活力得到提振。

2000年,佛罗伦萨举行的欧盟和欧洲议会(Council of Europe)上,35个成员国起草了《欧洲景观章程》(European Landscape Convention)。章程沿用意大利风景规划理念,规定了详细的景观环境跨国导则。☆巴塞罗那2000年启动的城市更新项目"22@Barcelona",将原来的工业区,转变为该市的科技创新区和"新经济"的服务区,并增加休闲和居住空间。☆英国副首相办公室签署城市白皮书《我们城镇的未来：走向城市复兴》。☆法国颁布的《社会团结与城市更新法》(SRU：loi Solidarité et Renouvellement Urbain)，法规中对各市镇社会住房建设比重的强制规定，标志着这一原则已上升为一项国家政策。☆波士顿"大挖掘"开工。

2001年，世贸中心大厦遭到恐怖袭击倒塌。☆威尼斯卡纳雷吉欧区居住区历时近20年后建成，成为威尼斯第一处较大规模的城市更新住区，也体现了反对威尼斯"博物馆化"，以及引入城市生活气息的努力。

2002年，联合国人居署成立，该组织自始建于1977年的联合国人类住区委员会改建而成。☆英国城市设计中心（UDL：Urban Design London）成立，该机构是一个从事专业培训和行业关系网络构建的非营利继续教育机构。它以"帮助从业者创造和维护设计精良的高品质场所"为目标。

2003年，法国"国家城市更新局"推出的"国家城市更新计划"。该计划对"敏感街区的空间与社会结构"进行调整，将"社会混合"作为指导思想和目标，针对隔离严重的衰败街区实施了拆除社会住房、新建多样化的住房项目、更新公共设施、改善交通可达性等改造措施。☆威尼斯泄湖小岛马扎博岛的住宅更新建成。自1979年开始设计，德·卡罗一共设计了36栋造型、色彩各不相同的社会住宅。纽约世贸中心重建方案竞赛，李布斯金德的"记忆的奠基"方案竞赛获胜。

2004年，意大利综合了涉及"文化遗产保护"和"景观保护"的法律，合并出台了《文化财产和景观法令》，进一步确立了当代"文化景观"概念。☆巴黎大都市区内部成立（市镇）会议，协商区内发展。

2005年，联合国教科文组织第33届会议上，法国又向国际社会提出了"文化多样性"诉求，以"尊重差异、包容多样"的理念来抵制全球化背景下的"文化标准化"威胁。这一提议得到大多数国家的广泛回应，形成了《保护文化内容和艺术表现形式多样性国际公约》，该公约被认为是第一部关于文化的国际法。

2006年，柏林城市更新开始侧重于大型交通建筑建设，城市功能提升力度加大。

2007年，纽约市长布隆伯格领导下的《更绿色、更美好的纽约》(A Greener, Greater New York)，将纽约建设成为"21世纪第一个可持续发展的城市"，作为计划中的一部分，纽约市启动了在10年期间再种植100万棵树的计划。

2008年，英国城乡规划协会（TCPA）出版《社区能源：城市规划对低碳未来的应对导引》，从区域、次区域、地区三个层面来界定社区能源规划的范围和定位，构建社区能源发展的框架。☆荷兰新的《空间规划法》开始生效，法令提升了国家和省政府的权力，着重关注区域发展中的土地开发。☆伦敦最大的综合交通枢纽之一，国王十字火车站区域复兴规划启动。☆马赛出台港口复兴规划，着力解决西侧港口区衰退和更新问题。☆罗马新版总体规划所提出的新的城市结构，不再固守中心形态。

2009年，巴塞罗那将城市设计重点放在公共空间设计上，首先是系统性地补充公共空间。☆大巴黎地区开始启动快速轨道交通（地铁）项目，"大八字环"建设启动。

2010年，荷兰水管理与空间规划两大体系国家机构（含各部委与最高执行机构）的重组，推动了水利和城市空间形态设计的整合。☆意大利米兰比科卡区改造工程历时35年最终建成，1980年代开始的欧洲一系列大型城市更新项目全部完成。☆那不勒斯滨水工业区整合了18个（2016年增加到25项）私人投资项目，形成具有统一思想和共同标准的城市设计。☆汉堡港城总体规划获批。港城内混合使用的住宅区为居民提供了生活、工作和休闲空间。

2011年，英国政府颁布了《地方主义法》，其出台宣告了区域空间战略的废除，邻里发展规划作为新的规划层次被引入，并被作为重要的治理单元和主体。

2012年，伦敦举办奥运会，相关城市更新完成。☆法兰克福2012年制定了《2030法兰克福开放空间体系发展导则》，以及一份新的绿带战略型规划"轮辐与射线"，规划致力于应对绿色空间网络化、城市气候适应性和人口类型多样性等问题。

2013年，《柏林2030战略》出台，文件中增加了对柏林内城开放活力、智慧创新、效率发展等的要求，城市设计被进一步强调。☆1997年至2013年期间，纽约市对超过2500个道路转角进行了优化精细设计，旨在降低和限制汽车速度，改善步行体验。

2014年，在伦敦圣保罗大教堂周边建成224米的超高层的Leadenhall大厦，给伦敦城市轮廓线再次打开上升空间。☆法国通过的《住房和更新城市主义法》，促进了私人住房开发。

2015年，荷兰代尔夫特城市中心区更新完成，建成了市政厅两侧的新建筑。

2016年，联合国人居署在厄瓜多尔基多召开"人居三大会"，出台了《新城市议程》和《新城市准则》。☆英国《住房及规划法》出台，法规规定地方规划及社区规划在前期准备过程中，均需要考虑国家及部长提出的相关政策，并且规划的批准需要经过规划审查。

2017 年，包含文艺复兴理想城市帕尔曼·诺伐的威尼斯共和国防御工事，被纳入联合国文化遗产。

2018 年，谷歌在硅谷中心圣荷西的大型科技园区开工。☆英国住房、社区与地方政府部发布了最新的国家规划政策框架修编草案，其中将解决住房短缺作为工作重点之一。

2019 年，英国大力推进邻里发展规划。大伦敦地区已经有 114 个选区（ward）开展了邻里发展规划，约占大伦敦区内选区数量的 1/6。☆德国对城市更新项目体系进行了重大调整，已有的六个城市更新资助项目被简化为三个，分别是：生活中心——城镇和市中心的保护和发展；社会凝聚力——共同塑造社区共存；增长与可持续更新——设计宜居社区。

2021 年，"利物浦滨水区——海上商业城"因其周边环境的不当开发建设被从世界遗产名录剔除。

2022 年，纽约西 57 街 111 号摩天楼（斯坦威大厦，435 米）竣工，被称为"世界上最细的建筑"纽约区划法得到极致体现。

2023 年，旧金山亚太经合组织会议主题"韧性城市"，将历史遗产城市作为典范——它们历经了千百年浩劫摧残和重建，仍旧坚韧并彰显着最初的形态风貌。

**图书在版编目(CIP)数据**

流脉·模式·理念 : 西方现代城市形态与设计研究 /
蒋正良著. -- 上海 : 上海三联书店, 2025.7.
ISBN 978-7-5426-8813-2

Ⅰ. TU984

中国国家版本馆 CIP 数据核字第 2024G3E581 号

流脉·模式·理念
——西方现代城市形态与设计研究

著　　者 / 蒋正良

责任编辑 / 殷亚平
装帧设计 / 徐　徐
监　　制 / 姚　军
责任校对 / 王凌霄

出版发行 / 上海三联书店
　　　　　(200041)中国上海市静安区威海路 755 号 30 楼
邮　　箱 / sdxsanlian@sina.com
联系电话 / 编辑部: 021-22895517
　　　　　发行部: 021-22895559
印　　刷 / 上海雅昌艺术印刷有限公司

版　　次 / 2025 年 7 月第 1 版
印　　次 / 2025 年 7 月第 1 次印刷
开　　本 / 710 mm × 1000 mm　1/16
字　　数 / 490 千字
印　　张 / 29
书　　号 / ISBN 978-7-5426-8813-2/TU·68
定　　价 / 168.00 元

敬启读者,如发现本书有印装质量问题,请与印刷厂联系 021-68798999